胶州湾的化学环境演变

宋金明　段丽琴　袁华茂　编著

科 学 出 版 社

北 京

内 容 简 介

本书作为国家重点基础研究发展计划项目课题（2015CB452901、2015CB452902）的成果之一，其主体内容基于胶州湾大量现场航次调查资料，分五章从海水、沉积物、输入胶州湾物质角度切入，在胶州湾化学环境演变的研究现状、演变趋势、物质输入、海水环境变化、沉积物演变过程等方面系统阐述和揭示了胶州湾的化学环境演变过程、现状和趋势。

本书可供海洋科学、环境科学、地理学以及人文科学领域的科研、教学人员以及本科生、研究生阅读、参考。

图书在版编目（CIP）数据

胶州湾的化学环境演变／宋金明，段丽琴，袁华茂编著. —北京：科学出版社，2016.7

ISBN 978-7-03-048094-1

Ⅰ.①胶⋯　Ⅱ.①宋⋯②段⋯③袁⋯　Ⅲ.①黄海–海湾–海洋化学–海洋环境–环境演化–研究　Ⅳ.①P736.525②P734

中国版本图书馆 CIP 数据核字（2016）第 085559 号

责任编辑：周　杰　李晓娟／责任校对：邹慧卿
责任印制：肖　兴／封面设计：铭轩堂

科 学 出 版 社 出版
北京东黄城根北街 16 号
邮政编码：100717
http://www.sciencep.com
中国科学院印刷厂 印刷
科学出版社发行　各地新华书店经销
*
2016 年 7 月第 一 版　开本：787×1092　1/16
2016 年 7 月第一次印刷　印张：25 3/4
字数：600 000
定价：180 元
（如有印装质量问题，我社负责调换）

前　　言

　　海湾作为三面环陆一面环海的海域，其沿岸区域往往是社会经济高度发展的发达地区，受到人类活动的影响强烈，不仅承受了大量来自陆源河流及排污口注入的工农业/生活固体废物和污水，也接收了大气干湿沉降输入以及养殖排放的污染物质。海湾生态环境正在发生剧烈的变化，海湾正在承受着来自人类的巨大压力！

　　胶州湾素有青岛母亲湾之称，内有大沽河、南胶莱河等注入，湾口为青岛港（包括青岛大港区、黄岛油港区、前湾新港区和董家口港区四大港区），沿岸政区按逆时针方向依次为市南区、市北区、李沧区、城阳区、胶州市、黄岛区（西海岸新区）。胶州湾环境变化主要来自人为影响和自然变化两大方面，填海造地和近岸海洋工程是导致胶州湾环境变化的主导因素。据报道，1935 年胶州湾的总体纳潮量为 11.8 亿 m^3，最大表层流速为 1.8m/s，1985 年的纳潮量为 9.1 亿 m^3，最大表层流速为 1.2m/s，2008 年的纳潮量为 8.5 亿 m^3 左右，2014 年的纳潮量为 7.6 亿 m^3 左右，仅从胶州湾的纳潮量就足以看出胶州湾的环境在过去几十年发生着明显的变化。

　　就胶州湾的海水化学环境而言，自 1962 年以来，海水溶解无机营养盐浓度均呈现显著升高的趋势，但不同营养盐变化的特征不同。氨氮浓度从 20 世纪 80 年代起逐渐升高，到 2001 年达到顶峰，季度月平均浓度高达 0.26mg/L，随后几年氨氮含量呈现下降趋势。亚硝酸盐和硝酸盐含量在 20 世纪 90 年代之后上升比较明显，尤其是 2000 年之后，升高幅度非常显著。与此相对应，总溶解无机氮浓度从 20 世纪 80 年代起逐渐升高，呈现较好的线性回归关系。磷酸盐和硅酸盐浓度在 20 世纪 80~90 年代中期是下降的，从 90 年代中后期开始，二者皆表现出显著升高的趋势。自 2000 年以来，除氨氮含量出现下降趋势外，其他营养盐浓度增加的幅度进一步提高。营养盐的结构也随之发生变化，胶州湾高的氮磷比自 2000 年以后开始下降，硅氮比有所上升（仍然低于 Redfield 比值），20 世纪 90 年代营养盐比例严重失衡、硅限制的状况有所缓解。将来变化的趋势是胶州湾海水中 DIN 和磷酸盐在未来 20 年会呈现缓慢增加趋势，DIN 年均浓度可能会略低于国家 II 类海水水质标准，磷酸盐年均浓度可能会略高于国家 I 类海水水质标准，氮磷比值会进一步下降，硅氮比会有所升高，胶州湾营养盐比例严重失衡、硅限制的状况将会进一步得到缓解，胶州湾 COD 仍会有缓慢增加，其浓度仍不会超过国家 I 类海水水质标准，石油烃年均浓度可能会超过国家Ⅰ/Ⅱ类海水水质标准，Pb年均浓度可能会超过国家Ⅰ类海水水质标准。

就胶州湾的沉积环境而言，胶州湾沉积环境演变的一个较显著特征是沉积物生源要素的埋藏通量在20世纪初至70年代大致处于一个较低的水平，说明在这期间没有大的环境改变。从80年代开始，由于沿岸工农业的迅猛发展，在人类活动的影响和干预下，胶州湾海水的富营养化程度不断加重，作为与富营养化密切相关的生源要素，其埋藏通量不断增大，这种影响在90年代中末期表现得尤为严重。在此期间，沉积物中生源要素的埋藏通量达到了近百年来的最高值，反映了该段时间内胶州湾的环境污染状况。如总氮的埋藏通量从80年代初的3.931 μmol/(a·cm²)增加到90年代中末期的4.937 μmol/(a·cm²)，有机磷的埋藏通量从80年代初的0.464 μmol/(a·cm²)激增到90年代中末期的1.569 μmol/(a·cm²)，总磷的埋藏通量从80年代初的1.831 μmol/(a·cm²)增加到90年代中末期的5.047 μmol/(a·cm²)。到21世纪初，由于加大了沿岸治污措施，胶州湾的富营养化程度有所减轻，表现为生源要素的埋藏通量显著下降，总氮的埋藏通量已经下降到了3.309 μmol/(a·cm²)，有机磷以及总磷的埋藏通量已经分别降至0.145 μmol/(a·cm²)和1.818 μmol/(a·cm²)，大体恢复到了20世纪80年代的水平，说明近年来城市生活污水、工农业废水以及农用化肥、农药的排放等陆源输入等对胶州湾的影响已经得到了一定的控制，胶州湾的整个生态环境在向好的方向变化。未来20年胶州湾的沉积环境应该变化不大。

就影响胶州湾化学环境演变的重要因素，即海底冲淤、岸线与面积变化等而言，自1990年以来胶州湾多数岸段向海有明显的淤积趋势，在内湾（团岛头与黄岛间连线以北海域）北部河口两侧和黄岛前湾及海西湾内尤为明显，黄岛前湾附近主要是由填海造陆和修堤筑港造成，而内湾北部的变化主要是围海造地引起的。未来20年胶州湾仍将保持湾内以冲刷为主，局部淤积，具体表现为胶州湾内西北部略有淤积，主要集中在大沽河入海口，另外，李村河口也会有少量淤积。一百多年来胶州湾海域面积不断减小，1863年为579km²，1935年为559km²，1971年为452km²，1988年为390km²，2001年为365km²，2012年为343km²。未来20年，胶州湾的水域面积总体变化不大，但较小规模的围填海还会产生，其水域面积会稍有减少，减小的速度将会明显低于近20年。胶州湾的人工岸线将会稍有增加，但总体岸线长度基本稳定，增加的速率也会低于近20年。未来20年，胶州湾的岸线长度和面积将会在195km±5km和340km²±10km²变化。

水动力、气候、生态系统等的变化与胶州湾化学环境演变密切相关。1935~2008年，胶州湾的水交换能力减小了9.2%，平均逐年减少0.13%。从逐年变化率的角度看，1966~1985年水交换平均逐年减少0.33%，1985~2000年水交换平均逐年减少约0.08%，2000~2008年的水交换变化较快，平均逐年减少了0.3%。1935年、1966年、1986年、2000年和2008年的胶州湾水体半交换时间分别是37.0天、36.7天、39.2天、39.7天和40.8天，也就是说经过这些天的水交换就可将整个胶州湾内的水体污染物浓度降低到初始浓度的一半。2008 年的水体半交换时间比 1935 年的延长了 3.8 天，说明随着岸线、面积和海底地形的变化，胶州湾的水体交换能力越来越差。未来 20 年，胶州湾的水动力总体变化不大，主要表现在胶州湾的纳潮量仍会减小，但幅度不大；M_2 分潮的振幅，即潮波从湾口到湾顶的传播时间仍会减小，但变化不会太显著；流场结构变化不会很大，但流速仍会呈有小幅度减小趋势；欧拉余流的"团团转"的多涡结构基本保持不变，位置、强度大小会有很小的变化，最强的欧拉余流仍会出现在团岛附近，最大值在 0.5m/s 左右；水交换能力仍有小幅度的减弱。

就气候而言，近 60 年来胶州湾地区平均气温增加了 1.65℃，线性增温速率为 0.34℃/10 a，高于同期全国平均增温率的 0.22℃/10 a，稍高于全球近 50 年的平均增温率（0.3℃/10 a）。平均气温呈现出两个较为明显的暖期和一个冷期，暖期分别出现在 20 世纪 50 年代末 60 年代初和 20 世纪 80 年代中后期以后，进入 90 年代后温度上升尤为显著，1990～2008 年的线性增温率达到 0.51℃/10 a，较前 30 年的增温速率显著提高。胶州湾四季平均气温均呈增加趋势，但年际变化及增温速率存在较大差异，以冬季增暖最为显著，其次是春季和秋季，夏季最小。未来 20 年胶州湾地区年平均气温仍呈增加趋势，2011～2030 年年平均气温预测为 13.6℃，较 1961～1990 年的平均值 12.0℃增加了 1.6℃，线性倾向率为 0.77℃/10 a，较近 50 年的增温速率增大了 1 倍多，区域东南部的升温趋势要较西北部将更为明显。关于降水变化，未来 20 年胶州湾地区年降水量也有所增加，2011～2030 年 20 年的平均降水量预测为 710mm/a，较多年平均降水量（1961～1990 年）的 701mm/a 相差不多。

胶州湾生态系统中的浮游植物自 1981 年以来总量呈现增加趋势，中肋骨条藻、角毛藻等小型链状硅藻数量呈现增加趋势，波状石鼓藻等暖水性种类的数量持续升高，甲藻类浮游植物数量升高、分布范围扩大，但空间分布格局没有发生明显改变。胶州湾的浮游植物优势种组成发生改变，洛氏角毛藻、密联角毛藻、波状石鼓藻、叉角藻与梭角藻等成为近年来新的优势种。胶州湾浮游动物生物量呈现明显的上升趋势。20 世纪 90 年代的季度月平均生物量为 0.102 g/m³，2001～2008 年的平均生物量达到 0.361 g/m³，约为 20 世纪 90 年代的 3.54 倍。自 20 世纪 90 年代以来，浮游动物生物量增加最显著的季节为春季和夏季，以春季最为明显，秋季和冬季生物量稍有增加，但并不显著。未来 20 年，胶州湾浮游植物总量仍会呈现增加的趋势，且尤以冬季增加更为明显。中肋骨条藻、旋链角毛藻、星脐圆筛藻、柔弱角毛藻、尖刺拟菱形藻、浮动弯角藻等仍会为优势种。此外，甲藻类浮游植物数量会有升高，且分布范围会有扩大。胶州湾浮游动物生物量也会呈现上升趋势，且仍为春季生物量和丰度最高，夏季次之。胶州湾浮游动物多样性呈增加趋势，特别是暖水性种类数量，如水母类增加最为明显。

本书的研究获国家重点基础研究发展计划（973 计划）项目"人类活动引起的营养物

质输入对海湾生态环境影响机理与调控原理"（2015CB452900）课题"营养物质输入通量及海湾环境演变过程"（2015CB452901）、"海湾营养物质迁移转化规律及其环境效应"（2015CB452902）；国家自然科学基金委员会–山东省联合基金项目"海洋生态与环境科学"（U1406403）研究方向"海洋生态环境变化的生物地球化学机制"；青岛国家海洋科学与技术重点实验室项目"鳌山人才"卓越科学家专项的资助，特向以上项目资助表示感谢！

　　本书是集体劳动成果的结晶，近 10 年来中国科学院海洋研究所海洋生物地球化学研究组的多位同志及研究生参与了此项研究，他们是李学刚、戴纪翠、李宁、齐君等，没有他们的付出，本专著不可能完成。同时，书中还参考了若干胶州湾研究学者的研究工作及成果，特向他们表示深深的谢意！书中第 2 章有关营养盐监测资料由山东胶州湾海洋生态系统国家野外科学观测研究站提供，特此感谢！

　　本书由宋金明、段丽琴、袁华茂分工撰写，宋金明撰写第 1 章、第 4 章以及第 5 章的 5.1、5.2 和 5.3 节，段丽琴撰写第 2 章以及第 5 章的 5.4 和 5.5 节，袁华茂撰写第 3 章。段丽琴、袁华茂绘制了全书图表，全书由宋金明统稿。

　　作为我国第一部系统阐述胶州湾化学环境演变的专著，无论从研究的深度和广度，还是采用的技术方法以及撰写者的水平角度，本书还有诸多的欠缺和不足，甚至错误，敬请读者批评指正。

宋金明

2016 年 5 月于胶州湾畔

目　　录

第 1 章   胶州湾及其化学环境演变概述

1.1   胶州湾概况

1.1.1   胶州湾自然地理简况

胶州湾位于山东半岛南岸的黄海之滨，其以团岛头（120°16′49″E，36°02′36″N）与薛家岛脚子石（120°17′30″E，36°00′53″N）连线为界、与黄海相通的半封闭式海湾，胶州湾又以团岛头和黄岛的黄山咀连线分为内湾和外湾。内湾中有沧口湾、阴岛湾，外湾有黄岛前湾、海西湾等小湾，湾内原有的阴岛（红岛）、团岛、黄岛均与陆地相连，在其北部建有跨越东西两岸的胶州湾大桥、南部口门附近有胶州湾隧道（图1-1）。

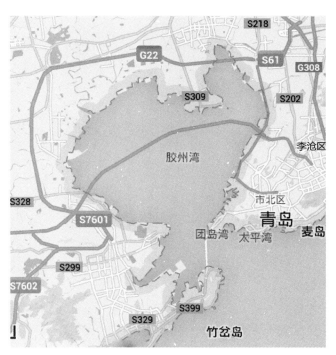

图 1-1   胶州湾略图

胶州湾环湾地带为青岛市辖的区市，沿岸自东向西分别与青岛市市南区、市北区、李沧区、城阳区、胶州市、黄岛区相邻，其东侧和南侧陆域为崂山山地和珠山山地，北部和西部则为胶莱河平原及丘陵。胶州湾海岸多为基岩，潮间带较窄，属于侵蚀海岸或稳定海岸，仅红石崖以北至山角底为粉砂淤泥质海岸。胶州湾北部为淤泥粉砂质海岸，潮滩较宽，因受大沽河和洋河泥沙来源影响，岸滩逐渐淤涨，为淤涨海岸。红石崖至辛岛东海岸为沙质海岸，海岸相对稳定。胶州湾区域具明显的海洋性气候特征，累年年平均气温12.3℃，平均降水量755.6mm。风的季节性明显，春夏基本一致，盛行 SE 向风；秋冬基本一致，盛行 N—NW 向风。此外，台风、暴潮、寒潮、海冰也是这一区域较为常见的灾害性天气现象。

胶州湾沿岸水系较发达，尤以北侧陆区河流较多，呈放射状辐聚汇流于海湾，但无大河入海，影响其泥沙来源和水文状况的河流主要是山溪性雨源河流，如洋河、南胶莱河、大沽河、墨水河、白沙河、李村河等，其中最大的是大沽河，其次是南胶莱河、白沙河，这些河流均从团岛—黄岛一线以北注入胶州湾的，在其以南入湾的河流只有辛安河，流域面积为 58km^2（图 1-2）。

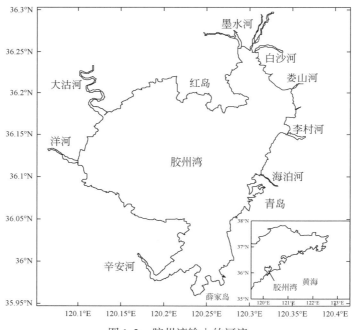

图 1-2　胶州湾输入的河流

胶州湾湾内平均水深 7.0m，最大水深在湾口附近，局部可达 71m，总体地貌特征呈簸箕形直倾斜在湾口区又转而东倾斜，海底地形总的特点是除湾顶部分外，东部深、西部浅，10m 以浅至潮间带之间的水下浅滩地形缓慢倾斜。在黄岛前湾和海西湾，绝大部分水深小于 5m，水下地形呈坡状且坡度平缓，平均坡降 1.0‰ ～ 1.25‰。胶州湾东西宽约27.8km，南北长 33.3km，高潮岸线长 239km，平均低潮岸线长 162km，其中，岩石呷角岸线占 2/3 以上，目前水域面积为 380km^2，0m 等深线以下的水域占 78.1%，−5 ～ −10m

水域占 7.5% ，–10m 以下水域面占 14.4% 。

胶州湾主要受控于两大波浪系统：一个是湾内产生的小尺度短风区的自生风浪，周期小，成长发展快；另一个是以涌浪形式传入湾内的外海风浪，周期较大，波高较湾内自生浪大。据实测资料，其强浪向为 E，最大波高为 3.1m；次强浪向为 NNE，最大波高 2.2m。常浪向为 SE，频率为 21%，次常浪向为 NW，频率为 17%。胶州湾的波浪主要是小浪，中浪很少，十分之一大波波高小于 0.5m 的频率为 90% 左右，大浪只有在台风天气才偶然出现。胶州湾潮汐属规则半日潮，有低潮日不等现象，一般平均高潮位位于海图零点以上 3.8m，平均低潮位位于海图零点以上 1.02m，平均潮差 2.78m，最大潮差可达 4.75m。潮流总的特点是涨潮流速大于落潮流速，涨潮时小于落潮时，一般短 1～2h，黄山咀附近最大涨潮流速为 276cm/s，发生在 9 月份，一般比最大落潮流速大 15cm/s 以上。潮流的基本运动形式为往复流，最大潮流流速方向与海岸线平行，在转流期间湾顶附近海域有旋涡形成。在外湾口、内湾口和中沙礁两侧的深水通道形成三处强流区，均为比较典型的往复流，流速可达 191cm/s。而在胶州湾的一些小海湾，如海西湾、黄岛前湾、胶州湾的西部（红岛至红石崖以西）海域，形成弱潮流区，大潮平均流速一般不超过 20cm/s。胶州湾主要气象水文要素见表 1-1。

表 1-1　胶州湾主要气象水文要素

项目	春	夏	秋	冬	全年
盛行风向	SE	SE	N	NNW	SE
频率/%	16	22	15	19	12
平均风速/(m/s)	5.5	4.8	5.7	6.1	5.5
最大风速/(m/s)	28	38	28	28	38
风力≥8 级天数/d	9.8	5.4	11.6	12.7	39.5
平均气温/℃	9.8	21.3	16.3	1.0	12.5
最高/最低气温/℃	32.4/–7.0	34.3/10	34.3/–12.3	16.0/–16	15.8/–9.8
平均降水量/mm	97.6	396.4	203.9	34.8	732.7
日最大降水量/mm	60.4	181.5	182.0	24.2	182.0
强浪向/波高/m	NNE/1.4	E/3.1	NE/2.1	NNE/1.9	E/3.1
常浪向/频率/%	SE/33	SE/30	NW/17	NW/31	SE/21
波高<0.5m 的频率/%	22.93	24.02	21.13	20.14	88.22
波高≥1.5m 的频率/%	0	0.03	0.01	0.01	0.05
表层海水温度/℃	12.9～15.9	25～27	9.6～14	2.3～3.3	2.3～27
表层海水盐度	32.0～32.4	31.5～32.3	32.0～32.3	31.8	31.5～32.4

1.1.2　胶州湾生物资源

（1）浮游植物

胶州湾浮游植物有 174 种，在胶州湾南北两翼近海鉴定浮游植物约有 165 种。根据浮游植物的生态特点，可归纳为 3 个生态类群：①湾内优势类群，它们密集于湾内沿海水域，是湾内浮游植物的显著优势种，主要有骨条藻、尖刺菱、双突角刺藻等；②湾外优势类群，其特点是先出现于湾外，逐渐向北分布，主要有几内亚藻、扭鞘藻、双凹梯形藻和波状石鼓藻等；③广布性类群，在湾内外出现频率和数量都较高，主要有伏恩海毛藻、翼根管藻印度变型、刚毛根管藻、窄隙角刺藻和聂氏海棒藻等。

（2）浮游动物

胶州湾的浮游动物约有 148 种，主要分布在湾北部。其中原生动物 31 种、腔肠动物 52 种、栉水动物 2 种、轮虫动物 1 种、甲壳动物 53 种、软体动物 3 种、毛鄂动物 3 种、被囊动物 3 种。另有浮游幼虫 26 种。

（3）底栖生物

胶州湾海域底栖生物有文昌鱼群落、海蛹–扇栉虫群落、细雕刻肋海胆–日本本棘蛇尾群落、菲律宾蛤仔–日本浪漂水蚤群落、棘刺锚参–胡桃蛤群落、勒特蛤–菲律宾蛤仔群落 6 个群落。

（4）游泳动物

胶州湾海域的游泳生物主要包括鱼类、虾类和某些软体动物等。有鱼类 100 多种，优势种有斑鲫、梭鱼、青鳞鱼和牙鲆等 23 种，构成渔获尾数的 96%。无脊椎动物主要有甲壳类中的虾、蟹类和软体动物中的头足类。大多数是以胶州湾及沿岸海域为产卵、育幼场。中国对幼虾于 4 月份进入胶州湾产卵，新生幼虾于 8 月底移至湾外沿岸海域，完成发育过程，11 月约定进行越冬回游。

（5）湿地鸟类

胶州湾湿地是过境候鸟中途停歇、补充能量的"驿站"和珍稀水鸟的重要越冬区、繁殖区。调查记录到的湿地鸟类有 155 种，包括冬候鸟 34 种、夏候鸟 28 种、留鸟 8 种、旅鸟 88 种。其中，属于国家级重点保护的水鸟有 29 种，一级保护鸟类有丹顶鹤、白鹤、白鹳、中华秋沙鸭等 10 种，二级保护水鸟有大天鹅、灰鹤、蓑羽鹤、鸳鸯、小杓鹬等 19 种。另据调查发现，还有 10 余种全球濒危、稀有繁殖水鸟种群，如黑嘴鸥、黑翅长脚鹬、大杓鹬等。国际鸟类保护联盟的《全球生态区 2000 年规划》中明确将胶州湾湿地划为国际重要鸟区。

1.1.3　胶州湾地形地貌与沉积环境

1.1.3.1　海底地形地貌特征

胶州湾处于华北地台鲁东地盾的海阳–高密拗陷和胶南隆起的过渡，自太古代以来长期处于稳定上升、剥蚀夷平阶段，到了中生代晚期才发生强烈的地壳运动，产生了一系列构造，同时伴随岩浆活动，并在拗陷区沉积了很厚的沉积岩。胶州湾的大地构造属于新华夏系第二隆起带胶东隆起区，断裂构造异常发育。这对海湾形成早期的地貌形态和岸线变化起着主导作用，第四纪以来，胶州湾地区的地壳比较稳定，基本上处于缓慢上升和剥蚀夷平过程。

胶州湾及其周边地区出露的地层主要包括古老的太古界–元古界变质岩系、中生代侏罗系–白垩系的火山碎屑岩系和河湖相沉积岩（该区主要地层单元）以及第四系松散沉积物。东部为崂山花岗岩，北部是火山杂岩，西部是砂岩和砾岩，西南部是变质岩系，南部则是花岗岩和火山岩错杂分布区，西北部为第四系松散沉积区。该区以断裂构造为主，主要发育 NE 向、NNE 向、近 NE 向和 NW 向构造，其中以 NNE 向即墨–流亭断裂为主，基本控制了胶州湾的地质和地貌格局，此外红岛地区的 NE 向断层也很重要。

胶州湾的地形西北浅，东南深，海底地势自北向南倾斜，腹大口小，其西北部有 7 ~ 8km 宽的滩地和宽阔的浅水区。湾口一条深 30 ~ 40m 的深水槽呈 NNW 向伸入湾内，该深水槽在黄岛和团岛之间转向朝北，转折处形成水深达 64m 的深水潭，其东南侧受沧口断裂影响形成陡坎，是湾内景深的地区。在中砂礁西北侧有–40m 深的洼地，湾内自东往西有5 条水道向湾口汇集，而后通向外海，水道之间为凸的正地形，这些水道是胶州湾内潮水涨落的主要通道。根据地貌类型成因分类其海底地貌可分为两大类，即海蚀地貌和堆积地貌。

（1）海蚀地貌

主要分布于湾口潮流通道及其两侧，主要有 3 种：①侵蚀深槽，这种侵蚀地貌是湾区的主要负地形体系，为潮流的主要通道。它是在原始海底地形、地质构造的控制下，由潮流的冲刷作用而形成的冲刷槽，该冲刷槽体自湾口地区起呈带状向湾内延伸，进入湾内后，沿 5 条水道呈指状散开。往 NNE、N 和 NW 方向伸延，其中以 NNE 向的沧口水道延伸最远，沧口水道冲刷槽正好处于控制本区的新华夏构造系内。②侵蚀洼地，个别地段动力条件较强或受构造、岩性等因素影响，侵蚀速度较快而形成的面积较小、深度较大的侵蚀负地形。胶州湾内有两个典型侵蚀洼地：一个是中砂礁西北侵蚀洼地，呈椭圆形，水深30 ~ 40m，另一个位于黄岛和团岛之间的侵蚀深槽中，也呈椭圆形，最大水深 64m，底部为花岗岩。这两处都位于基岩埋深较深处，其在全新世海侵前地势低洼，在海侵后又处于两个潮流涡旋中心，受到长期侵蚀而成为侵蚀洼地。③水下侵蚀台地和岩礁，岩礁大部分在沿岸海区，也有的位于冲蚀海槽内，由基岩组成。胶州湾内发育有许多大大小小的礁石和水下侵蚀平台，如马蹄礁、安湖石、黑孤石、大孤石等。胶州湾内最大的侵蚀平台是中砂礁，位于黄岛东北部，距黄岛 1.9km，中砂礁 20m 水深以浅的面积为 1.05km^2，它原为黄岛岩体的一部分，由崂山花岗岩组成。

（2）堆积地貌

主要分布在海湾顶部水动力条件较弱地段，主要有 2 类：①潮流沙脊，分布于潮流通道水道两侧，呈长条状，规模大小不一。潮流沙脊是由潮流在运动中产生分流或水流扩散造成的水流减缓而形成的埋积体，其组成物质以中粗砂为主，混有一定量的黏土，湾内最大的沙脊位于沧口水道西侧。南北长 15km，东西宽 1.5～2km，两侧地形高差达 20m。②水下堆积平地和水下浅滩，主要分布于近岸浅水地带，这些区域水动力条件较弱，周边河流和岸段冲刷带来大量泥沙形成细粒堆积区，其特点是海底地形平坦，坡度很小，组成物质很细，多为淤泥质粉砂。胶州湾东北部的浅滩因泥沙来源复杂，沉积物质组成也较复杂。这些区域的松散层厚度都在 20m 左右，其中海相层最厚处 10m，如海西湾口，其余为陆相地层。根据水深和地形坡度的大小，该类型又可进一步分为水下浅滩和水下堆积平地。

1.1.3.2　海底地貌对陆相地貌的继承

胶州湾地区没有发现第三纪的沉积，海底最老地层为 18 000a±200a 的晚更新世产物，这样可以推断，形成现在胶州湾海底基岩起伏形态的时间，应在第三纪末至晚更新世前，即喜山运动第二幕。在此地质时期，该区的老构造开始复活，并继承块状断裂，形成了胶州湾断陷盆地的雏型，为今日胶州湾海底地貌奠定了最原始的地形基础。晚更新世开始至距今 15 000a 前，海面要比目前低 130～150m，距今 12 500a 前，海面要比现在低 50m，那时黄渤海海底全部裸露成陆，胶州湾为内陆的一个小盆地。当时的气候与现在相比既寒冷又干燥，基岩岩石出现了风化，产生了风化壳和残积物，低洼处又接受了坡积和洪冲积，现今胶州湾大部分基岩之上都有这层陆相层。晚更新世以来至第四纪最后一次冰期结束，世界性气候也有所波动，那时有众多的大小河流流入胶州湾这个起伏不平的内陆盆地，并带来了大量泥沙，在胶州湾现在海底堆积了以冲积为主的洪冲积层。晚更新世晚期，世界气候开始逐渐转暖，现在胶州湾海底部分地段又出现了湖泊沼泽相沉积。总的来说，全新世海侵前，胶州湾盆地普遍堆积了陆相松散沉积物，其厚度为 10～20m。剖面仪探测证实，现今胶州湾几条水道和水道交汇地区等低洼海底，没有接受该陆相沉积或沉积层较薄，这可能与这些地区基岩岩性难以风化、地势陡峭和水流湍急，松散物质难以沉积有关。但也不能排除海侵后水动力的冲刷侵蚀。第四纪最后一次冰期即玉木冰期结束，海面逐渐上升，胶州湾这个断陷盆地才渐渐被海水淹没而成为海湾。胶州湾海底在新的水动力、泥沙运动等因素相互作用下，产生了新的侵蚀和新的海冲及海湾相沉积，距今 6000a 左右，海侵海水上升到最高高度，当时胶州湾水域范围要比现在大得多。距今 3000a 前海平面又有一次下降，形成海退，而后海面经过几次小波动，逐渐稳定到目前高度。尽管第四纪冰期结束后至今出现了海侵、海退和海平面几次波动，但胶州湾海积平原面积不断扩大。海湾内除部分地段因海退或海平面波动，发生侵蚀基准面下降，引起已沉积的海相层及陆相地层受到侵蚀切割（海平面稳定后又重新得到了沉积）外，湾内浅水水域面积也不断扩展，湾内沟谷、低洼处或为海水进出胶州湾的主要通道，部分地段受到不断侵蚀加深，湾内礁石、岬角区也不断被侵蚀冲刷，胶州湾海底就渐渐发育了与侵蚀、堆积相适应的地貌形态。因此，可以认为海侵前的地形形态，控制了海侵后水动力和泥沙运移的方向、大小，胶州湾不同区域的水动力和泥沙环境也就不一样了，海底也就发育了与水动力、泥沙运动相应的地貌形态，这些海底地貌形态是继承了海侵前的地形形态或在原始地形基础上发育而成。在地貌继承性上，又尤以侵蚀深槽、侵蚀洼地和潮流沙脊最为典型。

（1）侵蚀深槽和侵蚀洼地

胶州湾的侵蚀深槽和侵蚀洼地其基岩埋深和海侵前水深比两侧或周围要深而陡，没有接受陆相沉积或者陆相松散层较薄，海侵前已经是几条（五条）沟谷，当时通入胶州湾内十几条大小河流入，它们的流水汇集到这几条沟谷内向胶州湾口流出。第四纪最后一次冰期结束，全球气候转暖，海平面上升，发生海侵，海水进入胶州湾这个盆地，形成海湾。胶州湾的潮流属正规半日潮，涨潮流速大，落潮流速小，涨潮时间短，落潮时间长，因潮流受到原始地形影响和制约，故在湾口、岬角和水道处形成了许多强流和涡旋流区，最大流速超过 150cm/s，胶州湾口最大流速为 194cm/s。海侵前 5 条流水沟谷现在成为涨落潮流的主要通道，流水通道中流速相应较大，泥沙淤积无几，地貌形态继承了原始地形，成为侵蚀深槽。胶州湾海底现在的侵蚀洼地地貌，也是继承了海侵前胶州湾盆地中的两个低洼地形，海侵后因原始地形对潮流的控制，潮流在洼地处形成急流和涡旋中心，现今该两处还是侵蚀环境。

（2）潮流沙脊

胶州湾内的潮流脊主要是湔礁潮流三角洲和水道之间的沙脊或隆脊。湔礁潮流三角洲，位于岛洱河和黄岛水道之间，湔礁处最底部的基岩埋深为 25m 以浅，到海侵前地形深度是 15m 以浅，也就是海浸前基岩上接受 10m 左右厚的陆相松散沉积，其周围深度都在 15～20m，那时已形成了湔礁隆起的雏形。海侵使胶州湾成为一个名符其实的海湾，涨落潮流通过中砂礁与黄岛之间的黄岛水道，流水到处产生分流扩散并遇隆起，造成水流减缓，泥沙迅速落淤，久而久之，形成了湔礁潮流三角洲。从三角洲构造形态分析，湔礁潮流三角洲是涨潮型。从泥沙来源分析，在胶州湾形成海湾的初期，浪大流急时，湾口地区被侵蚀的松散物可被流挟带入胶州湾内，现在胶州湾口门区海底是基岩，在大风大浪的环境下，水体依然清澈透明，含沙量很少，说明外海和湾口来沙极少。湔礁潮流三角洲形成初期沉积物有一部分是湾口带入的，但是主要泥沙来源是附近岸滩、海底和侵蚀洼地。湔礁潮流三角洲附近的潮流分析得知，该处在一个反时针涡旋流的边缘，东北部是水深 40m 的侵蚀洼地，涡旋在浪大流急情况下，侵蚀洼地的侵蚀物和周围海底泥沙被掀起，随流带入湔礁隆起，又因潮流出现分流扩散，流速减缓，泥沙落淤而产生堆积。沧口和中央两水道之间是隆起的正地形，有人称之为沙脊，也有人称之为隆脊。从地貌形态与原始地形的关系来研究，现在 15m 等深线处，基岩埋深为 30m 以浅，并有两个 25m 深的隆起，最浅为 15m；海侵前，原始地形深度为 20～25m，现在 10m 水深等深线与海侵前 15m 等值线基本吻合，原始地形与两侧沟谷相比，它已是一个长条状的隆起。海侵后，进出胶州湾内的涨落潮流遇该隆起，产生分流，分两股（沧口和中央水道）进出内湾，隆起处流速降缓，引起泥沙落淤，原始隆起的低洼部分逐渐淤高，形成了今日的隆脊地貌。

综上所述，胶州湾的海底地貌是继承了海侵前原始地形的形态，即是原始地形控制着水动力和泥沙运动，而水动力和泥沙运移使得，在原始地形的基础上发育了今日的海底地貌。

1.1.3.3 胶州湾全新世以来的海岸变迁

胶州湾区域全新世海岸变迁大体过程为：①大理冰期之后，全球气温变暖，冰川消退，海面上升迅速，发生大规模海侵，至距今 12 000a，海面上升到 −56m 等深线附近，−56m 以内海底当时还是统一的 "黄海平原"；②距今 12 000~8000a，海平面逐渐上升到现代海平面附近的高度，当时该区地处滨海环境，所以在河口及地势低洼地区普遍发育了滨海陆相沼泽沉积；③距今 8000a 之后，海平面继续缓慢上升，至距今 6000~5000a，海面停止上升，出现一相对稳定时期，即全新世最高海面，高于现代海平面 1.5m 左右，该区沿岸岬角处广泛分布的高程 5m 左右的海成阶地，河口平原地区海拔较高、年代较老的沿岸砂坝，就是在这一时期塑造而成的；④高海面之后，海面缓慢下降，至距今 2500a 以前，已回落到目前的高度，沿岸海湾岬角处的海积、海蚀阶地抬升形成，河口附近则形成由陆到海、由老到新的一系列沿岸砂坝；⑤自距今 2500a 以来，海面处于相对稳定阶段，该区沿海在径流、波浪等外动力因素的作用下，逐渐塑造出现今的海岸形态。

1.1.3.4　第四纪沉积

胶州湾的沉积物以海相成因及陆相冲−洪积成因为主。

（1）沉积物类型及分布

胶州湾内沉积物分为砂砾、中粗砂、细砂、砂−粉砂−黏土、粉砂质淤泥 5 种，其中砂砾、中粗砂主要分布于湾口带，砂−粉砂−黏土和粉砂质淤泥主要分布于湾内及湾顶区域。

砂砾主要分布于黄岛−团岛、团岛、太平角−薛家岛间广大海底，大体呈 WNW—ESE 向分布，与胶州湾口附近涨落潮流急流区的分布范围相一致。砾石形态、大小不一，多数大于 6cm，大者可达 20~30cm，呈棱角状，少数为半滚圆状。中粗砂主要分布于砂砾分布区两侧，在沧口水道与中央水道之间的沙脊上，团岛近岸区分布面积较大，沉积物分选较差，含有大量细砾和碎石，局部地区含大量贝壳碎片。细砂主要分布于黄岛前湾低潮线附近及薛家岛南部近岸地带，砂质分选良好。砂−粉砂−黏土沉积物粗细物质混杂，分布于砂泥底质的过渡地带以及团岛与太平角沿岸浅水区和湾口深水槽前端，由于分选差，砂、粉砂、黏土含量变化大。粉砂质淤泥在胶州湾内广泛分布，其厚度较大，水量高，多呈软塑—流塑状态。

（2）沉积物分布特征

胶州湾沉积物分上、下两个层系，上部土层为海相沉积层，主要沉积物为淤泥质粉砂和粉砂质淤泥，厚度 2~8m，最大不超过 10m。湾内北部此层下部发现有古河道存在，测年为 8460a±300a，属全新世沉积物。下部土层为典型陆相沉积层，主要沉积物为灰黄色粉质黏土或砂砾石层，此层厚度变化较大，一般为 10~20m，局部可达 30m，下伏地层即为基岩（花岗岩或青山组火山岩），^{14}C 测年结果为 11 800a±200a，属晚更新世晚期的沉积物。

由此可见，晚更新世晚期的胶州湾是一个内陆盆地，期间发育了一套冲洪积相的沉积物，至全新世时，由于全球性气候的波动，海平面上升，胶州湾盆地被海水覆盖而变成真正的海湾——胶州湾，从而在之后发育了一套以粉砂质淤泥或淤泥质粉砂为主的海相沉积层。从整个胶州湾来看，湾内覆盖层的厚度变化较大，薄者仅 0.5~1m，厚者超过 20m，沉积物较厚的区域有胶州湾东北部，沉积物厚 26m，黄岛油码头北部附近海域沉积物厚为 18.0m，青岛港沉积物最厚为 23m（5 号码头附近）。所以，胶州湾东北部、西南部和东南部第四纪松散沉积物堆积较厚，而胶州湾中部、南部和西部沉积物厚度较薄，甚至基岩直接裸露海底，沉积物厚度变化的总趋势是南薄北厚。

1.1.3.5 现代沉积物

目前，胶州湾内沉积物自北向南呈带状分布，显示了大沽河等河流输入物质对湾内沉积的影响，其北部及西部分布着细粒沉积物（粉砂，淤泥），呈北东向条带状分布；胶州湾中间（红岛以东）向南至湾口，沉积物颗粒由细变粗，中部向湾口呈带状分布着粗砂，在湾口基岩裸露区外侧，粗砂及砾砂呈舌状向东南突出，显示出潮流对沉积物的冲刷、搬运作用，在胶州湾口深水区，因水深流急，强烈冲刷，常常可见到裸露的基岩，其上有块石。从大范围来看，基岩以 SE—NW 向呈"鞋底形"延伸，自胶州湾口向外沉积物变细，即由粗砂，砾砂变为黏土质粉砂或粉砂质砂、砂–粉砂–黏土。

根据沉积物来源、类型、粒度和成分特征，可将胶州湾分为 6 个主要沉积区：①西部河口沉积区，主要范围是红岛的东大山至大石头一线以西海区，主要沉积物为泥质粉砂和粉砂质泥等细粒物质，围绕大沽河和洋河口呈弧形、条带状分布，重金属含量低。沉积物主要来源于大沽河、洋河、南胶莱河等沿岸河流。②东北部沉积区，位于红岛以东，沧口湾附近。该区沉积物受人类活动影响大，海底存在大量的工业废渣，重金属含量较高，主要来源于墨水河、白沙河、李村河等短小的山溪季节性河流和沿岸工业垃圾排放。③中部水道沉积区，位于大沽河沉积区以东，团岛—大石头以北，为水道主要分布区域。由于该区动力强弱不均，沉积物分布比较杂乱，沙质沉积为主，规律性不强。④湾口沉积区，该区处于湾口强流区，除了基岩石块外，主要分布砂砾、砂、泥质砂和砂质泥。⑤外湾沉积区，包括整个黄岛前湾和海西湾。主要是泥质粉砂沉积，还有少量其他类型的沉积物，如细砂、粉砂质砂等。沉积物主要来源于新安河，该流域比较短，且沉积物较粗。⑥外湾沉积区。该区沉积物复杂，沉积物类型多样，主要来自潮流携带出的湾内物质、沿岸侵蚀和残留沉积再改造。

胶州湾的沉积物主要来源于河流输沙、海岸侵蚀、大气沉降及排入湾内的垃圾，20 世纪 70 年代以前，河流输沙是胶州湾的主要沉积物来源，年均输沙量可达 160 万 t 左右。70 年代以后，由于沿岸河流上游拦水拦沙，各河流输沙量急剧减少，一些河流甚至出现断流现象，河流年均输沙量仅为 3 万 t，而固体垃圾排放成为注入胶州湾的第一大沉积物来源，每年向胶州湾排放的垃圾为 100 万 t 以上。

1.2 胶州湾的开发利用及环境影响

胶州湾的开发利用早在春秋战国时期就有渔、盐的利用，自秦汉时始，唐之后的海运日趋发达，到了清代，胶州湾地区成为南北贸易重镇，也是与朝鲜半岛、日本交通的重要通道。1897 年德国侵占胶州湾，重点进行港口和铁路建设，并开发盐业资源；1904 年修建胶济铁路，1905 年建成大、小港和船坞码头，随后进行了扩建；1908 年，在胶州湾海岸开始围造盐田。到 20 世纪 30 ~ 40 年代，日本占领时期青岛港扩建了中港，青岛城区逐渐出现，周边村落扩展。到了1935年，周边村落密度增大，青岛城区的规模也有所扩展，四方和沧口出现。直到此时胶州湾内水域除了行船和锚地、红岛变成陆连岛，还没有其他开发利用活动。

新中国成立后，胶州湾开始大规模开发利用。20世纪五六十年代是胶州湾大规模围填开发利用的第一个高潮，主要为盐田和养殖用海，沿岸较大的盐场有女姑、南万、东风、东营盐场。20世纪50年代初湾口及沧口水道附近开辟了大型海带养殖场，胶州湾大规模养殖业出现。同时，青岛港也进行了扩建，从20世纪60年代起，对原有码头进行技术改造，并在1966~1968年新建了机械化煤码头（即7号码头），至1976年，建成黄岛一期油码头。20世纪80年代以来，胶州湾开发利用进入第二个高潮期，环湾地带逐渐建成现代化的开放型经济区。20世纪70年代以前，黄岛与陆地并不相连，1972年在黄岛与陆地之间修建了两条拦海大坝，黄岛成为陆连岛。随着海岸带地区经济的高速发展，在胶州湾的北部和西北部开辟了大规模的盐田和虾池，东部沿岸填海修建了胶州湾高速公路，南部相继建起了集装箱码头、黄岛输油码头等海岸工程。就青岛港而言，1985年年底，建成了当时中国最大的件杂货码头——8号码头；1988年年底，建成了当时国内最大的现代化原油输出码头——黄岛二期油码头位；1990年年底，完成前湾新港区一期工程。进入90年代，各类海岸设施逐年增多。据不完全统计，胶州湾沿岸已经完成或正在进行大型填海项目20多项，其中比较大型的有环胶州湾高速公路、青岛港集装箱码头、薛家岛海西湾造船项目等。近几年来，特别是2010年以来，随着海洋环保意识的加强，胶州湾的围填海造地活动日趋减少，胶州湾保护已成为深入人心的议题。

1.2.1　胶州湾岸线与面积变迁

岸线作为主要的海洋资源，随着胶州湾沿岸区域经济的快速发展，胶州湾的岸线发生了很大的变化，目前，胶州湾已成为一个以人工岸线为主的受人类活动极为显著的海湾，胶州湾水域面积持续减少。刘林（2008）、周春艳等（2010）对胶州湾海岸岸线及面积变化做过较系统的研究，以下的结果是结合刘林（2008）对1863~2002年的岸线变化结论以及周春艳等（2010）的研究给出的总结。

1.2.1.1　1863~1935年

1863~1935年胶州湾海岸线主要以自然海岸线为主。1868年胶州湾海岸线总长170km，主要是自然海岸线，以粉砂淤泥质海岸线为主要类型，主要分布在胶州湾东北方向和西北方向的墨水河、大沽河口、洋河、五河头河口位置。基岩海岸线占28%，主要分布在胶州湾湾口、黄岛前湾、薛家岛湾湾口岬角，湾顶多为沙质海岸。此外，在女姑山、罗家营、潮海、东营等地岬角也有基岩海岸。沙质海岸主要分布在红石崖至大石头岸段。1901~1932年陆续修建了青岛港1~5号码头，1935年的海图上开始出现人工海岸线类型，主要发生在青岛港附近。1935年海岸线总长度为186km，主要固青岛港码头的修建，岸线由基岩海岸变为更加曲折的人工海岸线所致。

1.2.1.2 1936~1969 年

1969 年胶州湾海岸线总长 173km，人工海岸线大量增加，占整个岸线的 56%，主要是在淤泥质海岸修建盐田而致，如女姑、南万、东风、东营盐场的修建使胶州湾的人工岸线大量增加。

1.2.1.3 1970~1987 年

1987 年海岸线总长 177km，人工海岸线继续增长，占总岸线长度的 87%，自然海岸线的减少主要发生在胶州湾东侧基岩海岸，期间大港 8 号码头建成，由于港口区位优势和港口的发展，东侧的围填海工程逐年增多。黄岛西侧修建了连岛公路，路两侧也修建了大量养殖池。

1.2.1.4 1988~2008 年

2002 年和 2008 年胶州湾海岸线总长度分别为 204km 和 178km，其中人工海岸线占绝对优势，达到了 90%，海岸线开发利用程度较高。自然海岸线仅存于团岛、薛家岛等岬角。黄岛 3/4 已经与陆地相连，黄岛油码头、前湾港的修建使该地区成为海岸线变化剧烈的地区之一。胶州湾东侧陆续完成了一些填海造陆工程，如东北部电厂煤灰池、沧口港及化工厂填海等。

对比分析可以看出（图 1-3、图 1-4），1863~1935 年胶州湾岸线变化不大，仅西北侧

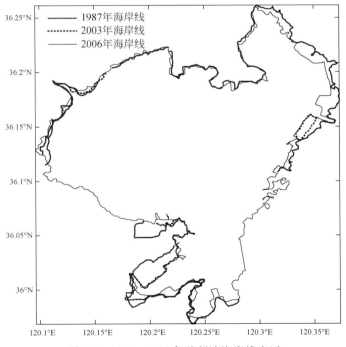

图 1-3 1987~2006 年胶州湾海岸线变迁

资料来源：周春艳等，2010

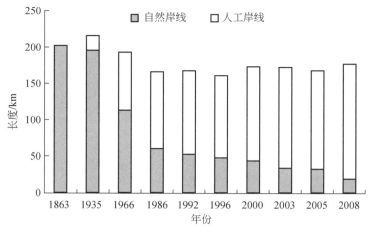

图 1-4　胶州湾 1863~2008 年人工岸线与自然岸线长度的变化

资料来源：周春艳等，2010

因盐田修建有稍许变化；1936~1966 年，由于盐田养殖区扩建，胶州湾西北侧和东北侧岸线有很大变化；1967~1986 年胶州湾西北侧和东北侧盐田养殖区进一步向海扩建，此期间黄岛与大陆相连；1987~1996 年在胶州湾的东侧、北侧和西南侧岸线均有较大变化，岸线普遍向海推进，总体上趋于平直；1997~2000 年岸线变化主要在湾的东北和西南侧；2000~2005 年黄岛区沿岸变化较大；2006~2008 年岸线变化主要体现在黄岛前湾和海西湾填海造陆；至 2014 年胶州湾岸线总长度在 180km 左右。

在胶州湾不同的区域，其岸线变化也不相同，岸线类型也不同（图 1-5）。1967~1986 年，胶州湾东岸经历了较大规模的填海造陆工程，原来的自然海岸已经逐步变为人工海岸，胶州湾东侧岸线大幅度向湾内推进；1987~1996 年，由于环胶州湾高速公路的修建以及其他工程的进行，在东岸市区进行了大规模的填海造陆活动，自然岸线被人工建筑物替代变得平直；1997~2005 年，胶州湾东侧岸线变化较大，海域面积共减少了约 3.6km²，岸线长度

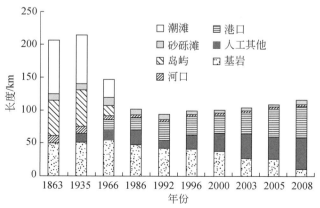

图 1-5　胶州湾 1863~2008 年岸线类型的变化

资料来源：周春艳等，2010

先减后增，总长度基本无变化；2006～2008 年李村河入海南侧填海约 1.3km²，该区域岸段现在基本上都是人工岸线。关于胶州湾北侧岸线，1935 年红岛还是独立的岛屿，1930 年代后期红岛被人工建坝连成陆连岛，并修建盐田虾池，至 1966 年已与陆地相连，1966 年以后养殖池逐渐废弃，该区域岸线变化主要由沿岸养殖池的扩建引起，1935～1986 年是胶州湾养殖池向外扩张的主要阶段，1987～2008 年该区域岸线变化不大。关于胶州湾西南侧岸线，1970 年代以前黄岛是一个孤立的岛屿，后来被人工建坝连成陆连岛，1986 年已经由养殖区与陆地相连，1997 年以后养殖区逐渐废弃，代之以大规模人工填海区域，该段岸线自 1986 年以来变化很大，主要是由黄岛前湾和海西湾围海造地引起的。

1863 年胶州湾的总水域面积为 567.95km²，2008 年为 348km²，在近 150a 的时间里，胶州湾的面积缩小了 38.6%，其中，1935 年以后胶州湾面积缩小速率大约是 1935 年以前的 13 倍（图 1-6）。与之相对应的 2005 年胶州湾的大潮高潮位体积为 $3.196 \times 10^9 m^3$，比 1863 年小 $0.34 \times 10^9 m^3$，体积缩小了 9.62%（表 1-2）。

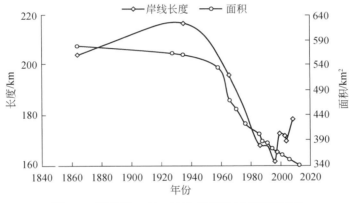

图 1-6 胶州湾 1863～2008 年岸线与面积的变化

资料来源：周春艳等，2010

表 1-2 胶州湾纳潮量的变化

年份	大潮低潮位		平均海平面		大潮高潮位		潮间带面积/km²	纳潮量/km³
	面积/km²	体积/km³	面积/km²	体积/km³	面积/km²	体积/km³		
1863	313.04	2.181	379.25	2.769	567.95	3.539	254.91	1.357
1935	313.06	2.028	391.72	2.612	552.3	3.384	239.24	1.356
1966	310.58	2.054	372.1	2.636	450.03	3.321	139.44	1.267
1986	286.14	2.068	341.56	2.603	388.6	3.223	102.46	1.156
1992	283.98	2.064	339.65	2.596	380.3	3.21	96.32	1.146
2005	282.09	2.09	326.55	2.612	356.6	3.196	74.51	1.11

资料来源：周春艳等，2010

注：相对于 2005 年海图深度基准面，大潮低潮位、平均海平面、大潮高潮位高程分别为 0.6m、2.3m、4m

就胶州湾面积减小或占用海域的情况进行分类统计，可知，1958～2005 年的 48 年胶州湾海湾面积减少了 176.1km², 而 1952～2005 年胶州湾围海造地面积达 147.32km², 可见围海造地是胶州湾面积减少的主要原因（表 1-3）。1952～1966 年，大面积的人工围海兴造盐田，仅 15 年就减少 87.5km² 的水域面积；1967～1995 年青岛地区经济飞速发展时期，29 年间占海面积达 45.28km²。1995 年以后，海洋环境保护力度和意识的增强，胶州湾填海造地规模大幅减缓，胶州湾面积基本稳定。

表 1-3　胶州湾围海造地统计（1952～2005 年）　　　　（单位：km²）

序号	时间段	古用水域名称	占用水域面积	合计
1	1952～1966 年	盐田 陆连红岛	65 22.5	87.5
2	1967～1985 年	青岛港八号码头 石油化工厂 黄岛一期油码头 湖岛垃圾场 陆连黄岛拦海大坝 虾池 其他	2.61 0.39 0.04 0.34 6.25 21.00 0.35	30.98
3	1986～1995 年	环胶州湾高速公路 黄岛开发区 黄岛前港湾 黄岛二期油码头 安庙码头 其他	7.1 2.6 2.5 0.5 0.6 1.0	14.3
4	1996～2002 年	鲁能填海 四方区港 中港第一航务工程局第二工程公司 青岛港集装箱码头 远洋公司码头 红岛渔港码头 前港保税区 薛家岛海西湾北海船厂 团岛海军基地 其他	1.6 0.8 0.18 0.3 1.1 0.03 2.1 0.33 0.1 1.0	7.54
5	2003～2005 年	青岛电厂 海西湾造修船基地 四方区临海工业园 黄岛油罐六期 其他	2.68 1.89 1.82 0.51 0.1	7.0
	合计		147.32	

资料来源：刘林，2008

1.2.2　胶州湾贝类养殖及环境影响

胶州湾的贝类养殖水域占据胶州湾总面积的 1/2 以上，其中菲律宾蛤仔（*Ruditapes philippinarum*）是胶州湾贝类养殖的主要种，在胶州湾生态系统中起着重要的独特作用。

胶州湾水域自 20 世纪 50 年代起进行菲律宾蛤仔的大量捕捞，当时年产不足 2 万 t，自 20 世纪 80 年代开始，采捕量大量增加，1991 年达到 10 万 t（1989 年 9 月的资源调查其资源量为 14 万 t），这期间开始大量的人工增养殖。胶州湾菲律宾蛤仔主要以底播增养殖为主，每年 5~9 月是胶州湾菲律宾蛤仔的主要生长和收获季节。2000 年以来胶州湾菲律宾蛤仔苗种主要来源于福建，苗种规格相对稳定，均约 5000 粒/kg。2003 年产量达到 25 万 t，目前其年产约 30 万 t。

菲律宾蛤仔属滤食性贝类，其以微藻和悬浮颗粒有机碎屑为主要饵料，在海域养殖无需人工投饵，易于实现规模养殖。然而近年来，由于养殖规模和养殖密度增加导致其生长减缓、死亡增加等严重问题产生，且随之带来的养殖海区环境问题不容忽视。贝类养殖对海域环境的影响主要体现在滤水摄食作用对浮游动植物的控制、生物沉积作用和营养盐的再生 3 个方面。

1.2.2.1 滤水摄食对浮游动植物群落的影响

在高密度贝类养殖区，贝类通过滤水摄食作用过滤大量水体。和桑沟湾的栉孔扇贝能在 24h 内滤完整个海湾的水体。在均匀混合的一些海湾，贻贝能在 4~7d 滤完整个水体。由此可见，养殖的贝类通过大量摄食水体中所含的浮游植物，影响甚至控制特定水域浮游植物的生长。据报道，在有大量营养盐输入的浅水海湾，即使出现富营养化，浮游植物的生物量依旧很低，而浮游动物的摄食压力仅占很小的一部分，高密度的贝类滤食压力是出现这种情况的首要原因。研究人员通过围隔实验研究了贝类对浮游动物的调节作用，发现在短时间内贝类最易滤食粒径为几微米的颗粒物，即小型浮游动物和浮游原生动物群落的生长将受到抑制，而长时间来看，由于大个体浮游动物幼体被大量滤食，从而其生长也相应受到限制。我国现阶段养殖海区的贝类在养殖中后期生物量接近养殖容量，因此贝类摄食对海区浮游动植物的控制尤为明显。

1.2.2.2 滤食性贝类的生物沉积

滤食性贝类能将水体中大量的颗粒物收集，通过消化道进行新陈代谢循环。在循环过程中，其中一部分通过消化道经重新"包装"后将这些颗粒物以粪粒（faecal pellets）的形式输送回水体。在一些情况下，许多双壳贝类对海水中的颗粒物质并不是全部摄食，这些未被摄食的物质通过吸入管（inhalent siphon）以不够紧密的形式排出，通常被称为假粪（pseudofaeces）。粪和假粪总称为生物沉积物（biodeposit），而其沉淀到底部的过程被称为生物沉积作用（biodeposition）。水体中悬浮颗粒浓度越大，假粪的比例就越高。部分生物沉积物通过潮流等再悬浮作用又回到水层，部分被矿化分解后以营养盐的形式返回水体，剩余部分以生物沉积物的形式沉积到海底。海洋生物所产生的生物沉积物可能具有重要的营养意义，这取决于它们的营养组成。粪粒有机质可能是其他种类的动物获得能量来源中重要的组分之一，如一些无脊椎动物粪球含有可同化的有机质，可以被该种或其他种类的动物吃掉。

在贝类养殖密集区，生物沉积作用非常明显。如加拿大 Upper South Cove 贻贝养殖区，其生物沉积量是邻近非养殖区的 2 倍以上。而新西兰 Kenepuru 湾和 Marlborough 湾筏式养殖贻贝区与对照海区相比，海底沉积物在化学组成和营养盐释放方面差别都比较大，这极有可能是养殖海区贻贝生物沉积作用的结果。在我国的烟台四十里湾贝类养殖海区，所有贝类生物沉积物累计达到 $5.92 \times 10^4 t/a$。大量生物沉积物的聚集，不但逐渐改变了海底沉积物的物理化学特征，同时还改变了海水的物理化学特征。滤食性生物通过大量的生物沉积，在海洋生态系统中扮演着重要的角色。粪和假粪均可作为微生物的底物，从而刺激细菌的生长，而细菌的生长为底栖动物提供营养食物。生物沉积是底栖沉积食性动物的一种食物来源，而且将同时增加沉积物的数量和质量，进而影响底栖动物的生长与分布。这由以下事实所证明：贻贝床与邻近无贻贝的海底相比，前者生物多样性以及沉积食性动物和较小型底栖生物（meiofauna）的生物量通常高于后者，对于水交换充足而不会缺氧的多数自然贻贝床均如此。然而，在贝类养殖海区，当水交换受到限制时，贝类所排出的粪便将聚积于海底，大量的有机物将增加微生物的活性，进而导致氧的耗尽和大型底栖生物数量的减少。

贝类生物沉积与贝类的丰度、分布范围以及生物沉积速率在时间上的变化有关。有关海区中贝类生物沉积速率（biodeposition rate）的直接测定方法主要有 3 种：第一种方法是从海区中取若干贝放入已过滤的海水中，经短时间（如 1h）后取出贝，收集粪；第二种方法是将贝类放在实验箱内，让海区未过滤的海水不断流入并溢出，一定的时间（如 24h）后，收集粪和假粪；第三种方法是用沉积物捕集器于海区现场测定，用 PVC 圆柱形捕集器测定海底双壳贝类的生物沉积，把贝类个体放在离圆柱口 2cm 的一层网上，然后用一层网片遮盖住 PVC 圆桶圆柱口，将其固定在海底，经过几天（数天至一个月）后取回，收集沉积物，计算生物沉积速率。上述 3 种方法中，第一种方法最为简单，然而误差较大，因为贝类的生物沉积受许多因素的影响，尤其是过滤的海水不能完全反映现场海水的实际情况，而且贝类的生物沉积在一天之内还可能存在节律性。而第二种方法要比第一种可靠，但仍不能真实地反映海区水流、饵料变化等情况。第三种方法尽管繁琐，但由于在海区中现场测定，结果较为可靠，但如果捕集器在海区中放置时间过长生物沉积物有被矿化的可能。一般认为，在捕集器短期放置内（如一星期以内），捕集器所收集的沉积物矿化产生的偏差与为了放置矿化加入防腐剂导致的浮游生物的污染造成的偏差相比要低。研究发现，生物沉积物与海底自然沉积物在质量上差别很大，贻贝生物沉积改变了养殖海域沉积物的特征，与邻近对照海区相比，在贻贝养殖下方的沉积物具有结构细、总密度小和含水量高的特点。

生物沉积作用向海底输送营养物质、促进底层生物群落繁殖的同时，也对水底层溶解氧和营养盐通量产生重大影响。养殖海区的贝类通过生物沉积作用对浮游植物群落结构有明显的影响。浮游微型藻类对高浓度的氨氮（NH_4-N）、硝酸氮（NO_3-N）和有机氮（ON）具有一定的适应性，通常高浓度的氨会限制浮游藻类对氨的吸收。目前已有研究证明，悬浮食性贝类在底栖植物生产中具有积极的效应。贻贝 *Geukensia demissa* 的粪便物质能刺激贻贝所附着藻 *Spartina alterniflora* 的生长。贻贝 *M. edulis* 的存在促进了大叶藻 *Zostera marina* 的生长。美国佛罗里达州的 Saint Joseph 浅水海湾发现半底内动物贻贝 *Modiolus americancus*（平均密度 625 个/m^2）每年所产生的大量生物沉积物能够有效地降低组织碳/氮比（C/N）和碳/磷比（C/P）值，在贻贝最密集的地方，底泥间隙水氨和磷酸盐的浓度比对照区高出 4 倍，这是由于悬浮食性贝类能够充当重要的"能量传递泵"，将水柱中的颗粒有机氮（PON）和颗粒有机磷（POP）输送到底部藻根部位，提高了营养盐的水平，进而促进底栖藻类的生长。

生物沉积产生的生物沉积物可能对水体中的悬浮颗粒物数量有重要的贡献，滤食性生物通过摄食和排粪改变水体中颗粒物的粒度分布，通过代谢将颗粒物转变形成溶解组分（如铵盐等）或生物物质，将水柱中大量的悬浮物搬运到底部，其中包括本应悬浮的高有机成分的较小颗粒物，这些有机物在底层堆积，使得微生物活动加强，增加了底质对氧的需求，因而可能产生缺氧或无氧环境，促进脱氨和硫还原过程的发生，同时，增加了反硝化作用，导致无机营养盐从底质到水体的加速释放。同时，生物沉积作用还可以改变底栖生物群落结构。研究人员在加拿大小型海湾 Upper South Cove 贻贝悬浮养殖海区观察到贻贝筏架下的生物量高于对照海区，且种类也不同于对照海区，被认为首先是由有机质沉积和低氧导致海区环境变化，其次才是对生物群落结构的冲击，总体上讲贝类养殖对底栖生物冲击不大。西班牙的 Rias Bajas 湾沿岸的调查研究也得到了类似的结果。另外，贝类生物沉积作用能够促进底层的矿化过程，使得沉积物向水中释放无机氮营养盐的速率增加，加速了颗粒有机氮向无机氮的转化。贝类自身排泄部分营养盐，在岩礁区牡蛎排泄的 NH_4-N 是无机氮的主要来源。对于沙质和泥质的海滩，贝类排泄与底层矿化相比对营养盐的再生贡献较小。在整个生态系统水平上，底层矿化与贝类排泄再生的营养盐可以成为支持浮游植物初级生产的重要基础。在营养盐缺乏的海区，营养盐再生还可以促进初级生产力的发展。如在北海，根据生物沉积物生产以及生物沉积物的矿化速率，*Balti* 贻贝每年因生物沉积的生产而循环 510tN 和 130tP，这不仅可以满足该海区底栖藻类的营养需求，而且还能满足浮游藻类生产所需 N、P 的 12% 和 22%。又如在南非西海岸海滩，潮下带蛤 *Donax serra* 成年个体总现存量为 $3538gC/m^2$，每年粪生产 $6478gC/(m^2 \cdot a)$，氮再生 $2525gN/(m^2 \cdot a)$（包括粪的矿化和氨的排泄），能满足大型海藻床总初级生产力 3.2% 的总氮需求和浮游藻类 14% 的氮需求。又如加拿大 Upper South Cove 海湾，贻贝养殖海区的海底沉积物 NH_4-N 的通量在夏季最高为 $16.15mmol/(m^2 \cdot d)$，平均比非养殖海区高 $10mmol/(m^2 \cdot d)$。生物沉积物在底部的聚集将增加氧的消耗，加速硫的还原，刺激硝酸盐还原为氨，增加反硝化。现场研究结果表明，由于微生物活动的增强，加速了贝床沉积物中营养盐的再生。大量的测定结果证实，贝床沉积物对营养盐的释放量要比其他类型的海底沉积物高得多。

1.2.2.3 呼吸排泄与营养盐再生

呼吸排泄作用是动物进行能量代谢的基本生理活动，是动物体能量消耗的主要因素。动物体自身通过呼吸作用消耗周围环境氧气，同时带有新陈代谢能量的散失。动物体自身将饵料蛋白分解利用，体细胞组分对饵料中蛋白质和核酸进行降解，最终产生代谢废物排除体外的过程称之为排泄作用。贝类的排泄物主要为氨、尿素、尿酸、氨基酸等。绝大多数双壳贝类的排泄产物为氨，占总排泄量的 70% 或更多。海洋无脊椎动物 N、P 排泄对营养盐循环具有重要意义，特别是 NH_4-N 和无机溶解磷酸盐

（PO_4-P）的再生已得到较为广泛的研究。许多现场的研究结果表明，由于微生物活动的增强，加速了贝床沉积物中营养盐的再生。营养盐再生的生态意义在于对浮游植物营养限制的缓解，从而提高了初级生产力。磷的释放在某些沿海区域是非常重要的，因为磷可能是浮游植物的限制性营养盐。硅的高释放率具有一定重要性，不少研究表明，在很多海湾，典型的浮游植物季节性演替是以硅藻的水化开始的。在滩涂贝类养殖系统中，埋栖性贝类对再悬浮沉积物的摄食可以促进沉积物中有机化合物的分解及沉积物本身的矿化，从而转化为可溶性代谢废物进入养殖水域。埋栖性贝类动物的排泄加速了 N、P 等营养物质的再循环，从而促进了养殖水域中浮游植物、藻类的生长。大量测定结果证明，养殖贝床的沉积物释放氨、硅及磷，而营养盐的释放量要比其他类型的海底沉积物以及室内模拟测定的要高许多。总之，养殖贝类通过滤食作用有可能导致悬浮颗粒物数量的降低，贝类通过生物沉积及矿化作用对底部物理化学环境构成冲击，通过 N、P 排泄加速营养盐的循环。可见，沿岸水域滤食性贝类的养殖可能通过贝类的滤水摄食，呼吸排泄及生物沉积作用等生理活动对养殖水域的物理、化学和生态动力学产生影响（表 1-4）。

表 1-4　贝类养殖对海域环境的影响

过程	直接影响	结果
滤食（局部规模）	局部食物耗尽	贝类生长降低
生物沉积作用	营养盐保留	改变水体无机营养盐比值促进底栖藻类的生长
生物沉积物的矿化	向水体中释放营养盐	增加溶解无机营养盐库
滤食（系统规模）	降低营养盐在藻类生物量中储存	增加悬浮无机营养盐
	浮游植物生物量的下行控制	降低营养盐载荷对浮游植物的上行控制效应
	排除生长慢的浮游植物种类	改变浮游植物的组成
无机营养盐库的改变	初级生产力的改变	养殖容量的改变

周兴（2006）对胶州湾菲律宾蛤仔（*Ruditapes philippinarum*）养殖的生物沉积及环境影响进行过系统研究。现场生物沉积实验测定表明，在胶州湾红岛区域，大、中和小规格菲律宾蛤仔生物沉积速率分别为 121.6 ~ 1527.4mg/（ind·d）、49.5 ~ 902.1mg/（ind·d）和 14.2 ~ 653.9mg/（ind·d）。胶州湾红岛海底沉积物有机质含量为 3.1%，自然沉积物中的有机质含量为 5.7%±1.1%，而小、中和大规格菲律宾蛤仔生物沉积物的有机质含量大约分别为 6.2%±1.2%、5.9%±1.3% 和 6.1%±1.4%。大、中和小规格菲律宾蛤仔生物沉积物总磷（TP）含量分别为 399ppm±26ppm[①]、372ppm±16ppm 和 345ppm±15ppm。菲律宾蛤仔生物沉积物中的有机磷（OP）明显高于对照沉积物的 OP 含量，大、中和小规格蛤子生物沉积物中的 OP 含量分别为 80ppm±17ppm、92ppm±12ppm 和 102ppm±10ppm。对于 OP 在 TP 中的比

---

① 　1ppm = 1×10^{-6}。

例，生物沉积物要明显高于对照沉积物，前者值为 23% ~ 25%，而后者仅为 20%。生物沉积物中的碳氮比（C/N）值略高于对照沉积物的 C/N 值，对照沉积物为 12.4%，而生物沉积物的 C/N 值为 13% 左右。而对照沉积物中的 C/OP 和 N/OP 要明显高于生物沉积物中的值。菲律宾蛤仔生物沉积速率呈明显季节性变化，其与软体干重呈异速方程关系，a 值的变化为 0.85 ~ 4.50（平均为 2.32）。

2003 年胶州湾菲律宾蛤仔产量约为 25.2 万 t（湿重），夏季菲律宾蛤仔软体干重与湿重的比值约为 0.07。按实验所测定的中规格菲律宾蛤仔生物沉积速率计算，胶州湾蛤仔养殖区（平均密度按 600ind/m² 计算）单位面积（m²）的生物沉积速率平均为 176g/（m²·d），对于整个海湾将有 1.2 万 t 的悬浮颗粒物通过贝类的滤食和排粪作用沉积到海底。养殖海区沉积物有机质和 C、N、P 的含量明显高于非养殖海区沉积物含量，其 C/N、C/OP 和 OP/TP 一般也比非养殖海区站位高。

很显然，对于半封闭的胶州湾，大规模菲律宾蛤仔的滩涂养殖所产生的生物沉积物聚集于海底会对海域底部的物理化学和生物环境产生巨大影响。

1.3　胶州湾化学环境演变概况

胶州湾受人类活动的影响极为显著，其水体、生物类群、沉积物等组成都发生了重大变化，从中国近海研究的角度，可以毫不夸张地说，胶州湾海洋系统的调查研究是我国最为深入系统的。已有的调查研究从物理、化学、生物、生态等不同角度，剖析了胶州湾环境演变的过程。就从化学环境演变角度而言，目前对胶州湾水体营养盐变化及沉积物环境演变的研究报道最多。

1.3.1　胶州湾营养盐长期变化

自 20 世纪 30 年代开始，胶州湾就有海水营养盐检测的零星数据，至 20 世纪 60 年代开始，便有了系统的营养盐监测资料，至今已连续观测 50 余年，这为探讨胶州湾营养盐长期变化奠定了基础。

孙晓霞等（2011b）详细报道过 20 世纪 60 年代至 2008 年胶州湾的营养盐变化过程及趋势。图 1-7 是 1962 ~ 2008 年胶州湾营养盐的长期变化趋势图，可见，近几十年来氨氮、亚硝酸盐、硝酸盐、磷酸盐、硅酸盐浓度均呈现显著升高的趋势，但不同营养盐变化的特征不同。氨氮浓度从 20 世纪 80 年代起逐渐升高，到 2001 年达到顶峰，季度月平均浓度高达 0.26mg/L，随后几年氨氮含量呈现下降趋势。亚硝酸盐和硝酸盐含量从 20 世纪 90 年代之后上升比较明显，尤其是 2000 年之后，升高幅度非常显著。与此相对应，总溶解无机氮浓度从 20 世纪 80 年代起逐渐升高，呈现较好的线性回归关系。磷酸盐和硅酸盐浓度在 20 世纪 80 ~ 90 年代中期是下降的，从 90 年代中后期开始，两者皆表现出显著升高的趋势。自 2000 年以来，除氨氮含量出现下降趋势外，其他营养盐浓度增加的幅度进一步提高。

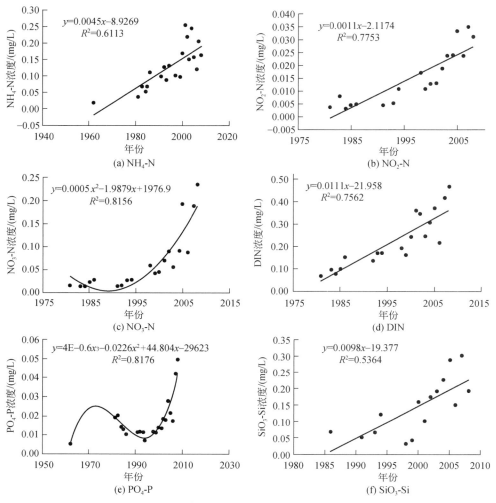

图 1-7　胶州湾表层海水营养浓度的变化

资料来源：孙晓霞等，2011b

比较不同时期胶州湾营养盐含量的变化（表 1-5），与 20 世纪 60 年代、80 年代和 90 年代相比，2000 年后氨氮含量分别增加了 9.21 倍、1.72 倍、0.75 倍，无机磷酸盐含量分别增加了 3.54 倍、0.59 倍、1.33 倍。与 20 世纪 80 年代和 90 年代相比，2000 年后硝酸盐含量分别增加了 4.76 倍和 2.65 倍，亚硝酸盐含量分别增加 4.35 倍和 1.53 倍，DIN 含量分别增加 2.50 倍和 1.21 倍，活性硅酸盐含量分别增加 1.88 倍和 2.16 倍。

表 1-5　不同时期胶州湾营养盐含量的比较　　　　　　　　（单位：mg/L）

营养盐	20 世纪 60 年代	20 世纪 80 年代	20 世纪 90 年代	21 世纪初	21 世纪初比 20 世纪 60 年代增加的倍数	21 世纪初比 20 世纪 80 年代增加的倍数	21 世纪初比 20 世纪 90 年代增加的倍数
NH_4-N	0.0185	0.0694	0.1078	0.1888	9.21	1.72	0.75
NO_2-N	—	0.0045	0.0095	0.0241	—	4.35	1.53
NO_3-N	—	0.0204	0.0322	0.1176	—	4.76	2.65

营养盐	20 世纪 60 年代	20 世纪 80 年代	20 世纪 90 年代	21 世纪初	21 世纪初比 20 世纪 60 年代增加的倍数	21 世纪初比 20 世纪 80 年代增加的倍数	21 世纪初比 20 世纪 90 年代增加的倍数
DIN	—	0.0943	0.1495	0.3305	—	2.50	1.21
PO_4-P	0.0054	0.0154	0.0105	0.0245	3.54	0.59	1.33
SiO_3-Si	—	0.0681	0.0621	0.1962	—	1.88	2.16

资料来源：孙晓霞等，2011b

　　胶州湾营养盐含量在一年不同月份也有较大的变化（图 1-8），各季节营养盐的含量都有增加，其中氨氮浓度在各个月份的增加比较均衡，硝酸盐和亚硝酸盐浓度的增加主要体现在夏季和秋季，磷酸盐浓度的增加在春季较为显著，硅酸盐浓度在春季、夏季和秋季的增加均比较显著。

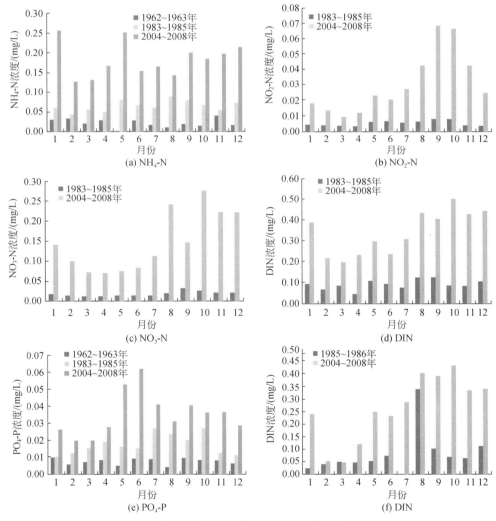

图 1-8　胶州湾营养盐月际变化特征

资料来源：孙晓霞等，2011b

近几十年来，胶州湾营养盐的结构也发生了巨大的变化，1981~1984 年 N/P 的变化范围为 9~18，保持在 Redfield 比值（16）附近波动（图 1-9）。1984~2001 年，胶州湾 N/P 的年平均值呈显著上升趋势，最高值出现在 1994 年，达到 64.49；其次是 2001 年，达到 57，严重偏离 Redfield 比值，造成胶州湾氮磷比例的严重失衡状态。2001 年之后，随着氨氮排放的降低，DIN 含量增加的幅度变缓，N/P 开始下降，2007~2008 年已降至 20.1，N/P严重失衡的状态得到缓解。硅磷比 Si/P 的变化呈现一种波动状态，20 世纪 90 年代中期，由于硅酸盐的含量很低，Si/P 处于较低的状态，2000 年之后，随着硅酸盐含量的增加，Si/P 逐渐升高，但 2005 年之后有所下降。Si/N 从 80 年代至今一直低于 Redfield 比值 1，尤其是 1998~1999 年，仅为 0.08 和 0.14，2004 年之后，Si/N 上升，基本保持在 0.4 左右。相对于 DIN 含量，硅酸盐所占比例仍然较低。与 1983~1985 年相比，20 世纪 90 年代 N/P 在冬季和夏季的升高较为显著，但与 20 世纪 90 年代相比，2004~2008 年 N/P 在春、夏和秋季均出现下降的特征。与 20 世纪 90 年代相比，Si/N 在春季、夏季和秋季均表现出显著的升高。Si/P 则呈现春、夏季升高，秋、冬季降低的变化特征。

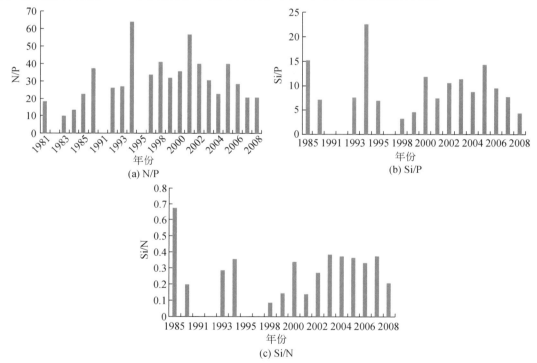

图 1-9　胶州湾营养盐的结构的变化
资料来源：孙晓霞等，2011b

随着胶州湾受人类活动影响程度的增加，营养盐的水平和结构均发生了很大变化：一是胶州湾溶解无机氮（DIN）、磷酸盐和硅酸盐的含量持续上升，但 2001 年后氨氮含量开始下降，硝酸盐、磷酸盐和硅酸盐含量升高幅度加大；二是营养盐结构的改变，2000 年以后 N/P 开始下降，Si/N 有所上升（仍然低于 Redfield 比值），20 世纪 90 年代营养盐比例严重失衡、硅限制的状况有所缓解。

1.3.2 胶州湾沉积环境演变

多年来，人们对胶州湾海域海流、沉积物、周边地质及环境质量方面进行了广泛的调查和不懈的研究，有大量关于胶州湾及相关问题研究的报道。近几十年来，中国科学院海洋研究所（1957~2003 年）、中国海洋大学（1976~1980 年）、国家海洋局第一海洋研究所（1980~1982 年）等许多海洋研究机构，对胶州湾包括沉积物在内的生物地球化学指标进行了全面系统的调查和研究，获得了大量的实测研究数据（戴纪翠等，2006a）。

胶州湾水域水动力条件较为复杂，沿岸以淤积质海岸、基质海岸为主，湾内沉积物的类型较多，主要以黏土质粉砂和砂粉砂质黏土为主，另外，还有砾石、砂砾、粗砂等，并且从湾口向湾内、湾外，沉积物的颗粒逐渐变细，这种分布形式主要与沉积物的来源和水动力情况等因素有关。胶州湾的沉积物蕴藏着丰富的物源信息和古环境信息，但由于物质来源十分复杂，且受控的因素很多，因此，如何从复杂的信息中识别出有效的物源和环境描述，进而推测地质历史时期和胶州湾沉积物的物质来源和环境演变，并指导胶州湾未来的发展趋向都具有十分重要的研究价值和科学意义。

海洋沉积物在海洋动力条件下被侵蚀、搬运、堆积过程及其对自然环境的影响是国际地圈生物圈计划（IGBP）关注的内容之一。胶州湾一直以来被誉为青岛发展的"摇篮"，由于其所处的地理位置的特殊性，加之近期强烈的人为干扰引起的胶州湾生态环境的巨大变化，一直是学者和社会各界所关注的热点。20 世纪 50 年代以来，陆续开展了对胶州湾的区域性海洋调查。这些调查在不同程度地进行了近岸海域地质调查研究的同时，还做了大量的沉积环境的地球化学方面的研究工作，探讨了胶州湾的地质地貌、成因、同位素、放射性核素、污染物以及沉积环境演化特征。

海洋沉积环境变化的信息广泛记录在沉积物的粒度、沉积速率、地球化学、矿物、介形虫、藻类、孢粉、表层古水温、碳氧同位素、有机碳、碳酸盐及碳氮比值等指标中，但是不同的指示因子对海洋环境演变的响应不同。研究这些指示因子能在一定程度上了解胶州湾海洋沉积环境变化的过程，从而为它的发展趋势和预测提供背景资料。

1.3.2.1 生物学参数

关于胶州湾沉积环境演变的生物学指示因子的研究相对较少。应用胶州湾岩芯沉积物的^{14}C、古地磁测量、微体古生物、氨基酸和粒度等对胶州湾的形成演变进行研究，表明在表层沉积物中有孔虫和介形虫化石含量丰富，有易变筛九子虫、异地希望虫等；介形虫有方地豆艳花介、宽卵中华丽花介等。有孔虫和介形虫的分布组合反映的是封闭水域的生物特征，与当今的胶州湾的生物十分接近；中层沉积物中的有孔虫含量降低，分异度值也减小，下部有纯净小玻璃介出现，已变为陆相沉积环境；下层中未发现化石，发现有植物的果核及植物碎屑，已经属于陆相沉积环境。

1.3.2.2 地质动力参数

从沉积动力学和地貌学的观点来看，胶州湾是一个潮汐汊道系统。由于其沉积速率较低，属于缓慢淤积的海湾。胶州湾进入地质历史发展阶段以来，从地层、构造形变、岩浆活动及变质作用方面的地质综合记录，可将胶州湾地质历史发展及演变划分成3个阶段：第一阶段太古–元古代结晶基底的形成及形变；第二阶段中生代构造强烈，岩浆活动频繁；第三阶段新生代构造活动减弱，升降差异活动仍存在。

20世纪80年代初，对胶州湾中的3个岩芯进行了多种要素的分析获得有关沉积环境演变数据（表1-6）。从表1-6中各要素的垂向分布特点，可以了解胶州湾的形成和演变过程。胶州湾浅地层分为上更新世统和全新世统两层，在更新世统，胶州湾沉积物为以河流相为主的砂砾沉积，顶部有陆相纯净玻璃介，以植物碎屑、果核、蒿属花粉为主，是寒冷干燥的产物；在全新统，胶州湾以粉砂质及黏土质粉砂为主，含有大量的海相有孔虫和介形虫化石，氨基酸含量比陆相层低。据此，可将近两万年以来胶州湾的沉积环境分为4个阶段：①陆相，该阶段胶州湾气候寒冷干燥，近岸的植被以草原为主；②三角洲沼泽相，该阶段胶州湾气候凉冷、湿润，含少量的针叶林的森林和草原；③海陆过渡相，气候温和略干，胶州湾已近雏形；④海湾相，气候温暖略湿，植被以针叶林为主含少量阔叶林，此时胶州湾的海平面已经在现海平面上下波动。

表1-6 胶州湾沉积环境特征

Ⅰ. 黄胶2孔（36°06′08″N，120°15′15″E，位于海西半岛和显浪半岛之间）

深度/m	沉积物类型	中值粒径	黏土矿物含量/%	微体化石和微体古生物	孢粉	^{14}C测年/aBP
0~9.8	青灰色泥质粉砂	~5.0	24	两者含量都较为丰富	孢粉含量丰富	
9.8~13.2	青灰色粉砂质淤泥	~9.0	40~50	较上层减少，在12.4m处发现陆相小玻璃介	9.5~12m为香蒲–松属–藜科孢粉组合带；以下为蒿属花粉优势带	11 000±1000
13.2~14.4	黄色黏土	~9.0	45~50	未发现有孔虫和介形虫	蒿属花粉优势带	18 800±200
14.4~14.9	花岗岩风化壳	—	—	—	—	

Ⅱ. 黄胶3孔（36°07′24″N，120°12′37″E，胶州湾中部偏西北向）

深度/m	沉积物类型	中值粒径	孢粉	氨基酸含量/（mg/g）
0~2.9	表层为黄褐色，下部为青灰色粉砂质淤泥	8~9	含大量孢粉，0~0.5m为松属花粉优势带；0.5~2.5m为松属–转属–藜科–蕨属孢粉组合带	0.058~0.428
2.9~4.9	青灰色淤泥质粉砂	6左右	松属–柏科–蒿属组合带	0.318~0.419

续表

深度/m	沉积物类型	中值粒径	孢粉	氨基酸含量/（mg/g）
4.9~5.9	粉砂质砂	3 左右	—	—
5.9~7.1	泥质粉砂	6~7	栎属-松属-藜属-蕨属组合带	0.598~1.934
7.1~11.0	灰黄色淤泥质粉砂	5~7	上层松属-蒿属-栎属-藜科组合带；下层为香蒲-蕨属-松属组合带	—
11.0~15.4	黄褐色砂砾	0.1~0.8	蒿属花粉优势带	—

Ⅲ. 胶 2 孔（36°06′42″N，120°40′33″E，胶州湾中央水道 10m 等深线附近）

深度/m	沉积物类型	中值粒径	重矿物含量/%	微体化石和微体古生物
0~0.8	粉砂质泥	8~9	0.1~0.3	微体化石十分丰富
2.5~3.0	砂砾	1.6	1.2~3.1	含量较高，主要为有孔虫和介形虫。底部有陆相纯净小玻璃介
3.0~4.4	粉砂质砂	4.4	重矿物含量不高	不含海相微体化石，属陆相沉积
>4.4	主要为粗砂	1.3~1.5	高达 2.9	不含海相微体化石，属陆相沉积

资料来源：戴纪翠等，2006c

（1）沉积物的粒度

沉积物的粒度广泛用于物质运动方式的判定和沉积环境类型的识别，是古环境演变研究的一个重要指标。研究表明，胶州湾内的沉积物种类很多，包括基岩石块、黏土质粉砂、砂粉砂质黏土、粗砂、砂、细砂等类型，并且从湾口向湾外湾内，沉积物颗粒变细，这种分布趋势可能与沉积物的来源和水动力条件等因素有关。目前对于胶州湾沉积物粒度的研究，主要用来说明沉积物的搬运趋势。对胶州湾沉积物进行粒度分析，将胶州湾沉积物分为9种类型，其中海湾中部、西部的沉积物较细，多呈负偏态；口门处沉积物较粗，呈正偏态。采用 Gao-Collins 粒径趋势分析模型，研究该区沉积物粒径趋势所显示的沉积物搬运方向的结果表明：沉积物自东北部河流入口处，有沿东部水道向西、向南搬运的趋势；在胶州湾深水槽的末端也有一个沉积物的汇集区。胶州湾的底质类型分为基岩、砾石、砂和黏土。20世纪80年代以来，国家海洋局第一海洋研究所多次在胶州湾进行浅地层探测，并根据胶州湾沉积物的结构特点，结合浅地层图像和有关资料，将胶州湾基岩以上的地层自下而上分为4层：亚黏土（黏土）、亚砂土、砂砾层，黏土、亚黏土、砂、砂砾互层，淤泥质粉砂层，淤泥质粉砂或粉砂质淤泥层。在淤泥质粉砂层中，出现了侵蚀不整合现象，即在特别是潮流主通道上，该层部分地层或全部，有时甚至下伏地层有被侵蚀而后又重新沉积的现象，说明水动力条件有过明显的变化。微体古生物分析资料表明，该层为海相地层。

（2）沉积速率

沉积速率是海洋沉积学研究的一个重要方面，它可反映当时当地的沉积环境变化。多年来，人们对胶州湾的沉积环境以及沉积速率进行了较为细致的研究。表1-7列出的是用不同方法测定不同时间尺度内的胶州湾沉积速率。

表 1-7   不同方法测定不同时间尺度内胶州湾的沉积速率   （单位：mm/a）

资料来源	胶州湾具体位置	沉积速率	测定方法
王文海（1982）	胶州湾	1.4	输沙平衡法
		0.7～0.9	^{14}C 测年
	黄岛前湾	1～2	输沙平衡法
		0.25～0.9	^{14}C 测年
边淑华等（2001）	胶州湾	10～70	海图比较法
中国海湾志（1993）	胶州湾	3.53～3.62	输沙平衡法
国家海洋局第一海洋研究所（1996）	胶州湾中部	0.74	^{14}C 测年
	大沽河口	2.2	输沙平衡法
	洋河口	3.7	
	辛安河口	2.0	
	墨水河口	0.3	
高抒和汪亚平（2002）	大沽河口	>1	^{14}C 测年
	胶州湾中部，东北部	0.607	
	胶州湾南部黄岛附近	0.25	
李凤业等（2003）	大沽河入海口	7.68	^{210}Pb 测年
	胶州湾中部	6.40	
	胶州湾口门外	5.40	
郑全安等（1992）	胶州湾	14	遥感卫星图像
高抒和汪亚平（2002）	胶州湾	7.43	^{210}Pb 测年

资料来源：戴纪翠等，2006c

　　总结表 1-7 的结果，王文海（1982）据河流输沙量和岩芯 ^{14}C 测年估算的胶州湾沉积速率分别为 1.4mm/a 和 0.7～0.9mm/a；在黄岛前湾，据这两种方法估算的沉积速率分别为 1～2mm/a 和 0.25～0.9mm/a。边淑华等（2001）将 1963 年、1966 年、1985 年和 1999 年的海图进行比较，发现 1985 年前胶州湾处于淤积状态，淤积速率为 1～25mm/a，1985 年后才转入侵蚀状态，侵蚀速率为 20～70mm/a，1963～1992 年不同时期的沉积速率为 1.0～7.0cm/a。国家海洋局第一海洋研究所利用 ^{14}C 法测得胶州湾中部的沉积速率为 0.074cm/a，并用河流输入的沉积物来粗略地估算了大沽河、洋河、辛安河和墨水河附近的沉积速率，分别为 0.22cm/a、0.37cm/a、0.20cm/a 和 0.03cm/a。利用沉积物平衡法估算出 1949～1979 年胶州湾的沉积速率为 0.353～0.362cm/a。高抒和汪亚平（2002）研究表明，胶州湾属于低速沉积速率区，其地壳和沉积环境都比较稳定，根据 ^{14}C 测年的结果，湾顶大沽河口附近的沉积速率较大，达到 1mm/a 以上；在胶州湾中部和东北部，沉积速率为 0.607mm/a；在胶州湾南部和黄岛附近，沉积速率较低，为 0.25mm/a。^{210}Pb 测年结果表明，胶州湾的高速沉积区位于大沽河入海口处 5m 等深线附近，近百年的沉积速率平均为 0.768cm/a。

　　胶州湾中部海域的沉积速率为 0.640cm/a，口门外为 0.54cm/a。从整体上来看，胶州湾的沉积速率从西北部到湾中部至湾口门外呈逐渐递减的趋势。应用卫星遥感图像中提取的平均高潮浅水水域面积推算零米以下水域面积，并结合潮位实测资料推算海湾纳潮量和沉积速率的方法，得到了胶州湾 1963～1988 年的平均沉积速率为 1.4cm/a，是 1915～

1963 年的 2.7 倍。沉积速率还直接决定了水深很浅的胶州湾的水面面积。近百年来，胶州湾海域面积急剧减少，海域面积减少了约 40%，滩涂面积减少了 70% 多，纳潮量也减少了近 25%。从 20 世纪 70 年代开始，胶州湾填海速度明显加快，胶州湾的水域面积正以 2.9km²/a 的速度在减少。

由于不同的学者对胶州湾海域研究的区域和测年的手段不同，所以得到的沉积速率即使在同一时期内也不相同。但总的来说，沉积速率近年来已明显加快。主要原因是近年来随着胶州湾周边地区工农业经济的迅猛发展，胶州湾受人类活动影响大大增加，这已成为近 50 年来胶州湾沉积环境演变最重要的一个现象。

1.3.2.3 地球化学参数

许多学者对胶州湾沉积物中重金属的含量水平做了大量研究。在胶州湾河口区表层沉积物中，从河口向外，重金属含量也依次递减，呈舌状分布，其他近海海域也有类似的分布特征。对胶州湾李村河口沉积物柱状样分层测定其中的 Cu、Zn、Pb、Cd、As、Sb、Bi 和 Hg 的含量，并与 20 世纪 90 年代中期的数据进行了对照，发现靠近河口区的重金属含量比离河口稍远的含量高，说明胶州湾沿岸沉积物中重金属主要来自陆源排污。对胶州湾近海及滩涂不同站位表层沉积物中重金属含量的研究表明，胶州湾河口区重金属污染有越来越严重的趋势。随着与海岸距离及水深的增加，重金属含量有减少的趋势，并且河口附近重金属水平较高，进一步说明了胶州湾重金属污染的主要来源是沿岸排污污染所致。胶州湾由于是半封闭的海湾，河流输入各种生活和工业废水，加上空气中多环芳烃（PAHs）的沉降，使得胶州湾海域的 PAHs 的污染日益严重。胶州湾表层沉积物中的 23 种 PAHs 的总含量为 $82 \sim 456 ng/g$，分布趋势是东部高于西部，东岸附近达到最大值，远离东岸浓度降低，在胶州湾入海口处最低。并且研究人员分析了造成这种分布格局的原因主要为胶州湾的污染源绝大部分集中于东岸，会排放大量污染物到东岸附近海域，而且胶州湾的环流系统使东部的污染物很难向西扩散，从而造成东岸附近海域最大值。此外，沉积物的粒度与有机质含量分布也会造成一定的影响。

矿物组成和放射性核素含量可以同时反映沉积物来源与迁移过程。放射性同位素方法与矿物学方法相结合，是沉积物物源判别的强有力手段而被广泛应用。用 γ 谱分析方法测定胶州湾表层沉积物中放射性核素含量以及沉积物粒度和矿物组成分析表明，沉积物中 ^{40}K、^{137}Cs、^{210}Pb、^{226}Ra、^{228}Ra、^{228}Th 和 ^{238}U 的平均含量分别为 688Bq/kg、3.28Bq/kg、61.0Bq/kg、26.5Bq/kg、40.3Bq/kg、44.8Bq/kg 和 39.2Bq/kg；东部海区沉积物 ^{40}K、^{137}Cs 含量比其余海区低，但 ^{210}Pb、^{226}Ra、^{228}Ra、^{228}Th 和 ^{238}U 比其他海区高。沉积物粒度分析结果表明，小于 0.063mm 粒级占 80% 以上。除湾东部样品中的 ^{210}Pb、^{226}Ra、^{228}Ra、^{228}Th 和 ^{238}U 之外，粒径小于 0.063mm 部分样品中的放射性核素含量高于粒径大于 0.063mm 部分。胶州湾表层沉积物与流域土壤放射性核素含量水平一致，所以胶州湾沉积物主要物源为流域陆源碎屑。靠近青岛市的东部海区沉积物放射性核素含量和矿物组成均与其余海区明显不同。放射性核素含量与矿物组成具有相关性。

总之，目前关于胶州湾沉积环境的演变研究相对较少，而对沉积物中各种生物、地质、地球化学方面的研究也仅限于对表层沉积物中的各要素的平面分布特征的研究，而对其柱状样的垂向分布的研究较少。因此，在以后的研究中，通过研究这些指示因子的垂向分布，并结合测年技术，将成为研究胶州湾的沉积环境演变的一个新领域。

海底沉积物中记录的环境变化和地质变化信息可用沉积学、地球化学和古生物学等方法解释。影响沉积环境的因素很多，沉积环境的演化过程则显得更为复杂。任何种类的沉积环境判别标志提供的都只是某些方面的个别信息，虽然这些判别标志都具有一定的稳定性和继承性，同时却又具有可变性。因此必须从多种因素的相互联系、相互制约和动态的观点进行研究才能取得较为符合实际的结果。

海洋沉积环境演变的过程和结果会体现在多个方面，所以需从多个角度综合应用多项环境指标才能较全面地把握整个演变过程。反过来，每项环境指标对气候、环境各有其不同的侧重方向和不同程度的指示意义，尤其是不同区域的环境指标，对区域环境变化的响应往往有较大差异，如何以区域为基础单元，把这种响应关系定量地表示出来，应成为海洋沉积环境演变研究领域的一个深入方向。

胶州湾沉积环境的演变特点是自然与人为影响兼具，工业革命前主要表现为纯自然的变化，其后人为影响明显加剧，特别是近几十年来，表现尤为明显。近年来对胶州湾环境演变的研究已经取得了很大的进展，但目前的研究主要停留在诸如生源要素、浮游生物等的含量和时空分布规律上，以水体中的研究较多，以定性描述的比较多，定量研究的较少。在运用各种指示因子对环境评估时，比较单一。若综合利用各种地质、生物、化学的参数对环境进行评价（图1-10），采用多种技术方法进行综合研究，可能在研究胶州湾环境演变上有所突破，这对预测胶州湾未来环境变化趋势、持续开发利用胶州湾意义重大。

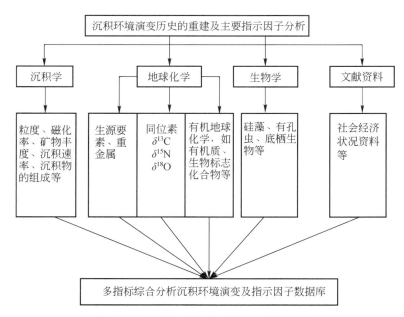

图 1-10　胶州湾沉积环境演变的研究方法

第2章 胶州湾水化学环境及变化

2.1 胶州湾的水环境状况

海水温度（T）、盐度（S）、pH 和溶解氧（DO）的分布及变化反映了海域的主要水文特征。本节主要分析了胶州湾水环境参数（包括 T、S、pH 和 DO）的空间分布和季节分布变化。总体分析表明，胶州湾海域水温的空间结构明显地分为冬季型和夏季型；胶州湾海水温度在四季呈现的趋势为夏季>春季>秋季>冬季；1962 ~ 2008 年胶州湾水温总体呈现升高趋势。胶州湾盐度场的空间结构比温度单纯，全年仅存在一种类型；胶州湾海水平均盐度的季节变化趋势为冬季>春季>秋季>夏季。胶州湾 pH 均在国家海水水质标准中Ⅰ、Ⅱ类水质 pH 范围（7.8 ~ 8.5）内；胶州湾海水 pH 在四季呈现的趋势为冬季>秋季>夏季>春季。胶州湾 DO 含量总体呈现湾内、湾外高于湾口的趋势；胶州湾海水 DO 在四季呈现的趋势为冬季>春季>秋季>夏季。

2.1.1 海水温度

对胶州湾海域水温有较多的研究，总体而言，由于气候条件的季节性变化，胶州湾海域水温分布和变化具有明显的季节特征，但每年的水温空间分布和季节变化趋势比较一致。在春季，胶州湾水温迅速升高，表层水温为 14.81℃左右；夏季湾内表层水温 24.5 ~ 28.1℃，深水区偏低；秋季水温迅速降低，表层水温为 11.3 ~ 18.2℃，垂向趋于均匀；冬季水温最低，表层水温为 1.8 ~ 4.3℃，在强烈偏北风的搅动下水温垂直分布均匀。由于胶州湾的水深较浅，因此各层的水温极值出现时间基本与表层一致。具体空间分布情况如下。

2.1.1.1 空间分布

胶州湾海域的水温变化一方面受与黄海水交换的影响，另一方面又与太阳辐射量、海气感热潜热交换等气候条件及陆地的影响密切相关。各种因子的综合作用，使得胶州湾水温具有明显的年变化特征，季节性差异明显（图 2-1）。

冬季（2月），胶州湾的表层水温结构分布相对均匀，整个海湾的海水温度处于全年的最低期。胶州湾表层水温为 1.8 ~ 4.3℃，湾口和竹岔岛以南为 3.2 ~ 4.3℃。整个海域各层水温的分布大体相似，总的分布趋势为近岸温度低于海湾中部，湾中央又略低于湾口，且水平分布的总体趋势等温线分布较为稀疏，由于受到黄海中相对暖水流入的影响呈舌状由湾口向湾内延伸，湾内的等深线大致平行于岸线。另外，由于冷空气入侵带来的强风搅动作用，全湾水温垂直分布相当均匀，水温垂直分布曲线近似于直线情况，因此各个水层温度水平分布相似。

春季（5 月），西北风减弱并逐渐转向为东南风，胶州湾水温迅速升高，温度为 13.18 ~ 15.80℃，平均值为 14.81℃。由于余流将湾外冷水输入湾内，使得水温呈现从东北近岸向湾口逐渐降低的趋势；在湾口由于强流作用，呈现出从湾口向西北方向的水舌分布。

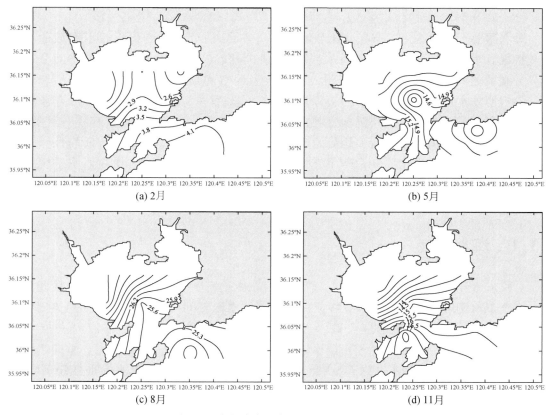

图 2-1　胶州湾表层水温空间分布（℃）

夏季（8 月），整个海域的表层水温为全年的最高值，全湾温差较大，水温分层明显。水温分布的总趋势与冬季相反：胶州湾湾口和中央以及远离岸边的外海区域水温较低，均低于 26℃；近岸特别是湾顶区的水温较高，为 26.2 ~ 28.1℃，平均值为 26.83℃。在风和潮汐的共同作用下，外海涌入的低温水舌自湾口延伸至湾中央。底层水温的分布趋势与表层相似，但由于表层海水受到强烈的太阳辐射影响迅速增温，导致了跃层的出现，跃层的形成进一步阻碍海水垂直方向混合，因此底层的温度明显较表层低。然而，在湾口处的深水区，跃层不明显，可能是受到湾口附近的地形限制和潮汐的影响，导致流速较大，而较大的流速使得混合更加充分，从而没有非常明显的跃层出现。

秋季（11月），由于太阳辐射的逐渐减少，水温回落，胶州湾表层海水温度为11.28~18.20℃，等温线在近岸处非常密集。近岸区由于水深较浅，受陆地降温和河流输入的影响，水温下降很快，呈现出低温的特点。由于东部近岸人口密集工业发达，排污口较多，城市化影响严重，而西部近岸以农田、盐田为主，城市化影响较小，因此东部近岸海域温度要较西部近岸海域偏高。其他海域受陆源影响较小且与南黄海水交换作用明显，呈现出高温高盐的特点，温度等值线向内发生弯曲，自东南向西北呈舌状分布。

综合来看，胶州湾海域水温场的空间结构明显地分为两种类型：冬季型和夏季型。前者出现在10月至翌年3月，后者出现在5~8月，4月和9月为这两种类型的过渡期。

冬季型水温结构的主要特征表现为水温分布比较均匀，全湾水温较低，其值比较相近。水温平面分布的总趋势是近岸低于远岸，湾中央略低于湾口；等温线较稀疏，呈舌状自湾口向湾内伸展，湾内等温线大致与岸线平行。冬季型水温结构的另一个特征是整个海湾水温垂直分布比较均匀，因此各水层温度的平面分布趋势也十分相近。

夏季型水温结构的最大特点是全湾水温较高，温差较大，水温分层较明显，等温线的平面分布趋势虽然与冬季大致相似，但水温值的分布格局却与冬季相反，即水温近岸高于远岸，湾中央高于湾口，低温水呈舌状自湾口向湾中央伸展。底层水温的分布趋势与表层极为相似，但其温度值明显降低，特别是湾口区。夏季型水温结构的另一特点是全湾水温随深度增加而降低，即水温在垂直方向上呈负梯度分布。总的来说，夏季型海水温度的垂直梯度都不大，一般都小于0.2℃/m，但在局部海域，特别在盛夏期间，由于表层海水受强太阳辐射的影响迅速增温，导致在0~10m水层内出现水温垂直梯度大于0.2℃/m的现象，即形成温跃层现象。

2.1.1.2 时间变化

胶州湾海域水温因受太阳辐射、黄海水入侵及潮流等影响具有明显的日变化、季节变化和年际变化。

（1）日变化

胶州湾水温的日变化主要是受太阳辐射和潮流的影响。杨玉玲和吴永成（1999）对1991~1995年夏季湾口及湾中央区水温日变化进行了观测和分析。表层水温主要受太阳辐射影响，日极值出现的时间较有规律，日最高值多出现在14时前后，日最低值多见于5时前后。表层以下各层水温受潮流的影响较明显，日极值的出现时间不如表层有规律，主要是在每昼夜出现两个高值和两个低值，而且极值出现时间随潮时而变。水温日变幅以表层为最大，在1.4℃左右，随着深度增加水温日变幅缓慢变小，底层水温日变幅降至0.9℃左右。

（2）季节变化

冬季胶州湾的表层水温最低，为1.8~4.3℃；春季西北风减弱并逐渐转向为东南风，湾内水温迅速回升，表层水温约为14.8℃；夏季胶州湾水温全年最高，此时表层的水温在24.5~28.1℃；秋季由于太阳辐射的逐渐减少，水温回落，表层水温为11.3~18.2℃，湾中央的水温在12℃左右。外海的海水温度年际变化较小，湾内的水温年变幅的分布则具有区域性，水温季节变幅等值线的分布大致与岸线平行，湾口及湾中央小，沿岸大，并呈现由湾口向湾西北部浅水区逐渐增大的分布趋势。总的来说，胶州湾海水温度在四季呈现的趋势是夏季>春季>秋季>冬季。

（3）年际变化

尽管对胶州湾开展了大量研究，但迄今为止关于胶州湾生态系统长期变化的研究报道极少。孙松等（2011b）对胶州湾1962～2008年水温的长期变化规律进行了如下系统的研究。

1962～2008年，胶州湾表层、底层和平均水温的年际变化情况如图2-2（a）所示。水温的变化趋势在不同水层是相同的，即总体呈现升高趋势，以1980～1990年最为显著。比较不同时期逐月平均水温，与1962～1963年相比，1983～1985年的表、底和平均水温分别升高0.92℃、0.94℃和0.97℃，2006～2008年比20世纪80年代则相应升高0.35℃、0.45℃和0.43℃，幅度不及前20年的一半（表2-1）。

胶州湾不同季节水温的年际变化如图2-2（b）所示，各季节水温的年际变化呈现波动状态。胶州湾水温的升高主要体现在冬季和春季，夏季和秋季水温的变化呈非线性波动。根据线性回归分析结果，胶州湾表层水温从1962～2008年的年平均变率为0.023℃，2月份和5月份的年变率分别为0.065℃和0.056℃。

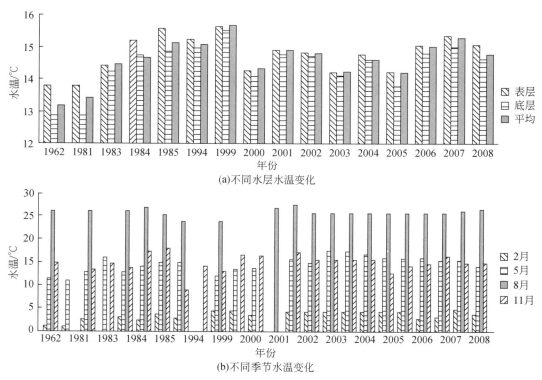

图2-2 胶州湾不同水层水温的长期变化及不同季节水温的年际变化

资料来源：孙松等，2011b

表 2-1　不同时期胶州湾年平均水温的变化（12 个月平均值）　　　（单位：℃）

时间	表层	底层	水体平均
1962～1963 年	13.72	13.20	13.37
1983～1985 年	14.64	14.14	14.34
2006～2008 年	14.99	14.59	14.77

资料来源：孙松等，2011b

2.1.2　盐度

由于受入海径流、降水、黄海水入侵及潮流的综合影响，胶州湾盐度场的空间结构比温度单纯，全年仅存在一种类型。该盐度结构型与冬季型海水温度结构极为相似，其最主要特点是全湾盐度值比较相近，空间分布较为均匀。

2.1.2.1　空间分布

胶州湾海水盐度的变化受降水、蒸发以及黄海水入侵的影响较为明显，入海径流以及市区工业废水和生活污水只对局部海域盐度的变化有一定影响。各种因子的综合作用，使得胶州湾盐度场的空间结构比温度场单纯，只存在一种类型（图 2-3）。盐度的垂直分布较均匀，其垂直分布曲线近似于垂线。

冬季（2 月），胶州湾盐度在 30.42～30.98，平均值为 30.85。盐度由湾东北部到湾口呈明显的梯度增加，在东北部盐度梯度变化大，至湾口处逐渐变小。尽管环胶州湾河流均处在枯水期，陆源输入有所减少，但城市污水的输入仍使胶州湾东北部近岸呈现出高温低盐的特点，而湾口附近海域受陆源影响较弱且与湾外海水交换作用明显，呈现出低温高盐的特征。

春季（5 月），胶州湾盐度在 30.68～30.98，平均值为 30.82，盐度从胶州湾湾内西部向东部和湾口逐渐降低。

夏季（8 月），胶州湾盐度在 28.66～30.03，平均值为 29.60，从大沽河口向湾口逐渐升高。由于正值注入湾内河流的汛期，自然降雨也很充沛，所以夏季盐度和春季相比明显偏低，而且变化范围较大，体现了这一时期大沽河对胶州湾内的淡水输入强于湾外海水随潮汐向湾内的扩散作用。夏季，温盐呈较好的负相关关系（图 2-4）。夏季，陆地升温快且大沽河径流量大，对胶州湾影响明显，在其附近呈现出高温低盐的特点，而东北岸附近河流相对流量较小，所示与大沽河口附近相比，温度略低，盐度略高。湾中部与湾口则受黄海水交换的影响，呈低温高盐的低点。

秋季（11 月），胶州湾盐度在 30.15～30.60。湾内受陆地降温和河流输入的影响呈现出低温低盐的特点，同时在李村河水影响的区域出现一低盐水舌。其他海域受陆源影响较小且与南黄海水交换作用明显，呈现出高温高盐的特点，温盐等值线向内发生弯曲，自南向北呈舌状分布。秋季，温盐关系较为复杂，只呈现出微弱的正相关关系。

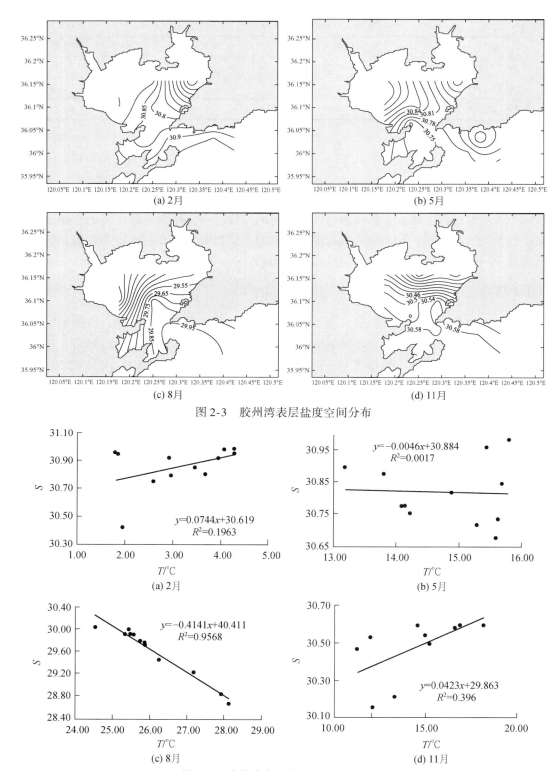

图 2-3　胶州湾表层盐度空间分布

图 2-4　胶州湾表层温度和盐度的关系

2.1.2.2 时间变化

胶州湾海域盐度因受入海径流、降水、黄海水入侵以及潮流的影响具有明显的日变化、季节变化和年际变化。

（1）日变化

胶州湾盐度的日变化主要是受潮流的影响。杨玉玲和吴永成（1999）对 1991～1995 年夏季湾口及湾中央区盐度日变化进行了观测和分析。分析结果表明，胶州湾海水盐度的日变化不如水温显著，它主要受潮流的影响。由于胶州湾属半日潮流区，所以湾内海水盐度的日极值一昼夜内出现两个高值和两个低值。最高值见于高潮时前后，而最低值出现在低潮时前后，海水盐度的日变幅在 0.10～0.15，并呈现出日变幅随深度缓慢减小的趋势。

（2）季节变化

胶州湾盐度的年变化主要受入海径流和降水的影响，此外，黄海水的入侵对湾口及湾中央区也有一定的影响。胶州湾海水盐度的季节变化不如水温显著，但整个海域盐度的季节变化趋势在各个年度较相近。最低盐度多出现在 8 月，最高盐度大多见于 2 月；盐度的季节变幅在 0.5～1.2，且表层略大于以下各水层。总的来说，胶州湾海水平均盐度的季节变化趋势为冬季>春季>秋季>夏季。盐度的这种季节变化与海水水温和该海区降雨量密切相关。湾内盐度季节变幅的分布与水温一样也具有明显的区域性，即盐度的季节变幅以胶州湾湾顶区为最大，自湾内向湾口逐渐减小；在湾外远岸一带盐度的季节变幅仅为 0.5 左右。在垂直方向上，各层盐度的季节变幅虽然差异不大，但仍有随深度减小的趋势。

（3）年际变化

孙松等（2011b）对胶州湾 1962～2008 年盐度的长期变化规律进行了如下研究。1962～2008 年，胶州湾表层、底层和平均盐度的年际变化情况如图 2-5（a）所示，表底层盐度的变化规律相似。从 1962～1981 年开始，胶州湾盐度升高明显，年平均盐度升高 2.13。从 1981 年开始，盐度呈现下降趋势，2007～2008 年的平均盐度与 1962 年的相当。胶州湾不同季节盐度的年际变化如图 2-5（b）所示，盐度的下降主要表现在夏季。对 1981 年以后盐度的变化资料做进一步的线性回归分析，发现 8 月、11 月和年平均盐度的线性变化规律显著，8 月和 11 月表层盐度的年变率分别为 -0.131 和 -0.0549，表层年平均盐度的年变率为 -0.064。

自 1981 年以来，胶州湾的年总降水量呈现增加的趋势，是导致胶州湾盐度降低的重要原因之一。根据年总降水量与盐度之间的相关性分析结果（图 2-6），二者呈现显著的负相关性。除此之外，随着城市化进程的加快和人口数量的增加，青岛市废水排放量与日俱增。根据《青岛市统计年鉴》的统计数据，1985 年，废水排放量为 7029 万 t；1997 年，废水排放量为 15 170 万 t；2000 年，废水排放量为 22 568 万 t；至 2007 年，已达到 31 611 万 t，为 20 年前的 4.5 倍。因此，胶州湾周边区域废水排放量的增加也是引起胶州湾盐度降低的因素之一。

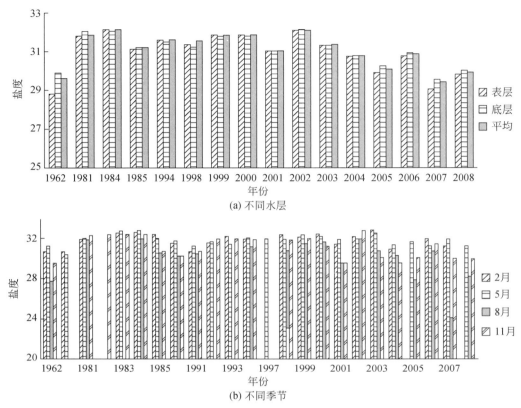

图 2-5　胶州湾不同水层和季节盐度的年际变化

资料来源：孙松等，2011b

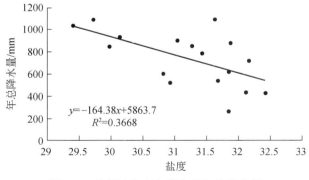

图 2-6　胶州湾盐度与降水的相关性分析

资料来源：孙松等，2011b

2.1.3　溶解氧

水体的溶解氧（DO）作为一项非常重要的海洋学参数，其含量水平不仅是反映生物生长状况和污染状态的重要指标，而且也是研究海洋中各种物理、生物和化学过程的重要参数。浮游生物的光合作用吸收营养盐，释放氧气，使水体中 DO 水平提高；而浮游植物死亡时，有机质降解则会消耗水体中的 DO，并使营养盐水平提高，造成相应海域底层的缺氧现象。近海海域中 DO 含量除受河流径流、降雨、水温和盐度影响外，还取决于海洋水动力交换。海水稳定程度越高，上下水层越稳定，阻止溶氧的垂直交换越明显。胶州湾海水中 DO 是重要的生源要素参数，其分布、变化与温度、盐度、生物活动和环流运动等关系密切，研究 DO 的分布及特征对了解胶州湾海域的生态环境状况具有重要的意义。

2.1.3.1　水平分布

胶州湾海域的 DO 变化与温度、盐度、生物活动和环流运动等关系密切。各种因子的综合作用，使得胶州湾 DO 的空间分布在季节上有差异明显。本节依据 2014 年 2 月、5 月、8 月、11 月在胶州湾进行的调查资料，分析研究了胶州湾 DO 的水平分布特征（图 2-7）。

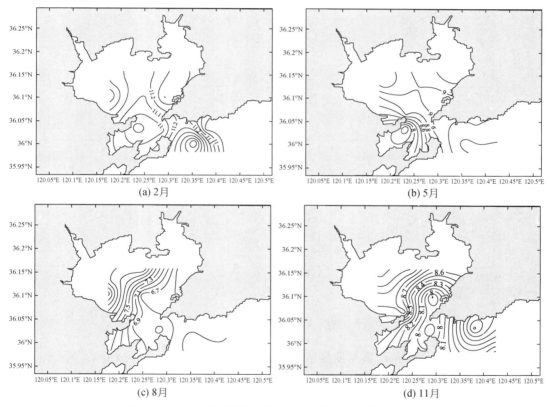

图 2-7　2014 年胶州湾表层 DO 空间分布（单位：mg/L）

冬季（2 月），胶州湾表层海水 DO 处于全年的最高期，含量为 10.81 ~ 11.81mg/L，平均值为 11.18mg/L。DO 含量呈现湾内>湾外>湾口的趋势，高值区呈块状分布，最高值出现在湾外，其水平分布主要受水温控制。由图 2-8（a）可以看出，DO 与水温的呈显著负相关（$r=-0.92$，$p<0.01$），说明冬季胶州湾 DO 含量主要受水温控制。冬季，整个胶州湾呈 DO 过饱和态，DO 百分比在 101.5% ~ 125.6%，平均值为 110.1%。此外，冬季强

烈的垂直涡动混合作用使得表层高浓度的 DO 被带至下层水体，导致各层 DO 含量相差较小，且各层的分布特征也与表层较为一致。

春季（5 月），由于受气温和降水影响，胶州湾表层海水 DO 有所下降，含量为 7.45 ~ 9.47mg/L，平均值为 8.94mg/L。DO 含量呈现湾外>湾内>湾口的趋势，整体呈现由湾内和湾外向湾口降低的趋势，最大值出现在湾外。与冬季分布相似，春季低值主要出现在湾口。春季 DO 尽管较冬季的有所降低，但春季正值浮游植物春华期，真光层中叶绿素 a 含量高，浮游植物光合作用对水体的氧含量贡献明显，因此，DO 含量较夏季的高。图 2-8（b）显示，DO 含量与水温有一定的负相关性，但并不显著，说明水温不是影响春季 DO 分布的主要因素。

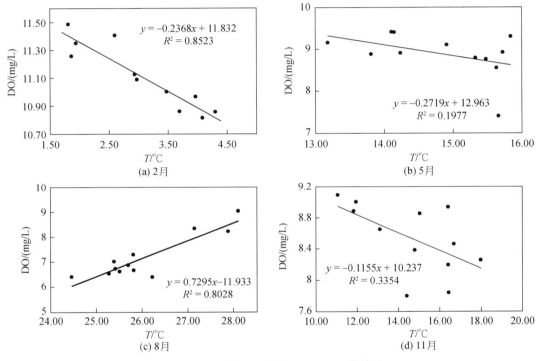

图 2-8　2014 年胶州湾表层 DO 和 T 的关系

夏季（8 月），胶州湾降雨量明显增多、表层水温升至最高，使得 DO 含量降至全年最低水平，含量范围在 6.33 ~ 9.00mg/L，平均值为 7.11mg/L。DO 含量呈现湾外>湾内>湾口的趋势；高值区主要出现在湾内西北角和湾外。湾内西部的高值区可能是由于夏季大沽河带来的高营养盐，使浮游植物活动旺盛，从而出现 DO 高值。湾外的高值可能是由于湾外水温相对较低，氧溶解度大。

秋季（11 月），随着气温和水温的下降，胶州湾表层海水 DO 较夏季有所回升，含量为 7.78 ~ 9.08mg/L，平均值为 8.52mg/L。DO 含量呈现湾内>湾外>湾口的趋势，主要是受物理过程控制。湾内 DO 呈由西北向东南方向降低的趋势，最高值出现在西北角；低值区主要出现在湾口和李村河附近海域，这可能是由于东部近岸人口密集，工业发达，排污口较多，城市化影响严重，而西部近岸以农田、盐田为主，城市化影响较小，因此东部近岸海域 DO 要较西部近岸海域偏低。湾外海域受陆源影响较小且与南黄海水交换作用明显，因此，DO 含量相对湾口较高。

2.1.3.2 季节变化

海水 DO 含量是反映海域水质好坏的一项重要指标。胶州湾海水 DO 含量在冬季最高，约为 11.18mg/L，整个胶州湾呈 DO 过饱和态；春季，由于受气温和降水影响，胶州湾表层海水 DO 有所下降，含量 8.94mg/L 左右；夏季，由于降雨量明显增多且表层水温升至最高，使得 DO 含量降至全年最低水平（平均值为 7.11mg/L）；秋季，气温和水温有所下降，胶州湾表层海水 DO 含量有所回升，在 8.52mg/L 左右。由此可以看出，胶州湾海水 DO 在四季呈现的趋势为冬季>春季>秋季>夏季。总的来说，除 8 月份部分区域 DO 低于 6mg/L 外，其他季节水体中 DO 水平不至于影响水生生物的正常生长。

氧在海水中溶解度的大小取决于海水温度、盐度和压力。当海水温度升高，盐度增加和压力减小时，氧含量减小，反之则增大。在近海海域，海水温度的变化对氧含量的影响更为显著。胶州湾表层海水中的 DO 与温度有很好的负相关性（图 2-9），说明随着温度的增加，DO 含量呈下降趋势。

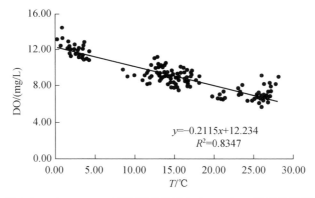

图 2-9　2011～2014 年胶州湾表层水中 DO 与 T 的相关关系

2.1.3.3 年际变化

尽管对胶州湾开展了大量研究，但迄今为止关于胶州湾 DO 的研究报道极少。我们根据 1962～1963 年、1991～1994 年、1997～1998 年（赵淑江，2002）、2003 年（李玉，2005）和 2011～2014 年数据，对胶州湾海域近 50 年的 DO 年际变化做一个简单的分析。

由图 2-10 可以看出，DO 含量的全年平均值在 1962～2014 年整体上呈现先下降后上升的趋势。表层海水 DO 在 20 世纪 60 年代比较高（1962 年和 1963 年平均为 6.94mg/L），随后 80 年代有所降低（1981 年为 6.13mg/L），进入 90 年代初则更是呈现较低的水平。随后逐年上升，DO 由 1992 年的 6.06mg/L 上升到 1998 年的 8.75mg/L，DO 水平增加了 2.69mg/L，增加幅度达 44.4%，进入 21 世纪初，DO 含量又有所下降（2003 年为

7.40mg/L），到 2011 年，DO 有较大增加，并达到最高值（9.64mg/L），之后，DO 稍有下降，但仍保持较高水平（平均 9.10mg/L）（图 2-10）。

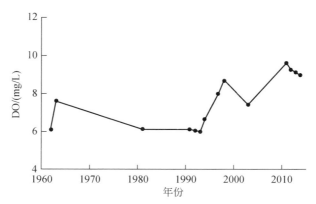

图 2-10　1960～2014 年胶州湾表层海水 DO 含量的年际变化

　　DO 在四季中的变化为冬季（9.50mg/L）>春季（7.98mg/L）>秋季（7.18mg/L）>夏季（6.26mg/L）。其中，冬季，DO 含量的年际变化规律跟年平均值一致，在 20 世纪 60 年代比较高（1963 年为 8.23mg/L），随后 90 年代初有所降低（1992～1994 年平均为 7.49mg/L），90 年代末则呈现上升趋势，DO 由 1994 年的 7.45mg/L 上升到 1998 年的 10.92mg/L，DO 水平增加了 3.47mg/L，增加幅度达 46.6%，进入 21 世纪初，DO 含量又有所下降（2004 年为 10.1mg/L），到 2011 年，DO 有较大增加，并达到最高值（12.54mg/L），之后，DO 稍有下降，但仍保持较高水平（平均为 11.59mg/L）（图 2-11）。春季，DO 含量在 20 世纪 90 年代初之前保持一个较低水平（平均为 6.45mg/L），在 90 年代末呈增加趋势（1997 年平均为 9.73mg/L），进入 21 世纪初，DO 含量下降幅度较大（2003 年为 6.63mg/L），到 2011 年，DO 回升，直到 2012 年达到最大值（9.89mg/L），之后稍有下降，但仍保持较高水平（平均为 9.35mg/L）。秋季，DO 含量在 20 世纪 90 年代初之前保持一个较低水平（平均为 5.40mg/L），随后在 90 年代末之后呈现上升趋势，DO 由 1994 年的 6.03mg/L 上升到 1998 年的 7.60mg/L，DO 水平增加了 1.57mg/L，增加幅度达 26.0%，进入 21 世纪初，DO 含量又有所下降（2003 年为 7.27mg/L），到 2011 年，DO 有较大增加，并达到最高值（9.37mg/L），之后，DO 稍有下降，但仍保持较高水平（平均为 8.48mg/L）。夏季，DO 含量的年际变化规律与年平均值一致，在 20 世纪 60 年代比较高（1962 年为 6.35mg/L），随后 90 年代初有所降低（1992～1993 年平均为 4.49mg/L），90 年代末则呈现上升趋势，DO 由 1993 年的 4.18mg/L 上升到 1998 年的 6.23mg/L，DO 水平增加了 2.05mg/L，增加幅度达 49.0%，进入 21 世纪初，DO 含量又有所下降（2003 年为 5.61mg/L），到 2011 年，DO 有较大增加，并达到最高值（7.44mg/L），之后，DO 稍有下降，但仍保持较高水平（平均为 6.81mg/L）（图 2-11）。

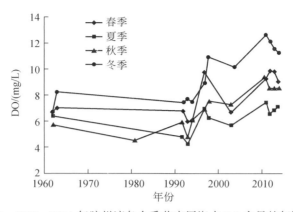

图 2-11　1960～2014 年胶州湾各个季节表层海水 DO 含量的年际变化

2.1.4　pH

海水 pH 是反映水体化学的一个重要指标，常被作为生态环境影响因素来考虑。海水 pH 与海水中许多过程密切相关，是海水物理和化学各因子综合作用的结果，也是海水中许多物理和化学过程的体现。海水 pH 可以直接影响到海水中各种元素的存在形态及其反应过程，进而影响到海水中元素的循环和利用。

2.1.4.1　水平分布

影响近岸海域海水 pH 除受径流、大气交换、降雨、氧化还原环境等物理和化学作用影响外，与海洋生物的生长繁殖也有着密切的关系，海洋生物（特别是浮游植物）的光合作用、呼吸作用以及海洋有机物的分解对沿岸海域海水 pH 的分布变化也有较大影响。本节依据 2014 年 2 月、5 月、8 月、11 月在胶州湾进行的调查资料，分析研究了胶州湾 pH 的平面分布特征（图 2-12）。

冬季（2 月），胶州湾表层海水 pH 为全年最高，在整个海域变化不大，pH 为 8.04～8.19，平均值为 8.14；最大值出现在湾外，最小值出现在湾内东北角李村河附近。春季（5 月），胶州湾表层海水 pH 为 7.7～8.14，平均值为 7.96；高值出现在湾内和湾外，低值出现在湾口。夏季（8 月），胶州湾表层海水 pH 为 7.96～8.09，平均值为 8.04；pH 呈现由湾外、湾口向湾内降低的趋势。秋季（11 月），胶州湾表层海水 pH 为 7.92～8.15，平均值为 8.09；pH 的分布与春季的相似，高值出现在湾内和湾外，低值出现在湾口。胶州湾各个季度表层海水中的 pH 均在国家海水水质标准中Ⅰ、Ⅱ类水质 pH 范围（7.8～8.5）内，且均在适合浮游植物生长的最优水体 pH 范围（6.3～10.0）内。

当海水温度升高时，CO_2 向空中逸出，海水中 CO_2 的减少将导致海水 pH 的升高，胶州湾海域各个季度水温的空间变化不超过 6℃，海水温度对 pH 的最大影响不超过 0.06 pH 单位，然而实际上 pH 的变化为 0.1～0.5，这种 pH 的变化范围显然不单纯是海水温度变化的结果，可能还受到生物活动、径流、降雨等的影响。

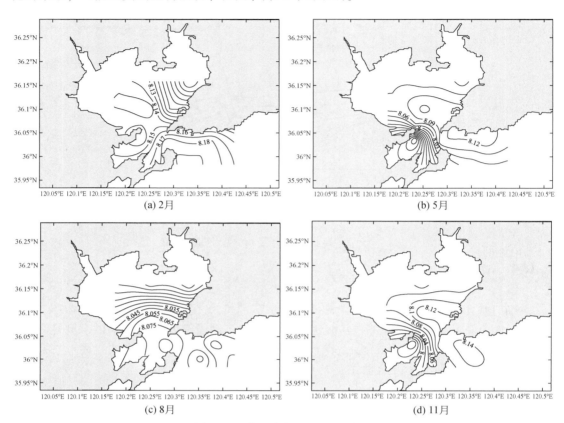

图 2-12 胶州湾表层 pH 空间分布

2.1.4.2 季节变化

海水 pH 与海水中许多过程密切相关，是海水物理和化学各因子综合作用的结果，也是海水中许多物理和化学过程的体现，海水 pH 可以直接影响到海水中各种元素的存在形态及其反应过程，进而影响到海水中元素的循环及利用。胶州湾海水 pH 的季节变化以 2014 年 2 月、5 月、8 月、11 月为例进行分析，结果表明，pH 在冬季最高，约为 8.14，春季约为 7.96，夏季约为 8.04，秋季约为 9。由此可以看出，胶州湾海水 pH 在四季呈现的趋势是冬季>秋季>夏季>春季。

2.1.4.3 年际变化

尽管对胶州湾开展了大量研究，但迄今为止关于胶州湾 pH 的研究报道极少。我们根据 1962～1963 年、1991～1994 年、1997～1998 年（赵淑江，2002）和 2011～2014 年数据，对胶州湾海域近 50 年的 pH 年际变化进行一个简单的分析。

由图 2-13 可以看出，pH 的全年平均值从 1981 年到 2014 年整体上呈现先下降后上升的趋势。表层海水 pH 在 1981 年为最高值（8.20），随后呈线性下降，至 1986 年到最低值（7.98），随后至 1993 年呈线性增加趋势，到 1994 年 pH 呈现次低值（8.01），之后又呈现线性增加至 2003 年的 8.13，进入 2011 年后，pH 稍有下降（2011～2014 年平均为 8.07）。

由图 2-14 可以看出，pH 在四季中的变化为冬季（8.19）>秋季（8.11）>夏季（8.02）>春季（8.01）。其中，冬季，pH 在 20 世纪 80 年代初相对较高（1981 年、1983～1985 年平均为 8.23），随后有所降低并保持稳定，在 21 世纪初有较大上升，由 1998 年的 8.07 上升到 2003 年的 8.60，pH 增加了 0.53，之后又下降到 2011～2014 年的 8.20。春季，pH 的年际变化相对较小，在 20 世纪 80 年代初相对较高（1981 年、1983～1984 年平均为 8.09），之后相对较为稳定，到 2011 年达到最小值（7.89），之后稍有增加。秋季，pH 年际变化分为两个阶段，即 1997 年之前，pH 保持稳定且相对较高（平均 8.17）；1997 年之后 pH 保持稳定且相对较低（平均 8.06）。夏季，pH 在 1981～1986 年呈线性下降，从 1981 年的 8.18 下降到 1986 年的 7.68，随后呈增加趋势，至 1998 年达到最大值（8.22），随后下降至 2003 年的 7.89，到 2011～2014 年稍有增加（平均为 8.02）。

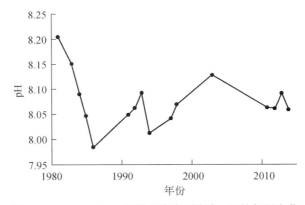

图 2-13　1981～2014 年胶州湾表层海水 pH 的年际变化

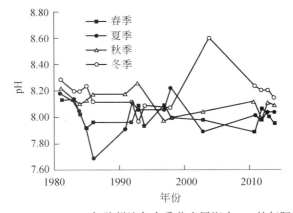

图 2-14　1981～2014 年胶州湾各个季节表层海水 pH 的年际变化

2.2　海水中的营养盐

营养盐是浮游植物生长和繁殖的物质基础，在浮游植物的光合作用过程中，营养盐为浮游植物所摄取，成为浮游植物的组成部分，并成为其物质和能量代谢的来源。海水中的营养盐主要包括溶解无机氮、活性磷酸盐、活性硅酸盐，对海洋生态系统的物质循环和能量流动有重要的意义。

2.2.1　海水中的氮

氮是海洋浮游植物生长繁殖所必需的营养盐，若浓度过低，将成为浮游植物生长的限制因素，降低海洋初级生产力；若浓度过高，将会导致富营养化和赤潮发生，损害海洋生态环境。氮的来源主要是陆源径流输入和海洋生物体的分解转化。海水中的总溶解氮主要是有机氮（DON）和无机氮（DIN）。其中，DIN包括亚硝酸盐（NO_2-N）、硝酸盐（NO_3-N）和氨氮（NH_4-N）3种形态。胶州湾表层海水中总氮（TN）、DIN、NO_2-N、NO_3-N和NH_4-N在1997～2010年的年均含量分别为0.44～1.52mg/L、0.13～0.46mg/L、0.01～0.05mg/L、0.02～0.25mg/L和0.10～0.26mg/L，平均值分别为0.86mg/L、0.29mg/L、0.023mg/L、0.11mg/L和0.16mg/L。DIN在TN中所占比例为20.79%～63.59%，平均值为23.15%。DIN中主要以NO_3-N和NH_4-N为主，含量分别为13.87%～54.74%和34.59%～78.06%，平均值分别为34.84%和57.22%。NO_2-N所占比例相对较少，为3.88%～11.39%，平均值为7.94%。三者含量之间的比例随海区环境及季节变化而异。胶州湾底层海水中TN、DIN、NO_2-N、NO_3-N和NH_4-N的年均含量分别为0.36～1.69mg/L、0.11～0.32mg/L、0.01～0.03mg/L、0.02～0.16mg/L和0.05～0.26mg/L，平均值分别为0.77mg/L、0.20mg/L、0.02mg/L、0.06mg/L和0.12mg/L。DIN在TN中所占比例为10.95%～53.62%，平均值为28.47%。同表层水中一致，底层水中的DIN中主要以NO_3-N和NH_4-N为主，含量分别为14.80%～51.27%和42.93%～80.27%，平均值分别为30.12%和62.09%；NO_2-N所占比例相对较少，为3.94%～13.1%，平均值为8.06%。由此可以看出，在胶州湾海水中，三态无机氮远未达到热力学平衡。NH_4-N作为胶州湾海水中无机氮的主要存在形态，可被浮游植物优先吸收，特别是在浮游植物繁殖生长期。沈志良（2002）对胶州湾1962～1988年无机氮长期变化的研究表明，NH_4-N占DIN的百分含量为72%～76%，是胶州湾无机氮的主要存在形式，由此可以看出，20世纪90年代后期至今，胶州湾NH_4-N仍为胶州湾无机氮的主要存在形式，但其比例有所降低，而NO_3-N的比例有所增加。从含量的变化看，胶州湾表层海水无机氮从20世纪60年代的0.031mg/L，80年代的0.12mg/L，90年代的0.15mg/L到21世纪初的0.29mg/L，特别是近十几年来含量增加了近一倍，表明无机氮含量仍然在持续快速增加。

2.2.1.1 总溶解无机氮（DIN）

由于受河流排放、养殖排放、降雨、浮游植物利用、有机质分解等因素的相互作用，胶州湾海水中的氮含量变化和分布较为复杂。根据对 1997 ~ 2010 年的调查结果，DIN 的水平分布在不同年份主要呈现 5 种类型：湾内东部高值区向湾口递减、湾内西部和东部高值区向湾口递减、湾内西部高值区向湾口递减、湾内与湾口的含量基本相当、湾口高值区向四周递减和湾外高于湾内（图 2-15）。

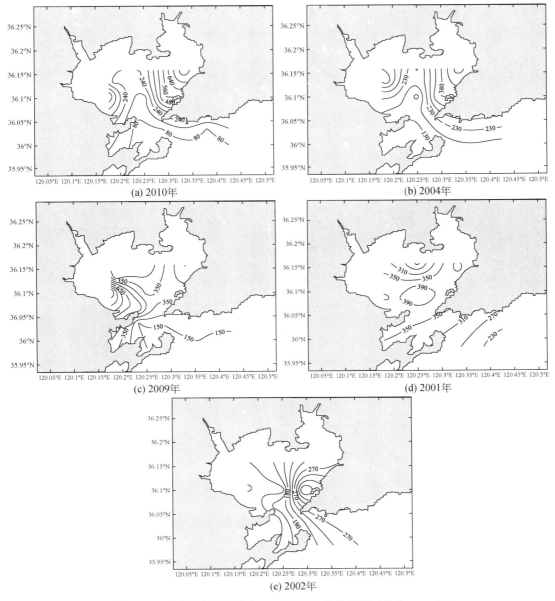

图 2-15 胶州湾表层海水中 DIN 的水平分布类型（单位：μg/L）

2.2.1.2　硝酸盐（NO_3-N）

根据对 1997～2010 年的调查结果，NO_3-N 的水平分布主要有 4 种类型：湾内东部高值区向湾口递减、湾内西部高值区向湾口递减、湾内北部高值区向湾口递减、湾内四周高中心低（图 2-16）。

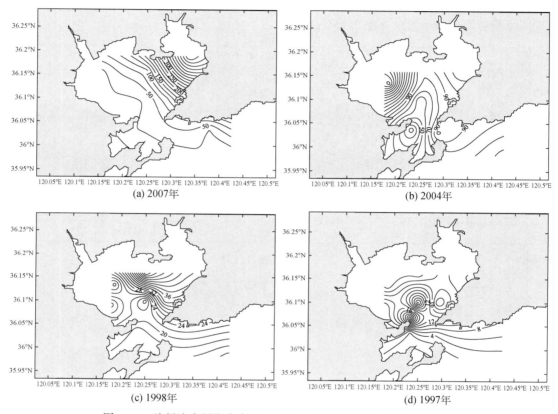

(a) 2007年　　(b) 2004年

(c) 1998年　　(d) 1997年

图 2-16　胶州湾表层海水中 NO_3-N 的水平分布类型（单位：μg/L）

2.2.1.3　亚硝酸盐（NO_2-N）

NO_2-N 在海水无机氮循环中通常比其他形式的无机氮浓度低，NO_2-N 是 NH_4-N 和 NO_3-N 之间的一种氧化状态，因此它可以作为 NH_4-N 氧化或 NO_3-N 还原的一种过渡形式出现。根据对 1997～2010 年的调查结果，其水平分布主要有 4 种类型：湾内东部高值区向湾口递减、湾内西部高值区向湾口递减、湾内东部和湾口高值区向湾中心和湾外递减、湾内中部高值区向四周递减（图 2-17）。

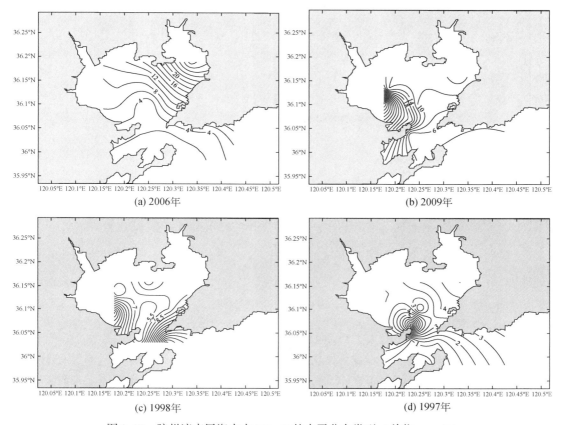

(a) 2006年

(b) 2009年

(c) 1998年

(d) 1997年

图 2-17　胶州湾表层海水中 NO_2-N 的水平分布类型（单位：$\mu g/L$）

2.2.1.4　铵盐（NH_4-N）

根据对 1997～2010 年的调查结果，胶州湾海域表层海水 NH_4-N 的分布大多具有湾内高于湾口和湾外，湾内东部高于西部的特征（图 2-18）。这种分布特征可能与其来源有关，湾内的东部沿岸是青岛市的工业区和生活区，其工业废水和生活污水经污水处理厂处

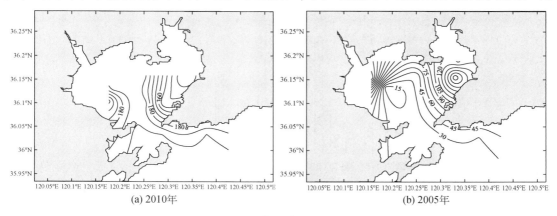

(a) 2010年

(b) 2005年

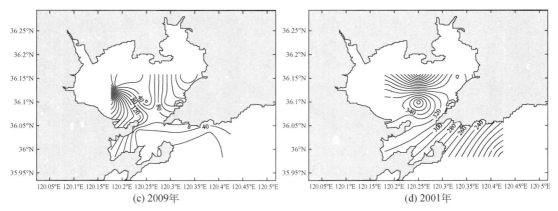

图 2-18　胶州湾表层海水中 NH_4-N 的水平分布类型（单位：μg/L）

理最终排入胶州湾，致使大多情况下东部的 NH_4-N 含量较高。湾内西部的高值也可能与大沽河的排污有关。

2.2.1.5　海水氮的区域分布特征

由于胶州湾面积较小，受人类活动影响较为明显，再加上海水中氮主要由沿岸径流带入，其次是海洋生物的排泄物以及尸体腐解，加上降雨，因此胶州湾海水氮不仅有明显的区域性变化，而且氮的空间分布规律于每年每个季度也有所不同。但从整体上来看，胶州湾表层海水中的 TN、DIN、NO_3-N、NO_2-N 和 NH_4-N 的含量分布特征基本一致，整体呈现由湾内东西部高浓度区向湾中心和湾口递减之势，以西北养殖区和东岸河口区含量最高。这些特征显示污染源来自养殖区排泄物及墨水河、白沙河、大沽河和李村河等。

综合分析 1997～2010 年胶州湾表层海水中不同形态氮的区域分布可知，不同形态氮的区域分布呈现相同趋势，总体趋势为湾内东部>湾内西部>湾内中部>湾口>湾外（图 2-19）。其中，湾内东部含量最高主要归因于滩涂养殖排放和李村河、墨水河、白沙河的输入，湾内西部含量次之的原因在于大沽河的输入。

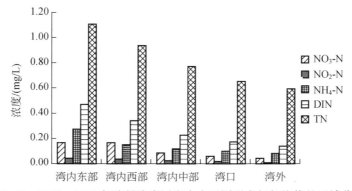

图 2-19　1997～2010 年胶州湾表层海水中不同形态氮年均值的区域分布

此外，海水中的氮除由沿岸径流带入及海洋生物的排泄物以及尸体腐解，降雨也是其来源之一，因此有明显的季节性变化。如图 2-20，2 月份，除 TN 含量呈现湾内东部>湾内西部>湾外>湾内中部>湾口的趋势外，胶州湾海水中的 DIN、NO_3-N、NO_2-N、NH_4-N 均呈现湾内东部>湾内西部>湾内中部>湾口>湾外的趋势。5 月份，除 TN 和 NO_3-N 含量呈现湾内西部>湾内东部>湾内中部>湾口>湾外的趋势外，胶州湾海水中的 DIN、NO_2-N、NH_4-N 均呈现湾内东部>湾内西部>湾内中部>湾口>湾外的趋势。8 月份，除 DIN 和 NO_3-N 含量呈现湾内西部>湾内东部>湾内中部>湾口>湾外的趋势外，胶州湾海水中的 TN、NO_2-N、NH_4-N 均呈现湾内东部>湾内西部>湾内中部>湾口>湾外的趋势。11 月份，除 NO_2-N 含量呈现湾内东部>湾内西部>湾外>湾内中部>湾口的趋势外，胶州湾海水中的 TN、DIN、NO_3-N、NH_4-N 均呈现湾内东部>湾内西部>湾内中部>湾口>湾外的趋势。

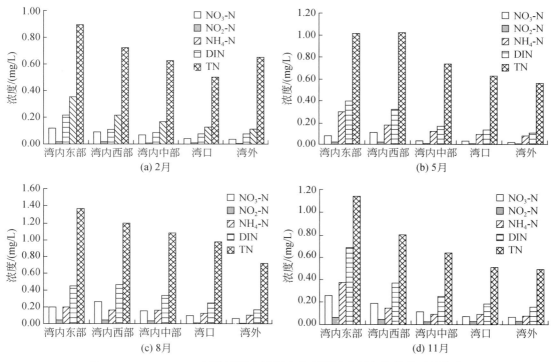

图 2-20　1997~2010 年胶州湾表层海水中不同形态氮年均值的区域分布

2.2.2　海水中的磷

2.2.2.1　海水中的 PO_4-P

磷在海水中的存在形式主要包括溶解态无机磷（DIP）、溶解态有机磷（DOP）、颗粒态无机磷（PIP）、颗粒态有机磷（POP）。根据测定方法和操作步骤，一般将经 $0.45\,\mu m$ 醋酸纤维滤膜过滤后的水样中未经预先水解或者消解的、能被磷钼蓝分光光度法所测得的

那部分磷称为 PO_4-P，它包括绝大多数的正磷酸盐、极少量在测定过程中易水解的有机磷和缩聚磷酸盐。通常，可溶性活性磷近似等于 DIP，一般简称为活性磷。活性磷是海洋浮游植物生长所必需的物质基础，其含量高低对海洋初级生产的大小有重要影响。

胶州湾海水中溶解磷酸盐的含量在不同区域和不同时间内波动较大，其含量在未检出和 0.24mg/L 之间，平均含量为 0.022mg/L，平均占总磷的 57%。其分布具有明显的时空性，即胶州湾海水中溶解磷酸盐的分布在不同的季节有不同的特征，即使在同一季节其分布在不同年份也有所不同。根据对 1997～2010 年的调查结果，胶州湾溶解磷酸盐的分布主要有以下几种模式：湾的东北部含量最高，并从东北向西或西南含量逐渐降低；湾的西北部含量最高，并从西北向东南含量逐渐降低；湾的中部含量最高，并从中部向四周海域逐渐降低；湾的中部含量最低，并从中部向四周海域逐渐增高；湾内含量高于湾外含量；湾外含量高于湾内含量（图 2-21）。

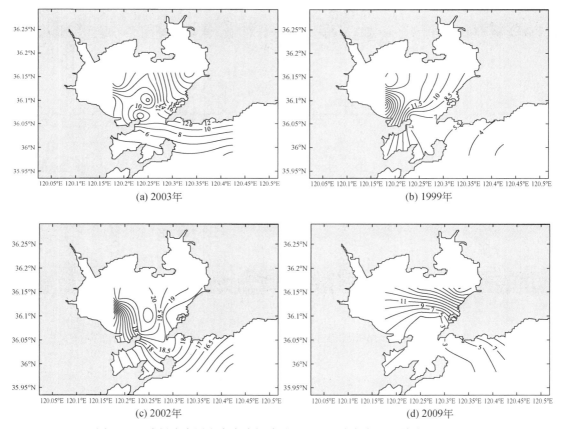

图 2-21 胶州湾表层海水中溶解磷酸盐的平面分布类型（单位：μg/L）

2.2.2.2 海水中总磷（TP）

海水中的 TP 是对未过滤的海水样品进行消解处理后测得的磷，它应当包括 DIP、

DOP、PIP 和 POP。TP 中除溶解磷酸盐部分可以被浮游植物直接吸收外，还可以作为浮游动物的食物被摄食，因而对海洋的初级生产和次级生产均有重要影响。另外，TP 含量的高低是判断海域富营养化程度的重要指标。

胶州湾海水中 TP 的含量在不同区域和不同时间内也具有较大的波动性，其含量在未检出和 0.42mg/L 之间，平均含量为 0.037mg/L。根据对 1997~2010 年的调查结果，胶州湾表层海水中 TP 的分布模式与活性磷相似，在不同的年代或季节，含量最高的区域分别位于湾内的东北部、西北部、湾口或湾外（图 2-22）。

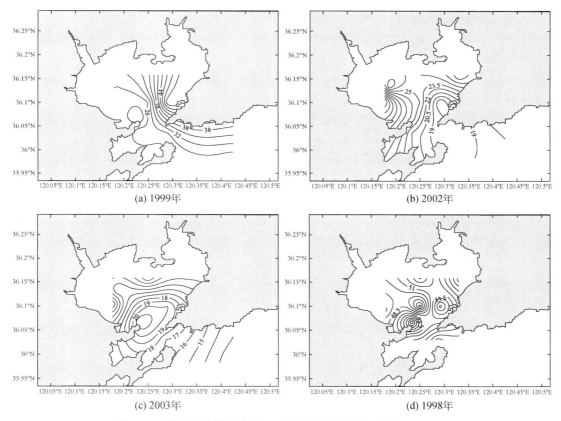

图 2-22　胶州湾表层海水中 TP 的平面分布类型（单位：μg/L）

2.2.3　海水中溶解硅酸盐

硅是海洋中的一种很重要的元素，不像 N、P 等主要营养元素为所有海洋生物所必需，硅只是某些浮游生物如硅藻、放射虫、硅质海绵、硅鞭毛虫等所必需，但这些生物却是海洋中最重要的生产者。Nelson 等（1995）估算整个海洋中超过 40% 的初级生产力是硅藻形成的。胶州湾及其附近海域浮游植物种群的结构以硅藻和甲藻两大类为主，特别是前者，无论是在种数上还是在细胞数量上，都占绝对优势。胶州湾及其近海浮游生物的种类和数量分布完全由硅藻决定，湾内外硅藻的细胞数量可占浮游植物细胞总量的99%左右，而这些硅藻的生长将消耗大量的硅，而活性硅是海水中硅的主要存在形式，因此，胶州湾海水中溶解硅酸盐（SiO_3-Si）含量的高低对胶州湾浮游植物的生长有重要影响。

胶州湾海水中 SiO_3-Si 含量在不同区域和不同时间内波动较大，其含量在未检出和 1.887mg/L 之间，平均含量为 0.15mg/L。根据对 1997~2010 年的调查结果，胶州湾表层海水中 SiO_3-Si 的分布模式比较复杂，在不同的年代或季节其分布有较大的差异，其含量最高的区域可分别位于湾内的东北部、西北部、湾口或湾外（图 2-23）。

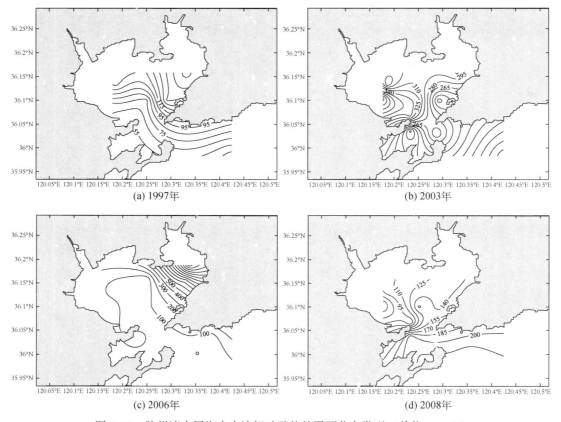

图 2-23　胶州湾表层海水中溶解硅酸盐的平面分布类型（单位：μg/L）

2.2.4　胶州湾海水中营养盐的月际变化

胶州湾营养盐的分布很不均匀，具有明显的区域性，但在各特定区域内由于物质来源和水动力条件相对比较稳定，其月际变化可准确反映因物质来源和水动力条件变化所导致的海水营养盐的变化。如果以整个胶州湾营养盐的平均值来讨论营养盐的年际变化，将掩盖营养盐区域分布具有明显不均匀性这一事实，其所反映的月/年际变化也是不科学的。为讨论胶州湾营养盐的月际变化，本节根据胶州湾营养盐的物源和水动力条件将胶州湾调查海域细分为 5 个海域，即湾内西部海域、湾内东部海域、湾内中部海域、湾口海域和湾外海域。各海域调查站位的分布如表 2-2 所示。下面将从不同区域说明胶州湾海水中营养盐的月际变化。

表 2-2 胶州湾生物地球化学分区

区域		区域代码	代表性站位			
			站位号	经度/(°E)	纬度/(°N)	水深/m
湾内	西部	I a	1	120.186 7	36.133 33	1.2 ~ 4.7
			4	120.176 9	36.104 44	1.9 ~ 6.7
			11	120.156 7	36.153 33	1.9 ~ 2.9
	东部	I b	2	120.25	36.158 33	2.6 ~ 7.2
			3	120.33	36.155	6.2 ~ 10
			6	120.291 7	36.1	3.7 ~ 7
			14	120.336 7	36.188 61	2.4 ~ 5.5
	中部	I c	5	120.25	36.1	13.2 ~ 20
			7	120.233 3	36.066 67	9.5 ~ 20
湾口		II	8	120.233 3	36.036 67	4.8 ~ 9.4
			9	120.286 7	36.03	34 ~ 40
湾外		III	10	120.425	35.983 33	14.5 ~ 18.6
			12	120.354 4	36.002 5	21 ~ 29
			13	120.38	36.033 61	9 ~ 16

2.2.4.1 表层海水中溶解氮的月际变化

（1）月际均值变化

1997 ~ 2010 年胶州湾表层海水中的 TN 含量在 2 月、5 月、8 月和 11 月的变化范围分别为 0.53 ~ 1.32mg/L、0.45 ~ 2.14mg/L、0.34 ~ 2.47mg/L 和 0.38 ~ 1.22mg/L，平均值分别为 0.86mg/L、0.85mg/L、1.15mg/L 和 0.78mg/L。胶州湾底层海水中的 TN 含量在 2 月、5 月、8 月和 11 月的变化范围分别为 0.42 ~ 1.42mg/L、0.44 ~ 2.26mg/L、0.27 ~ 2.39mg/L 和 0.25 ~ 0.99mg/L，平均值分别为 0.77mg/L、0.75mg/L、1.01mg/L 和 0.70mg/L。表层水和底层水中 TN 的月际变化趋势一致，其中 8 月 TN 月平均含量最高，11 月最低（图 2-24）。

由于秋末冬初胶州湾地区降雨量不多，胶州湾海域氮元素的陆源供应很少，TN 含量在经过海水中浮游植物的吸收消耗后日趋减少，因而处于较低的水平。冬天过后至春季 5 月，尽管氮的陆源供应由于受降雨增加等因素影响日趋增加，但是由于海水水温也逐渐升高，海水中浮游植物数量因此日趋增加，浮游植物对氮的吸收超过其供应，致使海水中 TN 含量仍然保持较低的水平。春天过后至夏季 8 月份，降雨量大幅度增加，氮的陆源供应急剧上升，其陆源供应超过浮游植物的吸收，使海水中 TN 含量也随之升高，至每年 8 月达到最高。随着秋季的到来，胶州湾地区降雨量日益减少，海水中氮的陆源供应又逐渐降低,而秋季海水中浮游植物数量仍保持在较高水平,这样海水中 TN 含量重新趋于降低。

1997~2010 年胶州湾表层海水中的 DIN 含量在 2 月、5 月、8 月和 11 月的变化分别为 0.07~0.36mg/L、0.09~0.40mg/L、0.10~0.99mg/L 和 0.22~0.68mg/L,平均值分别为 0.29mg/L、0.25mg/L、0.35mg/L 和 0.36mg/L。底层水中的 DIN 含量变化分别为 0.36~1.69mg/L、0.07~0.28mg/L、0.07~0.44mg/L 和 0.14~0.45mg/L,平均值分别为 0.20mg/L、0.17mg/L、0.22mg/L 和 0.26mg/L。表层水和底层水中 DIN 的月际变化趋势一致,其中 11 月 DIN 年平均含量最高,5 月最低。5 月是浮游植物繁殖高峰期,它们消耗了大量海水中的营养盐,因而 5 月份海水中的 DIN 出现最低值(图 2-24)。

1997~2010 年胶州湾表层海水中的 NO_3-N 含量在 2 月、5 月、8 月和 11 月的变化分别为 0.01~0.25mg/L、0.005~0.161mg/L、0.02~0.60mg/L、0.02~0.32mg/L,平均值分别为 0.11mg/L、0.06mg/L、0.16mg/L 和 0.15mg/L。胶州湾底层海水中的 NO_3-N 含量在 2 月、5 月、8 月和 11 月的变化分别为 0.01~0.17mg/L、0.003~0.076mg/L、0.02~0.18mg/L 和 0.02~0.20mg/L,平均值分别为 0.06mg/L、0.034mg/L、0.06mg/L 和 0.10mg/L。表层水和底层水中 NO_3-N 的月际变化趋势稍有不同,其中表层水中 NO_3-N 在 8 月含量最高,5 月最低;底层水中 NO_3-N 在 11 月含量最高,5 月最低。5 月是浮游植物繁殖高峰期,NO_3-N 和 NO_2-N 作为无机氮的主要营养成分被吸收,因而 5 月份海水中的 NO_3-N 和 NO_2-N 出现最低值(图 2-24)。

1997~2010 年胶州湾表层海水中的 NO_2-N 含量在 2 月、5 月、8 月和 11 月的变化分别为 0.003~0.029mg/L、0.003~0.043mg/L、0.005~0.102mg/L 和 0.018~0.073mg/L,平均值分别为 0.023mg/L、0.016mg/L、0.031mg/L 和 0.037mg/L。胶州湾底层海水中的 NO_2-N 含量在 2 月、5 月、8 月和 11 月的变化分别为 0.004~0.017mg/L、0.003~0.016mg/L、0.004~0.034mg/L 和 0.014~0.052mg/L,平均值分别为 0.015mg/L、0.008mg/L、0.014mg/L 和 0.031mg/L。表层水和底层水中 NO_2-N 的月际变化趋势一致,其中 11 月含量最高,5 月最低(图 2-24)。

1997~2010 年胶州湾表层海水中的 NH_4-N 含量在 2 月、5 月、8 月和 11 月的变化分别为 0.06~0.29mg/L、0.07~0.30mg/L、0.05~0.37mg/L 和 0.11~0.31mg/L,平均值分别为 0.16mg/L、0.18mg/L、0.16mg/L 和 0.17mg/L。春季浮游生物大量繁殖,浮游动物排泄 NH_4-N,使 NH_4-N 平均含量在该季节达到全年最高值。胶州湾底层海水中的 NH_4-N 含量在 2 月、5 月、8 月和 11 月的变化分别为 0.07~0.36mg/L、0.03~0.31mg/L、0.02~0.34mg/L 和 0.06~0.23mg/L,平均值分别为 0.12mg/L、0.10mg/L、0.14mg/L 和 0.13mg/L。表层水和底层水中 NH_4-N 的月际变化趋势相反,其中表层水中 NH_4-N 在 5 月含量最高,2 月最低;底层水中 NH_4-N 在 8 月含量最高,5 月最低(图 2-24)。

(2)不同区域月际变化

从图 2-25 可以看出,TN、DIN 的含量在不同区域呈现的月际变化一致,其最高含量出现在 8 月(除东部 DIN 最高含量在 11 月),最低值出现在 2 月。NO_3-N 的含量在不同区域呈现的月际变化一致,其最高含量出现在 8 月,最低值出现在 5 月(除东部 NO_3-N 最低

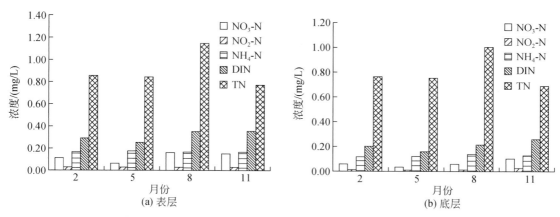

图 2-24 1997~2010 年胶州湾海水中各型态氮的月际均值变化

含量出现在 2 月）。NO_2-N 的含量在不同区域呈现的月际变化一致，其最高含量出现在 11 月（除东部 NO_2-N 最高含量出现在 8 月），最低值出现在 5 月。NH_4-N 的含量在湾内中部、湾口和湾外呈现的月际变化一致，其最高含量出现在 8 月，NH_4-N 的含量在湾内西部的最高值出现在 5 月，在湾内东部的最高值出现在 11 月。

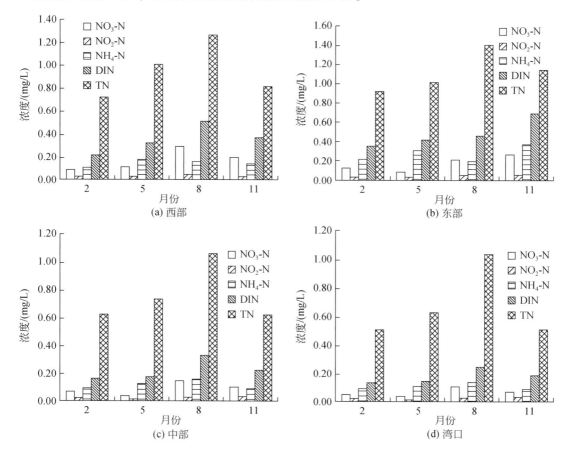

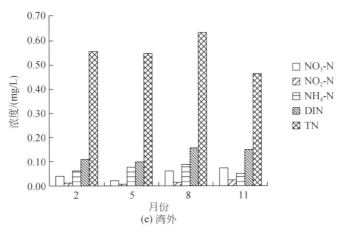

(e) 湾外

图 2-25 1997～2010 年胶州湾海水中各形态氮的月际均值变化

2.2.4.2 表层海水中磷的月际变化

（1）月际均值变化

1997～2010 年胶州湾表层海水中的 TP 含量在 2 月、5 月、8 月和 11 月的变化分别为 0.005～0.393mg/L、0.003～0.341mg/L、0.010～0.375mg/L 和 0.007～0.127mg/L，平均值分别为 0.040mg/L、0.037mg/L、0.042mg/L 和 0.038mg/L。胶州湾底层海水中的 TP 含量在 2 月、5 月、8 月和 11 月的变化分别为 0.007～0.347mg/L、0.010～0.245mg/L、0.007～0.422mg/L 和 0.010～0.099mg/L，平均值分别为 0.036mg/L、0.032mg/L、0.037mg/L 和 0.033mg/L。表层水和底层水中 TP 的月际变化趋势一致，其在 8 月的平均含量最高，在 5 月最低。

1997～2010 年胶州湾表层海水中的 PO_4-P 含量在 2 月、5 月、8 月和 11 月的变化分别为 0.001～0.232mg/L、0.001～0.239mg/L、0～0.179mg/L 和 0.002～0.136mg/L，平均值分别为 0.023mg/L、0.026mg/L、0.026mg/L 和 0.025mg/L。胶州湾底层海水中的 PO_4-P 含量在 2 月、5 月、8 月和 11 月的变化分别为 0.002～0.084mg/L、0.001～0.229mg/L、0.004～0.173mg/L 和 0.008～0.097mg/L，平均值分别为 0.020mg/L、0.025mg/L、0.020mg/L 和 0.020mg/L。表层水和底层水中 PO_4-P 的平均含量分别在 8 月和 5 月最高，在 2 月最低（图 2-26）。

（2）不同区域月际变化

从图 2-27 可以看出，PO_4-P 的含量在不同区域呈现的月际变化也不尽相同，其在西部和东部的最高含量出现在 11 月，最低值出现在 2 月；在中部和湾口的最高含量出现在 8 月，最低值分别出现在 11 月和 2 月；在湾外的最高含量出现在 5 月，最低值出现在 2 月。TP 的含量也在不同区域呈现出不同的月际变化，其在西部和中部的最高含量出现在 8 月，最低值分别出现在 5 月和 11 月；在湾口和湾外的最高含量出现在 2 月，最低值分别出现在 11 月和 8 月；在东部的最高含量出现在 8 月，最低值出现在 2 月。

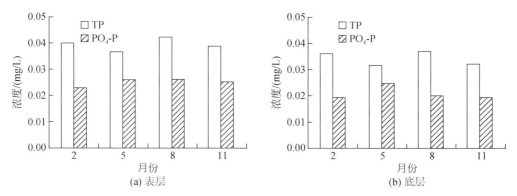

图 2-26 1997~2010 年胶州湾海水中 TP 和 PO_4-P 的月际均值变化

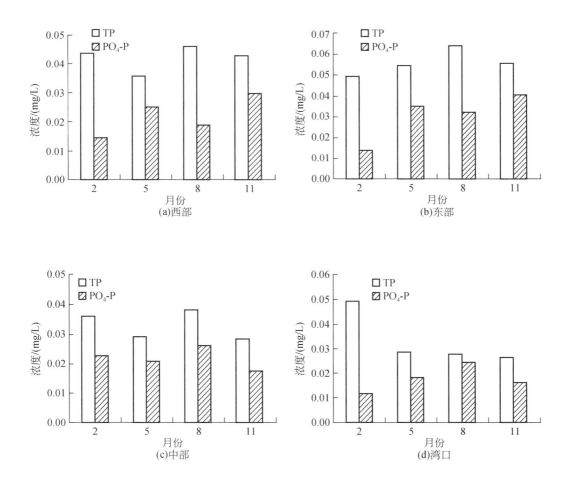

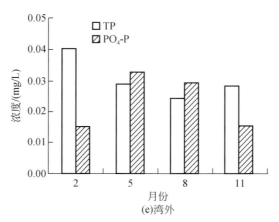

图 2-27　1997 ~ 2010 年胶州湾海水中 TP 和 PO_4-P 的月际均值变化

2.2.4.3　表层海水中溶解硅酸盐的月际变化

（1）月际均值变化

1997 ~ 2010 年胶州湾表层海水中的 SiO_3-Si 含量在 2 月、5 月、8 月和 11 月的变化分别为 0.002 ~ 0.462mg/L、0.006 ~ 1.414mg/L、0.009 ~ 1.887mg/L 和 0.004 ~ 1.616mg/L，平均值分别为 0.168mg/L、0.130mg/L、0.251mg/L 和 0.241mg/L。胶州湾底层海水中的 SiO_3-Si 含量在 2 月、5 月、8 月和 11 月的变化分别为 0.002 ~ 0.145mg/L、0.023 ~ 0.451mg/L、0.048 ~ 0.942mg/L 和 0.070 ~ 0.756mg/L，平均值分别为 0.130mg/L、0.080mg/L、0.171mg/L 和 0.193mg/L。表层水中的 SiO_3-Si 在 8 月平均含量最高，5 月最低；底层水中的 SiO_3-Si 在 11 月平均含量最高，5 月最低（图 2-28）。

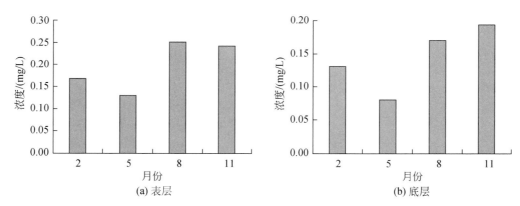

图 2-28　1997 ~ 2010 年胶州湾海水中 SiO_3-Si 的月际均值变化

（2）不同区域月际变化

从图 2-29 可以看出，SiO_3-Si 的含量在不同区域呈现的月际变化一致，其在西部、中部、湾口和湾外的最高含量出现在 8 月，最低值出现在 2 月；在东部，2 ~ 11 月有上升趋势。

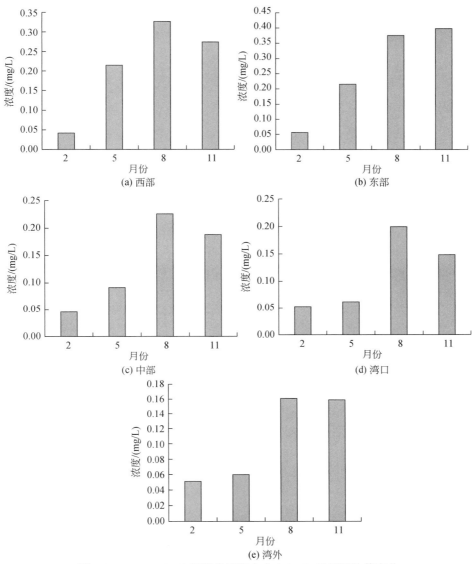

图 2-29 1997~2010 年胶州湾海水中 SiO_3-Si 的月际均值变化

2.2.5 营养盐的年际变化特征

2.2.5.1 海水中溶解氮的年际变化

(1) 年际均值变化

1997~2010 年胶州湾表层海水中的 TN 含量变化为 0.44~1.52mg/L, 其中 2001 年 TN 年平均含量最高, 2010 年最低。底层水中的 TN 含量变化为 0.36~1.69mg/L, 其中 2001 年 TN 年平均含量最高, 2010 年最低 (图 2-30)。

 1997～2010 年胶州湾表层海水中的 DIN 变化为 0.13～0.46mg/L，其中 2007 年 DIN 年平均含量最高，超出海水水质 Ⅳ 类标准，2005 年、2008 年次之，均超出海水水质 Ⅳ 类标准，2001 年、2002 年超出海水水质 Ⅲ 类标准，1998 年、2000 年、2003 年、2004 年、2006 年、2009 年和 2010 年超出海水水质 Ⅱ 类标准，1997 年最低。底层水中的 DIN 含量变化为 0.11～0.32mg/L，其中，2008 年 DIN 年平均含量最高，2006 年最低。胶州湾表层海水中的 DIN 含量从 20 世纪 60 年代的 0.031mg/L，80 年代的 0.12mg/L，90 年代的 0.15mg/L（沈志良，2002）到 21 世纪初的 0.29mg/L，特别是近十几年来含量增加了近一倍（表 2-3），表明 DIN 含量仍然在持续快速增加（图 2-30）。

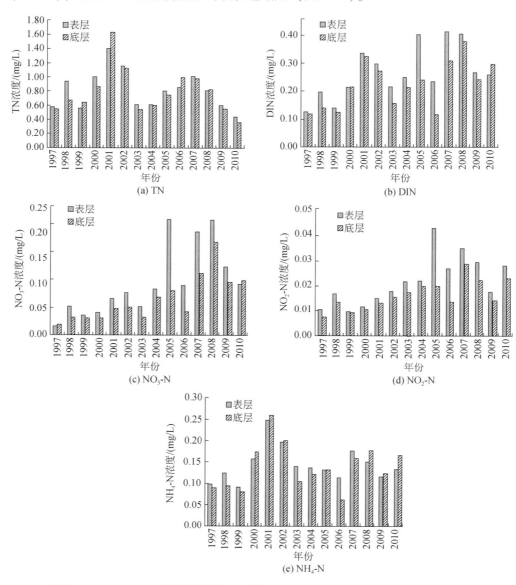

图 2-30　1997～2010 年胶州湾表层和底层海水中各形态氮含量的年际均值变化

表 2-3　20 世纪中后期和 21 世纪初胶州湾海水中各形态无机氮的含量

（单位：mg/L）

调查时间	NO_3-N	NO_2-N	NH_4-N	DIN	参考文献
1962~1963 年	0.005	0.002	0.022	0.031	沈志良，2002
1983~1986 年	0.025	0.005	0.091	0.122	沈志良，2002
1991~1998 年	0.028	0.009	0.115	0.151	沈志良，2002
1997~2010 年	0.11	0.023	0.159	0.293	本研究

1997~2010 年胶州湾表层海水中的 NO_2-N 含量变化为 0.010~0.048mg/L，其中 2005 年 NO_2-N 年平均含量最高，1999 年最低。底层水中的 NO_2-N 含量变化为 0.009~0.025mg/L，其中 2007 年 NO_2-N 年平均含量最高，1997 年最低。从长期变化来看，胶州湾表层海水中 NO_2-N 的含量也呈现出逐年升高的趋势，20 世纪 60~90 年代含量增长较为缓慢，而近十几年含量上升较快，达到 0.023mg/L（图 2-30）。

1997~2010 年胶州湾表层海水中的 NO_3-N 含量变化为 0.02~0.25mg/L，其中 2005 年 NO_3-N 年平均含量最高，1997 年最低。底层水中的 NO_3-N 含量变化为 0.02~0.16mg/L，其中 2008 年 NO_3-N 年平均含量最高，1997 年最低。从长期变化来看，胶州湾表层海水中 NO_3-N 的含量也呈现出逐年升高的趋势，20 世纪 60~90 年代含量增长较为缓慢，而近十几年含量上升较快，平均含量约为 90 年代的 4 倍（图 2-30）。

1997~2010 年胶州湾表层海水中的 NH_4-N 含量变化为 0.10~0.26mg/L，其中 2001 年 NH_4-N 年平均含量最高，1999 年最低。底层水中的 NH_4-N 含量变化为 0.05~0.26mg/L，其中 2001 年 NH_4-N 年平均含量最高，2006 年最低。氨氮含量在 2001 年的高值是由废水排放中铵盐排放量在这一年达到一个高值（8000t）所造成的。从长期变化来看，胶州湾表层海水中 NH_4-N 的含量也呈现出逐年升高的趋势，20 世纪 60~80 年代增长较快，而 80~90 年代含量增长较为缓慢，相对于 NO_3-N，NH_4-N 在近十几年含量上升较为缓慢，因而其在无机氮中的比例从 90 年代前占绝对优势有所下降（图 2-30）。

整体上来看，TN 与 NH_4-N 的年际均值变化趋势相似，在 2001 年出现最高值，在 2002 年出现次高值。DIN、NO_2-N 和 NO_3-N 的年际均值变化趋势相似，在近 14 年来呈现上升趋势，在 2005 年、2007 年和 2008 年出现高值。

胶州湾海水中的氮浓度主要与氮的排海总量有关，涉及陆源、沿岸海水养殖和大气沉降排海通量。自 20 世纪 80 年代初至 90 年代末，胶州湾陆源 DIN 排海通量迅速增加，由 20 世纪 80 年代初的约 1000t/a 增加到 90 年代末的 11 000t/a，平均年增长率可达 15%，之后基本保持在约 11 000t/a（王修林等，2006）。胶州湾东部排海 DIN 主要来源于李村河、海泊河，以接纳工业废水和城市生活污水为主，而西部主要来源于大沽河，以接纳农业污水为主。据王修林等（2006）估算，沿岸海水养殖 DIN 排海通量自 20 世纪 80 年代初至 90 年代末迅速增加，由 20 世纪 80 年代初的 8t/a 增加到 90 年代末的 110t/a，平均年增长率可达 15%，之后略有下降，到 2003 年约为 100t。胶州湾大气沉降 DIN 排海通量主要来源于降雨和颗粒干沉降。根据降雨量和雨水中的 DIN 浓度，估算出胶州湾大气湿沉降通量约为 690mg/（m^2·a）。Liu 等（2003）观测南黄海 DIN 大气干沉降通量约为 1540mg/（m^2·a）。

结合胶州湾面积，胶州湾大气沉降 DIN 排海通量约为 720t/a。综合分析，胶州湾 DIN 排海通量以陆源为主，平均高达 93%，大气沉降占 6%，而沿海海水养殖低于 1%。通过相关性分析（图 2-31）可知，胶州湾海水中 DIN 浓度与陆源 DIN 排海通量具有显著相关性，相关系数高达 0.973（$p<0.01$），而与养殖排放通量的相关性不明显，说明陆源 DIN 排海通量是影响胶州湾海水中 DIN 浓度年际变化的主要因素。

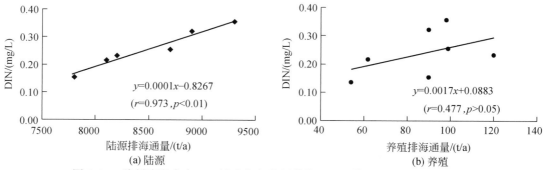

图 2-31　胶州湾海水中 DIN 浓度与年陆源排海通量和养殖排海通量的相关性

（2）氮在同一季节的年际变化

海水中的氮主要由沿岸径流带入，其次是降雨和海洋生物的排泄物以及尸体腐解，因此有明显的季节性和区域性变化。本节分析了各季度，包括春季（5月）、夏季（8月）、秋季（11月）和冬季（2月）胶州湾海水中氮含量的年际变化情况。

1997~2010 年 2 月，胶州湾表层水中的 TN 含量在 0.51~1.21mg/L，平均值为 0.68mg/L，其含量在 2006 年最高，2003 年最低；底层水中的 TN 含量在 0.42~1.42mg/L，平均值为 0.65mg/L，其含量在 2006 年最高，2009 年最低。胶州湾表层水中的 DIN 含量在 0.07~0.36mg/L，平均值为 0.21mg/L，其在 2006 年、2007 年、2010 年超出海水水质 I 类标准，在 2001 年、2008 年和 2009 年超出海水水质 II 类标准，其含量在 2008 年最高，1997 年最低；在底层水中的 DIN 含量在 0.07~0.36mg/L，平均值为 0.16mg/L，其含量在 2001 年最高，1997 年最低。胶州湾表层水中的 NO_2-N 含量在 0.003~0.026mg/L，平均值为 0.010mg/L，其含量在 2007 年最高，1997 年最低；底层水中的 NO_2-N 含量在 0.004~0.017mg/L，平均值为 0.008mg/L，其含量在 2007 年最高，1997 年最低。胶州湾表层水中的 NO_3-N 含量在 0.01~0.26mg/L，平均值为 0.07mg/L，其含量在 2009 年最高，2000 年最低；底层水中的 NO_3-N 含量在 0.009~0.168mg/L，平均值为 0.050mg/L，其含量在 2008 年最高，2000 年最低。胶州湾表层水中的 NH_4-N 含量在 0.05~0.28mg/L，平均值为 0.12mg/L，其含量在 2001 年最高，1997 年最低；底层水中的 NH_4-N 含量在 0.03~0.31mg/L，平均值为 0.10mg/L，其含量在 2001 年最高，2005 年最低（图 2-32）。

1997~2010 年 5 月，胶州湾表层海水中的 TN 含量在 0.38~1.82mg/L，平均值为 0.78mg/L，其含量在 2001 年最高，2010 年最低；底层水中的 TN 含量在 0.44~2.26mg/L，平均值为 0.75mg/L，其含量在 2001 年最高，2010 年最低。胶州湾表层海水中的 DIN 含量范围在 0.08~0.35mg/L，平均值为 0.23mg/L，其在 2000 年、2001 年、2003 年、2004 年、2005 年和 2010 年超出海水水质I类标准，在 2002 年、2006 年、2007 年、2008 年超出海水水

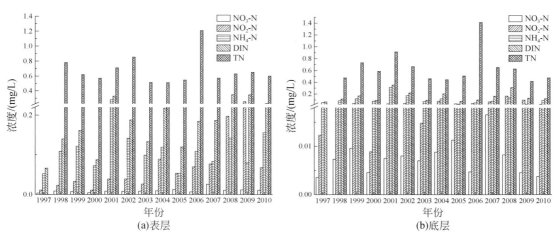

图 2-32 2 月胶州湾海水中不同形态氮的年际均值变化

质Ⅱ类标准，其含量在 2008 年最高，1997 年最低；底层水中的 DIN 含量在 0.07～0.28mg/L，平均值为 0.16mg/L，其含量在 2008 年最高，1997 年最低。胶州湾表层海水中的 NO_2-N 含量在 0.005～0.038mg/L，平均值为 0.014mg/L，其含量在 2006 年最高，2001 年最低；底层水中，NO_2-N 含量范围在 0.003～0.016mg/L，平均值为 0.008mg/L，其含量在 2008 年最高，2001 年最低。胶州湾表层海水中的 NO_3-N 含量在 0.009～0.144mg/L，平均值为 0.055mg/L，其含量在 2006 年最高，2005 年最低；底层水中，NO_3-N 含量在 0.002～0.076mg/L，平均值为 0.034mg/L，其含量在 2008 年最高，2005 年最低。胶州湾表层海水中的 NH_4-N 含量在 0.06～0.26mg/L，平均值为 0.16mg/L，其含量在 2002 年最高，1999 年最低；底层水中，NH_4-N 含量在 0.04～0.24mg/L，平均值为 0.12mg/L，其含量在 2002 年最高，1997 年最低（图 2-33）。

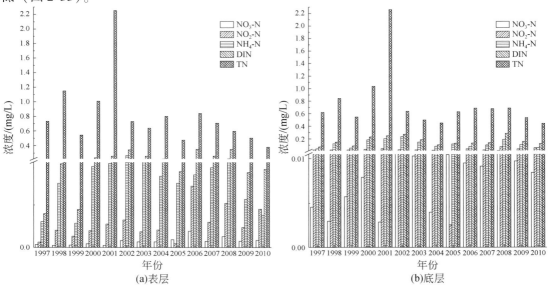

图 2-33 5 月胶州湾海水中不同形态氮的年际均值变化

1997～2010 年 8 月，胶州湾表层海水中的 TN 含量在 0.29～2.47mg/L，平均值为 1.09mg/L，其含量在 2001 年最高，在 1999 年和 2010 年最低；底层水中，TN 含量在 0.27～2.39mg/L，平均值为 1.01mg/L，其含量在 2001 年最高，2010 年最低。胶州湾表层海水中的 DIN 含量范围在 0.10～0.92mg/L，平均值为 0.33mg/L，其在 1998 年、2000 年、2004 年和 2009 年超出海水水质Ⅰ类标准，在 2002 年和 2008 年超出海水水质Ⅲ类标准，在 2001 年、2005 年和 2007 年超出海水水质Ⅳ类标准，其含量在 2007 年最高，1999 年最低；底层水中，DIN 含量在 0.10～0.44mg/L，平均值为 0.22mg/L，其含量在 2001 年和 2002 年最高，1999 年最低。胶州湾表层海水中的 NO$_2$-N 含量在 0.005～0.092mg/L，平均值为 0.028mg/L，其含量在 2005 年最高，1999 年最低；底层水中，NO$_2$-N 含量在 0.004～0.034mg/L，平均值为 0.014mg/L，其含量在 2007 年最高，1998 年最低。胶州湾表层海水中的 NO$_3$-N 含量在 0.02～0.55mg/L，平均值为 0.15mg/L，其含量在 2005 年最高，1999 年最低；底层水中，NO$_3$-N 含量在 0.02～0.18mg/L，平均值为 0.06mg/L，其含量在 2008 年最高，2010 年最低。胶州湾表层海水中的 NH$_4$-N 含量在 0.04～0.34mg/L，平均值为 0.15mg/L，其含量在 2007 年最高，2003 年最低；底层水中，NH$_4$-N 含量在 0.02～0.34mg/L，平均值为 0.14mg/L，其含量在 2001 年最高，2006 年最低（图 2-34）。

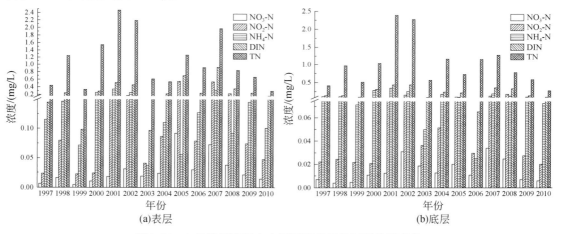

图 2-34　8 月胶州湾海水中不同形态氮的年际均值变化

1997～2010 年 11 月，胶州湾表层海水中的 TN 含量在 0.35～1.04mg/L，平均值为 0.71mg/L，其含量在 2000 年最高，2010 年最低；底层水中，TN 含量在 0.25～0.99mg/L，平均值为 0.70mg/L，其含量在 2007 年最高，2010 年最低。胶州湾表层海水中的 DIN 含量在 0.19～0.60mg/L，平均值为 0.32mg/L，其在 1997 年、1998 年、1999 年和 2002 年超出海水水质Ⅰ类标准，2000 年、2001 年、2004 年、2006 年、2007 年和 2009 年超出海水水质Ⅱ类标准，在 2003 年和 2008 年超出海水水质Ⅲ类标准，在 2005 年和 2010 年超出海水水质Ⅳ类标准，其含量在 2005 年最高，1997 年最低；底层水中，DIN 含量在 0.14～0.45mg/L，平均值为 0.26mg/L，其含量在 2005 年最高，2002 年最低。胶州湾表层海水中的 NO$_2$-N 含量在 0.02～0.07mg/L，平均值为 0.03mg/L，其含量在 2010 年最高，2002 年最低；底层水中，NO_2-N 含量在 0.01 ~ 0.05mg/L，平均值为 0.03mg/L，其含量在 2010 年最高，2002 年最低。胶州湾表层海水中的 NO_3-N 含量在 0.02 ~ 0.33mg/L，平均值为 0.13mg/L，其含量在 2005 年最高，1997 年最低；底层水中，NO_3-N 含量在 0.02 ~ 0.20mg/L，平均值为 0.10mg/L，其含量在 2008 年最高，1997 年最低。胶州湾表层海水中的 NH_4-N 含量在 0.09 ~ 0.26mg/L，平均值为 0.17mg/L，其含量在 2005 年最高，1998 年最低；底层水中，NH_4-N 含量在 0.06 ~ 0.26mg/L，平均值为 0.13mg/L，其含量在 2005 年最高，2006 年最低（图 2-35）。

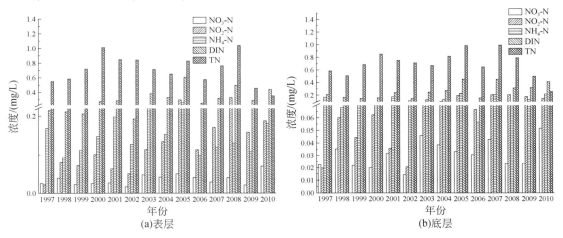

图 2-35　11 月胶州湾海水中不同形态氮的年际均值变化

（3）区域年际变化

将胶州湾划分为湾西部、湾东部、湾中部、湾口、湾外等 5 个区域来进一步分析胶州湾表层水中各形态氮的年际变化。从图 2-36 中可以看出胶州湾内西部表层水中氮的年际均值变化。1997 ~ 2010 年 TN、DIN、NO_3-N、NO_2-N 和 NH_4-N 含量分别为 0.56 ~ 1.60mg/L、0.13 ~ 0.60mg/L、0.02 ~ 0.38mg/L、0.01 ~ 0.06mg/L 和 0.07 ~ 0.23mg/L，平均值分别为

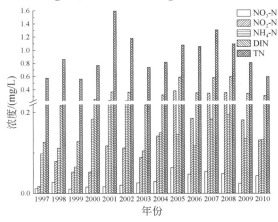

图 2-36　1997 ~ 2010 年胶州湾湾内西部海水中不同形态氮的年际均值变化

0.93mg/L、0.34mg/L、0.16mg/L、0.03mg/L 和 0.15mg/L。整体上来看，TN 与 NH_4-N 的年际均值变化趋势相似，在 2001 年出现最高值，2007 年出现次高值。DIN、NO_2-N 和 NO_3-N 的年际均值变化趋势相似，14 年间呈现上升趋势，在 2005 年、2007 年和 2008 年出现高值。

从图 2-37 中可以看出胶州湾内东部表层水中氮的年际均值变化。1997～2010 年 TN、DIN、NO_3-N、NO_2-N 和 NH_4-N 含量分别为 0.66～1.64mg/L、0.19～0.80mg/L、0.03～0.38mg/L、0.01～0.08mg/L 和 0.15～0.39mg/L，平均值分别为 1.10mg/L、0.47mg/L、0.16mg/L、0.04mg/L 和 0.27mg/L。整体上来看，除 TN 外，DIN、NO_3-N、NO_2-N 和 NH_4-N 的年际均值变化趋势相似，14 年间呈现上升趋势，在 2005 年、2007 年和 2010 年出现高值。TN 主要在 2001 年和 2006 年出现高值。

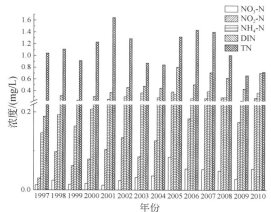

图 2-37　1997～2010 年胶州湾湾内东部海水中不同形态氮的年际均值变化

从图 2-38 中可以看出胶州湾内中部表层水中的年际均值变化。1997～2010 年 TN、DIN、NO_3-N、NO_2-N 和 NH_4-N 含量分别为 0.28～1.50mg/L、0.11～0.37mg/L、0.01～0.21mg/L、0.01～0.04mg/L 和 0.07～0.29mg/L，平均值分别为 0.77mg/L、0.23mg/L、

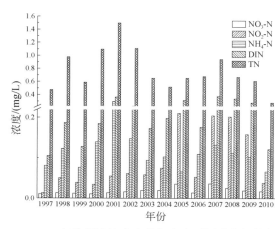

图 2-38　1997～2010 年胶州湾湾内中部海水中不同形态氮的年际均值变化

0.09mg/L、0.02mg/L 和 0.12mg/L。整体上来看，TN、DIN 与 NH$_4$-N 的年际均值变化趋势相似，在 2001 年出现最高值，2007 年出现次高值。NO$_2$-N 和 NO$_3$-N 的年际均值变化趋势相似，14 年间呈现上升趋势，在 2005 年和 2007 年出现高值。

从图 2-39 中可以看出胶州湾湾口表层水中的年际均值变化。1997～2010 年 TN、DIN、NO$_3$-N、NO$_2$-N 和 NH$_4$-N 含量分别为 0.30～1.45mg/L、0.09～0.35mg/L、0.01～0.16mg/L、0.01～0.02mg/L 和 0.04～0.30mg/L，平均值分别为 0.65mg/L、0.17mg/L、0.06mg/L、0.01mg/L 和 0.10mg/L。整体上来看，TN、DIN 与 NH$_4$-N 的年际均值变化趋势相似，在 2001 年出现最高值，2007 年出现次高值。NO$_2$-N 和 NO$_3$-N 的年际均值变化趋势相似，14 年间呈现上升趋势，在 2005 年、2007 年和 2008 年出现高值。

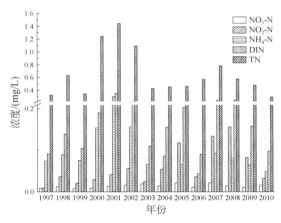

图 2-39　1997～2010 年胶州湾湾口海水中不同形态氮的年际均值变化

从图 2-40 中可以看出胶州湾外表层水中的年际均值变化。1997～2010 年 TN、DIN、NO$_3$-N、NO$_2$-N 和 NH$_4$-N 含量分别为 0.28～1.13mg/L、0.06～0.22mg/L、0.02～0.13mg/L、0.006～0.020mg/L 和 0.03～0.16mg/L，平均值分别为 0.60mg/L、0.14mg/L、0.04mg/L、

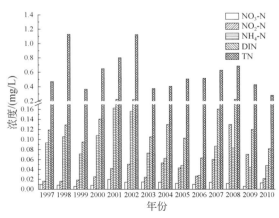

图 2-40　1997～2010 年胶州湾湾外海水中不同形态氮的年际均值变化

0.01mg/L 和 0.08mg/L。整体上来看，TN 呈现下降趋势，最高值出现在 1998 年。DIN 与 NH$_4$-N 的年际均值变化趋势相似，在 2001 年、2002 年和 2008 年出现最高值。NO$_3$-N 的年际均值变化 14 年间呈现上升趋势，在 2008 年出现最高值。NO$_2$-N 的年际变化较为平稳，最大值出现在 2001 年。

总的来说，胶州湾海水中的氮的区域年际分布主要有两种。在湾内西部和东部的年际变化趋势基本一致，整体呈现随年代增长而上升的趋势。海水中的氮在湾内中部、湾口和湾外的年际变化趋势基本一致，TN、DIN 与 NH$_4$-N 的年际均值变化趋势相似，在 2001 年出现最高值，2007 年出现次高值。NO$_2$-N 和 NO$_3$-N 的年际均值变化趋势相似，14 年间呈现上升趋势，在 2005 年、2007 年和 2008 年出现高值。

2.2.5.2　表层海水中溶解磷酸盐的年际变化

（1）溶解磷酸盐

图 2-41 ~ 图 2-45 是 1997 ~ 2010 年胶州湾不同区域表层海水中溶解磷酸盐在 2 月、5 月、8 月、11 月和全年平均值的年际变化。从全年平均值的年度变化看，1997 ~ 2010 年胶州湾表层海水中的溶解磷酸盐明显增加，其中湾内西部从 1997 年的 0.008mg/L 增加到 2010 年的 0.017mg/L，约增加 2 倍；湾内东部从 1997 年的 0.013mg/L 增加到 2010 年的 0.027mg/L，约增加 2 倍；湾内中部从 1997 年的 0.006mg/L 增加到 2010 年的 0.016mg/L，约增加 2.7 倍；湾口从 1997 年的 0.008mg/L 增加到 2010 年的 0.016mg/L，约增加 2 倍；湾外从 1997 年的 0.005mg/L 增加到 2010 年的 0.042mg/L，约增加 8 倍。但在 2006 年以前，溶解磷酸盐的增加比较缓慢，只是在 2007 年和 2008 年有较大增加，2010 年稍有增加，这与胶州湾磷排海总量相似，说明胶州湾磷酸盐浓度可能主要取决于排海总量（王修林等，2006）。此外，自 2007 年复合肥的用量增加了 32%，这成为近年来胶州湾磷酸盐浓度升高的又一重要原因（孙晓霞等，2011a）。从不同月份胶州湾不同区域海水中溶解磷酸盐的年际变化看，2 月除 2007 年和 2010 年表层海水中的溶解磷有显著增加外，在 2006 年以前表层海水中的溶解磷酸盐仅有少量增加；5 月表层海水中的溶解磷酸盐 1997 ~ 2000 年变化不大，但从 2001 年开始一直到 2007 年有显著增加；8 月表层海水中的活性磷的年际

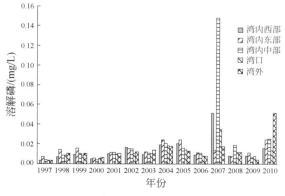

图 2-41　1997 ~ 2010 年 2 月胶州湾表层海水中溶解磷酸盐的年际均值变化

变化与 5 月相似,但其最大增加年份是 2009 年;11 月表层海水中的溶解磷酸盐的增加主要表现在湾的东部和西部,在湾的中部及湾口和湾外表层海水中的溶解磷酸盐的增加不显著。

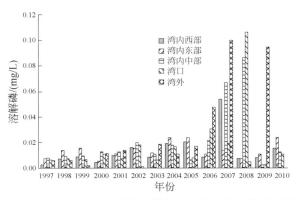

图 2-42 1997~2010 年 5 月胶州湾表层海水中溶解磷酸盐的年际均值变化

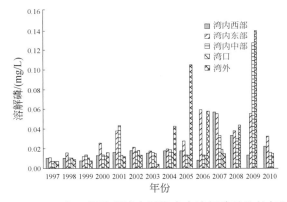

图 2-43 1997~2010 年 8 月胶州湾表层海水中溶解磷酸盐的年际均值变化

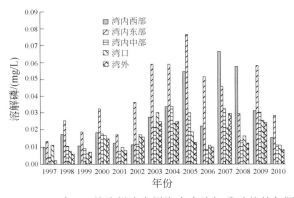

图 2-44 1997~2010 年 11 月胶州湾表层海水中溶解磷酸盐的年际均值变化

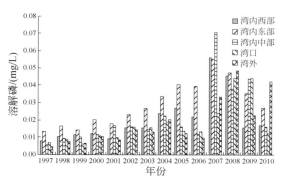

图 2-45　1997～2010 年胶州湾表层海水中溶解磷酸盐的年际均值变化

（2）总磷

图 2-46～图 2-50 是 1997～2010 年胶州湾不同区域表层海水中总磷在 2 月、5 月、8 月、11 月和全年平均值的年际变化。从全年平均值的年度变化看，1997～2010 年（除2007）胶州湾表层海水中的总磷没有显著的变化，2010 年总磷的含量与 1997 年相比甚至还有所降低。从不同月份胶州湾不同区域海水中总磷的年际变化看，2 月除 2007 年表层海水中的总磷有显著增加外，其他年份表层海水中的总磷没有显著的变化，甚至与 1998 年相比还有稍微下降；5 月和 8 月表层海水中的总磷的年际变化相似，但 5 月湾内西部海域海水中的总磷在 2007 年显著增加，8 月湾内西部海域在 2006 年、湾内东部在 2007 年海水中的总磷显著增加；11 月表层海水中的总磷在各个区域中的变化均较其他月份大，特别是湾内西部、湾内东部的变化最大，而湾口和湾外的变化较小，但无论在哪一个区域，2010 年表层海水中总磷的含量均较 1997 年显著降低。

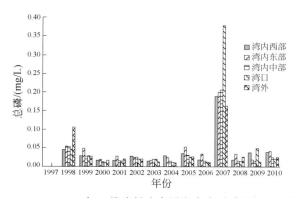

图 2-4 6 1997～2010 年 2 月胶州湾表层海水中总磷的年际均值变化

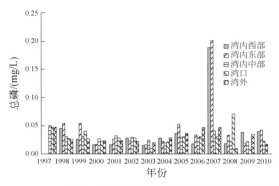

图 2-47 1997～2010 年 5 月胶州湾表层海水中总磷的年际均值变化

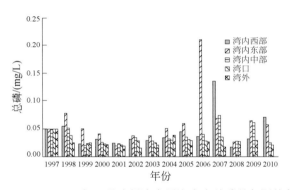

图 2-48 1997～2010 年 8 月胶州湾表层海水中总磷的年际均值变化

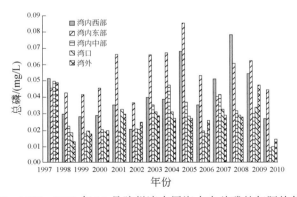

图 2-49 1997～2010 年 11 月胶州湾表层海水中总磷的年际均值变化

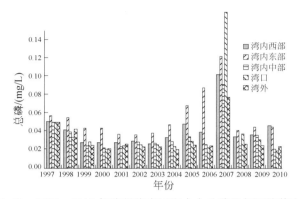

图 2-50　1997～2010 年胶州湾表层海水中总磷的年际均值变化

2.2.5.3　表层海水中溶解硅酸盐的年际变化

图 2-51～图 2-55 是 1997～2010 年胶州湾不同区域表层海水中溶解硅酸盐在 2 月、5 月、8 月、11 月和全年平均值的年际变化。从全年平均值的年度变化看，1997～2010 年胶州湾表层海水中的溶解硅酸盐明显增加，其中湾内西部从 1997 年的 0.06mg/L 增加到 2010 年的 0.25mg/L，约增加 4 倍；湾内东部从 1997 年的 0.09mg/L 增加到 2010 年的 0.26mg/L，约增加 3 倍；湾内中部从 1997 年的 0.04mg/L 增加到 2010 年的 0.12mg/L，约增加 3 倍；湾口从 1997 年的 0.06mg/L 增加到 2010 年的 0.12mg/L，约增加 2 倍；湾外从 1997 年的 0.03mg/L 增加到 2010 年的 0.10mg/L，约增加 3 倍。但溶解硅酸盐的变化具有明显的年际变化，除 8 月的变化相对比较简单外，在 2 月、5 月和 11 月在不同年份之间具有较大的波动。

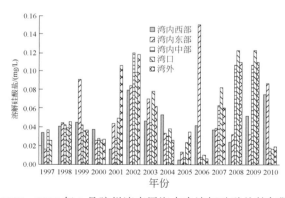

图 2-51　1997～2010 年 2 月胶州湾表层海水中溶解硅酸盐的年际均值变化

胶州湾硅酸盐浓度在近年来呈现的升高趋势与其输入来源密切相关。有研究表明，胶州湾的硅酸盐 80% 来自河流（Liu et al.，2005）。此外，胶州湾的降水量与硅酸盐浓度之间呈现很好的相关性（Shen，2001），说明胶州湾硅酸盐浓度的变化主要受河流径流量和降水量的影响。20 世纪 80 年代以来，胶州湾地区的降水呈现增加的趋势，这是引起胶州湾硅酸盐浓度增加的原因之一。随着青岛城市建设的加快，混凝土用量的增加也被认为是引起胶州湾硅酸盐含量增加的一个因素。另外，胶州湾是重要的菲律宾蛤仔养殖区，蛤仔的生物扰动在硅酸盐从沉积物向水体转移的过程中发挥着很大的作用（孙晓霞等，2011a）。

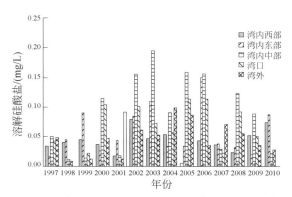

图 2-52　1997～2010 年 5 月胶州湾表层海水中溶解硅酸盐的年际均值变化

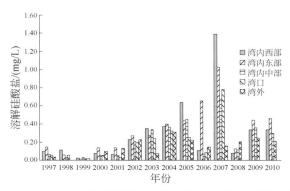

图 2-53　1997～2010 年 8 月胶州湾表层海水中溶解硅酸盐的年际均值变化

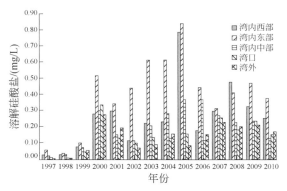

图 2-54　1997～2010 年 11 月胶州湾表层海水中溶解硅酸盐的年际均值变化

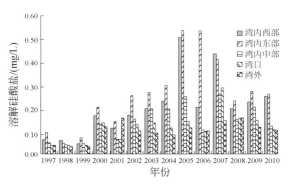

图 2-55　1997~2010 年胶州湾表层海水中溶解硅酸盐的年际均值变化

2.2.6　海水营养盐结构的年际变化

1962~1998 年，胶州湾海水中的无机氮和磷在 20 世纪 90 年代分别比 60 年代增加了 3.9 倍和 1.4 倍，而硅酸盐含量一直保持在很低的水平，N/P 从 15.9 增加到 37.8，Si/N、Si/P 在 80 年代、90 年代分别为 0.19 和 7.6，高的 N/P 和低的 Si/N、Si/P 导致浮游植物硅限制的增加（沈志良，2002）。1997~2010 年胶州湾营养盐结构又发生了怎样的变化是本部分的主要研究内容。

胶州湾表层水体在 1997~2010 年 N/P 的变化如图 2-56 所示，各区域 N/P 的变化趋势相同，即从 1997~2010 年 N/P 逐渐降低，但不同区域的降幅不同。从区域趋势变化的线性回归方程看，湾内东部区域基本没有变化，这与该区域是胶州湾接受陆源污染物质的主要区域相一致；湾内东部区域的变化较西部区域大但较湾内中部、湾口和湾外的小，这也与该区域接受的陆源污染物质的量在它们之间相一致；湾内中部区域、湾口区域和湾外区域中海水的 N/P 下降较大，与这些区域活性磷酸盐的增加趋势相一致，为 24.8~73.2，各年平均值为 42.4，Si/N、Si/P 分别为 0.20~1.40 和 3.54~13.57，各年平均分别为 0.70 和 9.07。根据化学计量营养盐限制标准，当 Si/P>22 和 N/P>22 时为 P 限制；当 N/P<10 和 Si/N>1 时为 N 限制；当 Si/P<10 和 Si/N<1 时为 Si 限制（宋金明，1997；沈志良，2002）。结合 1997~2010 年胶州湾营养盐结构的变化，表明近十几年来胶州湾浮游植物生

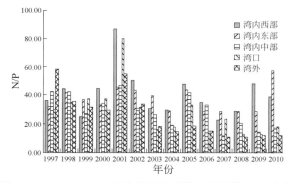

图 2-56　1997~2010 年胶州湾表层海水年平均 N/P 变化

长仍为硅限制，这一结果与沈志良（2002）的研究结果相一致。

湾内西部区域 N/P 线性回归方程：$y = -0.6914x + 45.834$

湾内东部区域 N/P 线性回归方程：$y = -0.058x + 37.255$

湾内中部区域 N/P 线性回归方程：$y = -2.0021x + 44.087$

湾口区域 N/P 线性回归方程：$y = -2.4211x + 46.147$

湾外区域 N/P 线性回归方程：$y = -3.3854x + 50.032$

胶州湾表层水体在 1997～2010 年 Si/N 的变化如图 2-57 所示，各区域 Si/N 的变化趋势相同，即 1997～2010 年 Si/N 逐渐增加，但不同区域的增加幅度不同。从区域趋势变化的线性回归方程看，湾内东部区域基本没有变化，这与该区域 N/P 的值变化不大一致；湾内西部区域增加的幅度较湾内东部区域大但较湾内中部、湾口和湾外的小；湾内中部区域、湾口区域和湾外区域中海水的 Si/N 增加较大。

湾内西部区域 Si/N 线性回归方程：$y = 0.0138x + 0.1831$

湾内东部区域 Si/N 线性回归方程：$y = 0.0071x + 0.1948$

湾内中部区域 Si/N 线性回归方程：$y = 0.0178x + 0.1765$

湾口区域 Si/N 线性回归方程：$y = 0.0296x + 0.1211$

湾外区域 Si/N 线性回归方程：$y = 0.0329x + 0.13$

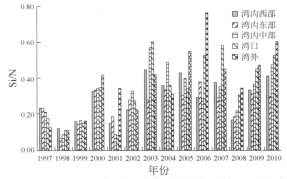

图 2-57　1997～2010 年胶州湾表层海水年平均 Si/N 的变化

胶州湾表层水体在 1997～2010 年 Si/P 的变化如图 2-58 所示，各区域 Si/P 的变化趋势相同，即 1997～2010 年 Si/P 变化不大，既没有明显的增加也没有明显的降低。

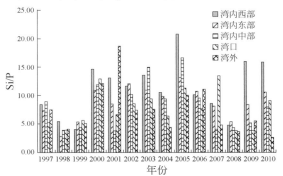

图 2-58　1997～2010 年胶州湾表层海水年平均 Si/P 的变化

1997～2010 年，湾内西部区域 N/P 为 22.9～87.0，各年平均值为 42.6，Si/N、Si/P 分别为 0.12～0.44 和 3.92～20.7，各年平均分别为 0.29 和 11.1；湾内东部区域 N/P 为 27.1～57.5，各年平均值为 36.8，Si/N、Si/P 分别为 0.06～0.38 和 2.70～13.1，各年平均分别为 0.25 和 8.81；湾内中部区域 N/P 为 11.7～47.3，各年平均值为 29.1，Si/N、Si/P 分别为 0.08～0.56 和 3.73～16.6，各年平均分别为 0.31 和 8.16；湾口区域 N/P 为 7.88～80.1，各年平均值为 28.0，Si/N、Si/P 分别为 0.08～0.60 和 3.55～13.3，各年平均分别为 0.34 和 7.61；湾外区域 N/P 为 4.26～58.4，各年平均值 24.6，Si/N、Si/P 分别为 0.11～0.76 和 2.55～18.7，各年平均分别为 0.38 和 7.42。根据化学计量营养盐限制标准，虽然 1997～2010 年胶州湾海水中 Si/N 值小于 1，胶州湾营养盐表现为浮游植物生长的硅限制，但总的来说，自 2000 年以来，氮的增加幅度逐渐变缓，磷酸盐和硅酸盐的增加更为显著，使得胶州湾营养盐比例严重失衡的问题得到一定的缓解。

2.3　海水碳化学

碳是最主要的生源要素，更是生命活动能流、物流中最重要的元素，几乎所有的生物地球化学循环过程都与之有关，因而有关碳循环的研究是目前全球变化研究的热点（宋金明等，2008）。海洋中各种形态的碳主要通过两条途径输入：陆源输入（河流、沙尘暴等）和大气沉降（降水、海-气界面交换等）；可分为 3 类：来自陆地生态系统的碳、人类活动产生的碳和海洋生态系统生成的碳。颗粒有机碳（POC）、溶解有机碳（DOC）和溶解无机碳（DIC）是碳在海洋中存在的 3 种主要的形态。目前，对海洋水体中碳所参与的过程研究主要集中于大气 CO_2 通过海-气界面的传输、溶解-颗粒碳的海洋转化过程、海水有机碳来源等研究。本节主要对胶州湾海水中 pCO_2（二氧化碳分压）、无机碳、溶解和颗粒有机碳的地球化学行为进行阐述。综合分析表明，胶州湾春季和夏季表现为大气 CO_2 的源，而在秋季和冬季表现为大气 CO_2 的汇；浮游植物活动是影响表层水体 pCO_2 分布的主要因素；DIC 的空间分布呈现由东北部向西逐渐降低的趋势，其主要是由胶州湾的水文特征决定的；DOC 含量呈现在近岸普遍较高，并从近岸向中间海域和湾口递减的趋势；POC 的高值主要出现在海泊河口及码头附近，主要来源于陆源输入和海洋自生。

2.3.1　pCO_2

通过海气相互作用，大气中的 CO_2 会溶解进入海洋，并通过浮游植物的光合作用被固定形成有机碳。目前有关 CO_2 的研究报道不多，现有的研究局限于探讨其分布特征，对造成胶州湾 CO_2 分布变化的原因及胶州湾海气 CO_2 通量的研究不多。实际上，胶州湾作为人为影响显著的海湾，其 CO_2 源汇强度在一定程度上反映在全球变化大尺度下小区域对这种影响的响应程度，所以，研究胶州湾的碳源汇强度具有时代的迫切性和重要的科学意义。王文松（2013）和刘启珍等（2010）对胶州湾海域不同季节 pCO_2 分布及影响因素进行了如下系统的研究。

2.3.1.1 水平分布

春季（5月），胶州湾表层海水中的pCO_2从东北近岸向湾口逐渐降低并呈现出水舌分布，由于受湾外海水影响较大，水舌方向从湾口指向东北近岸。pCO_2测得值在 456 ~ 1018μatm[①]，平均值为 558μatm，最高值（1018μatm）出现在东北部海泊河口区域，最低值（456μatm）出现在靠近湾口区域。根据 NOAA 监测数据，2010 年 5 月胶州湾附近大气CO_2的浓度为 399μatm，表现为大气CO_2的源。

夏季（8月），胶州湾表层海水的pCO_2从东北近岸和大沽河口向湾中部逐渐降低。由于受到近岸河流输入和湾口黄海水交换的影响，pCO_2等值线图呈东北近岸、大沽河口和湾口向湾中部降低趋势。pCO_2测得值为 330 ~ 805μatm，平均值为 487μatm，明显低于春季（5月）。根据 NOAA 监测数据，2008 年 8 月胶州湾附近大气CO_2的浓度为 388μatm，胶州湾整体上表现为大气CO_2的源。

秋季（11月），胶州湾表层海水的pCO_2自李村河口向西南方向呈现出递减趋势。pCO_2测得值为 315 ~ 720μatm，平均值为 423μatm。根据 NOAA 监测数据，2007 年秋季全球大气CO_2平均浓度为 383μatm，胶州湾秋季东部近岸及中间大部分海域pCO_2相对较高，表现为大气CO_2的源，最高值位于李村河口，西部近岸海域pCO_2较低，为大气CO_2的弱汇区。

冬季（3月），胶州湾表层海水的pCO_2自李村河口向湾口方向呈现出递增趋势。pCO_2测得值为 191 ~ 332μatm，平均值为 278μatm，最低值出现在湾北部，最高值出现在湾口。根据 NOAA 监测数据，2011 年 3 月胶州湾整体上表现为大气CO_2的汇（图 2-59）。

2.3.1.2 表层水体pCO_2的影响因素

（1）温度对pCO_2分布的影响

温度是影响pCO_2变化的主要因素之一，pCO_2会随着温度的升高而增加。春季（5月），胶州湾表层海水温度变化范围小（约 3℃），对pCO_2影响不大。利用 Takahashi 等（1993）的温度与pCO_2的关系式将pCO_2校正到当季平均温度后得到 $npCO_2$。校正前pCO_2值为 456 ~ 1018μatm，校正后为 444 ~ 1006μatm；温度较高的东北部及大沽河海域校正后比校正前pCO_2值平均减少了约 21μatm，温度较低的中部及湾口海域则平均增加了约 23μatm。校正带来的温度改变并未显著改变胶州湾pCO_2的源汇角色，说明温度并不是春季（5月）胶州湾表层海水pCO_2分布格局的主要影响因素。

夏季（8月），胶州湾表层海水温度为 26.03 ~ 28.28℃，变化范围小（<2℃），对pCO_2的影响不大。根据 Takahashi 等（1993）温度对pCO_2的校正公式将pCO_2校正到夏季（8月）平均温度（27.12℃），校正之后的pCO_2分布趋势与校正前一致。校正前pCO_2值为 330 ~ 805μatm，校正后为 342 ~ 799μatm。大沽河及中部海域校正后比校正前pCO_2平均减少了约 12μatm，东部近岸及湾口海域平均增加了约 12μatm。校正带来的温度改变并未

①　1atm = 1.013 25×10⁵ Pa。

显著改变胶州湾 pCO_2 的源汇角色，说明温度并不是夏季（8月）胶州湾表层海水 pCO_2 分布格局的主要影响因素。

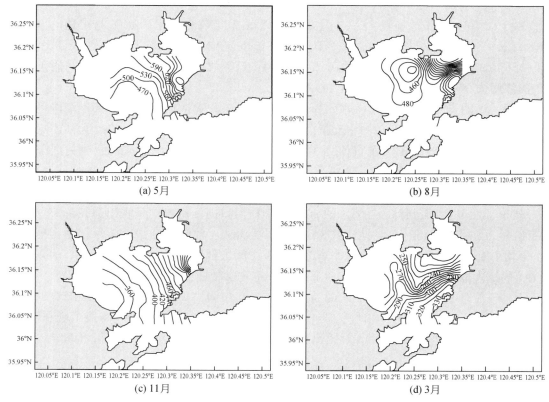

(a) 5月   (b) 8月

(c) 11月   (d) 3月

图 2-59 胶州湾表层海水中 pCO_2 分布（单位：μatm）

资料来源：王文松，2013 和刘启珍等，2010

秋季（11月），胶州湾温度变化范围较小（<5℃），对 pCO_2 的分布影响不大。利用 Takahashi 等（1993）温度对 pCO_2 的校正公式将秋季 pCO_2 校正到秋季平均温度（10.70℃）后得到 $npCO_2$，校正之后 $npCO_2$ 的分布趋势并没有发生明显变化。近岸区，温度的降低使 pCO_2 降低了 41μatm（温度降低 2.24℃）；湾口区，温度的升高（温度升高 2.08℃）使 pCO_2 升高了 33μatm，温度的变化并没有从根本上改变秋季胶州湾 CO_2 的源/汇格局，这说明秋季温度并不是影响胶州湾 pCO_2 空间分布的主要因素。

冬季（3月），胶州湾温度变化范围小（3.24～6.32℃）。利用 Takahashi 等（1993）温度对 pCO_2 的校正公式将 pCO_2 校正到 3 月平均温度（3.82℃）后得到 $npCO_2$，校正之后 $npCO_2$（172～336μatm）的分布趋势与校正之前（191～332μatm）一致，近岸由于校正而带来的 pCO_2 平均减少了约 4.93μatm，湾中部及湾口海区则平均增加了约 5.49μatm。校正带来的温度改变并未显著改变胶州湾 pCO_2 的源汇角色，说明温度并不是这一时期胶州湾 pCO_2 分布格局的主要影响因素。

总的来说，温度不是影响各个季度胶州湾表层海水 pCO_2 分布格局的主要影响因素。

（2）浮游植物活动对 pCO_2 分布的影响

春季（5 月），胶州湾 Chla 浓度为 $0.64 \sim 10.84\mu g/L$，平均值为 $4.25\mu g/L$，在东部近岸站位海域和西北近岸附近出现高值（图 2-60）。DO%（溶解氧饱和度）为 $101\% \sim 179\%$，平均值为 116%，从西北近岸向湾口逐渐降低，整个海湾呈现过饱和状态（图 2-60）。除去东北近岸附近海域，DO% 与 Chla 呈现良好的正相关性（图 2-61，$R^2 = 0.8537$，$n = 21$），从相关性图中可以看出东北近岸附近 Chla 含量较高，而 DO% 却处于相对较低水平，这主要是由于在此海区受李村河等河流污水输入的影响，营养物质丰富，浮游植物生长旺盛，所以叶绿素含量较高，同时有机物降解也很强烈，消耗水体中的溶解氧，所以 DO% 处于相对较低水平。

图 2-61 是春季（5 月）表层海水 DO% 和 $npCO_2$ 相关性图，由于光合作用的影响，春季（5 月）航次除去西北部附近海域外，DO% 与 $npCO_2$ 呈现出明显的负相关关系（$R^2 = 0.656$，$n = 28$，图 2-61），说明春季（5 月）胶州湾的浮游植物活动生长旺盛，其在很大程度上控制着胶州湾表层海水 pCO_2 分布。

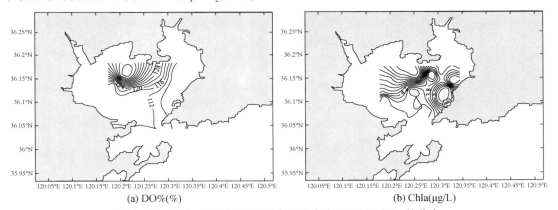

(a) DO%(%)　　　　　　　　　　　　　(b) Chla(μg/L)

图 2-60　春季（5 月）胶州湾表层海水中 DO% 和 Chla 的分布

资料来源：王文松，2013

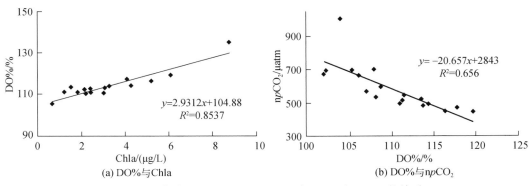

(a) DO% 与 Chla　　　　　　　　　　　(b) DO% 与 $npCO_2$

图 2-61　春季（5 月）DO% 和 Chla 与 DO% 和 $npCO_2$ 的关系

资料来源：王文松，2013

夏季（8 月）胶州湾表层海水 DO% 为 $110\% \sim 160\%$，平均值为 128%。由近岸和湾口向湾中部逐渐升高，在湾中部出现最高值。Chla 浓度为 0.78 ~ 21.15μg/L，平均值为 4.49μg/L。呈东北近岸向湾中部和湾口逐渐降低的趋势（图 2-62），其分布与 DO% 不同，在 DO% 高的湾中部 Chla 的浓度相对较低。

图 2-63 为 DO% 与 npCO$_2$ 相关性图，除去个别站位海区，DO% 与 npCO$_2$ 呈一定的负相关性（$R^2 = 0.3707$，$n = 28$），浮游植物光合作用消耗 CO$_2$ 产生 O$_2$，pCO$_2$ 降低，DO% 升高。与春季（5 月）相关性图相比，夏季（8 月）相关性图的斜率大于春季（5 月）（夏季为 −6.4689，春季为 −20.657），这是因为夏季（8 月）有机物降解和浮游植物活动的综合作用大于春季（5 月），导致 pCO$_2$ 随浮游植物活动的变化速率小于春季（5 月）。综上所述，夏季（8 月）浮游植物活动对 pCO$_2$ 分布起着控制作用。

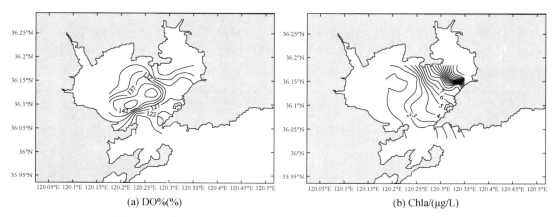

(a) DO%(%) (b) Chla/(μg/L)

图 2-62　胶州湾夏季（8 月）表层海水中 DO% 和 Chla 的分布

资料来源：王文松，2013

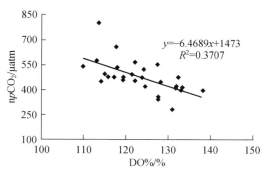

$$y = -6.4689x + 1473$$
$$R^2 = 0.3707$$

图 2-63　夏季（8 月）DO% 和 npCO$_2$ 相关性

资料来源：王文松，2013

秋季（11 月），胶州湾内 Chla 含量水平较高，含量在 0.16 ~ 2.20μg/L，平均值为 1.07μg/L。秋季陆地径流及水产养殖等带来的营养物质促进了近岸区浮游植物的光合作用，使得东北部和西部近岸海域 Chla 值偏高，中间海域 Chla 含量在 1.2μg/L 左右，变化不大，湾口海域受黄海水交换的影响，浮游植物活动较弱，Chla 含量较低（图 2-64）。

除去湾口和东北部的个别站，npCO$_2$ 与 Chla 呈现出较好的负相关关系（图 2-65，$R^2 = $

0.5999)，Chla 和 DO 饱和度呈现出较好的正相关关系（图 2-65，$R^2 = 0.6739$），这说明浮游植物活动对湾内大部分海域 pCO_2 的分布影响较大，特别是 Chla 和 DO 饱和度都较高的西部近岸海域，浮游植物活动是造成此海域成为大气 CO_2 弱汇的主要原因。水质清洁的湾口海域，有机物降解不明显，DO 饱和度>100%，因此在 Chla 含量较低的情况下，pCO_2 依然可以处于较低的水平。

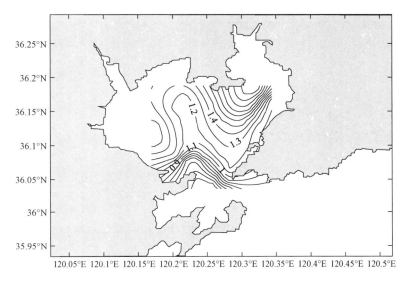

图 2-64　胶州湾表层海水中 Chla 分布（单位：μg/L）
资料来源：刘启珍等，2010

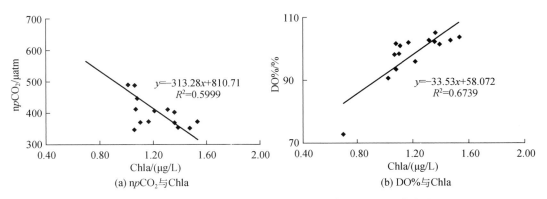

图 2-65　胶州湾表层海水中 $npCO_2$、DO% 与 Chla 的相关关系
资料来源：刘启珍等，2010

　　冬季（3 月），胶州湾表层海水中的 Chla 含量在 0.67～13.07μg/L，平均值为 2.85μg/L，同秋季胶州湾 Chla 含量（0.16～2.20μg/L，平均值为 1.07μg/L）相比较高，并且呈现出从东北部向湾口降低的趋势。胶州湾浮游植物的季节变化呈现出冬、夏双峰型结构，冬季及早春时期近岸冷水性种日本星杆藻和广温性种中肋骨条藻占优势，同时在风力作用下，水体的

垂直混合将底层营养盐带到表层，进而促进了浮游植物大量增殖。冬季强烈的光合作用释放出较多的 O_2，使海水 DO 饱和度升高，整个胶州湾呈溶解氧过饱和态（DO% 为 101.5% ~ 125.6%，平均值为 110.1%，图 2-66）。DO 饱和度与 Chla 呈现出相似的分布（图 2-67）。由于光合作用消耗 CO_2，产生 O_2，DO% 与 $npCO_2$ 呈现出较好的负相关关系（图 2-67），说明生物活动控制着冬季胶州湾表层海水 pCO_2 的分布。总的来说，生物活动是影响各个季度胶州湾表层海水 pCO_2 分布格局的主要影响因素。

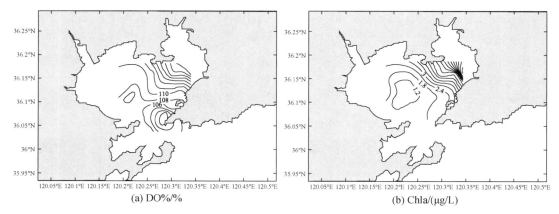

(a) DO%/% (b) Chla/(μg/L)

图 2-66　冬季（3 月）胶州湾表层海水中 DO% 和 Chla 的分布

资料来源：王文松等，2012

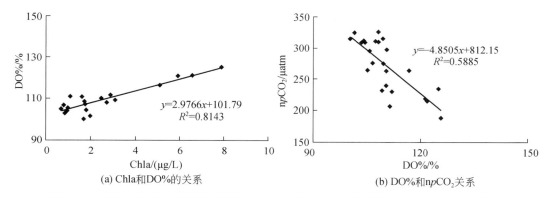

(a) Chla和DO%的关系 (b) DO%和npCO₂关系

图 2-67　冬季（3 月）胶州湾表层海水中 Chla 和 DO% 的关系及 DO% 和 $npCO_2$ 的关系

资料来源：王文松等，2012

2.3.1.3　海–气界面碳通量估算

（1）估算方法

胶州湾水–气界面 CO_2 的交换通量按如下通式进行计算：

$$F = k \times \alpha \times \Delta pCO_2$$

式中，k 是大气和海洋间的气体交换系数；α 是某温度和盐度条件下的 CO_2 溶解度；$\Delta pCO_2 = pCO_2$（海水）$- pCO_2$（空气），表示海洋 pCO_2 和大气 pCO_2 的差值，正值代表海洋是大气

CO_2的源，即海洋向大气释放 CO_2，负值则代表海洋是大气 CO_2 的汇，即海洋从大气吸收 CO_2。

使用常用的 Wanninkhof（1992）模式并采用网格统计法对胶州湾的水-气 CO_2 通量进行了估算。Wanninkhof 模式 k 和 α 的计算方法具体如下：

$$k = 0.39 \times u_{10}^2 \times (Sc/660)^{-1/2}$$

式中，Sc 是 $t℃$ 下 CO_2 的 Schmidt 常数；u_{10} 为距海平面10m 处的风速大小（m/s）。

$$Sc = 2073.1 - 125.62t + 3.6276t^2 - 0.043\,219t^3$$

α 计算如下式：

$$\ln\alpha = A_1 + A_2(100/T) + A_3\ln(T/100) + S‰ \times [B_1 + B_2(T/100) + B_3(T/100)^2]$$

式中，T 是海水的热力学温度；$S‰$是海水盐度。

当 α 的单位为 mol/（L·atm）时，常数 A_1，A_2，A_3，B_1，B_2，B_3 取值见表2-4。

表 2-4　常数 A_1、A_2、A_3、B_1、B_2、B_3的取值

A_1	A_2	A_3	B_1	B_2	B_3
−58.093 1	90.506 9	22.294 0	0.027 766	−0.025 888	0.005 057 8

（2）海-气界面碳通量估算

按 Wanninkhof 模式和网格统计法估算出胶州湾3月、5月、8月的水-气 CO_2 交换速率，如表2-5所示。

表 2-5　胶州湾 3月、5月和8月 CO_2 交换速率　　[单位：mmol/（m²·d）]

月份	CO_2交换速率	平均值
3	−22.76 ~ −7.13	−14.12
5	6.78 ~ 68.84	17.80
8	−10.75 ~ 33.40	7.07

资料来源：王文松，2013

由表2-5可以看出，3月全湾水-气 CO_2 交换速率为负值，即向大气吸收 CO_2，吸收速率平均为−14.12mmol/（m²·d），5月全湾水-气 CO_2 交换速率为正值，即向大气排放 CO_2，排放速率平均为17.80mmol/（m²·d），8月全湾水-气 CO_2 交换速率整体上也为正值，向大气排放 CO_2 速率平均为7.07mmol/（m²·d）。

从春季（5月）全湾水-气 CO_2 交换速率分布图（图2-68）可以看出，5月水-气 CO_2 交换速率从东北近岸向湾口逐渐降低，向大气排放 CO_2 的能力逐渐降低。5月胶州湾浮游植物活动从东北近岸向湾中部逐渐增强，因此造成 CO_2 交换速率从东北近岸向湾中逐渐降低，但是在西北近岸从 DO% 和 Chla 数值来看，处于全湾最高水平，而在这部分海区 CO_2 交换速率低于东北近岸，高于湾中部和湾口海区。此外，有机物降解速率东北近岸高于湾中部海区，因此可能是西北部的有机物降解速率低于东北近岸，但是高于湾中部海区，从而造成了此海区的 CO_2 交换速率处于东北近岸和湾中部海区之间。总体来说，5月胶州湾全湾有机物降解处于显著水平且从东北近岸向湾口逐渐降低，从而造成了 CO_2 交换速率在全湾的表现为正值，从东北近岸向湾口逐渐降低。

从夏季（8 月）全湾水−气 CO_2 交换速率的分布图（图 2-68）可以看出，8 月湾内 CO_2 交换速率出现了正值和负值，即既有源区又有汇区，在湾西北近岸、海泊河口和湾中部海区，表层水体向大气吸收 CO_2，其余海区向大气排放 CO_2。8 月胶州湾浮游植物活动在湾西北近岸、海泊河口和湾中部海区强于其他海区，因此造成 CO_2 交换速率在这些海区为负值。此外，8 月全湾有机物降解处于显著水平，但是在西北近岸、海泊河口和湾中部海区强烈浮游植物活动对 CO_2 的消耗大于有机物降解对 CO_2 的贡献，从而造成了在这此区域 CO_2 交换速率表现为负值。除去这些海区，湾内强烈的有机物降解作用维持了高的 pCO_2，因此表现为大气 CO_2 的源，向大气排放 CO_2。

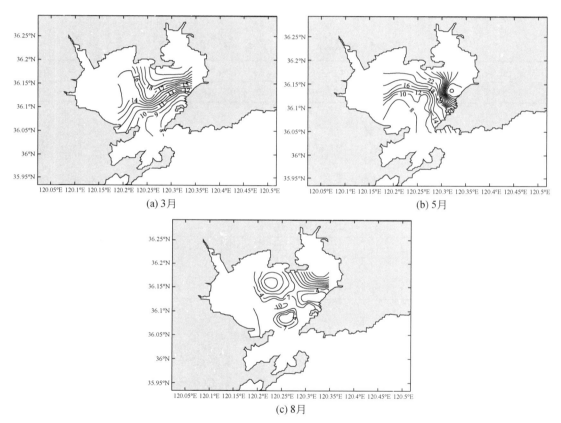

(a) 3月   (b) 5月

(c) 8月

图 2-68　胶州湾水−气 CO_2 交换速率分布［单位：mmol/（$m^2 \cdot d$）］

资料来源：王文松，2013

秋季（11 月），胶州湾海−气界面 CO_2 交换通量为 −5.94 ~ 23.15mmol/（$m^2 \cdot d$），平均值为 2.87mmol/（$m^2 \cdot d$），由此可估算出秋季胶州湾可向大气释放 940.74tC（胶州湾水域面积以 303km² 计）。

从冬季（3 月）全湾水−气 CO_2 交换速率的分布图（图 2-68）可以看出，3 月水−气

CO_2 交换速率从东北近岸向湾口逐渐增大，向大气吸收 CO_2 的能力逐渐降低，与 3 月湾内浮游植物活动强度分布保持一致。3 月胶州湾浮游植物活动由东北近岸向湾口逐渐降低，在东北近岸浮游植物强烈，光合作用消耗 CO_2，产生 O_2，使水体 pCO_2 降低，因此这部分海域水-气 CO_2 交换速率较低，向大气吸收 CO_2 的能力较强。往湾中部海域浮游植物活动逐渐减弱，光合作用消耗 CO_2 的能力降低，所以水-气 CO_2 交换速率较东北近岸高，向大气吸收 CO_2 的能力逐渐减弱。胶州湾浮游植物活动呈现冬、夏双峰型结构，3 月胶州湾仍处于全年浮游植物生长旺盛期，因此强烈的浮游植物活动造成了 3 月全湾表现为大气 CO_2 的强汇。

2.3.2　溶解无机碳

海水中溶解无机碳占海水总碳的 85% 以上，其变化趋势对海洋碳循环有异常重要的影响，因此，系统研究海水中溶解无机碳的生物地球化学特征是揭示海洋碳循环关键过程的基础。HCO_3^-、CO_3^{2-}、CO_2 和 H_2CO_3 是组成海洋中溶解无机碳（DIC）的主要成分。其中，约有 90% 的 DIC 以 HCO_3^- 的形式存在；剩下的 DIC 中超过 9% 以 CO_3^{2-} 的形式存在，仅有不到 1% 以 CO_2 和 H_2CO_3 的形式存在。目前有关胶州湾海水中 DIC 的研究报道不多。李学刚（2004）和 Li 等（2004，2006b，2007a）对 2003 年 6 月、7 月胶州湾海域 DIC 分布及影响因素进行了如下系统的研究。

2.3.2.1　含量水平

在 6 月，胶州湾表层海水中的 DIC 浓度为 1913～2171μmol/L，平均值为 2013μmol/L；其中湾内 DIC 浓度为 1930～2171μmol/L，平均值为 2044μmol/L，湾外的含量为 1913～2010μmol/L，平均值为 1949μmol/L。7 月，DIC 浓度为 1856～2414μmol/L，平均值为 2042μmol/L；其中湾内 DIC 浓度为 1856～2092μmol/L，平均值为 1986μmol/L，湾外的浓度为 1952～2414μmol/L，平均值为 2152μmol/L。6 月，在胶州湾底层海水中 DIC 浓度湾内的含量为 1930～2246μmol/L，平均为 2090μmol/L，在湾外的浓度为 1881～2369μmol/L，平均值 2147μmol/L；7 月，DIC 浓度湾内为 1856～2322μmol/L，平均为 2065μmol/L，在湾外为 1945～2221μmol/L，平均值为 2062μmol/L。

2.3.2.2　平面分布特征

图 2-69 是胶州湾 6 月、7 月表层海水的 DIC 平面分布图，这两个月的 DIC 分布特征明显，即 6 月湾内 DIC 含量明显高于湾口及湾外。湾内 DIC 的平均含量为 2065μmol/L，湾外 DIC 的平均含量为 1949μmol/L，而 7 月则是湾内明显低于湾口和湾外，湾内 DIC 的平均含量为 1986μmol/L，湾外 DIC 的平均含量为 2152μmol/L。在湾内这两个月的 DIC 分布趋势一致，即东北部含量最高，向西逐渐降低，西部含量最低。

DIC 的分布特征是由胶州湾的水文特征决定的。胶州湾东北岸段有海泊河、李村河、楼山河、黑水河等几条主要排污河将青岛市工业、生活污水注入胶州湾，在湾西北岸段大沽河将市郊生活污水注入湾内，湾西、北岸段为贝类养殖区，东南岸段（大港）、西南岸

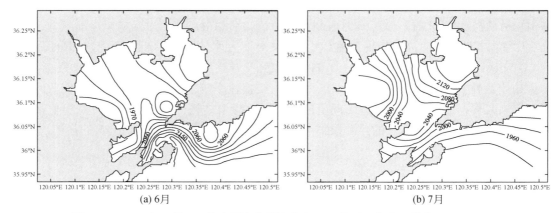

(a) 6月   (b) 7月

图 2-69　2003 年 6 月、7 月胶州湾表层海水中 DIC 的平面分布（单位：μmol/L）

段（前湾港）均为港口区。而湾内水的存留时间在整个湾内差异很大，东南部开阔水域水存留时间为 7 天，其交换能力较强，水质相对洁净，东北部、西部除近岸海域外，水交换时间为 1 个月，西北部水存留时间较长，在 2 个月以上，黄岛以北、红岛以南因存在一个逆时针涡漩而使水交换最慢（赵亮等，2002）。因 6 月水温尚低，生物活动相对较弱，所消耗的 CO_2 较少，同时湾内接受了大量的工业和生活污水，这些物质进入水体后有机质最终分解成 CO_2 和氮、磷化合物，使湾内 DIC 含量较高，而湾口和湾外水体与黄海水体交换速率快，所产生的 CO_2 很快被稀释，因而水体中 CO_2 含量低，这样就使湾内 DIC 高于湾外；而 7 月湾内生物快速增长，消耗大量的 CO_2，结果使湾内 DIC 低于湾口和湾外。在湾内也因为东北部所接受的外来物质多而使 DIC 含量较高，西部因水交换缓慢、CO_2 大量消耗而使水体中 DIC 含量较其他区域低。

2.3.2.3　垂直分布特征

胶州湾 DIC 垂直分布的总体趋势和其他海区基本一致，即从表层到底层含量不断升高。对于水深较浅的湾内各站，7 月的垂直变化要比 6 月的大。以 A3、A5、C3、C4、D1 站位为例，6 月，A3 站表层 DIC 含量为 2096μmol/L，底层为 2149μmol/L，表底层含量之差为 53μmol/L；A5 站表层 DIC 含量为 1978μmol/L，底层为 2005μmol/L，表底层含量之差为 27μmol/L；C3 站表层 DIC 含量为 2052μmol/L，底层为 2246μmol/L，表底层含量之差为 194μmol/L。7 月，C3 站表层 DIC 含量为 2033μmol/L，底层为 2322μmol/L，表底层含量之差为 289μmol/L；C4 站表层 DIC 含量为 1882μmol/L，底层为 2132μmol/L，表底层含量之差为 250μmol/L；D1 站表层 DIC 含量为 1994μmol/L，底层为 2080μmol/L，表底层含量之差为 86μmol/L。图 2-70 是胶州湾典型站位海水中的 DIC 的垂直分布，可以看出从表层到底层 DIC 的含量不断增加，这是由随深度的增加海水中二氧化碳和碳酸盐的溶解度不断增大造成的。

2.3.2.4　DIC 和颗粒氮、颗粒磷的关系

水体中 DIC 含量的高低与水体的温度、盐度、溶解态 N、P 及水中的生物等关系密

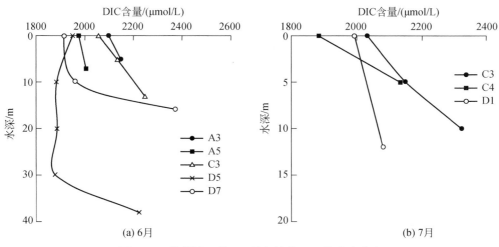

图 2-70 胶州湾 6 月、7 月各站位 DIC 的垂直分布

资料来源：李学刚，2004

切，这已被众多学者所证实，但 DIC 除了和溶解态物质关系密切外，和颗粒态物质，特别是其中的生源要素也应当有很密切的关系，这是因为一方面颗粒物在运移过程中不断溶解，释放出其中的物质，参与水体物质循环；另一方面颗粒物也可以直接为浮游动物所食，通过生物活动改变其形态，进而参与循环。

表 2-6 是 7 月胶州湾表层海水 DIC 与颗粒氮和颗粒磷相关系数。可以看出 N、P 和 DIC 的含量呈负相关。这正说明了在生物繁盛期，如果有充足的 N、P 供应，将促进生物的增长，从而消耗更多的 CO_2，使该区 DIC 呈现低值；若 N、P 水平低，生物量就少，消耗的 CO_2 也少，DIC 含量就高。6 月表层海水中颗粒氮和颗粒磷与 DIC 的相关性极不明显，这可能与生物活动较弱有关。这也从另一个侧面说明了颗粒物参与海洋碳循环是以生物为中介的。

表 2-6 胶州湾表层海水 DIC 与颗粒氮、颗粒磷的相关系数（7 月）

相关系数	胶州湾（$n=12$）	湾内（$n=8$）
DIC–N	−0.15	−0.71
DIC–P	−0.65	−0.57

资料来源：李学刚，2004

2.3.2.5 海–气 CO_2 通量的估算

6 月和 7 月胶州湾海–气间 CO_2 交换系数（K）值分别为 $2.25×10^{-8}$ cm/s 和 $2.57×10^{-8}$ cm/s；海–气间 CO_2 的平均交换通量分别为 0.55mol/（$m^2 \cdot a$）和 0.72mol/（$m^2 \cdot a$），其水平分布见图 2-71。可以看出 CO_2 交换通量的水平分布和 DIC 的分布明显不同，这是因为海水中溶解 CO_2 浓度主要由 pH 决定，在 6 月、7 月，pH 的分布特征比较相似，湾外和湾内西南部的 pH 高于湾的东北部，所以湾外的 CO_2 交换通量大于湾内，而湾内的 CO_2 交换通量从西南向东北不断减少。胶州湾在 6 月、7 月可认为是大气 CO_2 的源，且 7 月的强度大于

6月，胶州湾可释放的CO_2总量在6月为61.7t，7月为80.8t。

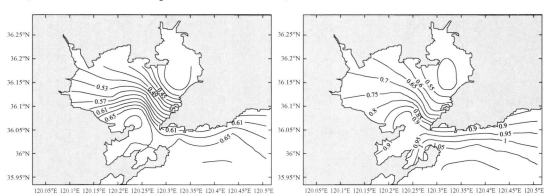

图2-71　2003年6月、7月胶州湾表层海水CO_2交换通量的水平分布〔单位：$mol/(m^2 \cdot a)$〕

资料来源：李学刚，2004

2.3.3　有机碳

海洋有机碳是海洋碳循环特别是生物泵过程的主要参与者。海水中的有机碳由3部分组成，包括溶解有机碳（DOC）、颗粒有机碳（POC）和挥发态有机碳（VOC）。其中，VOC由于含量低、易挥发，没有统一、可靠的取样、分离、保存等方法，因而未得到深入研究；而DOC和POC由于其在海洋碳循环和全球生态环境中重要的地位和不可或缺的作用，得到了深入研究。目前对胶州湾海水中有机碳的研究少之又少。仅有的研究主要是来自刘启珍等（2010）对秋季胶州湾海水中DOC的研究和李宁（2006）对各月际胶州湾海水中POC的研究。

2.3.3.1　溶解有机碳（DOC）

胶州湾DOC含量在近岸普遍较高，并从近岸向中间海域和湾口递减（图2-72）。近岸区，由于潮流及波浪作用较弱，陆源输入及海水养殖带来的有机污染物不能及时向外输送，造成了有机物质的大量积聚，DOC浓度偏高；中间及湾口海域受黄海水交换的影响，DOC浓度较低。DOC不仅是研究全球碳循环的重要参数，还可以用来反映海区受有机物污染的程度，因此秋季胶州湾东北部水体有机污染程度要大于西部。

2.3.3.2　颗粒态有机碳（POC）

POC是指自然沉降后的海水中，不能通过一定孔径（多用$0.7\mu m$）玻璃微孔滤膜的那部分颗粒物中所含的有机碳。POC通常被分为两大部分，生命部分和非生命部分。生命部分是指浮游动植物体内富集的有机态碳。作为生物体的一部分，这部分POC完全来源于海洋生物的生产作用。由于其与生命活动如此密切的关系，生命部分POC是最早被深刻研究的有机碳形态。虽然非生命POC在海洋水体中的含量远大于

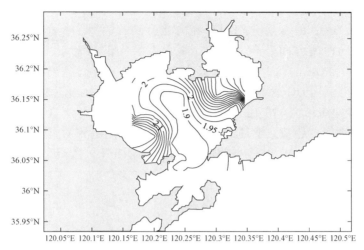

图 2-72　胶州湾表层海水中 DOC 的平面分布（单位：μmol/L）

资料来源：刘启珍等，2010

生命部分 POC，但是由于这部分有机碳与生物活动没有表面上的密切联系，所以在相当长的一段时间里，非生命 POC 在海洋碳循环中的作用被科研工作者们忽视。随着对海洋碳循环研究的进一步发展，人们逐渐认识到了非生命颗粒有机碳在海洋碳循环过程中的重要作用。这部分有机碳中蕴藏着巨大的能量，是海洋生物直接或间接的食物来源。把两类 POC 综合起来研究总 POC 的分布和生物地球化学特征是正确估计海域生产力，深入了解海洋生态系统的结构与功能以及掌握海洋元素循环特征所必需的手段。李宁（2006）对 2003 年 5 月至 2004 年 4 月胶州湾海水中 POC 的分布和月际变化进行了如下系统的研究。

（1）POC 的水平分布

2003 年 5 月，胶州湾 POC 在分布上形成了以海泊河口为中心的高值区，最高值达到了 426μg/L。另外，靠近音乐广场沿岸的湾外海区，具有明显大于湾内海区的 POC 分布趋势。6 月，POC 含量在红岛码头附近海域（475μg/L）和黄岛轮渡附近海域（462μg/L）较高。大沽河口和湾外音乐广场附近海域是 POC 的低值区，最低含量仅为 107μg/L。7 月，POC 分布的高值区域在红岛码头附近海域（382μg/L）和音乐广场近岸区域（347μg/L）；而 POC 的低值区域则位于黄岛轮渡海区，最低含量仅为 70μg/L。8 月，胶州湾 POC 含量总体呈现出东高西低，北高南低的分布趋势。位于整个调查海域西南角的黄岛轮渡近海是 8 月的低值区，以该位置为中心，POC 的含量分别向东和向北升高；最低含量出现在黄岛轮渡附近海域，含量仅为 140μg/L，远低于调查海域 8 月的 POC 含量平均值 226μg/L。9 月，胶州湾海域 POC 含量总体呈现出东高西低，北高南低的分布趋势。位于整个调查海域西南角的黄岛轮渡近海是 9 月的低值区，以该位置为中心，POC 的含量分别向东和向北升高，直到位于胶州湾东部的红岛附近出现了一个相对的高值区，中心 POC 含量达到了 440μg/L；最低含量出现在黄岛轮渡附近海域，其 POC 含量仅为 135μg/L，远低于调查海域 9 月的 POC 含量平均值 236 μg/L。10 月，胶州湾 POC 含量的低值区出现在海域西南角的黄岛轮渡近海，以该位置为中心，POC 的含量分别向东和向北升高；而另一个低值区出现在楼山河口附近，POC 从此向西南方向升高。在两个低值区域交汇的海域，POC 值达到了相对较高的水平。11 月，POC 的含量平均值只有 154 μg/L，较低值出现在湾外和湾内东北角处。2004 年 3 月，POC 含量的平均值达到了 323 μg/L，其以红岛码头附近海域（715 μg/L）和湾外海域（477 μg/L）为中心形成了两个高值区，并形成了围绕两个高值区发散降低的分布趋势。4 月，POC 在红岛码头附近形成了一个高值区，最高值达到了 790 μg/L；湾内 POC 以该高值区域为中心向四外扩散降低（图 2-73）。

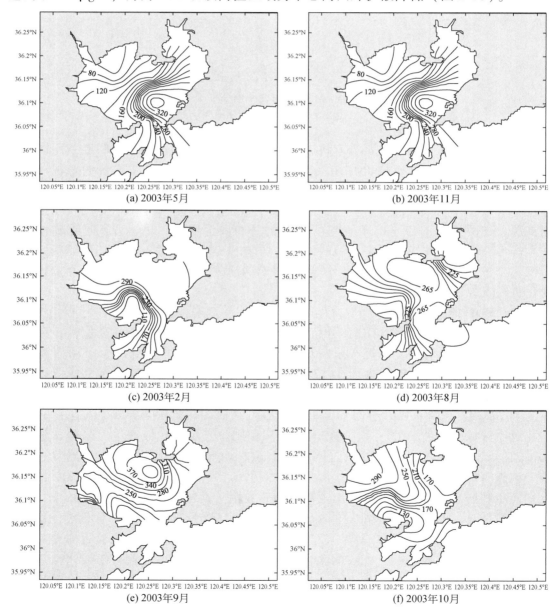

(a) 2003年5月　　　　　　　(b) 2003年11月

(c) 2003年2月　　　　　　　(d) 2003年8月

(e) 2003年9月　　　　　　　(f) 2003年10月

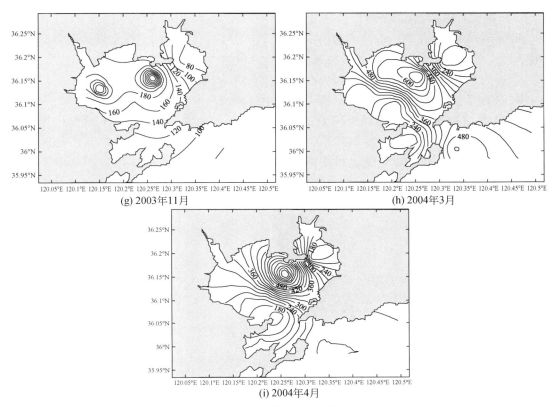

(g) 2003年11月   (h) 2004年3月

(i) 2004年4月

图 2-73 　2003 年 5~11 月和 2004 年 3 月、4 月胶州湾表层海水中 POC 的平面分布（单位：μg/L）

资料来源：李宁，2006

（2）POC 的月际变化特征

胶州湾 POC 含量在湾内、湾口和湾外的月际变化情况略有不同（图 2-74）。在湾内和湾口海区，POC 在 3 月份为最高值，从 4 月份开始，POC 的含量开始下降。在湾内海区，POC 的含量呈现波动变化，其中 6 月和 9 月值较高，5 月、8 月和 11 月则较低。湾口海域同样在 5 月和 8 月呈现相对的高值，而 8 月以后，POC 的含量逐月下降，至 11 月降到全年调查的最低点，仅为 122μg/L。湾外海域 POC 的月际变化规律与湾口和湾内不同：4 月湾外 POC 含量达到最大值 213μg/L，而 6~10 月 POC 含量变化非常小，POC 值保持在 184~192μg/L。

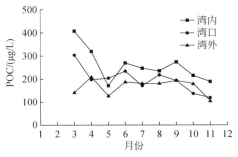

图 2-74 　胶州湾颗粒有机碳、氮和磷分布的月际变化

资料来源：李宁，2006

（3）颗粒有机碳氮比的分布

在海洋颗粒物研究中，C/N 的大小常被用来作为判断有机物的来源是海生还是陆生的标准。海洋沉积物中自生有机质最终来源是浮游植物，浮游植物的 C：N：P 为 106：16：1，称为 Redfield 比，其中 C/N 约为 6.6，而陆源有机物的 C/N 一般较高，可达 20 以上。颗粒物中陆源有机质所占的比例越高，C/N 就越大。

3～11 月，胶州湾湾口和湾外的 C/N 分布规律基本一致，都是呈现双峰型的变化趋势，在 5 月和 8 月出现了 C/N 的峰值，分别达到了 17.86 和 15.17（湾口）、20.16 和 20.87（湾外）；湾内的 C/N 变化规律略显复杂，在 3 月、5 月和 9 月分别出现了高值（9.59、7.02 和 7.42）。但是，仔细分析后发现，湾内 5 月的高值点与湾口和湾外 5 月份的峰值相对应，而 9 月的高值也只是比湾口和湾外 8 月份的峰值推后一点（图 2-75）。由此可见，三个不同调查海区的 C/N 虽然在数值上差别较大，但在分布的基本规律大致相近。尤其是湾口和湾外海区，C/N 的变化规律基本一致。

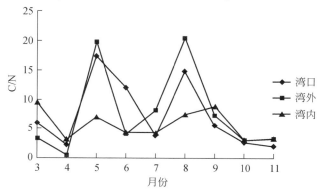

图 2-75　胶州湾各海区碳氮比的月际变化

资料来源：李宁，2006

（4）POC 的来源

从胶州湾海水中颗粒碳氮比的数值上分析，只有湾口和湾外两海区在 5 月和 8 月碳氮比达到峰值时，水体颗粒物中有机质来源于陆源输入，其他时间和海域，水体颗粒物中有机质均来源于海洋自生。海水 POC 的来源主要取决于两个因素：胶州湾周边河流对海水的输入作用和胶州湾水体自身的生产能力。前者控制陆源输入在水体颗粒物中有机质的来源所占份额；后者决定了海洋自生对海水颗粒碳、氮、磷有机态的来源的贡献。

胶州湾河流输入量的变化与颗粒物有机质的来源变化密切相关。根据对胶州湾水文状况的调查，各主要河流对胶州湾的径流输入呈现冬季低、夏季高的规律。每年 5 月前后，胶州湾周边河流的入海径流量都开始较大幅度上升，至 8 月前后达到径流的最大值并开始下降。8 月各河流对胶州湾的 POC 输入量远远超过其他月份。河流对胶州湾 POC 输入量的变化规律、对颗粒物中有机质的来源变化有着重大的影响。

以海洋自生为来源的颗粒物中的有机质，主要受到胶州湾海域水体的初级生产作用影响。胶州湾初级生产力的季节变化较大。初级生产力在 11 月下旬至次年 1 月中旬最低，旬平均都在 $50.00\text{mgC}/(\text{m}^2 \cdot \text{d})$ 以下，其后开始逐渐上升，2 月上旬达 $209.18\text{mgC}/(\text{m}^2 \cdot \text{d})$，直到 5 月下旬维持在 $100.00 \sim 200.00\text{mgC}/(\text{m}^2 \cdot \text{d})$。6 月上旬随着水温的明显上升，海区浮游植物生长加速，至 6 月下旬观测到初级生产力骤然上升，异常地达到 $4186.26\text{mgC}/(\text{m}^2 \cdot \text{d})$，为一年中的最高峰，这一高峰持续时间较短，7 月上旬初级生产力已明显回落，至 8 月中旬初级生产力一直在 $500.00 \sim 1500.0\text{mgC}/(\text{m}^2 \cdot \text{d})$ 波动，之后再次下降，8 月下旬已降至 $269.780\text{mgC}/(\text{m}^2 \cdot \text{d})$，至 11 月中旬维持在 $200.00 \sim 400.00\text{mgC}/(\text{m}^2 \cdot \text{d})$。通过上述对颗粒物中有机质来源的主要影响因素的分析，可以对胶州湾水体中颗粒有机碳来源的时空变化特征和影响机制进行探讨。

1）湾口和湾外。从 10 月至次年 4 月，整个调查海域虽然初级生产力相对不高，但是陆源输入量极低。在这样的环境中，湾口和湾外海区颗粒有机碳源自于海洋自生。5 月，河流输入量大增，而调查海区的初级生产力并没有显著提高，此时，湾口和湾外颗粒有机碳的来源反而主要来自于陆源输入；6 ~ 7 月是胶州湾全湾初级生产力最高的阶段，其值比 5 月有着极大的提高，而河流的流量输入又没有显著变化，这时颗粒有机碳的来源重新被浮游生物的生产作用控制；8 月是胶州湾各条入海河流总流量最大的月份，其 POC 输入量明显大于其他月份，而此时初级生产力又有了较大幅度的回落，虽然此时的生产力在全年范围内仍然处于相对高水平，但是由于河流输入能力极强，该月份颗粒有机碳的来源主要还是陆源输入。

2）湾内。湾内的颗粒碳氮比为 $1.99 \sim 9.59$，变化不如湾口和湾外显著。基本上看来在湾内不存在陆源输入控制的月份，但是 3 月、5 月、8 月、9 月这 4 个月还是出现了明显高于其他月份的碳氮比（3 月、5 月、8 月、9 月平均碳氮比为 8.26，其他月份为 3.20），说明在这几个月中虽然陆源输入并不是颗粒有机碳来源的决定因素，但是河流输入对颗粒物中有机物来源的影响在这几个月是大大加强了。5 月、8 月、9 月的高 C/N，其成因与湾口和湾外 5 月、8 月的 C/N 峰值基本一致，但是由于湾内的平均初级生产力水平［年平均 $380.80\text{mgC}/(\text{m}^2 \cdot \text{d})$］要远高于湾口和湾外海区［$274.43\text{mgC}/(\text{m}^2 \cdot \text{d})$ 和 $287.13\text{mgC}/(\text{m}^2 \cdot \text{d})$］，所以没有在湾内形成由陆源输入控制的时间段。3 月的低陆源输入和同时存在的低初级生产力也有可能增加陆源输入在颗粒物来源中的作用份额。

综上所述，整个胶州湾调查海区（包括湾内、湾口和湾外）由于初级生产力相对较高，致使大部分时段和海区颗粒有机碳来源于海洋自生，只有在初级生产力相对较低的湾口和湾外海区，当河流流量大增而初级生产力水平又没有相应提高的个别月份颗粒物有机碳来源于陆源输入。总的来看，不论是陆源输入还是海洋自生的颗粒物，对所研究的区域而言，胶州湾湾口和湾外水体中的有机碳有相当部分来自于湾内水体的输出。

2.4　海水中的痕量元素

海水痕量元素广泛地参加海洋的生物化学循环和地球化学循环，因而不但存在于海水的一切物理、化学和生物过程中，并且参与海洋环境各相界面，包括海水–河水、海水–大气、海水–海底沉积物、海水–悬浮颗粒物、海水–生物体等界面的交换过程。目前，对胶州湾海水中痕量元素的研究甚少。本节主要对胶州湾海水中重金属及其他痕量元素的环境地球化学特征进行了阐述。综合分析表明，痕量元素的高值主要出现在河口附近，特别是李村河口，这种分布与河流输入密切相关。

2.4.1 海水中重金属含量

重金属通常是指相对原子质量比铁大或密度大于 5 g/cm³ 的金属。对海洋污染严重的重金属种类繁多，比较重要的有汞、铜、镉、铅、锌、铬、钴、镍、锰、钒、银、铍等，砷和硒是非金属，但它们的毒性类似于重金属，一般都算作重金属。海洋中重金属的地球化学过程相当复杂，其在海洋中的积累不仅影响水生动植物的生长和繁殖，而且通过食物链逐级进入人体，威胁着人类的健康和发展。胶州湾海域处于青岛地区重要的经济发展带，十几年来，随着地区工农业、养殖业以及港口的发展，海域的生态环境发生了较大的变化，污染问题也日益严重，因此必须较强对该地区的环境保护，防止经济发展而污染环境、影响经济的可持续发展。目前，对胶州湾海水中重金属的研究较少，且不系统。李玉（2005）对胶州湾海区溶解态和颗粒态重金属的分布、来源及其对生态环境的影响程度进行了如下系统研究。

2.4.1.1 溶解态重金属

（1）平面分布

春季（5月），胶州湾表层海水中重金属 Cu 的含量为 1.62 ~ 4.14μg/L，平均值 2.58μg/L，高值主要集中在娄山河口、李村河口及青岛码头海区。重金属 Pb 的含量为 0.06 ~ 5.53μg/L，平均值 1.05μg/L，其分布在全湾范围内较为均衡，湾中部的浓度与东部排污口的浓度相当。重金属 Zn 的含量为 4.41 ~ 107μg/L，平均值 24.86μg/L，高浓度值主要分布在娄山河口、李村河口、海泊河口、湾北部红岛附近、大沽河口及黄岛轮渡、甘水湾海区。重金属 Cd 的含量为 0.02 ~ 0.526μg/L，平均值 0.096μg/L，高浓度值主要出现在娄山河口、大沽河口、码头及轮渡海区。重金属总 Hg 的含量为 0.012 ~ 0.094μg/L，平均值 0.043μg/L；胶州湾表层海水中总 Hg 的空间分布比前 4 种重金属更能表现其来源，高含量值都主要出现在排污口、港口及人为活动比较频繁的海域（图2-76）。

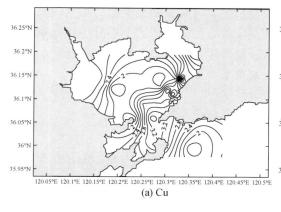
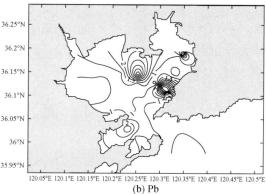

(a) Cu　　　　　　　　　　　　　　(b) Pb

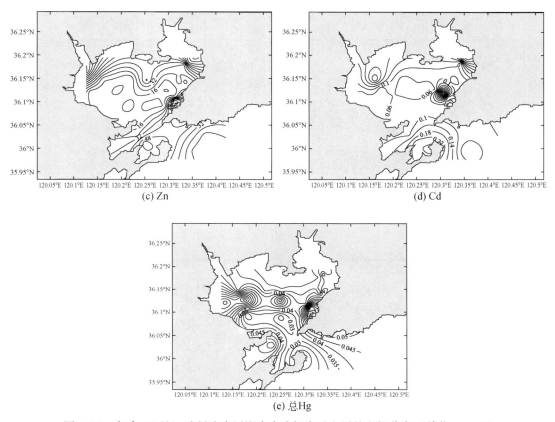

图 2-76 春季（5 月）胶州湾表层海水中溶解态重金属的空间分布（单位：μg/L）

资料来源：李玉，2005

夏季（8 月），胶州湾表层海水中重金属 Cu 的含量为 0.59 ~ 9.66μg/L，平均值为 3.9μg/L，高浓度主要集中在胶州湾东部各河口及西北部大沽河口邻近海区。重金属 Pb 的含量为 0.21 ~ 2.86μg/L，平均值为 0.77μg/L，高值主要集中在湾中部及东北部。重金属 Zn 的含量为 4.66 ~ 62.85μg/L，平均值为 20.5μg/L，高值主要集中在东部河口及青岛码头附近。重金属 Cd 的含量为 0.035 ~ 0.527μg/L，平均值为 0.13μg/L，高值主要集中在湾东北部。重金属总 Hg 的含量范围为 0.026 ~ 0.061μg/L，平均值为 0.041μg/L，高含量值都主要出现在排污口、港口及人为活动比较频繁的海域（图 2-77）。

秋季（11 月），胶州湾表层海水中重金属 Cu 的含量为 0.95 ~ 18.5μg/L，平均值为 4.02μg/L，在东部排污口高浓度值向湾中部及西部移动。重金属 Pb 的含量为 0.19 ~ 2.92μg/L，平均值为 0.63μg/L，全湾水体中 Pb 的平均浓度最低且有明显的来源痕迹，高浓度值主要出现在四大河口及湾外音乐广场附近海域。重金属 Zn 的含量为 2.86 ~ 85.9μg/L，平均值为 16.55μg/L，高值主要集中在东部河口及青岛码头附近。重金属 Cd 的含量为 0.034 ~ 0.87μg/L，平均值为 0.093μg/L，高值主要集中在东部排污口。重金属总 Hg 的含量为 0.046 ~ 0.07μg/L，平均值为 0.06μg/L，高含量值都主要出现在排污口、港口及人为活动比较频繁的海域（图2-78）。

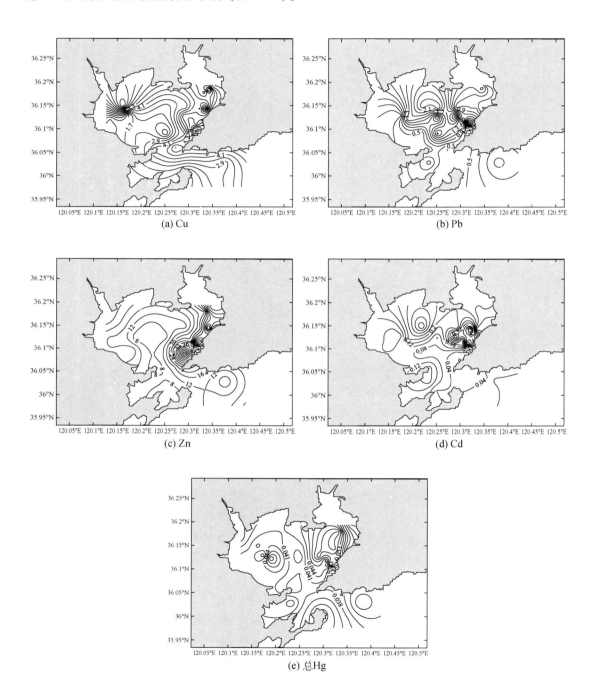

(a) Cu

(b) Pb

(c) Zn

(d) Cd

(e) 总Hg

图2-77　夏季（8月）胶州湾表层海水中溶解态重金属的空间分布（单位：μg/L）

资料来源：李玉，2005

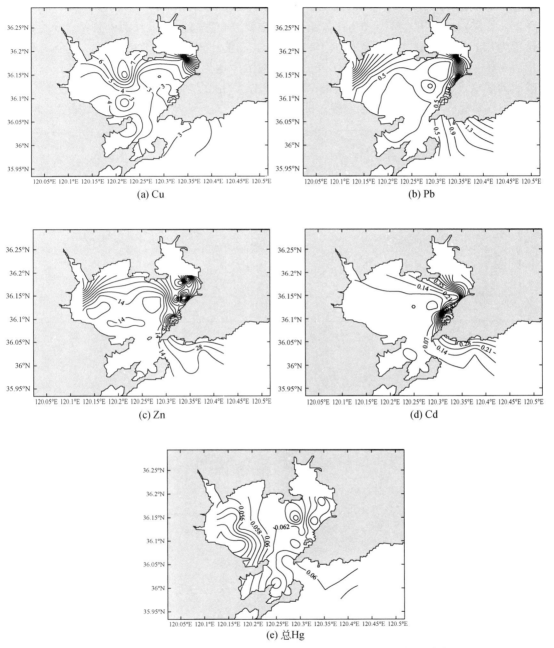

图 2-78　秋季（11 月）胶州湾表层海水中溶解态重金属的空间分布（单位：μg/L）

资料来源：李玉，2005

冬季（2 月），胶州湾表层海水中重金属 Cu 的含量为 0.94 ~ 7.12μg/L，平均值为 3.45μg/L，高值主要出现在湾的西北部，东部海区含量低于全湾平均值。重金属 Pb 的含量为 0.27 ~ 1.83μg/L，平均值为 0.64μg/L，高值主要分布在海泊河口及湾外各站。重金属 Zn 的含量为 6.1 ~ 41.93μg/L，平均值为 18.18μg/L，高值出现在湾东北部海区。重金属 Cd 的含量为 0.06 ~ 0.35μg/L，平均值为 0.16μg/L，高浓度值出现在湾西部的大沽河口及湾外受人类活动影响较为严重音乐广场附近海区。重金属总 Hg 的含量为 0.022 ~ 0.086μg/L，平均值 0.051μg/L，高含量值都主要出现在排污口、港口及人为活动比较频繁的海域（图 2-79）。

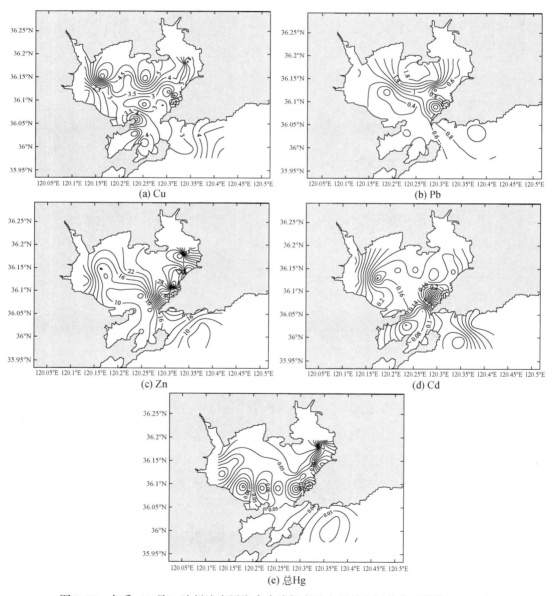

图 2-79　冬季（2 月）胶州湾表层海水中溶解态重金属的空间分布（单位：μg/L）
资料来源：李玉，2005

胶州湾表层海水中重金属 Cu 的年平均值 3.49μg/L，低于国家 I 类海水水质标准。重金属 Pb 的年平均值为 0.77μg/L，低于国家 I 类海水水质标准。重金属 Zn 的年平均值 20.02μg/L，稍高于国家一类海水标准（20.0μg/L），远低于中国及美国所制订的水生生物安全标准。重金属 Cd 的年平均值为 0.12μg/L，低于任一国际上制订的水质标准。重金属总 Hg 的年平均值为 0.049μg/L，低于国家一类海水水质标准。

总体来看，胶州湾海域海水中重金属含量皆未超出国家 I 类海水水质标准。与 1989 年的调查结果相比，除 Zn 浓度呈上升趋势外，Cu、Pb、Cd 浓度都低于 1989 年。在时间分布上，胶州湾海水中总 Hg、Cd、Pb、Zn、Cu 的浓度虽有高有低，但总体来看随时间变化幅度不大，而且变化趋势也没有规律性。

（2）年变化特征

自 20 世纪 80 年代至 21 世纪初，胶州湾海水中的溶解 Pb 年均浓度基本呈现出开始大幅度增加，之后逐渐降低的趋势（图 2-80）。具体来说，20 世纪 80 年代初，胶州湾海水中溶解 Pb 的年均浓度约为 1.1μg/L，略超过国家 I 类海水水质标准（1.0μg/L），80 年代后期增加至 24μg/L，超过国家Ⅲ类海水水质标准（10μg/L）。20 世纪 90 年代初，胶州湾海水中溶解 Pb 年均浓度逐年下降，在 21 世纪初下降到 0.77μg/L，低于国家 I 类海水水质标准。

胶州湾海水中的溶解 Hg 在 21 世纪初之前的年变化规律与溶解 Pb 是一致的。具体来说，自 20 世纪 80 年代至 21 世纪初，胶州湾海水中的溶解 Hg 年均浓度基本呈现出开始大幅度增加，之后逐渐降低，近年来又逐渐增加的趋势（图 2-80）。20 世纪 80 年代初，胶州湾海水中溶解 Hg 的年均浓度约为 0.07μg/L，略超过国家 I 类海水水质标准（0.05μg/L），80 年代后期增加至 0.14μg/L，已接近国家 Ⅱ 类海水水质标准（0.2μg/L）。20 世纪 90 年代初，胶州湾海水中溶解 Hg 年均浓度逐年下降，90 年代中后期基本维持在 0.03μg/L，低于国家 I 类海水水质标准。21 世纪初又增加到 0.05μg/L，与国家 I 类海水水质标准相同。

胶州湾海水中的溶解 Cd 的年变化规律与溶解 Pb 是一致的（图 2-80）。具体来说，自 20 世纪 80 年代至 21 世纪初，胶州湾海水中的溶解 Cd 年均浓度基本呈现出开始大幅度增加，之后逐渐降低，近年来又逐渐增加的趋势，但均远远低于国家 I 类海水水质标准（1.0μg/L）。20 世纪 80 年代初期，胶州湾海水中溶解 Cd 的年均浓度约为 0.2μg/L，逐渐增加到 90 年代初的 0.6μg/L，之后逐年降低，21 世纪初为 0.12μg/L（李玉，2005；王修林等，2006）。

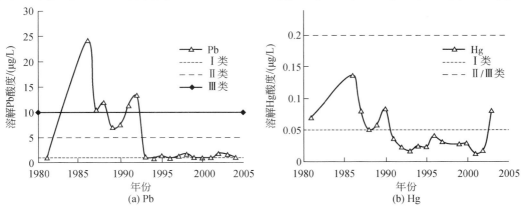

(a) Pb   (b) Hg

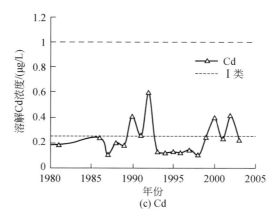

(c) Cd

图 2-80　20 世纪 80 年代至 21 世纪初，胶州湾海水中溶解 Pb、Hg 和 Cd 年均
浓度变化趋势

资料来源：王修林等，2006

2.4.1.2　悬浮颗粒物中的重金属

胶州湾表层悬浮物中重金属 Cu 的浓度为 $26.84 \sim 203\mu g/mg$，均值为 $69.54\mu g/mg$；Pb 的浓度为 $0.36 \sim 160\mu g/mg$，均值为 $67.32\mu g/mg$；Zn 的浓度为 $0.77 \sim 447\mu g/mg$，均值为 $162\mu g/mg$；Cd 的浓度为 $0.027 \sim 19.81\mu g/mg$，均值为 $3.31\mu g/mg$。图 2-81 为胶州湾悬浮体中金属含量空间分布图，可以看出，悬浮体中的重金属含量在全湾范围内分布并不均衡，Cu、Zn 的浓度从河口到湾内有降低的趋势，这主要是由于河流所携带的高金属含量物质与海洋低金属含量的沉积物相混合的结果。

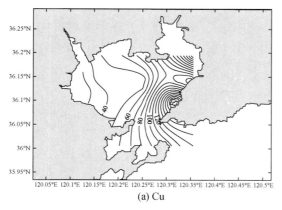

(a) Cu

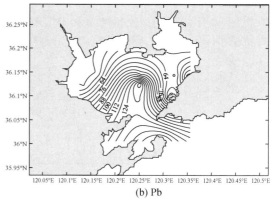

(b) Pb

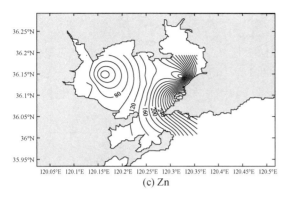 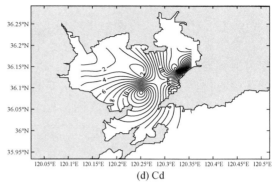

(c) Zn   (d) Cd

图 2-81　胶州湾表层海水颗粒物中重金属的空间分布（单位：μg/L）

资料来源：李玉，2005

胶州湾海域颗粒态 Zn 平均含量占总 Zn 的 15.62%，总溶解态 Zn 占 84.38%，重金属 Zn 在胶州湾水体中主要以溶解态形式存在，只有在娄山河口约有 78% 的总 Zn 以颗粒态形式进入海洋环境。胶州湾水体中颗粒态 Cu 的平均含量占总 Cu 的比例较 Zn 高，为 23.79%，最高值出现在大沽河口及其邻近海域，约为 61%，其次为李村河口（约为 48%）和娄山河口（约为 42%），因此胶州湾水中溶解态 Cu 是主要的存在形态，所占比例为 76.21%。胶州湾海水中颗粒态 Pb 的平均含量占总 Pb 的 62.84%，总溶解 Pb 占总 Pb 的 37.16%，因此重金属 Pb 在胶州湾水体中主要以颗粒态形式存在，最高值出现在娄山河口、李村河口及大沽河口海域，所占比例分别为 88%、77% 和 79%。重金属 Cd 在胶州湾水体中溶解态浓度相对 Cu、Zn、Pb 来讲比较均衡，且主要以这种形态存在，颗粒态的平均浓度仅占总浓度的 28.64%，但在河口区颗粒态 Cd 占总 Cd 的比例达到了 80%，在近河口区达到 54%。

总的来说，胶州湾水体中重金属 Zn、Cu 和 Cd 主要以溶解态形式存在，而重金属 Pb 则主要以颗粒态形式存在。但在河口区重金属的颗粒态含量占总含量的比值较高，说明外源输入的重金属污染物易吸附在悬浮体上再进入海洋环境。

2.4.1.3　砷（As）和铬（Cr）

As 和 Cr 是海水污染物中重要的监测元素，被列入"中国环境优先污染物黑名单"。海水环境中 As 和 Cr 的毒性与其存在价态有关：As（Ⅲ）的毒性较 As（Ⅴ）的强；Cr（Ⅵ）的毒性较 Cr（Ⅲ）的强。因此研究海水中的 As 和 Cr 对海水污染调查和海洋环境保护有着十分重要的意义。目前，对胶州湾海水中 As 和 Cr 的研究较少。杨东方等（2008，2012）对胶州湾海区溶解态 As 和 Cr 的分布、迁移和季节变化进行了如下系统研究。

（1）含量及水平分布

春季（5 月），胶州湾表层水体中 As 和 Cr 的浓度分别为 1.02 ~ 2.70μg/L 和 0.2 ~ 112.3μg/L，平均值分别为 1.55μg/L 和 36.92μg/L。As 在整个胶州湾水域远远低于国家Ⅰ类海水水质标准（20.00μg/L）；水体中 Cr 的浓度整体较高，平均达到 36.92μg/L，除最大值超过了国家Ⅱ类海水的标准（100μg/L）外，Cr的浓度均达到国家Ⅰ类海水标准（50μg/L），在湾中央以南的水域 Cr 的浓度为 0.2μg/L，为非常清洁的水质。

春季表层海水中 As 和 Cr 的浓度分布如图 2-82 所示。其中，As 的高值出现在海泊河、李村河和娄山河的入海口近岸水域，以这些入海口为中心形成了 As 的高浓度区，As 的浓度从中心高浓度沿梯度降低。Cr 呈现由东北向西南方向递减，从 112.3μg/L 降低到 0.2μg/L，有明显的下降梯度（图 2-82）。

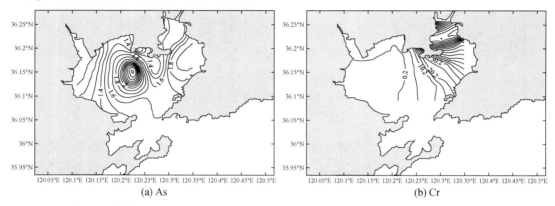

图 2-82　春季（5月）胶州湾表层海水中 As 和 Cr 浓度的水平分布（单位：μg/L）

资料来源：杨东方等，2008，2012

夏季（8月），胶州湾表层水体中 As 和 Cr 的浓度分别为 1.00 ~ 2.66μg/L 和 0.10 ~ 1.40μg/L，均远远低于国家Ⅰ类海水的标准。夏季表层海水中 As 和 Cr 的浓度分布如图 2-83 所示。As 的高值出现在海泊河、李村河、娄山河和大沽河的入海口近岸水域，以这些入海口为中心形成了 As 的高浓度区，并向外沿梯度降低。与 As 的分布相反，Cr 的高值出现在湾中央（图 2-83）。

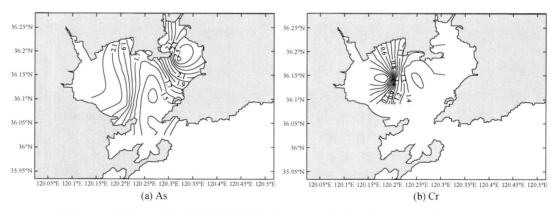

图 2-83　夏季（8月）胶州湾表层海水中 As 和 Cr 浓度的水平分布（单位：μg/L）

资料来源：杨东方等，2008，2012

（2）来源及污染水平

春季和夏季，在海泊河、李村河、娄山河和大沽河入海口近岸水域，都出现了 As 的高浓度区，浓度都大于 2.00μg/L，表明在胶州湾水域，As 主要来源于河流的输送，其浓度相对于国家 I 类海水水质标准（20.00 μ/L）是非常低的。

砷污染主要是工业"三废"造成的。通常，空气中 As 的浓度极微，很难检测出来；土壤中 As 的浓度为 2~10ppm，地面水为 10ppm 左右。一般来说，水中 As 的污染来源主要有两个方面：一是含砷金属矿石的开采、焙烧以及冶炼过程中排放的含砷烟尘、废水、废气、废渣和矿渣等以各种形式随着河流等流进海湾造成的污染；二是用含砷农药防治病虫害，渗入地层再沉积在水中流进海湾造成污染。由此可见，在胶州湾水域，As 的低量浓度说明胶州湾周边地区的土壤、水体没有受到 As 的污染。在胶州湾周边地区，没有建立有关含砷金属矿石冶炼的工厂，也没有使用含砷的农药。这样使得胶州湾周边河流的 As 浓度相对于国家 I 类海水水质标准（20.00μg/L）是非常的低。

春季，胶州湾东北部表层水体中 Cr 的浓度只有 1 个站位超过国家 II 类海水标准，而其周围附近站位都低于国家 I 类海水标准。夏季，胶州湾表层水体中 Cr 的浓度全部可达到国家 I 类海水的标准，说明胶州湾水域春季 Cr 的污染较轻，夏季没有受到污染。

铬污染主要由工业引起。铬的开采、冶炼及铬盐的制造、电镀、金属加工、制革、油漆、颜料、印染等工业，都会有铬化合物排出，如制革工业若每天处理原皮 10t，则年排铬为 72~86t。春季，东北部表层水体中 Cr 的浓度很高，Cr 的浓度由东北向西南方向递减，为 112.30~0.20μg/L，到湾中央 Cr 的浓度很低。浓度较高的区域在红岛附近，这表明污染源来自水域的近岸。夏季，整个胶州湾水域的表层水体中 Cr 的浓度较低，为 0.10~1.40μg/L，这与春季 Cr 的高浓度形成鲜明对照。这说明，陆地工业生产的 Cr 污染经过冬季的堆积，随着春季雨季的到来，将大量的 Cr 带入大海，形成由北向南的梯度，这也表明 Cr 的污染源是面污染。夏季，表层水体中 Cr 的浓度很低，并且分布相对较为均匀，表明没有 Cr 的污染源。

2.4.2 其他痕量元素

除重金属外，海水中存在一类痕量元素，如 Fe、Al 和 Sn，与海洋浮游生物及全球碳循环密切相关。

2.4.2.1 溶解态铁

Fe 是浮游植物生长所必须的微量营养元素，在浮游植物的生物化学过程中起到了重要作用。尽管普遍认为近岸海域溶解态 Fe 的浓度较高，不应该成为限制因子，但由于近岸浮游植物种群及其生理特性对 Fe 的需求量大，且对 Fe 的吸收机制不同于大洋种群，也有可能成为限制因子。因此，研究近岸海水中溶解态 Fe 的浓度及其化学形态对于探讨 Fe 在浮游植物以及全球碳循环中的作用有重要意义。目前，胶州湾海水中溶解态 Fe 的研究不是很多，王世荣（2013）对胶州湾春夏两个季节溶解态 Fe 的浓度及其分布特征进行了如下系统研究。

（1）胶州湾夏季溶解态 Fe 的分布特征

夏季胶州湾表层海水中溶解态 Fe 的浓度在 14.09 ~ 40.38nmol/L，平均值为 23.03nmol/L，高值出现在湾口。表层海水中溶解态 Fe 浓度总的变化趋势为：在湾口区，溶解态 Fe 的浓度由外向内逐渐降低；在湾内，以北部大沽河口附近海域为最高值点向外扩散，浓度逐渐降低，在低值区的东北部海域溶解态 Fe 的浓度变化幅度较低，等值线分布疏而缓，其他海区海水中溶解态 Fe 的浓度等值线变化较为均匀［图 2-84（a）］。胶州湾浮游植物的群落特点是集中在东北部湾和北部湾，夏季浮游植物的数量较大，所需营养盐及 Fe 的量也较高，这与湾内东北区域出现溶解态 Fe 浓度的最低点相吻合；胶州湾浮游植物的数量由北向南逐渐减少，在湾口和湾外比东北部浮游植物数量要小得多，而湾口处的溶解态 Fe 浓度都相对较高，可能是胶州湾湾内与湾外盐度不同，湾口区出现海水的混合而引起的。

中层海水中溶解态 Fe 的浓度为 13.37 ~ 43.20nmol/L，平均值为19.78nmol/L，最高值出现在湾口，湾内最高值出现在西北部海域，最低值出现在邻近湾口的海域。中层海水中溶解态 Fe 浓度的总的变化趋势为：在湾口，溶解态 Fe 的浓度由外向内逐渐降低；在湾内，高值出现在大沽河口附近海域，低值出现在邻近湾口附近的海域。胶州湾东部海域中溶解态 Fe 的浓度变化较小，等值线分布疏而缓，胶州湾湾口海水中溶解态 Fe 的浓度变化较大，等值线分布紧而密［图 2-84（b）］。胶州湾湾口有一条深水通道，利于与外湾水的交换，Fe 的分布也表现出了这个特征，溶解态 Fe 的浓度由湾外向湾内逐渐降低。与表层相比，中层海水中溶解态 Fe 的浓度要比表层有所降低，东北部海区的低值消失，而北部海区的高值与表层相似，中心位置向西略有移动。由大气输入的含铁颗粒物进入表层海水后，部分颗粒物溶解；表层海水中的含铁有机质以及无机颗粒物受到紫外线的照射而发生分解释放出铁。由于表层海水中浮游植物的数量较中层低，浮游植物对于溶解态 Fe 的需求量也比中层小。综合以上的原因，中层海水中溶解态 Fe 的浓度比表层低。

底层海水中溶解态 Fe 的浓度在 13.39 ~ 38.03nmol/L，平均值为18.37nmol/L，最高值出现在湾口，湾内最高值出现在中北部，最低值出现在邻近湾口附近海域。总的变化趋势为：在湾口区，溶解态 Fe 的浓度由外向内逐渐降低；在湾内，以中北部为最高值点向外扩散，浓度逐渐降低，在邻近湾口附近海域出现最低点［图 2-84（c）］。底层海水中溶解态 Fe 的平均浓度较表层和底层低，但在各河流入海口处海域，底层海水中的溶解态 Fe 浓度较高。这可能与河流的输入有关，河水中含有的溶解态 Fe 浓度较高，在经过海水-河水混合后，溶解态 Fe 发生凝聚生成颗粒态 Fe 而沉降到底层，在底层含铁颗粒物发生再悬浮和再分解，重新释放出铁，增大了底层海水中溶解态 Fe 的浓度。

由此可以看出，夏季，胶州湾湾内表层海水中溶解态 Fe 的平均浓度略高于中层和底层海水中溶解态 Fe 的平均浓度；湾口区海水中溶解态 Fe 浓度的垂直分布，呈现出中层高，表层和底层略低的特点。每一层海水中溶解态 Fe 的浓度变化略有不同，表层和中层海水中溶解态 Fe 浓度的高值区均出现在红岛以西的北部，而底层溶解态 Fe 浓度的高值出现在主要河流的入海口和东北部胶州湾海域。

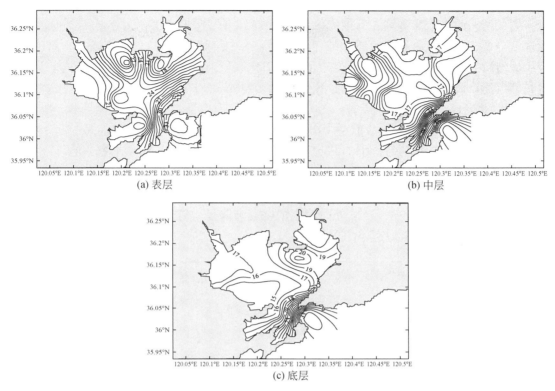

(a) 表层　　　　　　　　　　　　　　　　　(b) 中层

(c) 底层

图2-84　夏季胶州湾海水中溶解态铁的分布（单位：nmol/L）

资料来源：王世荣，2013

夏季胶州湾海水已出现明显的温度跃层。夏季降水较为丰沛，河流输入的河水量较大，河水进入胶州湾后在入海口区发生颗粒物的絮凝和沉降作用，而洋河和大沽河的含沙量较高，其河流入海口区海水中溶解态 Fe 的平均浓度比其他海区高。湾内中北部及周围海域海水中溶解态 Fe 的浓度分布则表现出明显的生物特征，胶州湾东北部浮游植物数量比其他海区高，对表中层海水中溶解态 Fe 的需求量较大，可能是由于底层颗粒物再悬浮的作用使表中层海水中溶解态 Fe 的浓度比底层低。

（2）胶州湾春季溶解态 Fe 的分布特征

春季胶州湾表层海水中溶解态 Fe 的浓度为 9.11 ~ 106.87nmol/L，平均值为 19.73nmol/L，最大值出现在李村河口附近，最小值出现在湾内中央海域［图2-85（a）］。表层海水中溶解态 Fe 浓度的总的变化趋势为：李村河入海口站出现高值区，以此高值区为中心向西逐渐降低，浓度变化幅度较大，等值线分布紧而密。在曹汶河入海口区出现溶解态 Fe 浓度的小高值区，等值线分布较为紧密。其他海区溶解态 Fe 的浓度变化幅度较小，自湾外向湾内浓度逐渐降低，等值线分布疏而缓。

中层海水中溶解态 Fe 的浓度是 6.88 ~ 58.88nmol/L，平均值为 15.34nmol/L。最大值同样出现在李村河口附近［图2-85（b）］。中层海水中溶解态 Fe 浓度总的变化趋势为：

李村河入海口出现高值区，以此高值区为中心向西逐渐降低，浓度变化幅度较大，等值线分布紧而密。除去东北部湾，其他海区溶解态 Fe 的浓度变化幅度较小，自湾外向湾内浓度逐渐降低，等值线分布疏而缓。与春季表层海水中溶解态 Fe 的浓度相较，李村河口附近海域溶解态 Fe 的浓度较中层其他站位高，但比表层有较大程度的降低。湾内的高值出现在邻近湾口海域（21.55nmol/L），比表层（19.46nmol/L）略有增加；其他站位溶解态 Fe 的浓度普遍比表层低。

底层海水中溶解态 Fe 的浓度是 5.64~55.46nmol/L，平均值为 15.56nmol/L。与表层和中层水相似，最大值出现在李村河口附近，最小值出现在湾内中央海域［图 2-85（c）］。底层溶解态 Fe 浓度的总的变化趋势为：在李村河入海口附近海域出现高值区，并以此为中心向西逐渐降低，浓度变化幅度较大，等值线分布紧而密。除去东北部湾，其他海区溶解态 Fe 的浓度变化幅度较小，自湾外向湾内浓度逐渐降低，等值线分布疏而缓。李村河入海口附近海域溶解 Fe 的浓度较中层变化不大。

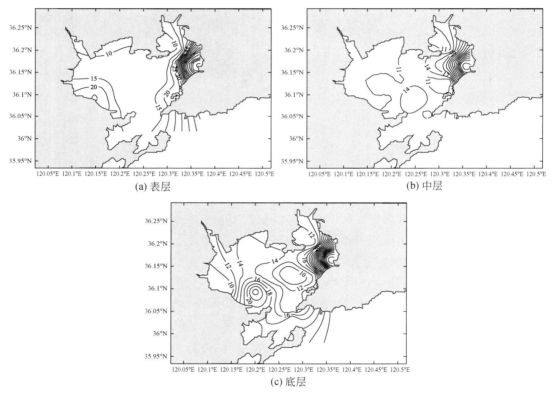

(a) 表层 (b) 中层

(c) 底层

图 2-85   春季胶州湾海水中溶解态铁的分布（单位：nmol/L）

资料来源：王世荣，2013

由此可以看出，春季，胶州湾湾内表层海水中溶解态 Fe 的浓度略高于中层海水和底层海水。湾口区海水中溶解态 Fe 的垂直分布略有变化，呈现出中层低，表层和底层略高的特点，这与夏季胶州湾湾口海水垂直变化趋势相反。春季胶州湾海水表层温度比中层和底层略高，没有发生明显的温度跃层。春季降水较少，河流输入海水中的河水量远低于夏季，输入海水中的溶解态 Fe 也较少，因此，各河流入海口海区的海水中溶解态 Fe 的浓度较平均浓度相差不大。

春季胶州湾海水中溶解态 Fe 的浓度变化较为相似，表、中和底层海水均在李村河入海口附近海域出现了溶解态 Fe 浓度的最大值，其中表层海水中溶解态 Fe 的浓度较高，中层和底层较表层低但是比其他站位海水中的浓度高。与夏季胶州湾海水中溶解态 Fe 的浓度分布相较可以发现，夏季胶州湾海水中溶解态 Fe 的浓度分布并没有出现春季李村河入海口附近海域海水中溶解态 Fe 的情况。

2.4.2.2 溶解态铝

Al 是岩石圈中丰度最高的金属元素，天然水体中的 Al 主要来自地表岩石风化，除个别受酸雨影响严重的地区，人为活动对其影响较小。由于岩石风化过程中铝硅酸盐的低溶解度及其在海洋中停留时间较短等原因，河流、近岸海水及开阔大洋中铝的浓度分别为 50μg/L、10μg/L、<1μg/L，属于痕量元素。开阔大洋中的溶解态 Al 主要源于被风输送到水面的大陆尘埃颗粒物的部分溶解和大洋底层水的输入，近岸海域陆架海区中溶解态 Al 的主要来源是入海河流。由于铝在海洋中存留时间较短且不易受到人为活动的影响，因此常用铝作为示踪元素来探讨陆源物质输入及不同水团运动。目前，关于胶州湾溶解态 Al 含量及分布的报道不多。谢亮等（2007）对胶州湾水体中溶解态 Al 的浓度、空间分布、季节差异、影响因素及悬浮颗粒物对溶解态铝的贡献等进行了如下系统研究。

(1) 浓度和分布

夏季和秋季胶州湾海水中溶解 Al 的平均浓度分别为 0.096μmol/L 和 0.083μmoL/L。从图 2-86 可以看出，夏季湾内溶解态 Al 近岸浓度相对较高，最高值出现在大沽河口附近，湾中央较低，等值线由大沽河口、李村河口向湾内弯曲，湾口浓度低于湾内。秋季胶州湾内溶解态 Al 的浓度低于夏季，分布趋势与夏季明显不同，湾内浓度低于湾口，由湾口向湾西北部梯度减小，河流输入影响不明显。湾内溶解态 Al 的浓度分布随季节变化明显，而湾口浓度变化不大。

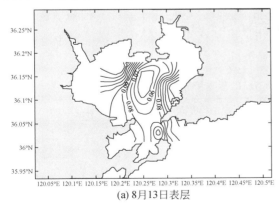 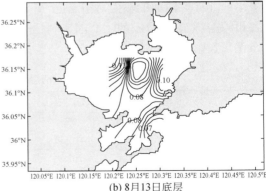

(a) 8月13日表层　　　　(b) 8月13日底层

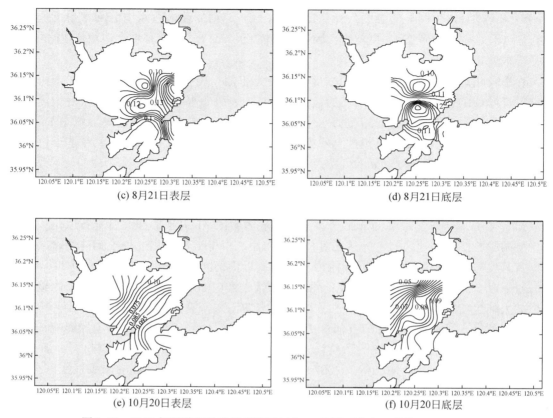

(c) 8月21日表层 (d) 8月21日底层
(e) 10月20日表层 (f) 10月20日底层

图 2-86　2001 年夏季和秋季胶州湾溶解态 Al 的平面分布（单位：μmol/L）

资料来源：谢亮等，2007

（2）影响胶州湾溶解铝分布的主要因素

Al 作为主要的成岩元素，溶解态 Al 的分布与河流输入有密切的关系。表 2-7 给出的数据显示周边河流为胶州湾带来了大量淡水和悬浮颗粒物，其中大沽河占总径流量的 83.9%，而白沙河和大沽河是悬沙的主要来源，占总输沙量的 93.7%。从图 2-86 可以明显看出西北部大沽河的输入对溶解态 Al 浓度分布的影响。可见在丰水期，河流输入是影响胶州湾溶解态 Al 分布的主要因素。秋季，胶州湾已基本无淡水输入，河流对溶解态 Al 分布无明显影响，溶解态 Al 分布趋势与夏季明显不同。

表 2-7　入胶州湾主要河流的基本特征

河流名称	长度/km	流域面积/km²	年均径流量/（10^8 m³/a）	年均输沙量/（10^4 t/a）
洋河	49	252	0.57	25.81
大沽河	179	4161.9	7.389	95.92
白沙河	35	202.9	0.293	0.51
墨水河	42.3	356.2	0.338	4.76
李村河	14.5	39.7	0.212	2.94

资料来源：谢亮等，2007

　　悬浮颗粒物对溶解态 Al 的分布也有重要影响。胶州湾中的悬浮颗粒物（SPM）主要来源于河流输入、大气沉降和颗粒物再悬浮。夏季 SPM 分布受河流影响明显，呈现出河口较高，并由湾内向湾口降低的趋势，而 2001 年 8 月 21 日航次前的大雨使得 SPM 比 2001 年 8 月 13 日航次的 SPM 高出近一倍。秋季航次由于缺乏淡水输入和湾外再悬浮颗粒物影响，使湾口高于湾内。受再悬浮影响，底层 SPM 的浓度一般高于表层。3 个航次的溶解态 Al 与 SPM 大面分布趋势较为相似（图 2-87），两者浓度也呈现出一定的正相关（图 2-88）。此外，SPM 的类型对溶解态 Al 也有一定的影响，表现为颗粒物对 Al 的吸附能力随其粒径的减小而增强。

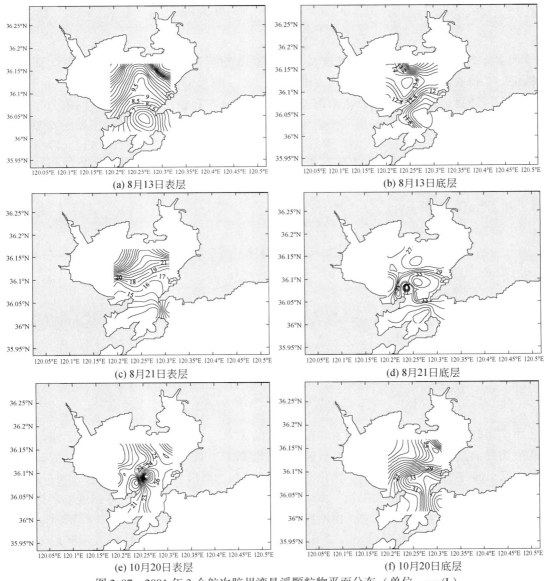

图 2-87　2001 年 3 个航次胶州湾悬浮颗粒物平面分布（单位：mg/L）

资料来源：谢亮等，2007

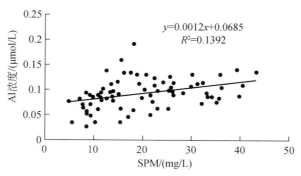

图2-88　溶解态Al浓度与SPM的关系

资料来源：谢亮等，2007

　　水交换对胶州湾溶解态Al的浓度及其分布也有重要影响。秋季，胶州湾周边河流进入枯水期，径流量很小，仅为丰水期流量的23.4%，降水量记录表明秋季湿沉降量较小，此时的干沉降量也较小。比较秋季溶解态Al浓度的分布和胶州湾水滞留时间的分布，可看出两者分布相似，只是趋势相反，呈现负相关关系（图2-89）。这是由于缺乏外源输入和交换的水体中溶解态Al会逐渐沉降迁出，其浓度将随水体的滞留时间增长而降低。此时湾内溶解态Al因沉降迁出而浓度降低，而湾口水交换强烈，受外海水和悬浮颗粒物影响，溶解态Al浓度较为稳定且高于湾内。

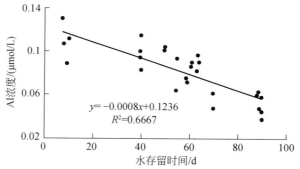

图2-89　秋季胶州湾海水中溶解态Al浓度与水存留时间的关系

资料来源：谢亮等，2007

　　水交换的影响还表现在溶解态Al和硅酸盐的关系上。硅酸盐在湾内的浓度和分布主要受生物影响，秋季湾内生物量较低，硅酸盐浓度较高，此时湾外的黄海水中硅酸盐浓度较低，其分布主要受水交换影响，湾内近岸浓度较高，湾口较低，与溶解态Al的分布趋势相反，两者浓度呈现负相关关系（图2-90）。可见，秋季湾内溶解态Al浓度的变化和分布主要受控于水体的交换，反之，由溶解态Al浓度的分布也可推知水体的存留时间的分布，这说明溶解态Al在海洋研究中可用来示踪水团的运动和变化。Al作为示踪剂与盐度和同位素有明显不同的分布特征。溶解态Al在河水及近岸水体中浓度通常比外海水体高，因此一般与盐度分布趋势相反。和同位素相比，溶解态Al在水体中的存留时间较短，适于小时间尺度水团运动的研究。

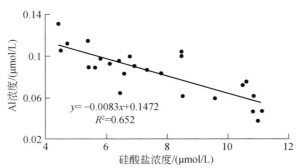

图 2-90　秋季胶州湾海水中溶解态 Al 浓度和硅酸盐浓度的关系

资料来源：谢亮等，2007

2.4.2.3　溶解态锡

Sn 被认为是生物体所必需元素。自 20 世纪 80 年代以来，锡的生产和消耗已远超过自然风化量，并在大气中高倍量富集，引起环境科学界的注意。剧毒的三丁基锡被广范应用于海洋船只防污涂料，已在工业化国家游船码头、港口、运输航线及近海区发现牡蛎等底栖生物中毒畸变。无机、有机锡的海洋污染随之成为海洋环境科学的重要课题。同时，由于无机和有机锡在海洋环境中具有颗粒物活性、生物获得性和生物甲基化作用，使其存在形态复杂，而且随污染源、季节、气候等有较大的变化，因此，Sn 在海洋环境尤其是近海环境中的存在和生物地球化学过程具有区域特征。目前，胶州湾海水中溶解态 Sn 含量的研究少之又少，陆贤昆等（1995）对胶州湾东部各形态 Sn 的含量及来源进行了如下系统研究。

（1）溶解态 Sn 的分布

图 2-91 示出胶州湾水体各形态 Sn 平均值的季节变化。溶解无机锡 DISn 的浓度一般在 0.1μg/L 以下，尤其在冬春季节，其值为 0.002 ~ 0.05μg/L；最低值在 11 月，其平均浓度仅为 0.0085μg/L，相当于干净的近海与海湾中 DISn 的水平。但在丰水期，DISn 的平均浓度为 0.077μg/L，其最高浓度达 0.20μg/L，具有受工业明显影响的河口和海湾的特征。溶解态有机锡（DOSn）和悬浮颗粒物总锡（PTSn）在丰水期的峰值尤为突出，分别为 0.55μg/L 和 0.69μg/L，显示出陆源的大量输入。

河流径流和雨水冲刷的重要影响还可以从丰水期盐度与溶解态 Sn 的关系得到进一步的证明。Sn 是非保守元素，但在有稳定河水输入的河口，溶解态 Sn 的含量仍能保持与盐度的线性相关。在丰水期以外的各季节，溶解态 Sn 含量与盐度并不存在相关关系，而在丰水期，雨水量较大的情况下，胶州湾水体中的 Sn 有可能短期内与盐度存在线性相关。胶州湾丰水期溶解无机和有机 Sn 含量与盐度的线性相关系数均在 0.8 左右（图 2-92）。

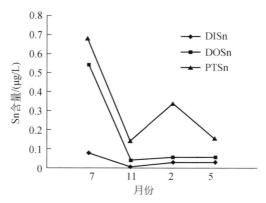

图 2-91　胶州湾水体中各形态 Sn 含量平均值的季节变化
资料来源：陆贤昆等，1995

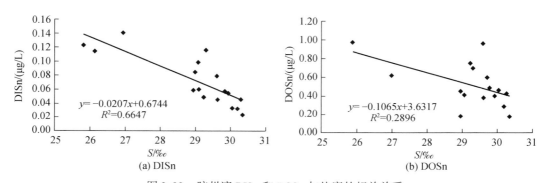

(a) DISn　　　　　　　　　　(b) DOSn

图 2-92　胶州湾 DISn 和 DOSn 与盐度的相关关系
资料来源：陆贤昆等，1995

与溶解态 Sn 不同，悬浮颗粒物总 Sn 在 11 月和 5 月出现两次低谷（0.14μg/L）。将此结果与颗粒物 Sn 含量（PTSn）、颗粒物含量（SPM）、浮游生物 Sn 含量（BTSn）、浮游植物细胞总数（BM）平均结果的季节变化 ［图 2-93（a）］ 相比较可以看出，5 月悬浮颗粒物 Sn 含量的低值明显受浮游生物的影响。浮游生物体内的 Sn 含量大致与其生物量呈相反的关系 ［图 2-93（b）］，表明生物颗粒物起重要作用。相反，11 月悬浮颗粒物 Sn 的低值（9.0ppm）却与浮游生物体内较高 Sn 含量（44.6×10⁻⁶）相对应，表明浮游生物对悬浮颗粒物 Sn 的影响仅占很次要的地位。此时，颗粒物 Sn 含量低的原因可以认为是，外海低溶解 Sn 的水体占主导地位，以及强风引起含 Sn 量低的沉积物再悬浮。从全年看，胶州湾东部悬浮颗粒物 Sn 的季节变化将受外界输入、浮游植物水华、沉积物再悬浮等多种因素的影响。

（2）胶州湾锡的海上输入

图 2-94 为丰水期胶州湾表层水溶解无机、有机 Sn 的平面分布结果。由等值线的分布特征可以看出，其高值区一方面集中于湾的东北部，输入源则来自青岛市的重工业区，以及城阳河、李村河、四方河、海泊河等工业排污河口。另一方面则集中于港口至锚地一带。在其他季节，胶州湾表层水溶解无机、有机 Sn 的高值区也主要出现在湾的东北部，这一等值分

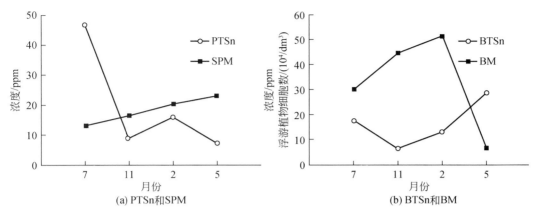

图 2-93　胶州湾悬浮颗粒 Sn（PTSn，单位：ppm）、颗粒物量（SPM，单位：ppm）、浮游植物 Sn 含量
（BTSn，单位：ppm）和浮游植物细胞数（BM，单位：$10^4/dm^3$）

资料来源：陆贤昆等，1995

布特征也以不同程度存在于其他季节的调查结果，表明胶州湾 Sn 输入的长期影响。

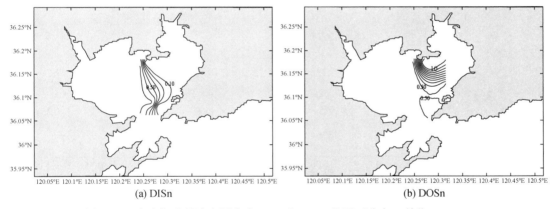

图 2-94　丰水期胶州湾表层水中 DISn 和 DOSn 的平面分布（单位：μg/L）

资料来源：陆贤昆等，1995

　　虽然目前在胶州湾的溶解有机 Sn 中还没有检测出丁基锡化合物（三丁基锡的检出限
为 0.02μg/L），但在 2 月的部分水样中检测出单苯基锡的存在（检出限为 0.01μg/L）。检
测出的单苯基锡为 0.1~0.06μg/L，主要分布在港口、锚地和工业区近岸海区。该值范围
与三苯基锡对浮游植物的半效应浓度（约 0.8μg/L）相比，低一个数量级以上；与世界工
业化国家的近岸有机锡污染相比，该水域毒性有机锡化合物的水平目前还比较低。丁基锡
作为防污漆主要用于小型旅游船只，其污染海域也主要集中于旅游船只码头及其近海。胶
州湾港口主要为大型运输船只和渔船，丁基锡的污染源少。另外，胶州湾有较强的潮汐流
和偏东南向的风海流，一般在半日潮周期内，通过湾口的水量约占胶州湾水体的 1/3 左
右。在靠近湾口的锚地和港口，由于良好的水交换，毒性有基锡化合物的低水平是可以预
见的。但是苯基锡在部分水体中的检出这一事实应当引起重视，随着青岛市工业和海上交

通的发展，应当加强对胶州湾水体毒性有机锡化合物的监测。

海水中的甲基锡在胶州湾东部水体中较为普遍检出（检出限为 0.005μg/L），其值为 0.005~0.05μg/L。底层水甲基锡含量一般有升高的趋势，沉积物中无机锡的甲基化可能是水中甲基锡的主要来源。

（3）水体 Sn 的形态特征

在近岸海域，由于海陆的相互作用，痕量元素的形态分布将具有区域特征。图 2-95 显示了胶州湾三个季节 DISn、DOSn 和 PTSn 间的形态分布特征。结果表明，在胶州湾水体中 DISn 在各季节始终只占极小的比例，一般低于 10%，其平均值分别为 7.8%（7 月）、5.9%（11 月）和 6.8%（2 月），没有明显的季节变化趋势。但是，DOSn 和 PTSn 的百分比则表现出明显的季节变化趋势，随着盐度的升高，PTSn 的比例增加，而 DOSn 的比例则减少。在各个季节，DOSn 平均值的比例分别为 40%（7 月）、24%（11 月）和 13%（2 月），而 PTSn 的比例则分别为 53%（7 月）、69%（11 月）和 81%（2 月）。

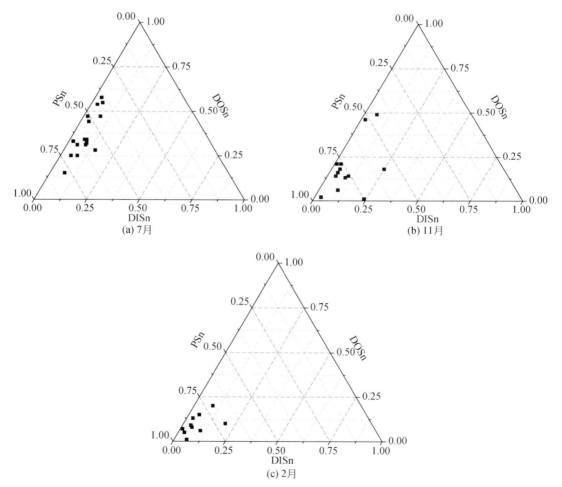

图 2-95 胶州湾 DISn、DOSn 和 PTSn 比例分布

资料来源：陆贤昆等，1995

与世界一般河流、河口相似，进入胶州湾的淡水也含有相当高比例的有机锡化合物。在雨水冲刷季节，胶州湾水体有机锡的比例明显上升。随陆源输入减少，水体中颗粒锡浓度值下降，但再悬浮及浮游植物水华过程使这一下降相对缓慢，因而在锡的形态比例中明显上升。

2.5 海水中的其他化学物质

近年来，随着全球海洋环境的恶化，近海环境中持久性有机污染物的环境化学行为已引起了国际学术界的高度重视和密切关注，在一些典型的城市海岸带和河口湾已经开展了其空间分布规律研究。胶州湾是高度城市化、工业化的地区，随着青岛市经济高速发展、人口大量增加，该地区环境日益恶化，多种污染物以不同来源和方式输入。近几年在该地区开展的研究结果表明，胶州湾已经受到了严重的有机污染，对该地区的生态环境及人体健康存在巨大的隐患。

2.5.1 有机污染物

海洋有机物污染是指进入河口近海的生活污水、工业废水、农牧业排水和地面径流污水中过量有机物质（碳水化合物、蛋白质、油脂、氨基酸、脂肪酸酯类等）和石油及有机农药等造成的污染。它是世界海洋、近岸、河口和海湾普遍存在并最早引人注意的一种污染。

2.5.1.1 化学需氧量（COD）

化学需氧量（chemical oxygen demand，COD）是在一定的条件下，采用一定的强氧化剂处理水样时，所消耗的氧化剂量。因此，COD 是衡量海水中有机污染物的综合指标。COD 高意味着水中含有大量还原性物质，其中主要是有机污染物。COD 越大，说明水体受有机物的污染越严重，这些有机物污染的来源可能是农药、化工厂、有机肥料等。钱国栋等（2009）根据近 30 年胶州湾海域的历史监测资料和 2007 年 5 月、8 月、10 月 3 个航次的现场调查资料，对胶州湾表层海水中 COD 等化学污染物的年均浓度和平面分布的长期变化规律进行了如下系统研究。

（1）COD 平面分布特征

胶州湾表层海水中 COD 浓度的平面分布基本呈东部和西部沿岸海域较高，向中部和南部逐渐较低的趋势（图 2-96）。20 世纪 90 年代初期，胶州湾海水中的 COD 浓度呈由东北向西南逐渐降低的趋势。整个胶州湾表层海水中 COD 的平均浓度可达 1.2mg/L，其中超过国家 I 类海水水质标准的高值区面积约占 10%，主要集中在东部的海泊河口至李村河口附近水域，西南部的洋河口及西北部的大沽河口附近浓度也较高，接近国家 I 类海水水质标准。20 世纪 90 年代中期，COD 高值区主要集中在东北部墨水河和西北部大沽河河口邻近海域，最高达到 3.0mg/L，中部大部分海域低于 1.0mg/L。沿岸生活污水和工业污水的排放，使沿岸邻近海域 COD 的浓度升高，加重了胶州湾的有机污染。到 21 世纪初，胶州湾 COD 浓度有所升高，平均浓度达到 1.6mg/L，高值区仍然集中在东北部和西北部沿岸邻近海域。2007 年，胶州湾 COD 浓度呈由东北向西南递减的趋势，整体浓度有明显的上升，尤其在北部海域，COD 浓度达到 4.0mg/L 以上，可能是北部海域集约化的海水养殖排放大量污水所致。

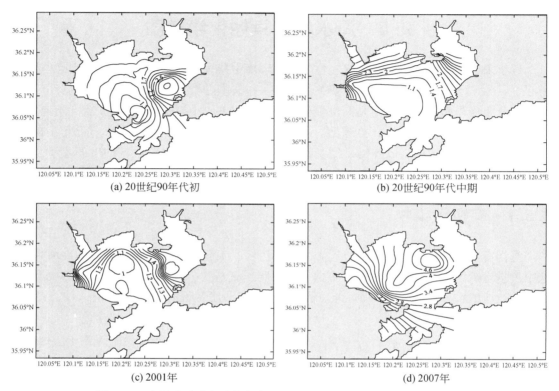

图 2-96　胶州湾夏季表层海水中 COD 浓度的平面分布（单位：mg/L）

资料来源：钱国栋等，2009

（2）COD 年均变化特征

胶州湾海水中 COD 的年均浓度变化如图 2-97 所示。20 世纪 80 年代至今，胶州湾海水中 COD 的年均浓度基本呈先缓慢降低、然后又缓慢升高的趋势。20 世纪 80 年代初，COD 的年均浓度较低，在 1.0mg/L 左右，远低于国家 I 类海水水质标准。从 20 世纪 80 年代至 20 世纪 90 年代末，胶州湾海水中 COD 的年均浓度呈逐渐降低的趋势，在 20 世纪 90 年代后期出现较大值，达到 1.5mg/L，但总体上仍然低于国家 I 类海水水质标准。21 世纪初至 2007 年，COD 的年均浓度缓慢增加，2007 年达到 1.5mg/L，仍低于国家 I 类海水水质标准。

2.5.1.2　石油烃（PHs）

石油污染已经成为全球日益关注的问题。石油烃的化学成分较为复杂，所涉及的分子量大小范围很宽，一般而言，低分子多环芳烃多具有高毒性，且难以被降解，而

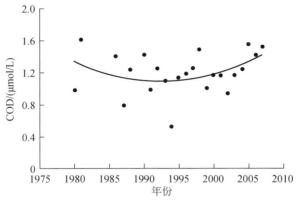

图 2-97　20 世纪 80 年代至 21 世纪初胶州湾海水中 COD 年均浓度变化

资料来源：钱国栋等，2009

部分高分子多环芳烃会形成致癌的活性代谢产物。所以，一方面，海洋石油污染具有难以消除的特点；另一方面，石油污染对海洋生态系统的影响较为严重，过多的石油烃进入水体后，由于其生物毒性，会造成生物的大量死亡。钱国栋等（2009）根据近 30 年胶州湾海域的历史监测资料和 2007 年 5 月、8 月、10 月 3 个航次的现场调查资料，对胶州湾表层海水中石油烃等化学污染物的年均浓度和平面分布的长期变化规律进行了如下系统研究。

（1）石油烃平面分布特征变化

20 世纪 90 年代至今，胶州湾表层海水中石油烃浓度平面分布基本呈现出由东部向西部递减的趋势。20 世纪 90 年代初期，胶州湾石油烃浓度平面分布呈由东向西递减趋势，高值区主要集中在东部海泊河、李村河河口邻近海域，湾内平均浓度达到 79.13μg/L。90 年代中后期，胶州湾表层海水石油烃浓度大幅度降低，平均浓度为 34.95μg/L，仅相当于 90 年代初的 44%，在东北部的墨水河和西北部的大沽河河口邻近海域出现高值，并向湾中心和湾口方向递减。2001 年，石油烃浓度在东部沿岸和东北部海域出现高值，向西南方向逐渐降低，石油烃平均浓度达到 38.08μg/L，比 20 世纪 90 年代有明显上升。2007 年，石油烃浓度分布与 21 世纪初基本相似，高值区主要集中在东部的海泊河河口邻近海域，呈由东部和东北部向西南递减的趋势（图 2-98）。

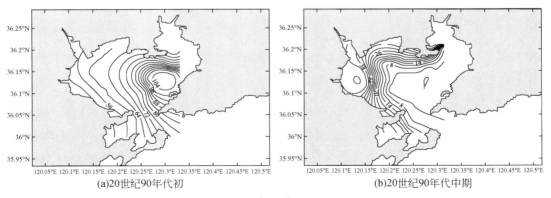

(a)20世纪90年代初　　　　　　　　(b)20世纪90年代中期

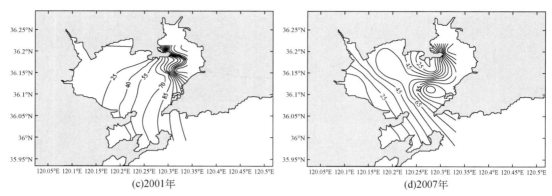

(c)2001年   (d)2007年

图2-98　胶州湾夏季表层海水中石油烃浓度平面分布（单位：μg/L）

资料来源：钱国栋等，2009

（2）石油烃年均变化

胶州湾表层海水中石油烃年均浓度变化如图2-99所示。20世纪80年代至2007年，胶州湾海水中石油烃的年均浓度基本呈现出先缓慢增加然后逐渐降低的趋势。具体来讲，20世纪80年代初，胶州湾表层海水中石油烃的年均浓度约为52.00μg/L，略高于国家Ⅰ/Ⅱ类海水水质标准。到80年代末增加至79.13μg/L，维持在国家Ⅰ/Ⅱ类和Ⅲ类海水水质标准之间。从20世纪90年代初开始，石油烃的年均浓度逐渐降低，90年代后期最低达到31.65μg/L。进入21世纪后，胶州湾表层海水中石油烃的年均浓度变化幅度较小，维持在28.26~42.04μg/L。2007年，胶州湾表层海水中石油烃的年均浓度为36.51μg/L，低于国家Ⅰ/Ⅱ类海水水质标准。

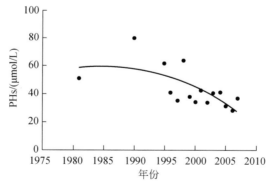

图2-99　20世纪80年代至21世纪初胶州湾海水中石油烃年均浓度变化

资料来源：钱国栋等，2009

2.5.1.3　滴滴涕（DDTs）

DDTs属于有机氯农药，是一类理化性质稳定、难降解的有毒污染物。由于具有疏水亲脂性，进入环境中的有机氯农药易在沉积物中积累，通过生物富集放大，并对生态系统造成危害。目前还没有对整个胶州湾海水中的DDTs进行研究。周明莹等（2006）对流入胶州湾的主要河流（大沽河、墨水河、桃源河和洪江河）入海口区域水中的 DDTs 含量及变化特征进行了如下系统研究。此外，通过分析胶州湾几条主要河流河口海水中 DDTs 进一步分析了胶州湾海水中 DDTs 的污染状况。

DDTs 含量在大沽河监测点水中为 nd（未检出）~2.5×10⁻³ μg/L，均值为 0.8×10⁻³ μg/L；在墨水河为 nd~5.5×10⁻³ μg/L，均值为 3.6×10⁻³ μg/L；在桃源河均未检出；在洪江河为 nd~5.0×10⁻³ μg/L，均值为 1.8×10⁻³ μg/L（表 2-8）。DDTs 的主要成分为 DDE，其原因是环境中的 DDTs 在特定条件下容易降解为 DDE，而 DDE 难以进一步降解所致。由总体水平可以看出，各监测点 DDTs 的含量顺序为墨水河>洪江河>大沽河>桃源河。4 条河流中的 DDTs 含量均未超过国家 I 类海水水质标准（0.05 μg/L），说明各河口未受到污染，因此可以推断以河流输入为主要途径的胶州湾也未受到 DDTs 的污染。各河流监测点表层水中的 DDTs 含量随枯水期和丰水期变化，除大沽河水体表现较明显的丰水期高枯水期低变化趋势外，其他河流水中的 DDTs 含量变化不明显（图 2-100）。

表 2-8　河流入海口 DDTs 含量监测的结果　　　　　　（单位：10⁻³ μg/L）

采样时间	大沽河	墨水河	桃源河	洪江河
2005 年 5 月	nd	3.0	nd	nd
2005 年 6 月	nd	4.7	nd	5.0
2005 年 7 月	0.5	5.0	nd	nd
2005 年 8 月	1.0	nd	nd	4.1
2005 年 9 月	2.5	5.5	nd	nd
月平均	0.8	3.6	nd	1.8

资料来源：周明莹等，2006

注：nd 为未检出

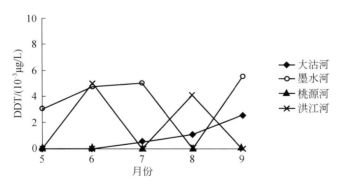

图 2-100　不同月份表层水中 DDTs 含量变化趋势

资料来源：周明莹等，2006

通过对检测结果进行比较，发现 DDTs（DDTs = DDT+DDD+DDE）各同分异构体中，DDE 的含量占 DDTs 的主要部分（DDE/DDTs 为 56.2%，表 2-9）。这主要是由于环境中的 DDTs 在特定条件下容易降解为 DDE，而 DDE 难以进一步降解所致。

表 2-9　DDTs 各异构体含量特征

项目	p, p'-DDE	o, p'-DDT	p, p'-DDD	p, p'-DDT	总量
含量范围/($10^{-3}\mu g/L$)	nd ~ 3.2	nd ~ 1.4	nd ~ 3.8	nd ~ 1.0	nd ~ 5.5
平均含量/($10^3\mu g/L$)	0.9	0.1	0.5	0.1	1.6
各异构体占总量/%	56.2	6.2	31.2	6.4	100.0

资料来源：周明莹等，2006

注：nd 为未检出

2.5.1.4　六六六（HCHs）

HCHs 是长期以来用以防治害虫的农药，具有药效好、成本低、残效长、对人畜急性毒性小等许多优点。HCHs 作为人类氯碱工业中的重要工业品曾经对人类社会，特别是在保证农业丰收方面做出过重大的贡献，但由于其难分解，分布广，危害重，在大量使用的同时也给环境造成难以修复的危害。杨东方等（2005）根据 1979 ~ 1984 年（缺少 1980年）的胶州湾水域调查资料，对胶州湾海水中 HCHs 的含量大小、年份变化和季节变化进行了如下系统研究。

（1）HCHs 的质量浓度

胶州湾水体中 HCHs 在 1979 年、1981 年、1982 年、1983 年和 1984 年的含量见表 2-10。1979 年 5 月，HCHs 在胶州湾水体中的质量浓度为 0.230 ~ 1.380μg/L，整个水域达到了国家Ⅰ类海水水质标准（1.00μg/L）。8 月，水体中 HCHs 的质量浓度明显增加，达到 5.393 ~ 12.480μg/L，已经全部超过了国家Ⅳ类海水的水质标准（5.00μg/L）。11 月，水体中 HCHs 的质量浓度明显下降，其值为 0.073 ~ 0.685μg/L，全部低于Ⅰ类海水的水质标准。

表 2-10　胶州湾水体中 HCHs 的质量浓度　（单位：μg/L）

年份	HCHs 质量浓度							
	4 月	5 月	6 月	7 月	8 月	9 月	10 月	11 月
1979	—	0.230 ~ 1.380	—	—	5.393 ~ 12.480	—	—	0.073 ~ 0.685
1981	0.091 ~ 1.691				0.167 ~ 4.427		0.136 ~ 0.211	
1982	0.065 ~ 0.301		0.473 ~ 0.790	0.171 ~ 0.409			0.134 ~ 0.487	
1983		0.144 ~ 0.461				0.325 ~ 0.768	0.097 ~ 0.156	
1984				0.086 ~ 0.255	0.089 ~ 0.132			

资料来源：杨东方等，2005

1981 年 4 月，HCHs 在胶州湾水体中的质量浓度为 0.091 ~ 1.691μg/L，超过了国家Ⅰ类海水的水质标准。8 月，水体中 HCHs 的质量浓度明显增加，达到 0.167 ~ 4.427μg/L，水体中 HCHs 的含量已经超过了国家Ⅲ类海水的水质标准（3.00μg/L）。10 月，水体中 HCHs 的质量浓度明显下降，为 0.136 ~ 0.211μg/L，均低于国家Ⅰ类海水水质标准。

1982 年 4 月、7 月和 10 月，胶州湾西南沿岸水域 HCHs 质量浓度为 0.065 ~ 0.409μg/L。6 月，胶州湾东部沿岸水域 HCHs 质量浓度为 0.473 ~ 0.790μg/L。4 月、6 月、7 月和 10 月，

HCHs 在胶州湾水体中的质量浓度为 0.065 ~ 0.790μg/L，都没有超过国家Ⅰ类海水的水质标准。这表明 4 月、6 月、7 月和 10 月胶州湾表层水质在整个水域达到了国家Ⅰ类海水水质标准。

1983 年 5 月、9 月和 10 月，胶州湾北部沿岸水域 HCHs 含量比较高，南部湾口水域 HCHs 含量比较低。5 月、9 月和 10 月，HCHs 在胶州湾水体中的质量浓度为 0.144 ~ 0.768μg/L，都没有超过国家Ⅰ类海水的水质标准。这表明 5 月、9 月和 10 月胶州湾表层水质在整个水域达到了国家Ⅰ类海水水质标准。

1984 年 7 月和 8 月，在胶州湾整个水域 HCHs 含量都非常低。7 月和 8 月，HCHs 在胶州湾水体中的质量浓度为 0.086 ~ 0.255μg/L，都没有超过国家Ⅰ类海水的水质标准。这表明 7 月和 8 月胶州湾表层水质在整个水域达到了国家Ⅰ类海水水质标准。

（2）空间分布

以 1981 年为例，春季，湾内水体中表层 HCHs 的浓度大小分布状况是由东北向西南方向递减，从 1.691μg/L 降低到 0.091μg/L，东北部的近岸水体中 HCHs 的含量为 1.121 ~ 1.691μg/L，在海泊河、李村河和娄山河的入海口附近，HCHs 的浓度大于 1μg/L，明显高于其他海域（图 2-101）。

夏季，表层 HCHs 的浓度从湾的东北沿岸区域（4.427μg/L）向湾中心区域（0.167μg/L）减小，这是在胶州湾水体中沿着海泊河、李村河和娄山河的河流方向 HCHs 的浓度递减（图 2-101）。同时，从海泊河入海口到北部的红岛为界，其东北水域 HCHs 的值都大于 1μg/L，而其他区域的 HCHs 值都小于 1μg/L（图 2-101）。

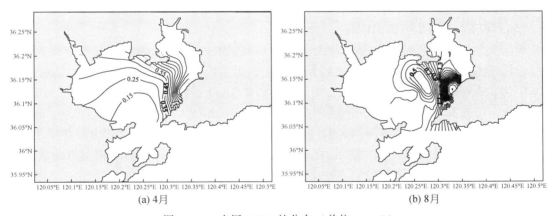

(a) 4 月 　　　　　　　　　　　(b) 8 月

图 2-101　表层 HCHs 的分布（单位：μg/L）

资料来源：杨东方等，2005

（3）年际变化

1979 ~ 1984 年，胶州湾水体中 HCHs 的质量浓度逐年都在减少，而且，质量浓度越高，相应的月份质量浓度减少幅度就越大，1979 年 8 月 HCHs 的质量浓度为 5.393 ~ 12.480μg/L，1984 年 8 月 HCHs 的质量浓度降低到 0.089 ~ 0.132μg/L。1983 年起中国禁止使用 HCHs，禁用前胶州湾水体中 HCHs 的最高质量浓度达到 12.480μg/L；禁用后水体中

HCHs 的最高质量浓度降低到 0.225μg/L（图 2-102），全部低于Ⅰ类海水的水质标准。禁用前，HCHs 在胶州湾水体中的含量有季节变化，在春季较低，夏季相对较高，秋季含量更低；禁用后，水体中 HCHs 的含量几乎没有季节变化，这是由于 HCHs 含量较低的缘故。

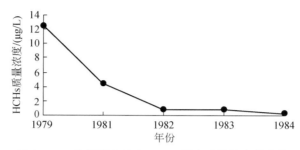

图 2-102　胶州湾水体中 HCHs 最高质量浓度的变化

资料来源：杨东方等，2005

（4）季节变化

以每年 4 月、5 月、6 月代表春季；7 月、8 月、9 月代表夏季；10 月、11 月、12 月份代表秋季。1979～1984 年，胶州湾水体中 HCHs 的含量在春季较低，夏季相对较高，秋季含量最低。春季，水体中 HCHs 的含量从Ⅱ类海水水质降低到Ⅰ类海水水质；在夏季，从Ⅳ类海水水质改善到Ⅰ类海水水质；秋季，保持在Ⅰ类海水水质。在 1983 年禁用 HCHs 前，胶州湾水体中 HCHs 的含量甚至超过Ⅳ类海水水质，禁用后，水体中 HCHs 的含量全部低于Ⅰ类海水的水质标准（表 2-10）。

（5）河流入海口水中的 HCHs

周明莹等（2006）对流入胶州湾的主要河流（大沽河、墨水河、桃源河和洪江河）入海口区域水中 HCHs 的含量及变化特征进行了如下系统研究。HCHs 含量在大沽河监测点水中为 $3.3 \times 10^{-3} \sim 9.6 \times 10^{-3} \mu g/L$，均值 $6.3 \times 10^{-3} \mu g/L$；在墨水河为 $3.1 \times 10^{-3} \sim 7.9 \times 10^{-3} \mu g/L$，均值 $5.4 \times 10^{-3} \mu g/L$；在桃源河为 $3.0 \times 10^{-3} \sim 6.2 \times 10^{-3} \mu g/L$，均值 $5.0 \times 10^{-3} \mu g/L$；在洪江河为 $2.2 \times 10^{-3} \sim 6.5 \times 10^{-3} \mu g/L$，均值 $4.6 \times 10^{-3} \mu g/L$（表 2-11）。由总体水平看，各监测点 HCHs 含量水平为：大沽河>墨水河>桃源河>洪江河。4 条河流中 HCHs 含量均未超过国家Ⅰ类海水水质标准（1.00μg/L）。

表 2-11　河流入海口 HCHs 含量监测结果　　　　　　　　（单位：$10^{-3} \mu g/L$）

采样时间	大沽河	墨水河	桃源河	洪江河
2005 年 5 月	3.3	3.2	3.0	4.8
2005 年 6 月	3.7	3.1	4.7	4.1
2005 年 7 月	6.5	5.6	6.2	2.2
2005 年 8 月	9.6	7.4	5.0	5.4

续表

采样时间	大沽河	墨水河	桃源河	洪江河
2005 年 9 月	8.3	7.9	6.0	6.5
月平均	6.3	5.4	5.0	4.6

资料来源：周明莹等，2006

由季节变化可以看出，各河流监测点表层水中的 HCHs 含量随季节变化较为明显，并呈枯水期（5~6 月）含量低，丰水期（7~9 月）含量高的变化趋势（除洪江河 7 月外），其中大沽河和墨水河水中的 HCHs 含量月际变化明显，桃源河水中的 HCHs 含量随枯水期和丰水期变化不如墨水河和大沽河明显，而洪江河水中的 HCHs 含量在 9 月出现了最高值，在 7 月出现了最低值（图 2-103）。

通过对检测结果进行比较，发现 HCHs（HCHs=α-HCH+β-HCH+δ-HCH+γ-HCH）同分异构体中，β-HCH 的含量占 HCHs 主要部分（β-HCH/HCHs=46.1%，表 2-12）。这主要是由于 β-HCH 异结构的对称性强，化学性质和物理性质较其他异结构稳定，故难于被降解。

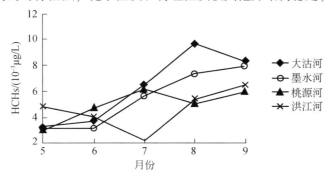

图 2-103　不同月份表层水中 HCHs 含量变化趋势

资料来源：周明莹等，2006

表 2-12　HCHs 各异构体含量特征

项目	α	γ	β	δ	总量
含量范围/（10^{-3} μg/L）	nd~3.8	nd~1.2	1.0~5.4	nd~2.6	2.2~9.6
平均含量/（10^{-3} μg/L）	1.2	0.7	2.4	1.0	5.3
各异构体占总量/%	22.5	12.8	46.1	18.6	100.0

资料来源：周明莹等，2006

2.5.1.5　壬基酚（NP）

壬基酚（nonylphenol，NP）属于持久性有机污染物，具有生物累积性、难降解性和"三致"效应，它可从污染源进行远距离输送并对人类健康及生态环境产生严重影响。NP 的分子式为 $C_9H_{19}C_6H_4OH$（或 $C_{15}H_{24}O$），分子质量为 220.34 g/mol。环境中的 NP 主要源于壬基酚聚氧乙烯醚（nonylphenol ethoxylates，NPEOs）的分解或降解过程。NPEOs 是一类非离子表面活性剂，目前在全球范围内被广泛应用于洗涤剂、杀虫剂、塑料添加剂、纺织助剂以及造纸和油田化学品中。全世界 NPEOs 的年使用量约为 4×10^5 t，中国约为 4×10^4 t，占到世界总使用量的 10%。

李正炎等（2008）和傅明珠（2007）对胶州湾及其邻近河流中的壬基酚及其短链氧乙烯醚母体化合物、壬基酚单氧乙烯醚（NP1EO）和壬基酚二氧乙烯醚（NP2EO）的污染状况和分布特征进行了如下系统研究。

（1）胶州湾及其邻近河流水体中壬基酚的分布

胶州湾内水体中 NP 的浓度为 20.2～268.7ng/L，平均浓度为 84.0ng/L。胶州湾东北部海域的 NP 浓度最高，从东部往西部 NP 浓度逐渐降低，但最西部的 NP 浓度又略有升高（图 2-104），可能是受到大沽河河流输入的影响。胶州湾南部海域由于处于湾口，水交换条件好，因此 NP 浓度普遍较低（<40ng/L）。胶州湾水体中 NP1EO 的浓度为 11.2～200.4ng/L，平均浓度为 68.1ng/L；NP2EO 浓度为 4.8～232.5ng/L，平均浓度为 85.4ng/L，NP1EO 和 NP2EO 的分布特征与 NP 相似。

胶州湾邻近河流中 NP 等污染物的浓度除了白沙河外均远远高于湾内，各河流水体中 NP 的浓度为 90.6～28 655.8ng/L，平均浓度为 7545ng/L，是湾内平均浓度的 90 倍（表 2-13）。河流水体中 NP1EO 的浓度为 59.3～13 298.1ng/L，平均浓度为 4438.1ng/L；NP2EO 的浓度为 17.8～12 920.0ng/L，平均浓度为 3618.6ng/L。

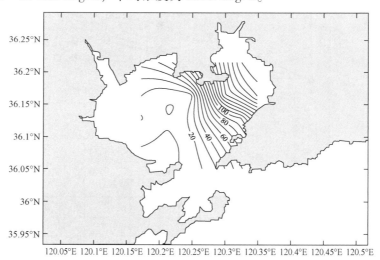

图 2-104　2004 年 12 月胶州湾表层水体中壬基酚（NP）的浓度分布（单位：ng/L）

资料来源：李正炎等，2008

表 2-13　各河流表层水体中壬基酚（NP）的浓度　　　　　（单位：ng/L）

河流	NP 浓度
大沽河	2 163
墨水河	28 655.8
白沙河	90.6
李村河	4 704
海泊河	2 112

资料来源：李正炎等，2008

　　胶州湾内 NP、NP1EO 和 NP2EO 具有相似的分布特征，均呈现东北岸水域最高，东高西低，北高南低的规律，这种分布格局首先是由于胶州湾邻近河流污染源输入的影响，因为 NP 等污染物不易挥发，主要通过污废水的排放进入环境。青岛市的工业区主要分布在胶州湾的东北岸，附近的河流主要在胶州湾的东北岸入海，NP 等污染物通过这些河流输入胶州湾。所涉及的 5 条河流中，除白沙河外，NP 的浓度均超过 2000ng/L，其中墨水河中的 NP 浓度最高，达 28 656ng/L，说明径流输入是胶州湾内 NP 等酚类污染物的主要来源。

（2）胶州湾及其入海河流中壬基酚可能的生物效应

　　NP 对鱼类和无脊椎动物的半致死浓度（LC_{50}）分别为 130 ~ 1400μg/L 和 20 ~ 1590μg/L（Ferguson et al.，2001）。NP 对鱼类性反转的起始效应浓度一般认为为 1μg/L（Schwaiger et al.，2002）。在更低的浓度下（0.01 ~ 10μg/L），NP 就能够抑制藤壶（*Balanus amphitrite*）的附着成功率（Billinghurst et al，1998）。Nice 等于 2000 年也报道了将太平洋牡蛎（*Crassostrea gigas*）幼体暴露于 0.1μg/L 的 NP，能够显著增加死亡率。

　　胶州湾表层水中 NP 的浓度为 0.020 ~ 0.269μg/L，平均为 0.084μg/L。胶州湾周围河流中 NP 的浓度更高，平均为 7.341μg/L。尽管胶州湾水体中溶解态 NP 的浓度还低于其急性毒性浓度，但是已经接近多种生物体的半致死浓度。胶州湾采样站位中 NP 的累积百分比效应见图 2-105。由图可知，调查站位中有 40% 超过了导致牡蛎死亡的起始浓度 0.1μg/L。有些河流中的 NP 浓度，甚至超过了鱼类性反转的起始浓度 1μg/L，足以抑制藤壶的附着成功。

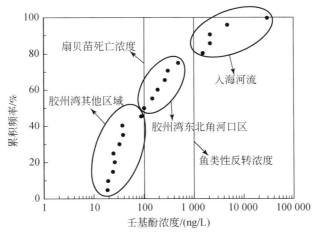

图 2-105　胶州湾及其邻近河流水体中壬基酚的累积频率分布

资料来源：李正炎等，2008

2.5.2　氨基酸

　　氨基酸是海洋有机物中有机氮的重要储库，大多数海洋有机体中的氮以氨基酸的形式存在。海水中的溶解态氨基酸约占总溶解有机氮的 10%，颗粒态氨基酸平均占海水中总氮的 49%。海水中的氨基酸主要来自海洋生物降解过程、蛋白质水解、胞外排泄以及食物链的各级代谢产物。开展海洋溶解态蛋白质及其氨基酸组分的研究，将有助于揭示海洋有机物的来源、转化、循环及其生物可利用性，为研究海洋初级生产力的水平提供科学依据。

海水中氨基酸的存在状态是对应于有机质分类的，通常指将海水样品用玻璃纤维膜或银膜过滤，滤下的海水中的氨基酸称之为溶解氨基酸（DTAA 或 THAA），而留在滤膜上的氨基酸称为颗粒氨基酸（PAA）。THAA 分为两种，要经水解才能进行氨基酸分析的组分称为溶解结合氨基酸（DCAA），而不经水解就能直接检测出的氨基酸组分称为溶解游离氨基酸（DFAA）。DCAA 包括新生成的蛋白质、修饰过的蛋白质以及吸附于泥土和腐殖质上的组分。DCAA 在各种海洋环境，包括开阔大洋、河口以及沉积物，在氮循环中扮演了重要的角色，是海水有机氮中最大的确定组分（~15%）。海水中的 DCAA 浓度为 0.2 ~ 1.5 μmol/L，其 90% 都包含在小分量的肽段中，因此可能是浮游植物释放或异样细菌降解的结果。DFAA 通常是指可被异养利用的化合物，但也往往包括氨基酸与金属或其他有机化合物结合形成"束缚"形式的氨基酸，它们的实际存在形式对异养生物可能是无效的。DFAA 只代表海水中总溶解氨基酸的 1% 左右，却是自养和异养生物重要的氮源，其周转速率很快。海水中含量较高的 DFAA 为谷氨酸（Glu）、甘氨酸（Gly）、精氨酸（Arg）、亮氨酸（Leu）、鸟氨酸（Orn）、丝氨酸（Ser）等，DFAA 含量中以中性氨基酸最多，碱性者次之，酸性者最少。DFAA 是海水中最易受生物过程影响的组分，其释放和摄取与浮游植物和细菌紧密结合在一起。孙岩（2012）对 2010 年 6 月至 2011 年 5 月的胶州湾中氨基酸的分布与组成规律、溶解氨基酸的季节变化、在微表层中的富集程度以及与环境因子的相关性进行了如下系统研究。

2.5.2.1　DFAA 的水平分布

胶州湾次表层海水中 THAA 的平均浓度为 1.48 μmol/L，约占 DOC 的 6.04%。其中，DCAA 是 THAA 的主要组成部分，平均浓度为 1.06 μmol/L，DFAA 的平均浓度为 0.42 μmol/L。微表层海水中 THAA 的年平均浓度为 2.07 μmol/L，约占 DOC 的 10.8%，比次表层中相对含量高。其中，DFAA 和 DCAA 平均浓度分别为 0.56 μmol/L 和 1.51 μmol/L，说明在微表层中 DCAA 也是 THAA 的主要组成部分。

胶州湾次表层和微表层中溶解氨基酸的两种形态 THAA 和 DFAA 在各个季节的水平分布如图 2-106 和图 2-107 所示。各个季节次表层中 THAA 和 DFAA 浓度的水平分布趋势相近，大致呈现近岸高远岸低、湾内高湾口低的趋势；其中东岸高于西岸，湾心和湾口均较低。溶解氨基酸的这种分布趋势主要和浮游植物的季节消长和分解者的作用相关，陆源输入导致的初级生产力的显著增长和人类活动的影响是近岸高于远岸的主要原因；而湾中心和湾口水深较深，风速较大，垂直混合剧烈，与外海海水交换频繁，所以是溶解氨基酸的低值区。

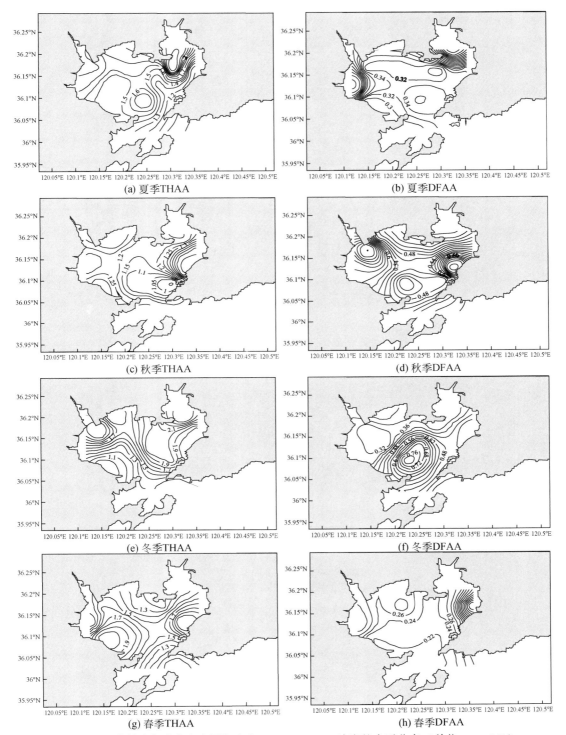

图 2-106　胶州湾各季节次表层海水中 THAA、DFAA 浓度的水平分布（单位：μmol/L）

资料来源：孙岩，2012

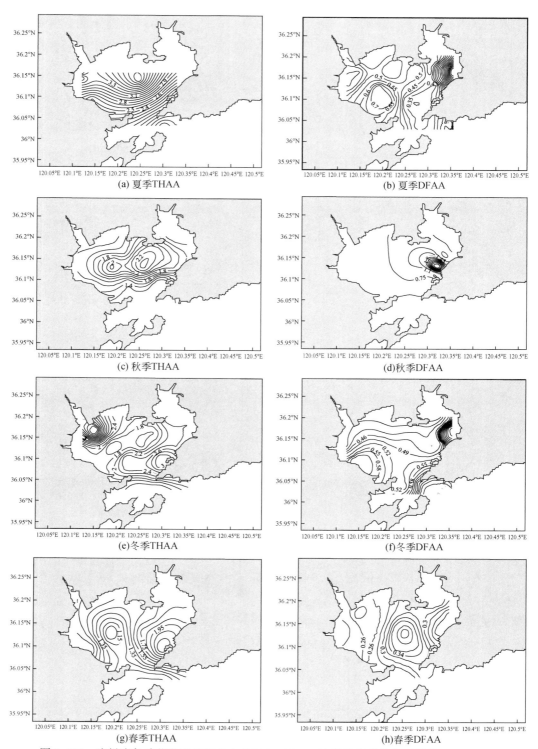

图 2-107　胶州湾各季节微表层海水中 THAA、DFAA 浓度的水平分布（单位：μmol/L）

资料来源：孙岩，2012

夏季溶解氨基酸的高值区分布在东北海岸的李村河、娄山河河口海域和西岸的洋河河口海域，低值区主要分布在湾心和湾口。春季水华期，大量死亡的浮游植物分解是夏季高值产生的主要原因，产生的总量比浮游植物的摄食量大得多；夏季细菌丰度较低，进行同化作用的溶解氨基酸也较少，因此溶解氨基酸得到显著的积累。夏季陆源输入的大量增长也是高值区产生的重要原因：李村河、洋河等河流入海径流量大，夏季雨水对河流两岸的冲刷导致河水中富含大量营养盐和有机物质，浮游植物大量生长增至较高水平，通过细胞破裂释放的溶解氨基酸的大量增加。

秋季 THAA 的高值区出现在东岸和西岸，低值区出现在湾中心，呈现明显的近岸高于远岸的特点。秋季是 THAA 最低的季节，一方面可能是由于秋季是浮游动物和大型生物的主要生长季节，对浮游植物的大量摄食使得 Chla 达到全年的最低值；另一方面，秋季也是细菌活动最旺盛的季节，其生物量平均值高达 $123 \times 10^6 \text{cell/L}$，特别是在西北海岸达到最高，THAA 作为细菌利用的重要碳源和氮源会被大量消耗。近岸相对于远岸、东岸相对西岸浮游植物量要明显偏高，虽然 THAA 的总体水平不高，但也有明显的浓度差别。DFAA 的高值区出现在东岸的海泊河口和西北岸的大沽河口，其与 THAA 的高值区相近，低值区则出现在北部红岛海岸和湾口海区。北部海岸低值区的出现可能和该区位于养殖区有关，而大沽河口由于处于细菌丰度的最高值区，细菌分解作用强烈，DFAA 大量分解溶出出现高值。

冬季胶州湾北部和西北海岸有浮冰出现，湾口、湾中心海域垂直混合增强。东部和西北部沿岸是 THAA 分布的高值区，西南黄岛海岸则是最低值，湾口也相对较低。胶州湾冬季的 Chla 浓度平均值也较高，达 $2.74 \mu\text{g/L}$，浮游植物活动较强，近岸海区易出现 THAA 的高值；而在西南海域，Chla 的浓度最低，浮游植物活动最不活跃，因而 THAA 的浓度最低。冬季 DFAA 的分布和 THAA 的规律不同，和其他季节也不同，出现远岸高近岸低的趋势，在湾中心出现了最高值。此处水深较深，加上冬季风浪海流较大，高值区出现的原因可能是强烈的垂直混合导致沉积物中的 DFAA 再悬浮所致。

春季 THAA 的高值区出现在东岸和西岸，低值区出现在北岸和湾口。Chla 在李村河口海域出现了极大值，细菌活动不显著，主要是因为陆源输入的大量营养盐为浮游植物所利用造成浮游植物生长出现高峰而大量释放了溶解氨基酸。北岸红岛近岸和西岸洋河河口浮游植物活动不明显，但细菌分解作用显著，THAA 可能作为碳源或氮源被细菌利用，因而出现了极小值。湾口水深较深，与南黄海海水交流频繁，浮游生物和细菌活动均不剧烈，是溶解氨基酸的低值区。DFAA 的分布也呈现近岸高于远岸的特点，东岸和西岸出现高值区，湾中心和湾口出现极低值。东岸的李村河口高值区处于 Chla 的高值区，受浮游植物大量生长释放的影响；西岸的洋河河口 Chla 值并不高，可能是陆源溶解氨基酸的输入的影响更大所致。

各个季节微表层中 THAA 的水平分布和次表层中不尽相同，主要表现为湾内高湾口低的趋势，湾中心的浓度也一直保持在高值区，东岸和西岸的大小规律也不明显。影响微表层溶解氨基酸水平分布的因素比次表层更复杂，除了与次表层水体的交换作用以外，还可能与大气和风速条件相关。湾中心平均深度较高，夏季和秋季风浪较小，易在表层形成可见水膜,比其他海区的富集作用更强。DFAA 相比 THAA 更容易在微表层中富集,但分布规律性较差:夏、秋、冬三季在东部海岸和西南海岸出现了高值,冬季高值区则出现在湾中心;西北海岸一直是 DFAA 的低值区,而湾口只在夏季出现了低值(图 2-107)。

2.5.2.2 氨基酸组成

THAA、DFAA 和 DCAA 中个体氨基酸的平均摩尔分数如图 2-108 所示。次表层海水 THAA 中含量较高的个体氨基酸由大到小分别为:Gly>Ser>Asp>Glu>Ala>Val,约占 THAA 总浓度的 75.75%,DCAA 含量较高的个体氨基酸与 THAA 中基本相同,Gly、Ser、Glu、Asp、Ala 和 Val 占 DCAA 的 76.50%;DFAA 中含有较高比例的 Ser、Gly、Ala、Asp 及 Glu,占总溶解游离氨基酸的 68.95%。DFAA 周转速度快,个体氨基酸没有经过深度的降解,其中含有 Ser 的比例最大,高达 25.24%,而在 THAA 中只有 18.46%。

微表层海水 THAA 中含量较高的个体氨基酸由大到小分别为:Ser>Gly>Glu>Asp>Ala>Val,总和约占 THAA 的 75.82%,与次表层中个体氨基酸的相对大小基本相同,说明微表层海水与次表层海水有着频繁的交换作用。DCAA 的主要成分与 THAA 基本相同,Glu、Gly、Ser、Asp、Ala 和 Val 占 DCAA 的 77.00%。DFAA 中含有较高比例的 Ser、Gly、Ala、Asp 及 Glu,占总溶解游离氨基酸的 68.91%,与次表层 DFAA 的组成情况完全一致,说明 DFAA 相较 DCAA 在微表层中得到了更高更全面的富集。

在微表层和次表层海水两种主要形态的溶解氨基酸 DFAA 和 DCAA 中,各类氨基酸的含量大小顺序为:中性氨基酸>酸性氨基酸>碱性氨基酸>芳香氨基酸>含硫氨基酸,其中含硫氨基酸的含量均小于 1%。DFAA 中性和酸性氨基酸约占到溶解氨基酸总量的 83.55%,DCAA 中则为 87.61%,其他氨基酸多为碱性氨基酸和 R 基较复杂的芳香和含硫氨基酸,在海水溶解氨基酸的各个形态中含量均较低,但在 DFAA 中芳香氨基酸和含硫氨基酸的相对含量也要比 DCAA 中大。

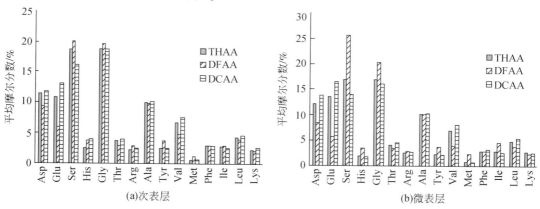

图 2-108 胶州湾海水中个体氨基酸的年平均摩尔分数

资料来源:孙岩,2012

4 个季节 DFAA 和 DCAA 中各类氨基酸的平均摩尔分数如图 2-109 所示。各种类别的氨基酸在次表层和微表层中的组成季节变化趋势相似,但在 DFAA 和 DCAA 中却有显著差别。DFAA 中性氨基酸的含量占绝对优势，平均达 65% 以上；DCAA 中中性氨基酸只占到 60%，且春季、夏季高于秋季、冬季，与 DFAA 中的规律正好相反。酸性氨基酸在 DFAA 中以秋季、冬季为高，在 DCAA 中以夏季、秋季为高；与 DFAA 相比，DCAA 中酸性氨基酸占到了更大的比例：次表层中高出 10%，微表层中高出了 17%。碱性和芳香氨基酸在 DFAA 和 DCAA 中由于含量都较小，季节变化趋势不明显，大致呈现冬季、春季较高的趋势。DFAA 和 DCAA 的这些变化规律与浮游生物活动以及细菌等分解作用的季节变化密切相关。春季、夏季浮游生物旺盛，释放了大量的不稳定氨基酸，其中包含大量的易脱水缩合的 Ser，是中性氨基酸最主要的组成成分；秋冬季细菌活动开始旺盛，个体氨基酸经过降解反应，较为稳定的氨基酸的比例相对会变高。

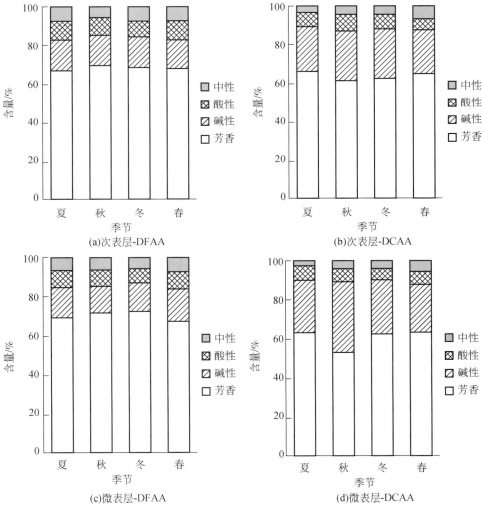

图 2-109　胶州湾次表层和微表层海水中个体氨基酸的平均摩尔分数的季节变化

资料来源：孙岩，2012

2.5.2.3 季节变化

溶解氨基酸次表层和微表层海水中的月季变化和季节变化如图 2-110 所示。次表层中 THAA 季节变化整体表现为夏季、冬季高，春季、秋季低。其中，冬季浓度最高（平均为 1.64μmol/L），秋季最低（平均为 1.25μmol/L）。6 ~ 9 月，浮游植物生物量一直维持在较高水平，湾内主要河流进入丰水期陆源输入明显，THAA 浓度在高位稳定的波动。随着 Chla 在秋季出现浓度最低值和陆地表面径流的减少，THAA 在 10 月、11 月也达到全年的最低值。冬季由于海水垂直混合作用的增强表层营养盐得到补充，浮游植物得以继续生长，释放的 THAA 较多，同时浮游动物摄食减少，加上沉积物中 THAA 的再悬浮，THAA 达到全年的最高值。进入春季后，THAA 的浓度不断减小，至 4 月由于初生的浮游生物大量摄食，THAA 浓度达到一年的次低值。

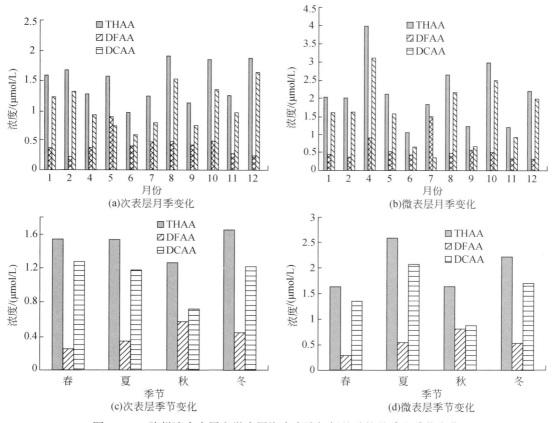

图 2-110　胶州湾次表层和微表层海水中溶解氨基酸的月季和季节变化

资料来源：孙岩，2012

DFAA 的季节变化和 THAA 不同，表现为秋季、冬季高，春季、夏季低，其中秋季浓度最高（0.57μmol/L），春季最低（0.25μmol/L）。DFAA 的季节变化受浮游植物释放、摄食和细菌分解作用的综合影响，秋冬季节还受海水垂直混合的影响。夏季 6 ~ 8 月基本持平至 9 月达到全年的最高值，主要是受浮游植物大量死亡释放影响；10 月至次年 2 月一直在较高水平保持相对稳定；4 月、5 月由于浮游生物的摄食增强降至全年的最低值。

微表层中，THAA 变化规律和次表层中相同，夏季、冬季较高，春季、秋季较低。夏季最高浓度为 2.57μmol/L，春季最低浓度为 1.60μmol/L。自 6 月 THAA 浓度一直维持在较高水平，至 8 月达到最高值，之后不断降低至 10 月的最低值；进入冬季之后，THAA 的浓度则由于累积不断升高，进入春季后不断降低至 4 月的全年次低值。微表层中 DFAA 的分布规律和次表层相同，也是秋季、冬季高，春季、夏季低。6 月、7 月 DFAA 一直维持在较低水平，随着浮游植物的大量释放，至 8 月达到全年的次高值，之后由于摄食的增加又有所降低。细菌的强烈分解作用使 DFAA 的浓度显著增加，至 11 月达到全年的最高值，之后一直降低，至次年 5 月降低至最低值。

2.5.3 低分子量有机酸

低分子量有机酸（LWMOAs）一般是指碳链长度不大于 5 的有机酸，往往含有一个或多个羧基，有的还带有磺酸基、亚磺酸基等其他官能团。LMWOAs 有较好的水溶性，易挥发，比较常见的包括甲酸、乙酸、丙酸、乳酸、正丁酸、异丁酸、正戊酸、异戊酸、甲基磺酸、丙酮酸、三氟乙酸等。LMWOAs 广泛分布于海洋、湖泊、大气、土壤等各种天然环境中。海洋中的有机酸是海洋有机物的重要组成部分，它们一方面对调整海水中的 pH 和碱度起到重要作用，另一方面通过形成多种复杂的络合物增加了海洋中痕量金属的溶解性。此外，LMWOAs 是海洋中大部分有机碳降解的中间产物，而且也是海底沉积物中有机物厌氧降解过程中非常重要的中间产物。刘宗丽等（2013）和周玉娟（2013）对 2010 年 10 月胶州湾表层海水中 LMWOAs 的含量、分布特征及其与环境因子的相关关系进行了如下系统研究。

2.5.3.1 胶州湾表层水中 LMWOAs 的水平与分布

胶州湾表层水中乳酸、乙酸和甲酸的浓度分别为：1.72 ~ 11.11μmol/L、4.47 ~ 17.98μmol/L 和 2.89 ~ 6.04μmol/L，平均浓度分别为 3.25μmol/L、12.77μmol/L 和 4.90μmol/L。3 种酸的总浓度（TOA）为 18.02 ~ 24.66μmol/L，平均浓度为 20.95μmol/L。乳酸、乙酸和甲酸占 TOA 的平均比例分别为 15.62%、60.97% 和 23.41%。总体而言，乙酸的浓度最高，乳酸的浓度最低。

胶州湾 3 种有机酸和总有机酸的分布如图 2-111 所示。由图 2-111（a）~（c）可以看出，乳酸、乙酸和甲酸的最大值分别位于西岸和红岛附近，浓度分别为 11.11μmol/L、17.98μmol/L 和 8.37μmol/L，最小值均出现在西北角，浓度分别为 1.72μmol/L、4.47μmol/L 和 2.89μmol/L。由图 2-111（d）可以看出，TOA 的最大值出现在曹汶河河口，为 24.66μmoL/L，最小值位于湾中央，为 18.02μmoL/L。此外，乳酸和乙酸的分布趋势相近，在胶州湾西海岸，特别是洋河和漕汶河之间的水域，这两种酸的浓度明显高于其他区域。与乳酸和乙酸相比，甲酸的分布有明显不同，较高的甲酸浓度出现在红岛以南的水域。总体而言，LMWOAs 的分布大致显现出近岸高、远岸低的趋势；胶州湾东部和西部

TOA 的含量较高，西北部的含量较低。

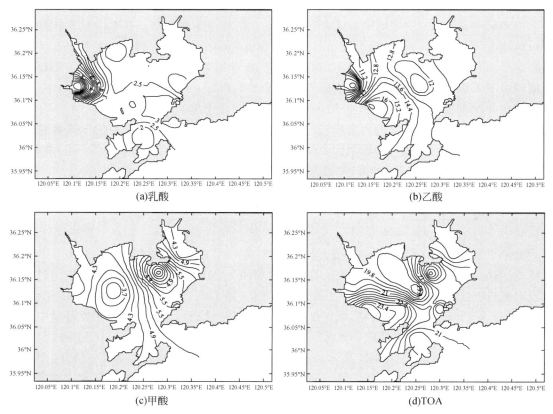

(a)乳酸　　　　　　　　　　　　　　(b)乙酸

(c)甲酸　　　　　　　　　　　　　　(d)TOA

图 2-111　2010 年 10 月胶州湾表层水中乳酸、乙酸、甲酸及 TOA 的等值线分布（单位：μmol/L）

资料来源：刘宗丽等，2013

2.5.3.2　三种有机酸来源的判定

刘宗丽等（2013）运用江伟等（2008）提出的公式得到胶州湾表层水有机酸来源的判定界限理论值$(F/A)_{aq}$：

$$
\begin{aligned}
(F/A)_{aq} &= [HCOO^-]_T/[CH_3COO^-]_T \\
&= \frac{[HCOO^-] + [HCOOH]}{[CH_3COO^-] + [CH_3COOH]} \\
&= (P_{HCOOH}/P_{CH_3COOH}) \cdot (K_{h1}/K_{h2}) \cdot [K_{HCOOH}/[H^+] + 1(K_{CH_3COOH}/[H^+] + 1)] \\
&= (F/A)_g \cdot (K_{h1}/K_{h2}) \cdot \frac{K_{HCOOH}/[H^+] + 1}{K_{CH_3COOH}/[H^+] + 1} \\
&\approx (F/A)_g \cdot (K_{h1}/K_{h2}) \cdot (K_{HCOOH}/K_{CH_3COOH}) \\
&= 6.35
\end{aligned}
\tag{2-1}
$$

式中，Fornaro 和 Gutzig（2003）给出的大气降水有机酸来源的判定界限 $(F/A)_g = 1$；K_{HCOOH}、K_{CH_3COOH} 分别为甲酸、乙酸的电离常数，分别取 $1.77 \times 10^{-4}\,mol/L$、$1.76 \times 10^{-5}\,mol/L$（298.15 K）；$K_{h1}$、$K_{h2}$ 分别为甲酸、乙酸的亨利常量，分别取 $0.055\,mol/(L \cdot Pa)$、$0.087\,mol/(L \cdot Pa)$（298.15K）；$[HCOO^-]_T$、$[CH_3COO^-]_T$ 分别为胶州湾表层水中甲酸、乙酸的总浓度，单位为 mol/L；P_{HCOOH}、P_{CH_3COOH} 分别为气相中甲酸、乙酸气体的分压，单位为 Pa；$[H^+]$ 为自由氢离子浓度，单位为 mol/L，由现场测定的 pH 求出，由于胶州湾表层水的 pH 在 8 左右，故公式可以简化算出有机酸来源的判定界限理论值 $(F/A)_{aq}$ 为 6.35。当胶州湾表层水中实测的 $F/A > (F/A)_{aq}$ 时，表明有机酸主要来源于海水中有机物的降解等天然过程；当 $F/A < (F/A)_{aq}$ 时，表明有机酸主要来源于人类活动（生产及生活中污水废气的排放、贝类养殖等）。胶州湾表层水中 F/A 为 0.23～1.05，全部小于 $(F/A)_{aq}$，可见胶州湾表层水中的有机酸主要受人类活动的影响。

2.5.3.3 胶州湾表层水中 LMWOAs 的月际变化

秋季（2010 年 9 月、10 月和 11 月），胶州湾表层水中乳酸、乙酸和甲酸浓度分别为 1.17～11.11μmol/L、2.59～20.43μmol/L 和 0.13～14.46μmol/L，平均浓度分别为 3.09μmol/L、11.70μmol/L 和 4.64μmol/L。3 种酸的总浓度（TOA）为 6.54～32.25μmol/L，平均浓度为 19.43μmol/L，且 9 月、10 月和 11 月 TOA 的平均含量分别为 21.26μmol/L、20.95μmol/L 和 16.08μmol/L，可知 9 月胶州湾表层水中 TOA 的平均浓度最高，10 月其次，11 月最低。乳酸、乙酸和甲酸占 TOA 的比例范围分别为 3.07%～52.14%、5.43%～90.30% 和 0.97%～55.23%，平均比例分别为 17.17%、59.81% 和 22.99%，可见秋季胶州湾绝大多数站位表层水中乙酸的含量最高，甲酸其次，乳酸最低。

冬季（2010 年 12 月、2011 年 1 月和 2 月），胶州湾表层水中乳酸、乙酸和甲酸的浓度分别为 1.17～7.85μmol/L、0.53～21.78μmol/L 和 0.51～24.49μmol/L，平均浓度分别为 2.67μmol/L、7.83μmol/L 和 4.32μmol/L。TOA 为 5.11～39.80μmol/L，平均浓度为 14.83μmol/L，且 12 月、1 月和 2 月 TOA 的平均值分别为 18.67μmol/L、13.27μmol/L 和 12.23μmol/L，呈现依次下降的趋势。乳酸、乙酸和甲酸占 TOA 的比例分别为 4.51%～72.23%、9.48%～76.83% 和 2.59%～76.46%，平均比例分别为 23.16%、49.94% 和 26.90%，同秋季胶州湾相似，冬季胶州湾绝大多数站位表层水中乙酸的含量最高，甲酸其次，乳酸最低。此外，与秋季相比，冬季胶州湾表层水中乳酸、乙酸、甲酸以及 TOA 的平均含量均有所下降。

春季（2011 年 4 月和 5 月），胶州湾表层水中乳酸、乙酸和甲酸浓度分别为 1.09～10.83μmol/L、0.57～39.62μmol/L 和 0.16～40.85μmol/L，平均浓度分别为 4.65μmol/L、12.13μmol/L 和 6.32μmol/L。TOA 为 5.26～62.00μmol/L，平均浓度为 23.11μmol/L，4 月、5 月 TOA 的平均值分别为 24.06μmol/L 和 22.15μmol/L，可见 4 月的 TOA 浓度比 5 月高。乳酸、乙酸和甲酸占 TOA 的比例分别为 4.35%～86.42%、3.44%～85.91% 和 1.80%～67.84%，平均比例分别为 28.49%、47.14% 和 24.37%，同秋冬季相似，春季胶州湾绝大多数站位表层水中乙酸的含量最高，甲酸其次，乳酸最低。此外，春季胶州湾表

层水中乳酸、乙酸、甲酸和 TOA 的平均含量均比秋冬季要高。

夏季（2011 年 6 月、7 月和 8 月），胶州湾表层水中乳酸、乙酸和甲酸浓度分别为 1.40 ~ 7.62μmol/L、0.84 ~ 22.44μmol/L 和 0.16 ~ 16.51μmol/L，平均浓度分别为 3.90μmol/L、9.83μmol/L 和 4.01μmol/L。TOA 为 5.63 ~ 42.83μmol/L，平均浓度为 17.74μmol/L，且 6 月、7 月和 8 月 TOA 的平均值分别为 13.41μmol/L、20.79μmol/L 和 19.02μmol/L，可知 7 月 TOA 的含量最高，8 月其次，6 月最低。乳酸、乙酸和甲酸占 TOA 的比例分别为 8.06% ~ 49.23%、9.72% ~ 84.97% 和 1.30% ~ 72.80%，平均比例分别为 23.61%、53.93% 和 22.46%，同春秋冬季相似，春季胶州湾绝大多数站位表层水中乙酸的含量最高，但乳酸比甲酸的平均含量稍高。此外，夏季胶州湾表层水中乳酸、乙酸、甲酸和 TOA 的平均含量均比春季低。

综上所述，在春、夏、秋、冬 4 个季节胶州湾表层水中均可以检测到乳酸、乙酸和甲酸这 3 种低分子量有机酸，且 3 种酸中乙酸的平均含量是最大的。图 2-112 是胶州湾表层水中乳酸、乙酸、甲酸以及 TOA 浓度的季节变化柱状图。由图 2-112 可知，胶州湾表层水中乳酸的平均含量大小顺序为：春季>夏季>秋季>冬季，春季平均含量最高，为 4.65μmol/L，冬季平均含量最低，为 2.67μmol/L。乙酸的平均含量大小顺序为：春季>秋季>夏季>冬季，春季平均含量最高，为 12.13μmol/L，冬季的平均含量最低，为 7.83μmol/L。同乙酸相似，甲酸的平均含量大小顺序为：春季>秋季>冬季>夏季，春季平均含量最高，为 6.32μmol/L，而秋、冬、夏三季胶州湾表层水中甲酸的平均含量相对来说相差不大，分别为 4.64μmol/L、4.32μmol/L 和 4.01μmol/L；胶州湾表层水中 TOA 的平均含量大小顺序为：春季>秋季>夏季>冬季，春季平均含量最高，达到 23.11μmol/L，而冬季平均含量最低，只有 14.83μmol/L，可见胶州湾表层水中 TOA 的平均含量大小顺序同乙酸的相同，表明乙酸对 TOA 的总量起决定性作用。总而言之，胶州湾表层水中乳酸、乙酸、甲酸和 TOA 在春季的平均含量是最高的，乳酸、乙酸和 TOA 的平均含量在冬季是最低的，甲酸的平均含量在夏季最低，但是冬季甲酸的平均含量与夏季相差不大，相对来说也比较低。

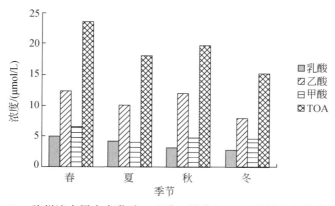

图 2-112　胶州湾表层水中乳酸、乙酸、甲酸和 TOA 平均浓度的季节变化

资料来源：刘宗丽等，2013

2.5.3.4　各入海河流中的 LMWOAs

胶州湾表层水中 LMWOAs 的浓度与分布不仅受到微生物活动及多种生物过程的控制和影响，而且受人类活动影响较大。工业、农业、生活污水以及工业和生活废弃物可能是胶州湾水体中有机酸的最主要来源，主要通过河流进入胶州湾。周玉娟（2013）在丰水期（2010 年 8 月）和枯水期（2011 年 4 月）分别对环胶州湾 7 条河流的 LMWOAs 和 TOA 进行了如下系统研究。

由表 2-14 可以看出，环胶州湾的 7 条河流表层水中 LMWOAs 的含量较大，丰水期和枯水期 TOA 的平均值分别为 9.25μmol/L 和 14.18μmol/L，枯水期河流中 LMWOAs 的含量在大多数站位比丰水期要大，这可能是由于丰水期降雨量比较大，对 LMWOAs 浓度有一定的稀释作用。4 月乳酸、乙酸和甲酸的平均含量最大，也可能是由于枯水期的河流中 LMWOAs 的含量比较大的原因。综上所述，河流输入是胶州湾内 LMWOAs 的一个重要来源。春夏秋冬四季胶州湾表层水中乳酸、乙酸、甲酸以及 TOA 含量的近岸高、远岸低的分布趋势也说明胶州湾表层水中的 LMWOAs 受人类活动的影响重大。

表 2-14　各条河流表层水中 LMWOAs 和 TOA 的浓度　　（单位：μmol/L）

河流	丰水期				枯水期			
	乳酸	乙酸	甲酸	TOA	乳酸	乙酸	甲酸	TOA
漕汶上	1.32	2.59	1.31	5.22	2.88	2.23	19.24	24.35
漕汶下	2.34	2.80	2.75	7.89	3.40	8.62	0.97	12.99
白沙上	1.85	5.73	0.43	8.01	3.30	3.42	3.81	10.53
白沙下	2.60	3.77	0.70	7.07	1.42	0.53	0.71	2.66
墨水上	1.56	3.63	0.41	5.60	2.10	5.78	0.73	8.61
洋河上	3.10	3.63	0.71	7.44	5.25	13.56	6.78	25.59
洋河下	2.58	3.72	0.40	6.70	1.14	2.54	11.91	15.59
大沽上	3.54	9.80	0.27	13.61	4.58	4.95	18.52	28.05
大沽下	6.29	9.01	0.22	15.52	1.42	4.16	2.59	8.17
海泊下	3.33	12.25	0.19	15.77	4.42	1.84	1.19	7.45
李村下	4.30	4.20	0.46	8.96	6.19	4.64	1.14	11.97
平均值	1.41	5.56	0.71	9.25	3.28	4.75	6.14	14.18

资料来源：周玉娟，2013

第3章 输入胶州湾物质的变化特征

随着环胶州湾地区经济的高速发展，大量的工业污水、生活污水、农业施肥灌溉污水等通过沿岸河流、排污口、地下水等方式排入胶州湾，成为胶州湾地区污染物的重要来源。与工业废水、生活污水大排放量的高浓度污染物相比较，海水养殖对环境的影响相对较小，但也给胶州湾带来了大量的氮、磷及有机污染。由于半封闭海湾水动力交换比较缓慢，不利于污染物的输移扩散，因此，不断增加的污染物对海区产生了严重的破坏，导致胶州湾海域水质不断恶化，海洋生态系统失衡，赤潮灾害频发。

被输送到胶州湾的物质主要来源有陆源、海源和大气沉降三大类：陆源是指通过河流、污水直排口等排入胶州湾内的生活污水、工业废水、农业污水等；海源主要是指海水养殖、海底沉积物再悬浮作用、与外海海水交换等能够带来生源要素的自然现象或人为活动；大气沉降又包括干沉降和湿沉降，干沉降是指气溶胶粒子的沉降过程，气溶胶是指悬浮于空气中的颗粒物，湿沉降主要是指自然界发生的雨、雪、雹等降水过程，通过降水将部分生源要素带入海中。本章归纳整理了胶州湾陆源输送、大气干湿沉降、养殖排放、地下水输入以及沉积物–海水界面物质迁移过程的研究结果，阐述了胶州湾不同输入途径物质输送通量变化特征，为揭示胶州湾环境现状与长期演变特征提供科学依据。

3.1 陆源输送进入胶州湾的物质

近海特别是近岸污染物总量的85%以上来自于陆源污染物，其主要成分是化学需氧物质、氨氮、油类物质和磷酸盐4类。陆源污染物向海洋转移，是造成海洋污染的主要根源。陆源点源可分为入海海河流和排污口，污染物主要包括无机氮、活性磷酸盐、石油类、镉、砷、铅、滴滴涕等。据统计，青岛市汇入胶州湾的河流有十几条，较大的有大沽河、李村河、白沙河等，均为雨源型河流，受降雨影响明显，夏秋季水量充沛。然而，大多上游水源被水库拦截，成为青岛市供水水源。大沽河自20世纪末期除汛期外，中下游几乎断流，基本成为城市污水、工农业废水的排污渠道。汇入胶州湾的其他河流，如海泊河、李村河、墨水河等已无自身径流，基本成为承载生活污水和工业废水的混排口。进入20世纪90年代后，胶州湾周边约有20个临海企业的工业废水直排口，并在沿岸先后建立了海泊河污水处理厂、李村河污水处理厂和团岛污水处理厂，处理后的大部分污水被直接排入海中。根据胶州湾陆源排污情况，胶州湾重点污染区域主要集中在海泊河口、李村河口、娄山河口、墨水河口和大沽河口等5个污水受纳海区。通过对主要河流河口区的水质评价和分析结合其径流量，可以估算陆源污染物的排海通量。张拂坤（2007）和王刚

（2009）等分别对胶州湾河流及养殖排放的 COD 和营养盐输入通量进行了如下系统研究。

3.1.1 陆源污水输入

图 3-1 为胶州湾工业污水和生活污水排海总量多年统计和调查的结果，从图 3-1 中可以看出：20 世纪 80 年代初至 90 年代末，胶州湾的生活污水排海量呈迅速上升趋势，而工业污水的排海量从 20 世纪 80 年代的约 7.0×10^7 t/a 迅速增加到 90 年初的 1.0×10^8 t/a，之后没有发生明显变化，但仍维持在大约 9.8×10^7 t/a 的较高水平。胶州湾的工业废水占排海污水总量的 10%，因此，可以估算胶州湾的陆源污水约为 9.8×10^8 t/a。王刚（2009）根据实地调查研究发现，2008 年直排胶州湾废水量约为 23 757.05 万 t（图 3-2），约占青岛市废水量的 75%。

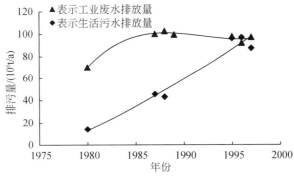

图 3-1 胶州湾污水排海量

资料来源：王刚，2009

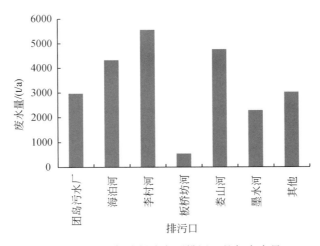

图 3-2 2008 年胶州湾主要排污口的年废水量

资料来源：王刚，2009

3.1.2　化学需氧量的入海通量

张拂坤（2007）根据1988年娄山河、李村河、海泊河、团岛的COD排放量、1989年胶州湾东岸各条河流的COD排放量、1991年海泊河、李村河、板桥坊河的COD排放量、1995年海泊河、李村河、大沽河和墨水河的COD排放量及1997年、2001年、2002～2003年和2005年各条入海河流和排污口的COD排放量、流量及浓度、已知流量和排放浓度，对胶州湾沿岸河流的排放总量的估算进行了如下系统研究。沿岸的几条主要排污河流COD入海情况如图3-3所示。

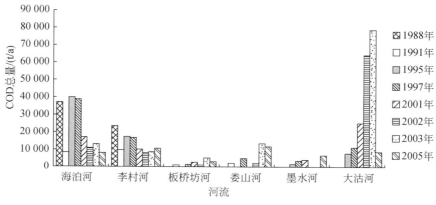

图3-3　各排污河流各年的COD排放量

资料来源：张拂坤，2007

从图3-3中可以看出，海泊河从20世纪80年代末至2005年的COD排放量呈逐年降低趋势，从80年代末90年代初的约38 000t/a降低到2005年的8432.9t/a；李村河也从80年代末的24 000t/a左右降低到2005年的11 163.43t/a；板桥坊河、娄山河和墨水河的COD排放量近年来有所增长，2005年的排放量分别约为3467.55t/a、12 376.34t/a和7111t/a；大沽河在21世纪初出现了快速的增长，2005年的排放量有所下降，为8979t/a。此外，胶州湾沿岸的团岛污水处理厂和镰湾河21世纪初的COD排放量分别约为1000t/a和350t/a。总的来说，21世纪初，胶州湾沿岸8个主要污染源的COD排海总量约为52 900t/a。

2006～2008年胶州湾主要五大河流海泊河、李村河、娄山河、墨水河和大沽河口区COD的时间分布特征如图3-4所示。从图3-4可以看出，海泊河口、娄山河河口、墨水河河口和大沽河河口的COD大体上呈现升高的趋势，这与近年来青岛市经济、农业不断发展，大量的生活污水和农业污水排放有关。其中，COD浓度最高，污染最严重的河口区是位于红岛和李沧包围中的娄山河和墨水河入海区，该海区是一个半封闭的海湾，与外界水交换不好，加之有污染严重的娄山河和墨水河两条河流的影响，使得该海区有机物偏高，污染较重。

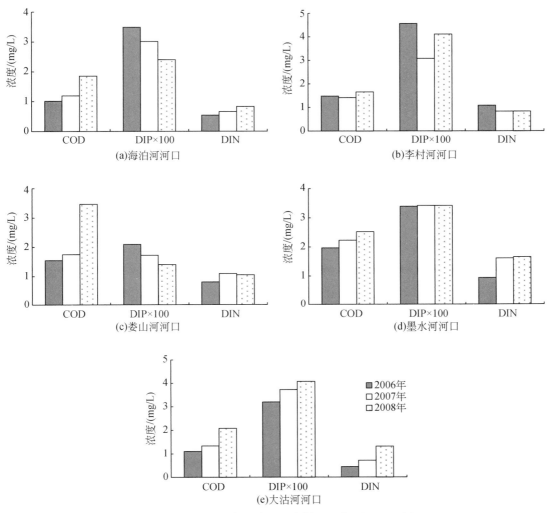

图 3-4 2006 ~ 2008 年海泊河、李村河、娄山河、墨水河、
大沽河河口的 COD、DIN、DIP 浓度变化
资料来源：张拂坤，2007
图中浓度值为 DIP 实际浓度的 100 倍

2008 年胶州湾排污口 COD 的平均浓度为 60.5 ~ 256.2mg/L，根据实地调查直排胶州湾废水量，估算了 2008 年胶州湾主要点源的 COD 的入海通量，如图 3-5 所示。2008 年 COD 的入海通量为 48 201.94t/a，其中团岛污水处理厂、海泊河、李村河、板桥坊河、娄山河、墨水河、大沽河和其他八大主要点源的 COD 入海通量分别为 1840.2t/a、7932.9t/a、10 539.2t/a、1541.65t/a、9127.86t/a、5862.5t/a、6959.6t/a 和 4398.07t/a。2008 年胶州湾点源 COD 的入海通量相比 20 世纪 80 年代末、1999 年和 2005 年已经大大减小（表 3-1），由 20 世纪 80 年代末的 102 147.7t/a 减小到 2008 年的 48 201.94t/a。

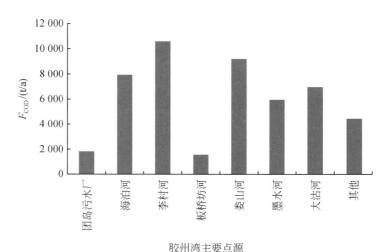

胶州湾主要点源

图 3-5　2008 年胶州湾点源 COD 入海通量

资料来源：王刚，2009

表 3-1　点源污染物入海通量的变化与比较　　　　　　（单位：t/a）

时间	COD	DIN	DIP
2008 年	48 201.94	11 219	676.88
20 世纪 80 年代末	102 147.7	7 205.28	—
1999 年	66 265	7 321	—
2005 年	52 900	10 500	740

资料来源：王刚，2009

3.1.3　营养盐的输入通量

3.1.3.1　无机营养盐的输入通量

受陆源排放的影响，胶州湾东部 DIN 主要来源于李村河、海泊河、海泊河污水处理厂等，以接纳工业废水和城市生活污水为主，而西部主要来源于大沽河，以接纳农业污水为主，目前两者合计 92% 左右。据资料显示，胶州湾陆源 DIN 排海通量已由 20 世纪 80 年代以东部为主逐渐转变为目前的以西部为主，农业污水中 DIN 可能已经超过了工业污水和生活污水中 DIN 的排放量。胶州湾陆源 DIP 排海通量的分担率与 DIN 类似，东部主要来源于李村河、海泊河等河流及李村河、海泊河等污水处理厂，东北部则主要来源于墨水河，都以接纳工业废水和生活污水为主，西部则主要来源于大沽河，以接纳农业污水为主，三者合计约为 93%。进入 21 世纪后，含磷洗涤剂的全面禁用使得生活污水中 DIP 的含量在逐渐降低。胶州湾海水中的硅酸盐主要由河流输送，有明显的季节变化，即夏秋高、冬春低，在雨量充沛的夏季尤其明显。然而水利工程的建设大大影响了河流对泥沙的输送量，使得河流中的泥沙量大大降低，从而也降低了河流向胶州湾输送硅的能力。以流入胶州湾最大的河流大沽河为例，1955 年年径流量为 10.78 亿 m^3，输沙量为 317 万 t，1958 年大修水利之后，1964 年径流量达 28.31 亿 m³，约为 1955 年的 2.6 倍，但输沙量只有 305 万 t，到 20 世纪 80 年代末年均输沙量只有 0.315 万 t。

张拂坤（2007）根据 2001 年、2002~2003 年和 2005 年各条入海河流和排污口的氮磷营养盐排放量、流量和排放浓度，流量和已知排放浓度，对排放总量进行初步估算。沿岸几条主要排污河流的 DIN 和 DIP 入海情况分别如图 3-6 和图 3-7 所示。

图 3-6　胶州湾各排污河各年 DIN 排放量

资料来源：张拂坤，2007

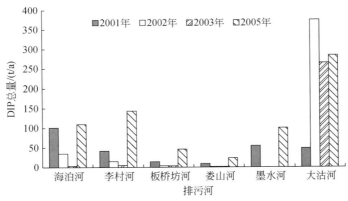

图 3-7　胶州湾各排污河各年 DIP 排放量

资料来源：张拂坤，2007

进入 21 世纪以来，除娄山河、墨水河和海泊河有所增加外，其他几条河流的 DIN 排放量有减小的趋势，而各条河流的 DIP 排放量均有所增加。2005 年，海泊河、李村河、板桥坊河、娄山河、墨水河和大沽河的 DIN 入海量分别为 2478.22t/a、1934.94t/a、583.76t/a、1000.35t/a、1104.81t/a 和 2860.96t/a，DIP 的排放量分别为 109.72t/a、143.50t/a、45.90t/a、24.02t/a、100.29t/a 和 238.12t/a。此外，21 世纪初，团岛排污口的 DIN 和 DIP 的排放量分别约为 306.12t/a 和 4.3t/a，镰湾河的排放量分别约为 80t/a 和 6.5t/a。结果表明，8 个主要污染源的 DIN 和 DIP 排海总量分别约为 10 500t/a 和 740t/a。

王刚（2009）对胶州湾河口区 2006~2008 年胶州湾主要输入河流中 DIN 和 DIP 的分

布特征、河口区水质状况及其输入通量估算进行了如下系统研究。2006～2008 年胶州湾主要五大河流海泊河、李村河、娄山河、墨水河和大沽河河口区 DIN 和 DIP 的时间分布特征如图 3-4 所示。从图 3-4 可以看出，海泊河、娄山河、墨水河和大沽河河口的 DIN 浓度大体上呈现升高的趋势，而对于 DIP，除大沽河口的 DIP 浓度有所增高以外，其他河口变化不大。大沽河河口的 DIP 都有明显上升趋势，多数年度 DIN 超标，同样这与近年来青岛市经济、农业不断发展，大量的生活污水和农业污水排放有关。与 COD 类似，DIN、DIP 浓度最高、污染最严重的河口区同样是娄山河和墨水河入海区。在 2006～2008 年的海泊河、李村河、娄山河、墨水河和大沽河河口区，N/P 值如表 3-2 所示。N/P 值为 14.1～73.5，较 Redfield 比值高得多，说明胶州湾河口生物生长处于磷限制状态，这也可以从河口区水体无机氮的浓度可以看出。

表 3-2　2001～2008 年胶州湾五大河口的 N/P 值

河口	2006 年	2007 年	2008 年
海泊河	16.5	22.3	34.5
李村河	24	29	21.4
娄山河	39	64.7	73.5
墨水河	28	42.9	45.2
大沽河	14.1	20.1	29.3

资料来源：王刚，2009

2008 年，胶州湾各排污口 DIN 和 DIP 的平均浓度分别为 20.0～60.1mg/L 和 0.2～5.3mg/L（图 3-8 和 3-9），由此估算的 2008 年胶州湾主要点源的 DIN 和 DIP 的入海通量 F_{DIN} 和 F_{DIP} 分别为 11 219t/a 和 676.88t/a（图 3-10 和图 3-11）。其中，2008 年团岛污水处理厂、海泊河、李村河、板桥坊河、娄山河、墨水河、大沽河和其他八大主要点源 DIN 的入海通量分别为 608.32t/a、1986.3t/a、2016.5t/a、330.55t/a、1806.75t/a、1000.6t/a、2609.6t/a 和 862.32t/a；DIP 的入海通量分别为 6.08t/a、93.1t/a、164.5t/a、24.5t/a、20.15t/a、121.69t/a、135.4t/a 和 102.69t/a。

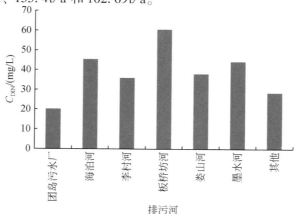

图 3-8　2008 年环胶州湾主要排污口的 DIN 平均浓度

资料来源：王刚，2009

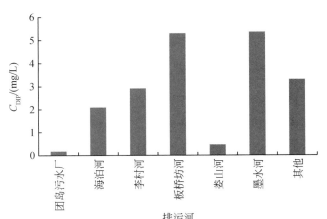

图 3-9　2008 年环胶州湾主要排污口的 PO₄-P 平均浓度

资料来源：王刚，2009

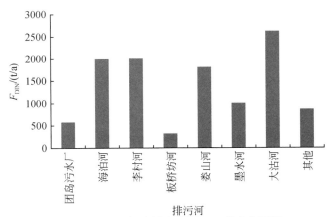

图 3-10　2008 年胶州湾点源 DIN 的入海通量

资料来源：王刚，2009

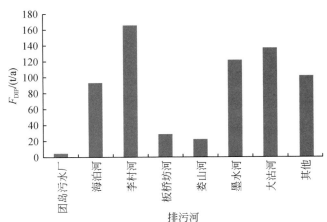

图 3-11　2008 年胶州湾点源 DIP 的入海通量

资料来源：王刚，2009

根据表 3-1，胶州湾点源 DIN 的入海通量在 20 世纪 80 年代末为 7000t/a 左右，而 2008 年为 11 219.0t/a，主要是随着青岛市人口的增多以及农业的快速发展，富含氮源的生活污水和农业废水的排放量逐渐加大，因此引起了 DIN 通量的增大；与 DIN 相反的是 2008 年 DIP 的入海通量较 2005 年的入海量减小了 63t/a 左右，主要的原因可能是进入 21 世纪以来，在限制磷排放方面取得了重大进展，尤其是无磷洗涤剂的应用，大大降低了磷的排放。

刘洁等（2014）选取了环胶州湾主要入海河流大沽河、墨水河、白沙河、李村河、洋河为研究对象，通过测量 2011 秋季和 2012 年春季不同河段中的 PO_4-P、NO_2-N、NO_3-N、NH_4-N 和 SiO_3-Si 浓度，对其时空变化情况、主要来源及其入海通量估算进行了如下系统研究。

胶州湾周边河流营养盐浓度范围及平均浓度如表 3-3 所示，春季（5 月）和秋季（10 月），NO_3-N 的浓度都是大沽河流域最高，白沙河和墨水河流域最低，波动性最弱（图 3-12）。春秋两季，墨水河和李村河的 NH_4-N 浓度水平明显高于其余河流，两时期李村河的 PO_4-P 浓度水平都较高，值得注意的是墨水河秋季的 PO_4-P 浓度最高，春季却表现为最低。且上述两流域，PO_4-P 和 NH_4-N 波动性也最强，从侧面反映了这两个流域点源污染的特性。墨水河和李村河流域的 SiO_3-Si 值较高，其余流域差异不大。仅从营养盐的角度来看，大沽河 NO_3-N 的污染较严重，墨水河和李村河流域 PO_4-P 和 NH_4-N 的污染较为严重，白沙河和洋河水质较好。

表 3-3　胶州湾周边河流营养盐浓度范围及平均值　　　（单位：μmol/L）

河流	月份	DIN		PO_4-P		NO_3-N		NH_4-N		SiO_3-Si	
		浓度	均值	浓度	均值	浓度	均值	浓度	均值	浓度	均值
大沽河	10	236.9~527.5	430.0	0.02~1.92	1.01	213.41~515.47	410.55	8.93~17.04	12.21	50~94.84	74.35
	5	21.7~518	218.0	0.29~7.2	2.89	13.45~506.1	206.85	1.22~16.46	4.73	0.71~63.12	8.51
墨水河	10	100.2~553.4	315.4	5.61~10.31	7.03	11.78~156.15	81.41	24.53~273.5	213.62	99.35~164.84	131.61
	5	122.2~470.3	303.6	0.07~4.02	1.64	0.71~95.4	43.5	115~358.8	243.53	13.71~46.21	36.13
白沙河	10	131.6~213.2	185.6	0.2~0.59	0.31	115.01~196.88	168.25	4.87~14.23	9.86	7.1~220	109.89
	5	33.4~53.2	43.3	1.66~4.89	3.28	30.38~46.41	38.4	0.89~3.25	2.07	0.71~53.36	27.03
李村河	10	239.2~764.7	476.4	0.75~10.5	4.6	153.33~667.91	335.47	3.93~570.48	122.77	36.45~290.32	160.75
	5	125.3~543.2	324.1	3.52~16.28	8.69	54.43~312.8	126.84	8.33~463.5	184.72	0.71~160.14	68.61
洋河	10	161.2~425.5	282.4	0.2~3	0.62	142.84~417.47	271.91	4.25~17.04	8.51	36.56~98.06	65.23
	5	11.8~338.1	90.1	2.29~14.69	5.09	1.87~209.4	45.29	2.24~318.55	38.95	0.86~93	52.54

资料来源：刘洁等，2014

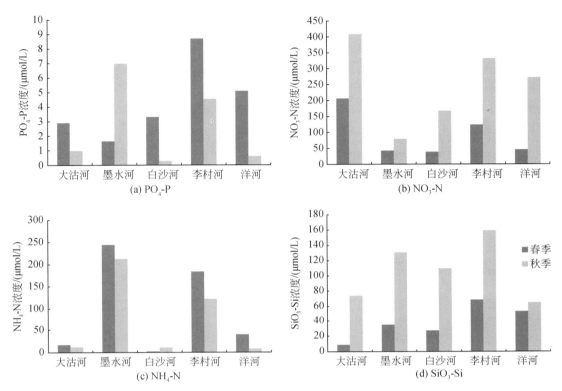

图 3-12　不同流域营养盐浓度水平对比

资料来源：刘洁等，2014

　　大沽河流域面积较大，上游主要为农业区，中下游则为农业和工业混合区。大沽河营养盐的主要特点是 DIN 较高、SiO_3-Si 较低。上游表现为低 PO_4-P 高 NO_3-N、DIN/PO_4-P 值较高，中下游相对上游 PO_4-P 较高，而 NO_3-N 含量较低，DIN/PO_4-P 值较低。营养盐来源受土地利用类型的影响较大，NO_3-N 主要来源于农田径流及城市地表径流等面源污染，PO_4-P 和 NH_4-N 主要来源于生活污水及工业废水，而 NH_4-N 含量比较低，推测上游营养盐的主要来源为农田径流。中下游的主要来源为农田径流，其次为生活污水。降雨引起的农田径流和城市地表径流是造成两时期营养盐差异的主要原因。根据浮游植物的生长规律，PO_4-P 在经历夏季的大量消耗，并且秋季较春季更有利于浮游植物的生长，因此秋季 PO_4-P 的含量较低且接近耗尽。SiO_3-Si 在秋季显著增大，进而 SiO_3-Si/DIN 值也有所增大，这主要是由于采样前的强降雨对地表强烈冲刷而引起较多地表岩石风化产物随之进入河流，而且硅藻类在干旱季节生物量最高，对 SiO_3-Si 利用加强，因此春季大沽河流域中的 SiO_3-Si 浓度明显低于秋季。

　　墨水河流域位于即墨市和城阳区内，周边工业区、生活区环绕，主要接受来自这一城区的生活污水及工业废水。PO_4-P 和 NH_4-N 含量较高，DIN 以 NH_4-N 为主，具有明显的生活污水及工业废水特点。各项营养盐均表现为春季较低，由于墨水河流域周边基本为城区，因此营养盐的变化主要来源于城市地表径流和生活用水量的增加。春季，该流域上游浮游生物大量发育，DO 含量很高，而下游 DO 含量却非常低，下游各项营养盐浓度都较上游高，说明上游处于富营养化的初级阶段，初级生产力高，释放了大量的氧气进入水体。秋季，上下游 DO 含量都较低，DIN/PO_4-P 值较高（图 3-13），河水发黑发臭，富营养化后期状态明显。

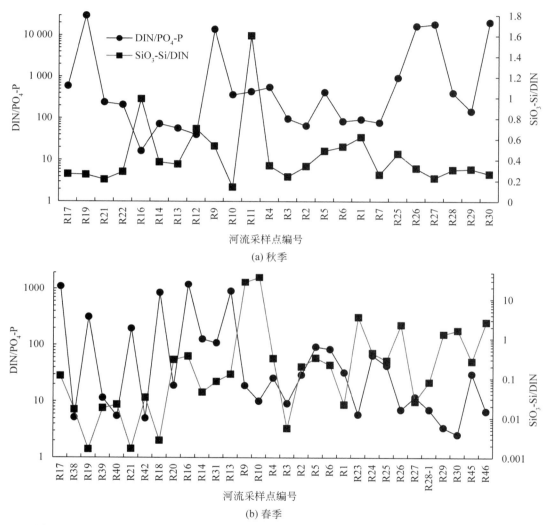

(a) 秋季

(b) 春季

图 3-13 2011 年秋季和 2012 年春季各河流采样点的 DIN/PO_4-P 和 SiO_3-Si /DIN 值及其变化

资料来源：刘洁等，2014

白沙河流域位于城阳区，作为青岛市城阳区的水源地和风景区，水质整体上比较好，各河段营养盐浓度波动不大，只在入海河口处有一明显的排污口，为城阳区污水处理厂排污口。两个时期的 DO 和 NH_4-N 含量均达到地表水 Ⅰ 类水质标准。PO_4-P 浓度春季较高，受浮游生物量控制，其余各营养盐均为秋季较高，两个时期的 PO_4-P、NH_4-N 和 NO_3-N 含量都很低，推测该流域主要营养盐来源为农田径流和城市地表径流。

李村河流域主要包括李村河及其支流张村河，其周边主要为生活区和工业区，上游有少量旱地，因此主要营养盐来源为生活污水和工业废水。PO_4-P 和 NH_4-N 含量较高，DIN 以 NH_4-N 为主，具有明显生活污水及工业废水特点，沿河流入海方向营养盐浓度不断升高。秋季 DIN/PO_4-P 值较春季的高（图 3-13），这是由于 DIN 浓度上升，而 PO_4-P 浓度下降引起的。春季相对于秋季的 PO_4-P 和 NH_4-N 浓度显著上升，较其他流域，李村河流域的 PO_4-P 和 NH_4-N 在春季和秋季的差异最大，这可能是由于春季采样时正值下雨，降雨带来的城市地表径流由于路面固化，污染效应较快，河流中污染物浓度往往在下雨过程中或者结束后很短时间内达到峰值，NH_4-N 未能及时转化为 NO_3-N 而造成的。而秋季采样时，距离上次下雨已有几天时间，充足的时间以及适宜的条件均有利于 NH_4-N 转化为 NO_3-N，中间产物 NO_3-N 浓度较高也表明硝化反应效率较高。由于李村河流域处于构造剥蚀中低山区，风化作用较强，因此该流域春秋两季的 SiO_3-Si 浓度都最高。

洋河流域周边全部为农业区，洋河和巨洋河营养盐表现为 PO_4-P 和 NH_4-N 含量较低、NO_3-N 含量较高，说明这两条河流营养盐的主要来源为农田径流，其次为生活污水。岛耳河下游采样点其 PO_4-P 含量在整个流域中最高，DIN 浓度也比较高，PO_4-P 主要来源于污水排放，说明岛耳河中营养盐的主要来源为工业废水和农田径流。洋河流域中的 PO_4-P 浓度较春季整体偏小，尤其是 R29 采样点变化幅度最大，该点的 DO 含量在秋季最低，说明此处河流受工业废水的影响明显，由于工业废水量季节性变化不大，因此夏秋季浮游植物的大量消耗是 PO_4-P 浓度减小的主要原因，还可能与秋季河流流量增大，稀释加强有关。农田径流是洋河流域 NO_3-N 及 DIN 浓度显著增大的主要原因。

胶州湾周边河流入海径流量及营养盐入海浓度和入海通量见表 3-4。可以看出，在各项营养盐入海通量上，大沽河所占的份额基本上是最高的，PO_4-P、NO_2-N、NO_3-N、SiO_3-Si 和 DIN 分别占 54.4%、59.1%、61.7%、51.8% 和 51.8%，这主要与大沽河入海径流量较大有关。NH_4-N 的入海通量中墨水河所占份额最高，为 69.8%，而其径流入海量仅占 7.7%，足见其 NH_4-N 污染的严重性。李村河虽然营养盐浓度较高，由于入海径流量较小，仅占 1.3%，因此其各项营养盐入海通量所占比例都较低。白沙河 SiO_3-Si 所占比例仅为 2%，与其径流所占比例 16% 极不相符，这很可能是因为白沙河作为青岛市供水水源，上游修建水库拦截，导致 SiO_3-Si 浓度偏低。

表 3-4　胶州湾周边河流入海营养盐通量　　　　（单位：10^3 mol/d）

河流	入海径流量	PO_4-P	NO_2-N	NO_3-N	NH_4-N	SiO_3-Si	DIN
大沽河	17.31	3.85	10.09	169.61	13.66	37.91	193.36
墨水河	2.07	0.95	3.17	18.52	56.99	18.59	78.68
白沙河	4.28	1.01	2.47	44.21	2.54	1.44	49.22
李村河	0.34	0.26	0.66	4.76	6.34	3.24	11.76
洋河	2.85	1.01	0.68	37.92	2.13	11.96	40.73
总量	26.85	7.08	17.07	275.02	81.66	73.14	373.75

资料来源：刘洁等，2014

胶州湾周边河流 DIN、PO_4-P 和 SiO_3-Si 的入海通量分别为 $373.75×10^3$ mol/d、$7.08×10^3$ mol/d 和 $73.14×10^3$ mol/d。其中，DIN/PO_4-P 值为 52.8，SiO_3-Si /DIN 比为 0.196，年均营养盐输入量中的 N∶P∶Si 数量约为 53∶1∶10。对比 2004 年胶州湾 DIN 和 PO_4-P 的入海通量（分别为 $2348.34×10^3$ mol/d 和 $35.35×10^3$ mol/d），可以很明显地看出，经过近几年的努力，青岛市排入胶州湾的无机氮和磷总量明显降低，表明青岛市在废水和污水排放总量控制上已经取得初步成效。

3.1.3.2 溶解有机氮的输入通量及季节变化特征

目前，关于胶州湾氮污染物的来源、构成和分布的研究侧重于溶解无机氮（DIN），而忽视了溶解有机氮（DON）对胶州湾氮污染的贡献。实际上，近海水环境中，DON 是营养物质循环的一个重要环节，不仅可以与无机氮之间相互转化，而且是一类潜在的可被生物利用的重要营养源。因此客观、准确地认识不同季节胶州湾 DON 的分布特征、生物可利用性及外源溶解有机氮的输入，对于胶州湾 DON 的生物地球化学过程具有重要意义。杨南南（2014）对 2012 ~ 2013 年胶州湾 DON 和主要组分尿素（Urea）和氨基酸（DTAA）的陆源输入及时空分布特征进行了如下系统研究。

（1）不同季节入湾河流 DON、Urea 和 DTAA 的浓度变化特征

不同季节入胶州湾河流中的 Urea、DTAA、DON 及总溶解态氮（DTN）含量具有显著性差异，其平均值见表 3-5。图 3-14 为不同季节入海河流水体中的 Urea 含量，入海河流中 Urea 的含量为 1.93 ~ 19.50μmol/L，平均占 DTN 的 1.25%。其中，7 月墨水河（MSH）的 Urea 浓度最高，11 月大沽河（DGH）的 Urea 最低。同一河流在不同季节的 Urea 含量差异也较大，如洋河（YH）入海口中的 Urea 浓度在 2012 年 11 月最高，为 6.09μmol/L，其次为 2013 年 5 月和 2012 年 11 月，2012 年 7 月的 Urea 浓度最低，为 2.01μmol/L；大沽河入海河口中的 Urea 在 2012 年 7 月最高，为 11.12μmol/L，其次为 2013 年 3 月和 2013 年 5 月，2012 年 11 月最低，为 1.93μmol/L；7 月墨水河的 Urea 浓度最高，为 19.50μmol/L，而 11 月大沽河的 Urea 最低。同一季节不同入海河流中的 Urea 含量也不同，如 7 月娄山河中的 Urea 含量要明显高于洋河。

表 3-5　不同季节入湾河流 DON 的平均值　　　　（单位：μmol/L）

平均值	7 月	11 月	3 月	5 月
DON	526.97	432.81	651.24	192.60
Urea	9.08	7.20	6.33	8.66
DTAA	1.80	3.13	3.04	3.14

资料来源：杨南南，2014

图 3-15 为不同季节胶州湾周边入海河流中 DTAA 的浓度，浓度为 0.05 ~ 8.39μmol/L，其中 5 月李村河（LCH）的 DTAA 浓度最高，而 7 月洋河的 DTAA 浓度最低。同一河流在不同季节的 DTAA 含量差异也较大，如洋河入海口的 DTAA 浓度在 2013 年 3 月最高，为 3.07μmol/L，其次为 2013 年 5 月和 2012 年 11 月，2012 年 7 月最低，仅为 0.05μmol/L。大

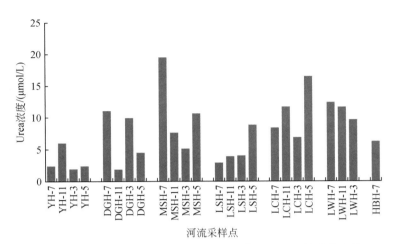

图 3-14 不同季节入胶州湾海河流中尿素（Urea）的浓度变化

资料来源：杨南南，2014

YH，洋河；DGH，大沽河；MSH，墨水河；LSH，娄山河；LCH，李村河；LWH，镰湾河。下同

沽河入海口的 DTAA 在 2013 年 3 月最高，为 4.93 μmol/L，其次为 2013 年 5 月和 2012 年 11 月，两次调查的 DTAA 浓度相近，为 2.80 μmol/L 左右，2012 年 7 月最低，为 0.82 μmol/L。5 月李村河的 DTAA 浓度最高，为 8.39 μmol/L，而 7 月洋河的 DTAA 浓度最低。同一季节不同入海河流中的 DTAA 含量也不同，如 7 月，李村河水中的 DTAA 含量要明显高于洋河。

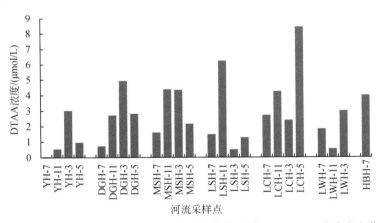

图 3-15 不同季节入胶州湾河流中溶解态氨基酸（DTAA）的浓度变化

资料来源：杨南南，2014

不同季节胶州湾周边入海河流中的 Urea 和 DTAA 在 DON 中所占的比例具有显著性差异，Urea/DON 和 DTAA/DON 分别为 0.38%～66.51% 和 0.08%～4.92%，平均值分别为 5.95% 和 1.14%，其中 7 月大沽河中的 Urea/DON 及 DTAA/DON 最大。同一河流在不同季节时差异性较大，如洋河的 Urea/DON 在 11 月最高，为 18.71%，其次是 7 月和 5 月，5 月时比值最小，为 0.71%，而洋河的 DTAA/DON 在 11 月最高，为 1.74%，其次

是 3 月和 5 月，7 月时最小，为 0.08%；大沽河的 Urea/DON 7 月最高，为 66.51%，其次是 5 月和 11 月，3 月最小，为 0.91%，而 DTAA/DON 7 月最大，为 4.92%，其次是 5 月和 11 月，3 月最低，为 0.45%。

同一季节不同河流的 Urea/DON 和 DTAA/DON 也具有显著性差异，如 7 月的 Urea/DON 大沽河最高，为 66.51%，其次为墨水河、洋河、镰湾河、李村河，而海泊河的比值最小，仅为 0.55%；DTAA/DON 同样是大沽河最高，为 4.92%，其次是镰湾河、李村河、墨水河和海泊河，洋河的比值最小，为 0.08%。11 月的 Urea/DON 洋河最大，为 18.71%，其次为李村河、墨水河、镰湾河和大沽河，娄山河的比值最小，为 0.44%；DTAA/DON 李村河最大，为 2.59%，其次为洋河、大沽河、墨水河和娄山河，镰湾河最小，为 0.08%。

图 3-16 为不同季节胶州湾周边各入海河流中溶解总氮（DIN 和 DON）的浓度变化，其中，DON 的含量为 16.72～1385.80μmol/L，DON 在 DTN 中的平均占比为 45.47%。同一河流不同季节 DTN、DON 及 DON 在 DTN 中的占比差异性较大，如洋河入海口中的 DTN 2013 年 3 月最高，为 666.67μmol/L，其次为 2013 年 5 月和 2012 年 11 月，2012 年 7 月最低，为 75.51μmol/L。洋河入海口中的 DON 2013 年 3 月最高，为 283.89μmol/L，其次为 2013 年 5 月和 2012 年 7 月，2012 年 11 月最低，为 25.91μmol/L。洋河入海口中 DON 在 DTN 中占比的大小顺序为：7 月>3 月>5 月>11 月，分别为 79.70%、42.58%、33.22% 和 28.95%。大沽河入海口中的 DTN 2013 年 3 月最高，为 1346.24μmol/L，其次为 2012 年 11 月和 2013 年 5 月，2012 年 7 月最低，为 410.32μmol/L。大沽河入海口中的 DON 2013 年 3 月最高，为 1098.17μmol/L，其次为 2012 年 11 月和 2013 年 5 月，2012 年 7 月最低，为 16.72μmol/L。大沽河入海口中 DON 在 DTN 中占比的大小顺序为：3 月>11 月>5 月>7 月，分别为 81.57%、26.34%、16.19% 和 4.08%。

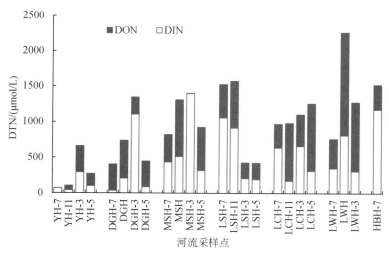

图 3-16　不同季节胶州湾周边入海河流中溶解总氮（DIN 和 DON）的浓度变化

资料来源：杨南南，2014

HBH，海泊河。下同

同一季节不同河流中 DTN、DON 及 DON 在 DTN 中的占比差异性较大，如 7 月，娄山河的 DTN 含量最高，为 1526.81μmol/L，洋河最低；海泊河的 DON 含量最高，为 1165.93μmol/L，大沽河最低；洋河 DON/DTN 值最高，大沽河中 DON/DTN 最低；11 月，镰湾河的 DTN 含量最高，为 2256.25μmol/L，大沽河最低；娄山河的 DON 含量最高，为 904.80μmol/L，洋河最低；娄山河的 DON/DTN 比值最高，为 57.45%，李村河最低，为 16.61%。3 月，墨水河的 DTN 含量最高，为 1400.00μmol/L，李村河最低；墨水河的 DON 含量最高，为 1385.80μmol/L，娄山河最低；墨水河的 DON/DTN 比值最高，洋河最低。5 月，李村河的 DTN 含量最高，为 1258.82μmol/L，洋河最低；墨水河的 DON 含量最高，为 310.23μmol/L，大沽河最低；娄山河的 DON/DTN 值最高，大沽河最低。

（2）不同季节污水处理厂中 DON、Urea 和 DTAA 的变化特征

不同季节污水处理厂水体中的 Urea、DTAA、DON 及 DTN 含量差异较大，其平均值见表 3-6。图 3-17 为不同季节不同污水处理厂水体中的 Urea 含量。污水处理厂中 Urea 的含量为 1.37~15.91μmol/L，在 DTN 中的平均占比为 0.58%。不同季节同一河流中的 Urea 含量具有差异性，如镰湾河污水处理厂（LWHF）水体中的 Urea 浓度 2013 年 5 月最高，为 5.63μmol/L，其次为 2012 年 11 月和 2012 年 7 月，2013 年 3 月最低，为 3.16μmol/L；娄山河污水处理厂（LSHF）水体中的 Urea 浓度 2012 年 11 月最高，为 15.91μmol/L，其次为 2012 年 7 月和 2012 年 5 月，2012 年 3 月最低，为 1.97μmol/L；李村河污水处理厂（LCHF）水体中的 Urea 浓度 2013 年 5 月最高，为 6.26μmol/L，其次为 2012 年 7 月和 2013 年 3 月，2012 年 11 月最低，为 3.92μmol/L；海泊河污水处理厂（HBHF）水体中的 Urea 浓度 2013 年 5 月最高，为 6.65μmol/L，其次为 2013 年 3 月和 2012 年 11 月，2012 年 7 月最低，为 1.64μmol/L；团岛污水处理厂（TDF）水体中的 Urea 浓度 2012 年 7 月最高，为 3.20μmol/L，其次为 2013 年 5 月和 2012 年 11 月，2013 年 3 月最低，为 1.37μmol/L。综上所述，2012 年 11 月娄山河处理厂水体中的 Urea 浓度最高，2013 年 3 月的团岛污水处理厂水体中的 Urea 浓度最低。镰湾河污水处理厂、李村河污水处理厂和海泊河污水处理厂均表现为 5 月时 Urea 含量最高，而娄山河污水处理厂和团岛污水处理厂水体中的 Urea 则分别在 11 月和 7 月最高；镰湾河污水处理厂、娄山河污水处理厂和团岛污水处理厂均表现为 3 月时的 Urea 含量最低，而李村河污水处理厂和海泊河污水处理厂分别在 11 月和 7 月时 Urea 含量最低。

表 3-6　不同季节公共污水处理厂 DON、Urea 和 DTAA 的平均值　　（单位：μmol/L）

各形态氮/平均值	7 月	11 月	3 月	5 月
DON	48.24	349.25	977.65	196.9
Urea	3.68	6.15	3.45	4.83
DTAA	1.11	3.51	4.12	8.55

资料来源：杨南南，2014

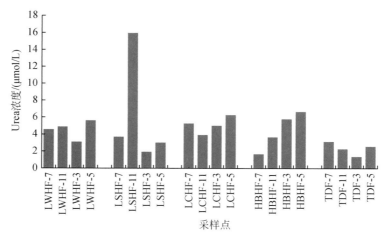

图 3-17　不同季节不同污水处理厂水体中的 Urea 含量变化

资料来源：杨南南，2014

LWHF，镰湾河污水处理厂；LSHF，娄山河污水处理厂；LCHF，李村河污水处理厂；

HBHF，海泊河污水处理厂；TDF，团岛污水处理厂。下同

　　同一季节不同污水处理厂中的 Urea 含量也具有显著性差异。如 7 月，李村河污水处理厂中的 Urea 含量最高，其次为镰湾河污水处理厂、娄山河污水处理厂和团岛污水处理厂，而海泊河污水处理厂中的 Urea 含量最低。11 月，娄山河污水处理厂中的 Urea 含量最高，其次为镰湾河污水处理厂、李村河污水处理厂和海泊河污水处理厂，而团岛污水处理厂中的 Urea 含量最低。

　　图 3-18 为不同季节不同污水处理厂水体中的 DTAA 含量，DTAA 的含量为 0.30 ~ 22.39μmol/L，在 DTN 中的平均占比为 0.54%。不同季节同一污水处理厂中的 DTAA 含量变化具有显著性差异，其中镰湾河污水处理厂（LWHF）水体中的 DTAA 含量 2013 年 5 月最高，为 9.07μmol/L，其次为 2012 年 11 月和 2013 年 5 月，2012 年 7 月最低，为 0.30μmol/L；娄山河污水处理厂（LSHF）水体中 DTAA 含量 2013 年 5 月最高，为 8.85μmol/L，其次为 2013 年 3 月和 2012 年 11 月，2012 年 7 月最低，为 0.53μmol/L；李村河污水处理厂（LCHF）水体中 DTAA 含量 2013 年 5 月最高，为 22.39μmol/L，其次为 2013 年 3 月和 2012 年 11 月，2012 年 7 月最低，为 2.40μmol/L；海泊河污水处理厂（HBHF）水体中的 DTAA 含量 2013 年 3 月最高，其次为 2012 年 11 月和 2013 年 5 月，2012 年 7 月最低，为 0.48μmol/L；团岛污水处理厂（TDF）水体中的 DTAA 浓度 2013 年 3 月最高，其次为 2012 年 11 月和 2012 年 7 月，2013 年 5 月浓度最低，为 1.20μmol/L。综上所述，5 月李村河污水处理厂中的 DTAA 含量最高，而 7 月镰湾河污水处理厂中的 DTAA 含量最低。镰湾河污水处理厂、娄山河污水处理厂、李村河污水处理厂和海泊河污水处理厂中的 DTAA 含量均在 7 月最低，而团岛污水处理厂中的 DTAA 在 5 月最低。镰湾河污水处理厂、娄山河污水处理厂和李村河污水处理厂均在 5 月最高，而海泊河污水处理厂和团岛污水处理厂在 3 月最高。

　　同一季节不同污水处理厂中的 DTAA 含量变化也具有差异性。在 7 月，李村河污

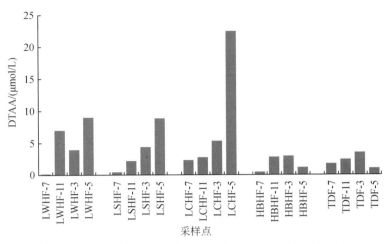

图 3-18 不同季节不同污水处理厂水体中的 DTAA 含量变化

资料来源：杨南南，2014

水处理厂中的 DTAA 含量最高，其次为团岛污水处理厂、娄山河污水处理厂和海泊河污水处理厂，镰湾河污水处理厂中最低。11 月，镰湾河污水处理厂中的 DTAA 含量最高，其次为李村河污水处理厂、海泊河污水处理厂和团岛污水处理厂，娄山河污水处理厂中的最低。

不同季节公共污水处理厂排污口中的 Urea 和 DTAA 在 DON 中的占比具有显著性差异。其中，Urea/DON 和 DTAA/DON 分别为 0.51% ~ 51.46% 和 0.10% ~ 9.42%，Urea/DON 和 DTAA/DON 的平均值分别为 7.84% 和 2.61%。7 月镰湾河污水处理厂的 Urea/DON 最高，而 11 月团岛污水处理厂中的 Urea/DON 最低；5 月海泊河污水处理厂中的 DTAA/DON 最高，3 月海泊河污水处理厂中的 DTAA/DON 最低。不同季节同一污水处理厂中的 Urea/DON 具有显著性差异，镰湾河污水处理厂 7 月时的 Urea/DON 最大，达 51.46%，其次是 5 月，而 11 月和 3 月相近，比值最小，约为 0.7%；而镰湾河污水处理厂水体中的 DTAA/DON 5 月时最高，为 6.50%，其次是 7 月和 11 月，5 月最低，为 0.91%。娄山河污水处理厂水体中的 Urea/DON 7 月时最大，为 13.14%，其次是 11 月和 3 月，5 月时最低，为 0.67%；而娄山河污水处理厂水体中的 DTAA/DON 3 月时最大，为 3.81%，其次是 5 月和 11 月，在 11 月最小，为 0.74%。李村河污水处理厂水体中的 Urea/DON 7 月最大，为 6.34%，其次 5 月和 11 月，3 月时最低，为 0.57%；而李村河污水处理厂水体中的 DTAA/DON 5 月最大，为 6.67%，其次是 7 月和 11 月，3 月时最低，为 0.61%。海泊河污水处理厂水体中的 Urea/DON 5 月时最大，达 49.82%，其次是 7 月和 11 月，3 月时最低，为 1.80%；而海泊河污水处理厂水体中的 DTAA/DON 5 月时最大，为 9.42%，其次是 11 月和 7 月，3 月时最低，为 0.10%。团岛污水处理厂水体中的 Urea/DON 5 月时最大，为 7.57%，其次是 7 月和 11 月，3 月时最低，为 0.51%；而团岛污水处理厂水体中的 DTAA/DON 5 月最大，为 3.54%，其次是 7 月和 3 月，11 月时最低，为 0.95%。

同一季节不同污水处理厂中的 Urea/DON 及 DTAA/DON 具有差异性。如 7 月，Urea/DON 镰湾河污水处理厂最高，其次为娄山河污水处理厂、李村河污水处理厂和团岛污水处理厂，海泊河污水处理厂最低；DTAA/DON 镰湾河污水处理厂最高，其次为团岛污水处理厂、李村河污水处理厂和娄山河污水处理厂，海泊河污水处理厂最低；11 月，Urea/DON 娄山河污水处理厂中最高，其次为海泊河污水处理厂、李村河污水处理厂和团岛污水处理厂，镰湾河污水处理厂最低；DTAA/DON 海泊河污水处理厂最高，其次为镰湾河污水处理厂、团岛污水处理厂和李村河污水处理厂，娄山河污水处理厂最低。由于各污水处理厂的污水处理工艺不同以及污水来源结构不同，造成不同季节各污水处理厂溶解有机氮含量具有差异。

图 3-19 为不同季节不同污水处理水体中溶解总氮（DIN 和 DON）的含量变化。DON 的浓度为 8.95～3177.68μmol/L，在 DTN 中的平均占比为 22.56%。不同季节不同污水处理厂中的 DON 含量具有显著差异，其中镰湾河污水处理厂（LWHF）的 DON 2012 年 11 月最高，为 659.91μmol/L，其次为 2013 年 3 月和 2013 年 5 月，2012 年 7 月最低，为 8.95μmol/L；镰湾河污水处理厂水体中的 DON/DTN 3 月最高，为 29.65%，7 月最低，为 3.75%。娄山河污水处理厂（LSHF）水体中的 DON 2013 年 5 月最高，为 461.94μmol/L，其次是 2012 年 11 月和 2013 年 3 月，2012 年 7 月最低，为 28.12μmol/L；娄山河污水处理厂水体中的 DON/DTN 5 月最高，为 34.35%，7 月最低，为 2.54%。李村河污水处理厂（LCHF）水体中的 DON 2013 年 3 月最高，为 879.22μmol/L，其次是 2012 年 11 月和 2013 年 5 月，2012 年 7 月最低，为 82.89μmol/L；李村河污水处理厂中的 DON/DTN 3 月最高，为 40.32%，7 月最低，为 6.27%；

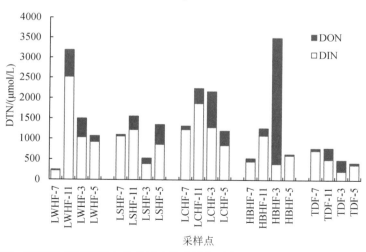

图 3-19　不同季节不同污水处理厂水体中溶解总氮（DON 和 DIN）的含量变化

资料来源：杨南南，2014

同一季节不同污水处理厂中的 DON 含量具有显著差异。7 月，DON 含量李村河污水处理厂最大，其次为海泊河污水处理厂、团岛污水处理厂和娄山河污水处理厂，镰湾河污水处理厂中最低；DON/DTN 海泊河污水处理厂最大，娄山河污水处理厂最小。11 月，

DON 含量镰湾河污水处理厂中的最高，其次为李村河污水处理厂、楼山河污水处理厂和团岛污水处理厂，海泊河污水处理厂最低；DON/DTN 团岛污水处理厂最高，海泊河污水处理厂最低。

（3）不同季节胶州湾陆源 DON 的输入通量

1）各入海河流 DON 的输入通量。采用各海流在入海口的流量与各赋存形态氮浓度相乘的方法来估算胶州湾各赋存形态氮的排海通量，通过计算可知，胶州湾 DTN、DON、Urea 和 DTAA 的输入量分别为 $4.99\times10^8\,\mathrm{mol/a}$、$1.39\times10^8\,\mathrm{mol/a}$、$6.06\times10^6\,\mathrm{mol/a}$ 和 $1.81\times10^6\,\mathrm{mol/a}$。

图 3-20 为胶州湾周边 7 条入海河流中的 Urea、DTAA、未被检测出的 DON（UIDON）及 DIN 在不同季节的输入通量。由图 3-20 可知，7 月，各入海河流的 Urea 输入通量为：大沽河>墨水河>李村河>娄山河>洋河，Urea 通量在大沽河中最大，为 $36.85\times10^3\,\mathrm{mol/d}$，约为洋河的 4 倍，由于 7 月大沽河流量要远大于洋河流量，这使得大沽河的 Urea 输入通量约是洋河的 104 倍。各入海河流 DTAA 的输入通量表现为：大沽河>李村河>墨水河>娄山河>洋河，大沽河的 DTAA 输入通量最大，为 $2.73\times10^3\,\mathrm{mol/d}$。DON 的输入通量表现为：娄山河>李村河>墨水河>大沽河>洋河，娄山河的 DON 输入通量最大，为 $99.69\times10^3\,\mathrm{mol/d}$，大沽河此时的 DIN 输入通量达到 $1304.13\times10^3\,\mathrm{mol/d}$，可能是由于部分 DON 在丰水期被氧化为 DIN。DIN 的输入通量表现为：大沽河>墨水河>娄山河>李林河>洋河。DTN 的输入通量表现为：大沽河>娄山河>李村河>墨水河>洋河，大沽河的 DTN 输入通量最大，为 $1359.54\times10^3\,\mathrm{mol/d}$。

11 月，各入海河流的 Urea 输入通量表现为：大沽河>李村河>墨水河>洋河>娄山河，大沽河的 Urea 输入通量最大，为 $2.35\times10^3\,\mathrm{mol/d}$；娄山河的 Urea 含量约是大沽河的两倍，由于大沽河的流量大于娄山河，使得大沽河的 Urea 输入通量约是娄山河的 8.5 倍。DTAA 和 UIDON 的输入通量表现为：大沽河>娄山河>墨水河>李村河>洋河。DIN 的输入通量表现为：大沽河>墨水河>李村河>娄山河>洋河。DTN 的输入通量表现为：大沽河>墨水河>娄山河>李村河>洋河。在该季节，大沽河中的 DTAA、UIDON、DIN 及 DTN 输入通量在各入海河流中均表现为最大，输入通量分别为 $3.36\times10^3\,\mathrm{mol/d}$、$233.82\times10^3\,\mathrm{mol/d}$、$669.65\times10^3\,\mathrm{mol/d}$ 和 $909.18\times10^3\,\mathrm{mol/d}$。

3 月，各入海河流的 Urea 的输入通量表现为：大沽河>李村河>墨水河>娄山河>洋河。DTAA 的输入通量表现为：大沽河>墨水河>李村河>洋河>娄山河。UIDON 的输入通量表现为：大沽河>墨水河>娄山河>李村河>洋河。DIN 的输入通量表现为：大沽河>李村河>洋河>娄山河>墨水河。DTN 的输入通量表现为：大沽河>墨水河>李村河>洋河>娄山河。在该季节，大沽河中 Urea、DTAA、IDON、DIN 以及 DTN 的输入通量在各入海河流均最大，其输入通量分别为 $1.90\times10^3\,\mathrm{mol/d}$、$0.94\times10^3\,\mathrm{mol/d}$、$205.67\times10^3\,\mathrm{mol/d}$、$47.10\times10^3\,\mathrm{mol/d}$ 和 $255.60\times10^3\,\mathrm{mol/d}$。

5 月，各入海河流 Urea、DTAA、DIN 以及 DTN 的输入通量均表现为：大沽河>李村河>墨水河>娄山河>洋河。UIDON 的输入通量表现为：大沽河>墨水河>李村河>娄山河>洋河。在该季节，大沽河的 Urea、DTAA、UIDON、DIN 以及 DTN 输入通量在各入海河流中均最大，其输入通量分别为 12.54×10^3 mol/d、7.68×10^3 mol/d、180.93×10^3 mol/d、1041.51×10^3 mol/d 和 1242.66×10^3 mol/d。

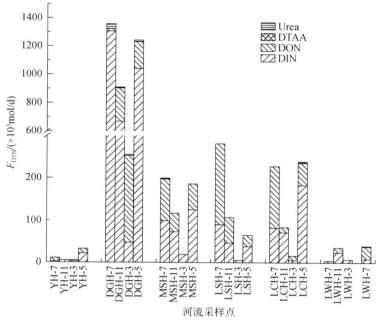

图 3-20　不同入海河流中各类赋存形式氮的输入通量

资料来源：杨南南，2014

　　由上述可知，除 7 月的 UIDON 外，全年大沽河中各种形态氮的输入通量均表现为最大值，这均是由于大沽河的流量较大的原因。在调查的多数入海河流中 Urea 的输入通量均为 7 月最大、3 月最小，这主要是由于春末夏初是农业灌溉和施肥的高峰期，20% ~ 40% 的氮素会随着地表径流流入到河流中，使得河流 Urea 的输入通量在该时期最大，在以农业面源排放为主的大沽河表现最为明显，表明农业活动对河流中 Urea 来源具有重要意义。各入海河流各形态氮在 7 月和 5 月较大，11 月和 3 月较小，这主要是受降水的影响，7 月比 3 月的降水量多，因为降水是引起土壤流失以及农业化肥流失非点源污染的重要原因。

　　2）各入湾污水处理厂排污口 DON 的输入通量。通过入湾公共污水处理厂排污口入胶州湾的 DTN、DON、Urea 和 DTAA 输入量分别为 2.23×10^8 mol/a、6.44×10^7 mol/a、7.76×10^5 mol/a 和 8.39×10^5 mol/a。图 3-21 为不同季节不同污水处理厂中 Urea、DTAA、UIDON 及 DIN 的输入通量变化。由图 3-21 可知，7 月各污水处理厂中 Urea 的输入通量表现为：LCHF>LSHF>TDF>LWHF>HBHF；DTAA 的输入通量表现为：LCHF>TDF>LSHF>HBHF>LWHF；UIDON 的输入通量表现为：LCHF>TDF>HBHF>LSHF>LWH；DIN 及 DTN 的输入通量均表现为：LCHF > LSHF > TDF > HBHF > LWHF。在该季节，LCHF 中 Urea、DTAA、UIDON、DIN 以及 DTN 的输入通量均表现为最大，其输入通量分别为 1.00×10^3 mol/d、0.46×10^3 mol/d、2.29×10^3 mol/d、235.56×10^3 mol/d 和 251.31×10^3 mol/d。

　　11 月，各污水处理厂中 Urea 的输入通量表现为：LSHF>LCHF>HBHF>TDF>LWHF；

DTAA、DIN 以及 DTN 的输入通量表现为：LCHF>LSHF>LWHF>HBHF>TDF；UIDON 的输入通量表现为：LCHF>LSHF>TDF>LWHF>HBHF；DIN 的输入通量表现为：LCHF>LSHF>HBHF>LWHF>TDF。在该季节，LCHF 的 DTAA、UIDON、DIN 以及 DTN 的输入通量均表现为最大，其输入通量分别为 0.50×10^3 mol/d、57.85×10^3 mol/d、328.07×10^3 mol/d 和 387.09×10^3 mol/d。

3 月，各污水处理厂中 Urea 的输入通量表现为：LCHF>HBHF>LSHF>TDF>LWHF；DTAA 的输入通量表现为：LCHF>LSHF>TDF>LSHF>LWHF；UIDON 的输入通量表现为：HBHF>LCHF>TDF>LWHF>LSHF；DIN 的输入通量表现为：LCHF>LSHF>LWHF>HBHF>TDF；DTN 的输入通量表现为：LCHF>HBHF>LSHF>LWHF>TDF。该季节，LCHF 的 Urea、UIDON、DIN 以及 DTN 输入通量在各污水处理厂中均表现为最大，其输入通量分别为 0.86×10^3 mol/d、150.31×10^3 mol/d、224.15×10^3 mol/d 和 376.26×10^3 mol/d；

5 月，各污水处理厂中 Urea 的输入通量表现为：LCHF>HBHF>LSHF>TDF>LWHF；DTAA 和 UIDON 的输入通量均表现为：LCHF>LSHF>LWHF>TDF>HBHF；DIN 的输入通量表现为：LCHF>LSHF>HBHF>TDF>LWHF；DTN 的输入通量表现为：LCHF>LSHF>HBHF>TDF>LWHF。该季节，LCHF 的 Urea、DTAA、UIDON、DIN 以及 DTN 输入通量均最大，其输入通量分别为 1.08×10^3 mol/d、3.88×10^3 mol/d、53.13×10^3 mol/d、148.00×10^3 mol/d 和 206.09×10^3 mol/d。

由以上分析可知，除 3 月的 DON 输入通量外，全年 LCHF 的各项输入通量在污水处理厂中均为最大，这是由于 LCHF 的入海排放最大，表明 LCHF 在污水处理厂的入海排放过程中占重要地位。

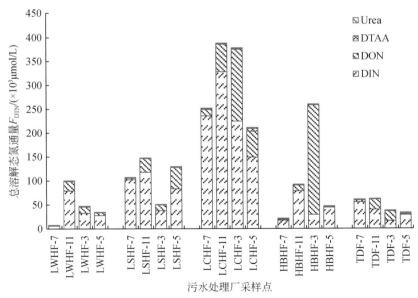

图 3-21　不同污水处理厂中不同形态氮的输入通量

资料来源：杨南南，2014

3）陆源 DON 的输入总量。2012～2013 年，陆源输入胶州湾的 DON、Urea 和 DTAA 输入通量分别为 2.03×10^{8}mol/a、7.28×10^{6}mol/a 和 2.65×10^{6}mol/a，其在 DTN 的年输入通量中分别占 26.77%、1.01% 和 0.37%（图 3-22）。

DON 的输入通量 3 月最高，其占 DON 年通量的比例达到 30.09%，其次为 7 月，占 25.52%，5 月最小，占 21.13%（图 3-23）。从输入源来讲，河流输入源为主要来源，占陆源总输入的 68.31%，其次为污水处理厂输入，占 31.69%（图 3-24）。

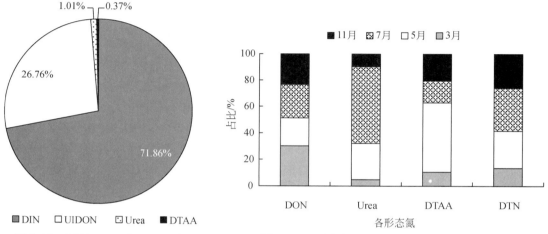

图 3-22　DON、Urea 和 DTAA 在 DTN 年输入通量中的占比
资料来源：杨南南，2014

图 3-23　不同季节 DON 在年输入通量中的占比
资料来源：杨南南，2014

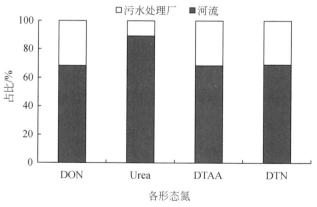

图 3-24　不同输入源中 DON 在陆源输入中的占比
资料来源：杨南南，2014

Urea 的输入通量 7 月最高，其在 Urea 年输入通量中的占比达 58.33%，其次为 5 月，占比为 27.29%，3 月最低，占比仅为 4.81%。从输入源来讲，河流输入源为主要，占比达到 89.34%，其次为污水处理厂，占比达到 10.66%。

DTAA 的输入通量 5 月最高，其在 DTAA 年输入通量的占比达 52.41%，其次为

11 月，占比为 20.39%，3 月最低，占比仅为 10.55%。从输入来源来讲，河流输入源为主要，占比达到 68.38%，其次为污水处理厂，占比达到 31.62%。

DTN 的输入通量 7 月最高，其在 DTN 年输入通量中的占比为 32.53%，其次为 5 月，占比为 28.00%，3 月最低，占比为 13.58%。从输入来源来讲，河流输入源为主要，占比 69.09%，其次为污水处理厂，占比达到 30.91%。

总而言之，不同季节环胶州湾河流入海口和污水处理厂排污口的 DON 及其中的 Urea 和 DTAA 含量和组成有较大差异。其中，入海河流的 DON、Urea 和 DTAA 含量分别为 16.72~1385.80μmoL/L、1.93~19.50μmoL/L 和 0.05~8.39μmoL/L，在 DTN 中的平均占比分别达 45.47%、1.25% 和 0.30%。入湾公共污水处理厂出口的 DON、Urea 和 DTAA 含量分别为 8.95~3177.68μmoL/L、1.37~15.91μmoL/L 和 0.30~22.39μmoL/L，在 DTN 中的平均占比分别达 22.94%、0.58% 和 0.54%。通过河流和公共污水处理厂输入到胶州湾的 DON 及其中的 Urea 和 DTAA 输入量分别为 2.03×10^8 mol/a、7.28×10^6 mol/a 和 2.65×10^6 mol/a，在 DTN 年输入量中的占比分别达 28.15%、1.01% 和 0.37%。从输入源来讲，入湾河流为主要的陆源输入方式。对于 DON 输入通量的季节差异，3 月输入量通量最高，5 月最低；对于 Urea，7 月输入通量最高，3 月最低；对于 DTAA，5 月输入通量最高，3 月最低。

3.1.4 痕量元素的输入通量

王刚（2009）对 2008 年入胶州湾河流中的重金属进行了如下系统研究。在调查河流的监测断面的水体中，重金属均未超过国家Ⅱ类水质标准，如图 3-25 所示。

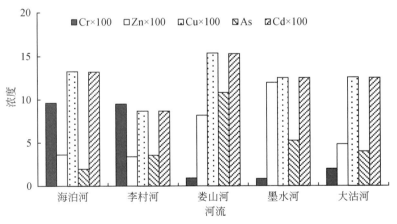

图 3-25　胶州湾河流重金属的浓度

资料来源：王刚，2009

As 的浓度单位：μg/L；其余的单位：mg/L

根据各河流重金属浓度值和河流的年均径流量（盛茂刚等，2014），估算 2008 年各河流重金属的输入通量（表 3-7）。由于大沽河年入湾径流量最大，因此通过大沽河输入的痕量元素的总量最多，其中元素 Cd 在河流输入总量中所占比例最高，为 92%。通过比较各河流对不同元素输入的贡献可知，大沽河对重金属元素 Cr、Zn、Cu、As 和 Cd 的输入贡献量最大。

表 3-7　胶州湾重金属的河流输入通量

项目	年均径流量/$10^4 m^3$	河流输入通量/(10^5 g/a)				
		Cr	Zn	Cu	As	Cd
海泊河	381	3.81	1.52	4.95	0.095	4.95
李村河	3 576	35.76	14.3	32.2	1.43	32.2
娄山河	721	1.08	6.48	10.8	0.828	10.8
墨水河	3 734	5.60	4.48	46.7	1.870	4.67
大沽河	50 366	126	252	630	20.16	630
河流输入总量	—	172.25	278.78	724.65	24.38	682.62

3.2　通过大气干湿沉降输入到胶州湾的物质

大气干沉降是气溶胶粒子的沉降过程。气溶胶包括悬浮在大气中的液态颗粒物和固态颗粒物，因此气溶胶是一个多相体系，其化学成分相当复杂，且随地理位置、天气条件的变化而有较大变化。已有的研究表明，气溶胶不仅在全球气候变化中起着重要的作用，且对降水的形成和沉降过程有十分重要的影响。大气湿沉降是指自然界发生的雨、雪、雹等降水过程。它不仅起到净化空气的作用，也是营养物质和陆源污染物向海洋输送的重要途径之一。各种营养元素和微量金属元素通过大气沉降输入到海洋中，影响着海洋初级生产力，特别是在近岸海域受人为活动的影响较大，大气营养盐的输入会导致或加剧水体的富营养化，而突发性、大量的大气营养盐输入会对浮游植物的生长产生十分重要的影响，甚至可能会导致赤潮的发生。近年来，越来越多的研究证明，大气沉降是表层海水中某些营养盐的主要来源，气溶胶中的 N、P、Si 营养元素的输入对海洋初级生产力起着十分重要的影响。由于气溶胶中营养元素的形态与海洋、河流中有所差异，需要不同溶剂浸取，因此气溶胶中营养元素标记与其他章节有所不同。

3.2.1　大气营养盐干湿沉降对胶州湾的输入

姜晓璐（2009）和朱玉梅（2011）分别在 2006～2008 年和 2009～2010 年对胶州湾大、气干湿沉降中的营养盐及干湿沉降对胶州湾初级生产的影响进行了如下系统研究。

3.2.1.1　干沉降中的营养盐

（1）气溶胶的来源和浓度

2006 年 11 月～2008 年 8 月，在青岛伏龙山共采集样品 47 个。大气中总悬浮颗粒物的浓度（TSP）存在着显著的差异，冬季降雨量较少天气干燥，浓度最高，为 196.85μg/m³，春秋季次之，分别为 169.14μg/m³ 和 156.70μg/m³，夏季的降水量最大，对空气的冲刷作用为最明显，因此 TSP 的值最低，为 143.46μg/m³（图 3-26）。

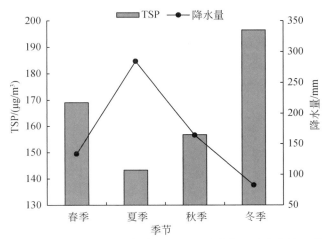

图 3-26　2006 年 11 月～2008 年 8 月各季节 TSP 平均浓度和总降水量（姜晓璐，2009）

2009 年 1 月～2010 年 5 月，在青岛伏龙山共采集气溶胶样品 45 个。TSP 为 18.0～261.5μg/m³，同样具有明显的季节差异。冬季干旱少雨且在采暖期内，加之冬季以西北偏北风为主导风向，来自陆地方向的风带来了较多的陆源物质，使得 TSP 的平均浓度最高，为 125.6μg/m³；春季、秋季次之；而夏季由于降水量较大，大大清除了空气中的颗粒物，并且夏季以南风为主导风向，陆源污染物较少，因此 TSP 的浓度最低。

（2）气溶胶中营养盐的浓度

2006 年 11 月～2008 年 8 月，水溶性 NH_4-N（$DINH_4$-N）年平均浓度为 233.64nmol/m³，是水溶性 NO_3-N 和 NO_2-N ［DI（NO_3-N+NO_2-N）］ 平均浓度（194.7nmol/m³）的 1.2 倍，$DINH_4$-N/DI（NO_3-N+NO_2-N）的平均值为 1.2，气溶胶的无机氮以还原态的 NH_4-N 为主。DI（NO_3-N+NO_2-N）和 $DINH_4$-N 的最高浓度值均出现在 2007 年 12 月 13 日，分别为 592.2nmol/m³ 和 713.0nmol/m³。DI（NO_3-N+NO_2-N）的最低值出现在 2007 年 2 月 11 日，为 42.1nmol/m³，$DINH_4$-N 的最低值出现在 2007 年 3 月 18 日，为 39.7nmol/m³，其在冬春季风沙期（图 3-27）。气溶胶中的水溶性无机氮 DIN（NO_3-N+NO_2-N+NH_4-N）浓度为 430.0nmol/m³±225.0nmol/m³，明显大于东地中海盆地的 215nmol/m³±147nmol/m³ 和大西洋东部近岸海域的 188nmol/m³。

DI（NO_3-N+NO_2-N）和酸提取 NO_3-N 和 NO_2-N ［TI（NO_3-N+NO_2-N）］ 的浓度差别不大，TI（NO_3-N+NO_2-N）/DI（NO_3-N+NO_2-N）为 1.0（0.9～1.1），说明气溶胶样品中的 NO_3-N 和 NO_2-N 在 Milli-Q 水，即pH 为5.5 的时候就已经基本全部溶解，酸性环境对 NO_3-N 和 NO_2-N 的溶解并没有明显的影响。而 $TINH_4$-N/$DINH_4$-N 为 1.40（1.0～1.9），这与毕言峰（2006）于 2004～2005 年在同一个采样点采集的气溶胶样品类似，这说明有更多的 NH_4-N 在酸性环境下从气溶胶样品中溶解出来。

气溶胶中的 DON 浓度为 135.5nmol/m³±101.5nmol/m³，平均约为总水溶性氮（TDN）的 23%。气溶胶样品中的 DIP 平均浓度为 1.3nmol/m³±1.2nmol/m³，和地中海东部地区沙尘暴天气下气溶胶中的 DIP（1.45nmol/m³±0.66nmol/m³）相近，但是远远高于该地区的平均值

（0.7nmol/m³±0.6nmol/m³）。冬季和春季是青岛地区干燥和少雨的的季节，冷空气从北方带来大量的风沙，TSP 较其他季节高。这一时期的 DIP 浓度也比较高，最高值出现在 2007 年 12 月 13 日，为 5.3nmol/m³。夏季青岛地区天气湿润，是全年降水量最多的季节，主要受到东南季风的影响，TSP 浓度较低。DIP 浓度的最低值出现在 2007 年 8 月 10 日，仅为 0.04nmol/m³。气溶胶中 DOP 的平均浓度为 1.06nmol/m³±1.30nmol/m³，平均占总水溶性磷（TDP）的含量为 29%。

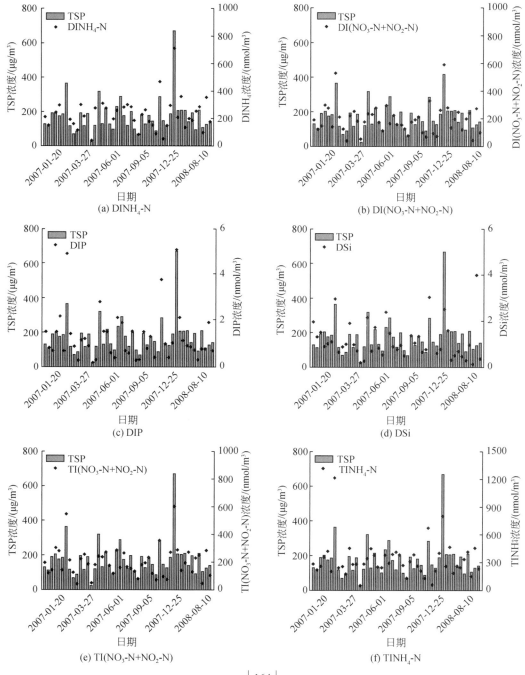

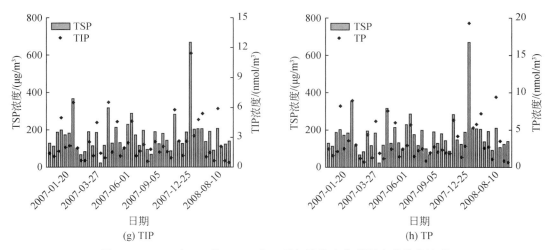

图 3-27 2006 年 11 月~2008 年 8 月气溶胶中各种形态营养盐浓度

资料来源：姜晓璐，2009

TIP 的平均浓度为 2.6nmol/m³±2.2nmol/m³，DIP/TIP 的平均值为 0.45，说明在青岛地区气溶胶的总无机磷中，只有不到一半的无机磷为水溶性的，一半以上的无机磷不溶。这一数据与毕言峰（2006）对 2004~2005 年同一地区气溶胶样品的分析基本一致，略小于地中海东部地区（50%）。

水溶性硅酸盐 DSi 的年平均浓度为 1.11nmol/m³±0.83nmol/m³，通过对各个气溶胶样品的后向轨迹分析发现，陆源气溶胶中的 DSi 浓度明显比海源气溶胶样品高。2008 年 5 月 29 日，来自内蒙古的浮尘远飘至青岛，造成了该地区当年最严重的一次沙尘暴天气。DSi 的最高值就出现在这一天，为 4.0nmol/m³，这很好地验证了沙尘天气能够大幅升高空气中的 DSi 浓度。DSi 的最低值出现在湿润多雨的夏季（2007 年 7 月 22 日），为 0.09nmol/m³。

从图 3-28 可以看出，2009 年 1 月~2010 年 5 月 TSP 的浓度与营养盐的浓度有密切关系，TSP 平均浓度最高的冬季，相应地营养盐浓度也较高；TSP 平均浓度最低的夏季，营养盐的浓度也较低。在气溶胶样品中，$DINH_4$-N 和 $DI(NO_3$-N+NO_2-N) 的浓度较高。$DINH_4$-N 的浓度为 41.5~899.9nmol/m³，年平均浓度为 267.5nmol/m³±201.4nmol/m³，是 $DI(NO_3$-N+NO_2-N) 年平均浓度（179.4nmol/m³±170.5nmol/m³）的 1.5 倍。$DINH_4$-N 在 DIN（年平均浓度为 446.9nmol/m³±363.1nmol/m³）中占的比例较大，为 43%~84%，$DI(NO_3$-N+NO_2-N) 在 DIN 中的比例为 16%~57%。有研究表明，人为或生物活动越多的地区，气溶胶中的 $DINH_4^+$ 浓度越高，因此，$DINH_4$-N 成为大气气溶胶中主要的无机氮组分，在青岛地区，$DINH_4^+$ 是大气气溶胶中主要的无机氮组分。$DINH_4$-N 的最大值为 899.9nmol/m³，出现在冬季气溶胶样品中，冬季燃煤取暖是青岛大气气溶胶的主要来源之一；最小值仅为 41.5nmol/m³，出现在夏季气溶胶样品中，其最大值是最小值的 22 倍。青岛地区大气气溶胶中的 NO_3-N 含量较大与汽车尾气的排放量逐年增大有关。气溶胶中的 DON 年平均浓度为 123.1nmol/m³±80.0nmol/m³，是 TDN 的 22% 左右。

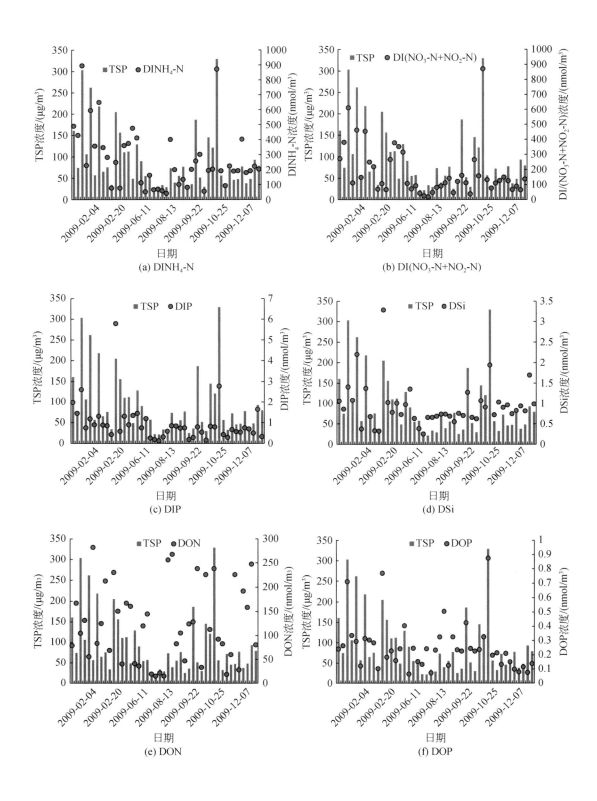

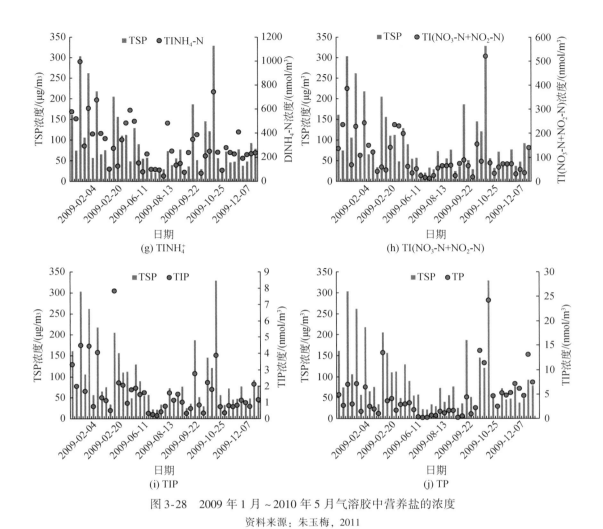

图 3-28　2009 年 1 月～2010 年 5 月气溶胶中营养盐的浓度

资料来源: 朱玉梅, 2011

　　如图 3-29 所示, $DINH_4$-N、DI(NO_3-N+NO_2-N) 和 DON 均是冬季浓度最高、夏季浓度最低。冬季采暖期燃煤增加了来源量, 且冬季温度较低, 不利于含氮化合物的分解, 而有利于含氮化合物的形成, 来自我国西北地区的大气污染物和沙尘气溶胶使得大气中的营养盐含量增大。夏季, 青岛地区盛行南风和东南风, 大气中的物质主要来源于黄海和东海上空, 且夏季降水量较大, 因此营养盐浓度比其他 3 个季节低。$DINH_4$-N 和 DI(NO_3-N+NO_2-N) 在冬季的平均浓度分别为 401.7nmol/m^3 和 253.7nmol/m^3, 均是夏季平均浓度的 3 倍左右。

　　$TINH_4$-N/$DINH_4$-N 的平均值为 1.20 (0.85～1.45), 说明酸性环境下有 NH_4-N 从气溶胶中溶出; TI (NO_3-N+NO_2-N)/DI (NO_3-N+NO_2-N) 的平均值为 0.97 (0.92～1.10), 说明在 Milli-Q 水 (pH=5.5) 中, NO_3-N 和 NO_2-N 已经基本溶解, 酸性条件对其的溶出基本没有影响。

　　DIP 的年平均浓度为 0.95nmol/m^3 ± 0.94nmol/m^3, 最大值出现在春季, 平均值为

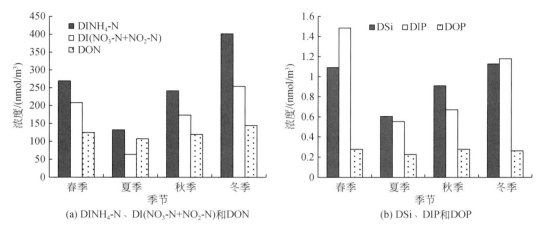

(a) DINH$_4$-N、DI(NO$_3$-N+NO$_2$-N)和DON　　　　(b) DSi、DIP和DOP

图 3-29　2009 年 1 月～2010 年 5 月气溶胶中营养盐 N、P 和 Si 浓度的季节变化

资料来源：朱玉梅，2011

1.48nmol/m^3，最小值出现在夏季，平均值为 0.55nmol/m^3，最大值是最小值的 2.7 倍左右。春冬季，来自西北方向的沙尘气溶胶中 DIP 的平均浓度明显比夏秋季高，且在夏季浓度最低，这主要是由于夏季以东南风和南风为主，大气中的颗粒物较少，且夏季降水量较大，大大地清除了空气中的颗粒物，因此离子浓度低。DOP 的年平均浓度为 0.26nmol/m^3±0.17nmol/m^3，大约是 TDP 的 21%，浓度季节变化不明显。

　　TIP 的年平均浓度比 DIP 高出很多，TIP/DIP 的平均值为 1.87，说明青岛气溶胶中只有 53% 的无机磷为水溶性的。TP 的浓度为 0.18 ~ 24.18nmol/m^3，年平均浓度为 4.42nmol/m^3±4.64nmol/m^3。TP/DIP 的平均值为 5.37（0.99 ~ 22.27）。

　　DSi 的年平均浓度为 0.95nmol/m^3±0.54nmol/m^3，其中最大值出现在冬季，平均值为 1.13nmol/m^3，最小值出现在夏季，平均值为 0.6nmol/m^3，最大值约是最小值的 1.9 倍。和气溶胶中 DIP 的季节分布一致，在春季和冬季浓度较高，夏季和秋季浓度较低。

（3）2008 年大气气溶胶中 DON 的浓度分布特征

　　韩静（2011）对 2008 年全年采集的八关山气溶胶总悬浮颗粒物样品中的 DON 进行了如下系统研究。结果表明，2008 年 1 ~ 12 月，DON 的浓度为 14.9 ~ 2073.0nmol/m^3，平均值为 433.2nmol/m^3±387.7nmol/m^3。2008 年胶州湾地区气溶胶中 DON 的浓度最高出现在 4 月 14 日，为 2073.0nmol/m^3，最低出现在 8 月 5 日，为 14.9nmol/m^3（图 3-30）。4 月 14 日 DON 的浓度很高，主要是受陆源影响显著，高空气团经过污染较重的华北地区，带来了大量的陆源污染物，500m 低空气团为居地源气团，4 月正处于我国农业活动繁忙时期，氮素化肥的过量施用，从而挥发至大气中，使得有机氮在大气中浓度达到全年最高值。8 月 5 日采样期间，500m 低空气团来自海洋大气，1000m 高空气团沿江苏北部沿岸地区进入青岛，基本没有受到人为源的影响，较为洁净的海洋上空大气对携带污染物的气团进行了一定的稀释。

　　气溶胶中 DON 的月平均浓度为 100.2 ~ 758.0nmol/m^3，平均浓度为 394.5nmol/m^3±

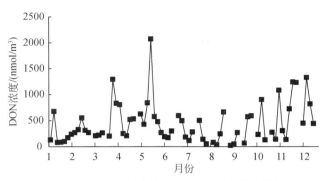

图 3-30　2008 年气溶胶中 DON 的浓度分布特征

资料来源：韩静，2011

214.8nmol/m³，DON 浓度以 11 月、12 月、3 月、4 月最高，含量大于 580nmol/m³，9 月、10 月次之，6 月、8 月最低，浓度仅为 100nmol/m³（图 3-31）。3~4 月、11~12 月春冬季节青岛盛行北风和西北风，可带来大量陆源污染物，且 11~12 月冬季采暖煤炭燃烧释放大量氮污染物质，采暖期间风速较小，平均风速为 3m/s，污染物易于积累，因此春冬季节大气中 DON 的浓度较高。特殊的是，1~2 月也为冬季采暖期，但气溶胶中 DON 的浓度均较低，可能是因为 1~2 月多个样品均采自降雨/降雪之后，大气污染物受湿沉降影响。6 月、8 月青岛盛行南风、东南风，来自海洋的暖湿空气受人为影响较少，且 6~8 月降水量为 366.8mm，占全年降水的 58.5%，清除作用显著。总体而言，2008 年冬春季，气溶胶中 DON 的浓度均较高，夏季 DON 的含量最低。

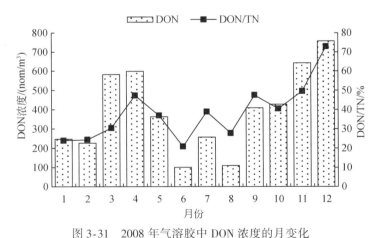

图 3-31　2008 年气溶胶中 DON 浓度的月变化

资料来源：韩静，2011

3.2.1.2　湿沉降中的营养盐

（1）降水量和 pH

2006 年 12 月~2008 年 11 月，共采集湿沉降样品 49 个，年均降水量为 942.1mm，其中夏季和秋季为 716.1mm，约占全年降水量的 75%（图 3-32）。雨水的 pH 为 3.66 ~ 6.83，加权平均值为 4.510，通常我们把 pH 小于 5.6 的降雨称为酸雨，根据计算青岛地区的酸雨率为 73.5%，其中最低值出现在 2007 年 5 月 23 日。秋冬季节的雨水 pH 明显高于春夏两季，虽然冬季取暖期是燃料燃烧 NO_x 和 SO_x 排放污染严重的季节，但是冬季风力较大，有利于污染物的扩散。另外，冬季西北风带来的大量沙尘中含有碱性物质（$CaCO_3$ 等）可以中和大气中的酸性物质。综合影响之下，秋冬季的雨水 pH 反而要高于春夏季。

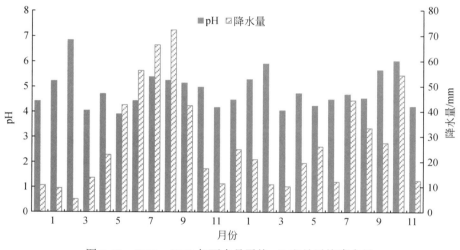

图 3-32　2006 ~ 2008 年雨水月平均 pH 和月平均降水量

资料来源：姜晓璐，2009

　　2009 年 1 月 ~ 2010 年 12 月，在青岛伏龙山共收集到 54 个降水样品，在 2010 年 10 月之后无有效降水。年均降水量为 680.3mm，在调查期间伏龙山的降水主要集中在春季和夏季，占到总降水量的 80% 左右，而冬季降水量最小，只占总降水量的 5% 左右。降水的 pH 为 3.80 ~ 7.43，降水量加权平均值为 4.80，最低值出现在秋季（2010 年 9 月 10 日）。一般来说，最低值理应出现在冬季，冬季采暖期燃煤产生的 NO_x 和 SO_2 等酸性气体含量较高，而冬季盛行西北风会带来大量沙尘颗粒，其中的 $CaCO_3$ 等碱性颗粒可以中和大气中的酸性成分，综合以上各种因素，使得冬季降水的 pH 不会太低。而在夏季降雨频率较高，降水量大，稀释了大气中的物质，因此夏季的雨水样品 pH 较高。pH 的变化范围很大，说明大气湿沉降受人类活动排放的污染物影响很大。根据以往研究把降水的 pH 划分为 4 个等级，pH>4.5（对环境酸化有严重影响）的占 33%，pH<5.0（对环境酸化有明显影响）的占 63%，说明伏龙山酸沉降比较严重。图 3-33 是 pH、降水量随时间的变化图，从图 3-33 中可以看出，2009 年的 pH 整体比 2010 年低，pH 的变化趋势与降水量没有明显的关系。

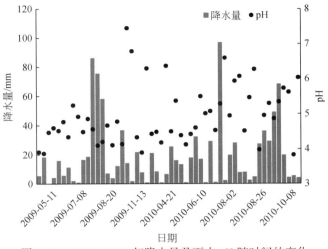

图 3-33　2009～2010 年降水量及雨水 pH 随时间的变化

资料来源：朱玉梅，2011

（2）2006～2008 年降水水中营养盐浓度的季节变化

青岛地区的氮营养盐中，NO_3-N+NO_2-N 和 NH_4-N 在冬季和春季的浓度明显高于夏、秋两季（图3-34），这主要是由于冬春季是取暖季节，污染比较严重，大气气溶胶当中的 NO_3-N+NO_2-N 和 NH_4-N 浓度升高；而尤其以春季最高，这可能是由于春季的降水量小，并且春季气溶胶中尿素氮浓度随着耕种施肥过程中尿素挥发而升高，导致氮营养盐浓度的升高。全年各季度降水中，NH_4-N 的浓度都要比 NO_3-N+NO_2-N 高，尤其是夏秋两季，NH_4-N 的平均浓度为 63.1μmol/L 和 63.3μmol/L，分别是这两个季节 NO_3-N+NO_2-N 的 2.7 倍和 2.5 倍。尽管夏秋季大量的降水可以在一定程度上降低 NH_4-N 的浓度，但 NH_4-N 仍在这两个季度浓度较高，这可能是由于两个原因造成的：①夏秋季节气温高，动植物和人类废弃物腐烂分解，产生氨态氮；②夏秋季是进行农业生产施肥的主要季节，氮肥中的 NH_3 大量挥发。

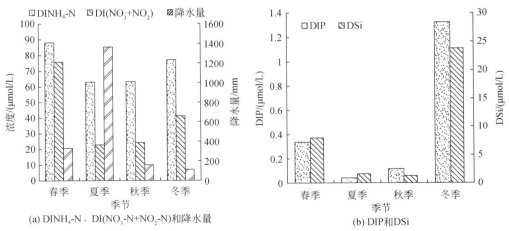

(a) DINH₄-N、DI(NO₃-N+NO₂-N)和降水量　　(b) DIP和DSi

图 3-34　2006～2008 年降水中无机营养盐 N、P 和 Si 以及降水量的季节变化

资料来源：姜晓璐，2009

降水中 DIP 年平均浓度为 0.20μmol/L，平均浓度最高的季节是冬季，为 0.65μmol/L。冬季的降水量小，燃料燃烧量大，加之沙尘的输送，是导致冬季 DIP 浓度明显高于其他季节的原因。春季和秋季的浓度相对较低，夏季降水量大，稀释了 DIP 的浓度，所以夏季最低。DSi 的年平均浓度为 3.58μmol/L，冬季的平均浓度为 23.01μmol/L，春季次之，浓度为 8.02μmol/L，冬季浓度分别是春、夏和秋 3 个季节的 2.98 倍、9.24 倍和 13.63 倍。

大气中有机氮的主要来源包括人为源和自然源。人为源包括生物物质的燃烧、工业活动、农业和畜牧业生产、废弃物处理、填土挥发等。自然源包括土壤灰尘（土壤腐殖质）以及动物和自然植被直接向大气中挥发的有机氮。另外，大气有机氮的另一重要来源是大气层中性质活跃的 NO_x 与碳氢化合物发生光化学反应的产物。研究表明，沿海地区或海岛，湿沉降中有机氮在总氮中的比例为 35%±21%。伏龙山的雨水样品中，DON 的年均浓度为 41.8μmol/L，各季度在 TDN 中所占的比例分别为 22%（春）、29%（夏）、42%（秋）和 30%（冬），全年平均值占 28%（图 3-35）。这一结果与全球海洋有机氮占总溶解氮的平均值（30%）比较接近。秋季的 DON 平均浓度最高，浓度为 65.0μmol/L，这可能是人为活动与自然界共同影响的综合结果。夏季降水量大，致使该季节的 DON 浓度最低，为 37.3μmol/L。

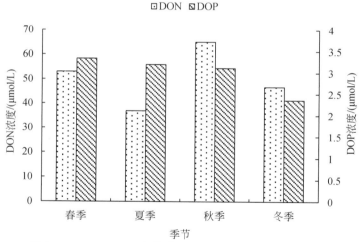

图 3-35　2006～2008 年降水 DON 和 DOP 浓度的季节变化

资料来源：姜晓璐，2009

大气中磷的来源，也分为人为源和自然源。其中自然源是指来自土壤和岩石的风化，这是大气中磷的主要来源，全球近岸水域溶解有机磷（DOP）的来源中非人类活动源占 81%。人为源是指人类活动（如燃料燃烧、工业生产），也是大气中磷的重要来源。伏龙山雨水中的（DOP）年均浓度为 3.19μmol/L，各季节在总溶解态磷（TDP）中所占的比例分别为 89%（春）、96%（夏）、98%（秋）和 78%（冬），全年平均值占 94%。有机磷（DOP）各季节之间的差别不大，但冬季相比较其他 3 个季节低，浓度为 2.37μmol/L，这可能是由于冬季青岛地区的高风速导致气溶胶中的可溶性有机磷被稀释。

（3）2009~2010 年雨水中营养盐浓度的月变化与季节变化

由图 3-36 可以看出，2009~2010 年降水中营养盐月平均浓度及降水量随时间的变化比较明显。降水量与营养盐浓度有密切的关系，在降水量较大的 7 月、8 月，降水中的营养盐平均浓度较低。NH_4-N、NO_3-N+NO_2-N 和 DIN 的月平均浓度变化趋势相似，3 月出现最小值，之后月平均浓度呈现上升的趋势，6~9 月浓度变化趋势比较平稳，10~12 月浓度变化具有明显的波动性。NH_4-N 在 3 月有最小值，为 1.45μmol/L，之后浓度迅速升高，4~9 月浓度变化比较平缓，10 月浓度有所升高，12 月达到最大值，为 150.8μmol/L，与最小值相差两个数量级。NO_3-N+NO_2-N 在 3 月出现最小值，为 10.1μmol/L，4 月出现最大值，为 99.1μmol/L，是最小值的 10 倍左右，之后浓度迅速降低，6~9 月浓度变化趋势较为平缓，10~12 月浓度变化较大。DIN 在 3 月出现最小值，之后月平均浓度迅速升高，之后浓度缓慢下降趋于平缓，10 月浓度升高，12 月达到一年中的最大值，最大值是最小值的 18 倍左右。

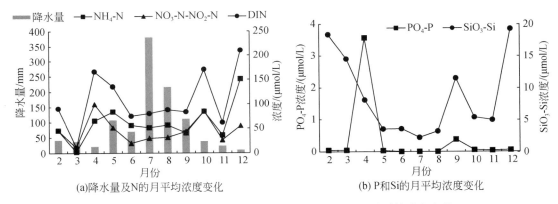

图 3-36　2009~2010 年降水中营养盐 N、P 和 Si 月平均浓度变化

资料来源：朱玉梅，2011

PO_4-P 和 SiO_3-Si 的浓度与 NH_4-N、NO_3-N+NO_2-N 相比都比较低，可能是因为土壤中的磷肥较氮肥更难挥发，且 PO_4-P 的来源较少。大气中的硅则主要来源于岩石风化和土壤的流失。PO_4-P 在 4 月达到最大值，为 3.57μmol/L，最小值出现在 6 月，其最大值比最小值高出两个数量级。SiO_3-Si 在 2 月有较大值，之后月平均浓度急剧降低，5~8 月浓度变化较小，之后浓度呈升高的趋势，12 月达到最大值，为 19.3μmol/L，大约是最小值的 6 倍。

由图 3-37 可以看出，各项营养盐浓度季节分布在 2009 年和 2010 年不一致。2009 年，NH_4-N 在冬季浓度最高，其他 3 个季节浓度相差不大；2010 年春季、冬季浓度相对较高，夏季、秋季较低。2009 年，NO_3-N+NO_2-N 的季节分布与 NH_4-N 不同，夏季的浓度最小，而其他 3 个季节浓度相差不大；2010 年，NO_3-N+NO_2-N 分布与 NH_4-N 的分布相似。NH_4-N 的年平均浓度为 54.8μmol/L，NO_3-N+NO_2-N 的年平均浓度为 36.3μmol/L，DIN 的年平均浓度为 91.1μmol/L；胶州湾全年降水中 DIN 60% 以 NH_4-N 的形式存在，40% 以 NO_3-N+NO_2-N 的形式存在。降水中高含量的 DIN 对浮游植物的生长有重要的作用。研究表明，赤潮前发生的降水中 DIN 含量较高，导致表层海水有较高浓度的 DIN，易发生赤潮。

2009 年，PO_4-P 秋季的平均浓度最高，春季、冬季相当，夏季的平均浓度最低；2010 年 PO_4-P 春季的平均浓度最高，秋季次之，夏季的平均浓度最低；2010 年 PO_4-P 的季节平均浓度明显高于 2009 年的季节平均浓度。2010 年 PO_4-P 的年平均浓度是 2009 年的 5 倍左右，PO_4-P 在两年中的平均浓度为 0.12μmol/L。2009 年，SiO_3-Si 秋季的平均浓度最高，冬季次之，夏季最低；2010 年冬季的平均浓度最高，春季、秋季次之，夏季的平均浓度最低；两年中，冬季的平均浓度最高为 18.6μmol/L，是夏季 2.72μmol/L 的 7 倍左右，SiO_3-Si 两年的平均浓度为 5.12μmol/L。

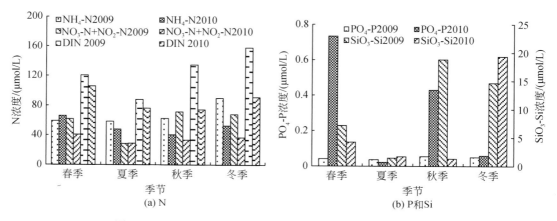

图 3-37   2009 ~ 2010 年降水中营养盐 N、P 和 Si 浓度季节变化

资料来源：朱玉梅，2011

3.2.1.3   胶州湾营养盐干、湿沉降通量

根据干沉降和湿沉降通量公式计算了各季节的胶州湾营养盐干湿沉降通量。2006 ~ 2008 年，由于夏季降水量大，降水对大气的冲刷作用以及夏季的季风作用降低了大气中的悬浮颗粒物浓度，因此各项营养盐的干沉降通量都是夏季最低（图 3-38）。尽管干沉降中 DI（NO_3-N + NO_2-N）的营养盐浓度比 DINH_4-N 低，但是由于沉降速率较快，因此 DI（NO_3-N+NO_2-N）的年沉降通量比 DINH_4-N 高。

氮的湿沉降中，除了 DI（NO_3-N+NO_2-N），DINH_4-N 和 DON 沉降都是在降水量最大的夏季输入通量最高，尤其是 DINH_4-N 夏季的沉降通量几乎等于其他 3 个季节的总和（图 3-39）。DON 也对氮沉降有一定的贡献，占全年氮沉降总量的 28%。湿沉降中，DOP 的沉降通量远远高于 DIP，且夏季也是沉降通量最大的季节。DISi 的沉降以冬季为主，冬季大量的风沙由西北输入，带来大量的岩石风化物，是降水中硅酸盐的主要来源。由表 3-8 可知，2006 ~ 2008 年胶州湾 DI（NO_3-N+NO_2-N）、DINH_4-N、DIP、DSi、DON 和 DOP 的沉降通量分别为 411.1mmol/（$m^2 \cdot a$）、339.3mmol/（$m^2 \cdot a$）、4.1mmol/（$m^2 \cdot a$）、11.8mmol/（$m^2 \cdot a$）、319.6mmol/（$m^2 \cdot a$）和 63.1mmol/（$m^2 \cdot a$）。除 DSi 和 DOP 以外，其他形态的营养盐大气输入都以湿沉降为主。DSi 湿沉降约占沉降总量的 27.8%，

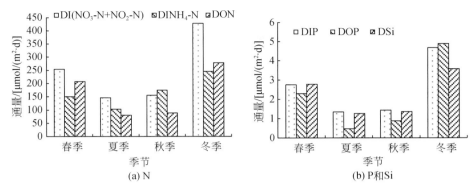

图 3-38 2006 ~ 2008 年各季度营养盐 N、P 和 Si 的大气干沉降通量

资料来源：姜晓璐，2009

DOP 湿沉降约占沉降总量的 5%。

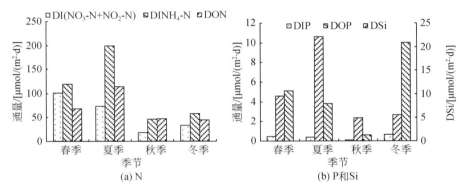

图 3-39 2006 ~ 2008 年各季度营养盐 N、P 和 Si 的大气湿沉降通量

资料来源：姜晓璐，2009

2009 ~ 2010 年大气营养盐沉降通量季节变化如图 3-40 所示。在干沉降中，各项营养盐在春季、冬季的沉降通量较大，秋季次之，夏季的沉降通量最小。春季、冬季由于采暖期燃料的燃烧以及沙尘天气较多，TSP 的浓度与其他季节相比较高，气溶胶中营养盐的浓度较高，因此沉降通量较大。夏季主要受海源的影响，人为活动产生的污染物较少，营养盐浓度较低，沉降通量较小。

湿沉降中，除 DIP 外，夏季的湿沉降通量均比其他 3 个季节高，且夏季的湿沉降通量均比干沉降通量高，这可能是由于夏季气溶胶中 TSP 的浓度和营养盐浓度较低，而夏季降水量较大的原因。湿沉降中 $DINH_4$-N、DI（NO_3-N+NO_2-N）和 DSi 在夏季的沉降通量分别占全年的 62%、51% 和 34%。

$DINH_4$-N 和 DI（NO_3-N+NO_2-N）在春、秋、冬 3 个季节中干沉降通量均比湿沉降通量大，其中干沉降中的 DI（NO_3-N+NO_2-N）浓度虽然比 $DINH_4$-N 低，但由于 NO_3-N 的沉降速率比 NH_4-N 的大，因此 DI（NO_3-N+NO_2-N）的干沉降通量比 $DINH_4$-N 的大。DIP 在四季中干沉降均比湿沉降通量大，干沉降年通量是湿沉降年通量的 8 倍左右。而 DSi 在四季中湿沉降通量均比干沉降通量大，湿沉降是干沉降年通量的 4 倍多。

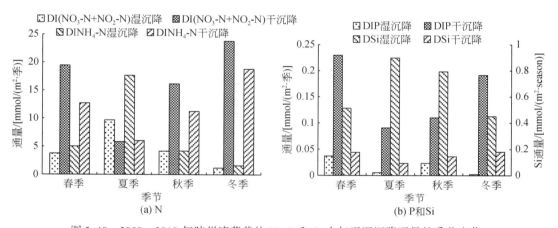

干沉降中 DON 和 DOP 的年沉降通量分别为 46.6mmol/(m²·a) 和 0.16mmol/(m²·a)，分别占 TDN 和 TDP 的 28% 和 21%。这与其他海域的研究相差不大，如在地中海，干沉降中的 DON 和 DOP 分别占 TDN 和 TDP 的 32% 和 38%；在新加坡近岸海域，干沉降中的 DON 占 TDN 的 30%。

DINH$_4$-N、DI(NO$_3$-N+NO$_2$-N)、DIP 和 DSi 的大气年沉降通量分别为 79.0mmol/(m²·a)、86.7mmol/(m²·a)、0.67mmol/(m²·a) 和 3.25mmol/(m²·a)，如表 3-8 所示。DSi 以湿沉降输入为主，其他营养盐的大气输入主要以干沉降为主，与毕言峰（2006）的研究结果一致。

图 3-40　2009~2010 年胶州湾营养盐 N、P 和 Si 大气干湿沉降通量的季节变化
资料来源：朱玉梅，2011

表 3-8　胶州湾海区大气营养盐干、湿沉降通量比较　[单位：mmol/(m²·a)]

时间	沉降	DI(NO$_3$-N+NO$_2$-N)	DINH$_4$-N	DIP	DSi	DON	DOP
2006~2008 年	干沉降	64.9	130.1	0.4	8.5	78.7	60
	湿沉降	346.2	209.3	3.7	3.3	240.9	3.2
2009~2010 年	干沉降	67.9	50.6	0.60	0.60	46.6	0.16
	湿沉降	18.8	28.3	0.07	2.65	—	—

根据 2008 年大气气溶胶中水溶性 DON 的监测结果，韩静（2011）计算了 DON 的大气干沉积通量。2008 年 1~12 月胶州湾大气 DON 沉降通量为 7.7~1074.7μmol/(m²·d)，平均值为 224.6μmol/(m²·d)±201.0μmol/(m²·d)，转化为年通量则为 82.0mmol/(m²·a)，与 2006~2008 年姜晓璐（2009）的 DON 干沉降结果（78.7mmol/(m²·a)）相近（图 3-41）。DON 沉降通量月季变化比较明显，其中最高值出现在 4 月 14 日，最低值出现在 8 月 5 日，3 月、4 月、11 月、12 月较高，沉降通量超过 300μmol/(m²·d)，6 月和 8 月沉降通量都低于 50μmol/(m²·d)。DON 沉降通量在季节变化中夏季最低，为 81.0μmol/(m²·d)，春季、秋季和冬季变化不明显，为 213.9~267.0μmol/(m²·d)。

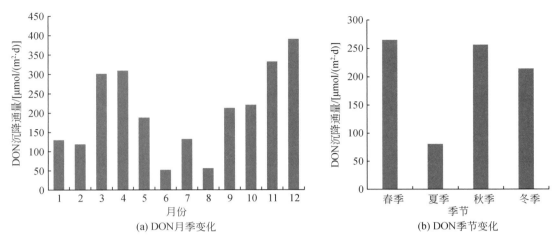

(a) DON月季变化　　　　　　　　　(b) DON季节变化

图 3-41　2008 年大气 DON 沉降通量的月季变化和季节变化特征

资料来源：韩静，2011

3.2.1.4　大气沉降对胶州湾初级生产力的影响

随着胶州湾水体富营养化的日益严重，DIN/DIP 不断升高而 DSi/DIN 日益减小，海水中浮游植物的生长受到 P 或 Si 的限制。新生产力是由真光层外输入的营养盐支持部分的初级生产力，可以根据 Redfield 比值计算。利用 DIP 和 DOP 的沉降通量可分别计算其带来的新生产力，估计各季节干、湿沉降所支持的新生产力对初级生产力的影响。根据以往研究计算的胶州湾初级生产力的周年变化，2006 ~ 2008 年春季、夏季、秋季、冬季胶州湾的初级生产力（PP）分别为 286.00mgC/（m² · d）、835.72mgC/（m² · d）、247.81mgC/（m² · d）和 102.27mgC/（m² · d）。假设大气干、湿沉降中的 DIP 和 DOP 都可以被浮游植物完全吸收，DIP 和 DOP 所支持的新生产力占同期胶州湾初级生产力的比例分别为 1.22%（春）、0.21%（夏）、0.73%（秋）、5.84%（冬）和 1.04%（春）、0.07%（夏）、0.46%（秋）、6.11%（冬）。2009 ~ 2010 年，大气干、湿沉降中的 DIP 在 4 个季节所支持的新生产力分别为 3.76mgC/（m² · d）、1.33mgC/（m² · d）、1.88mgC/（m² · d）和 2.70mgC/（m² · d），仅占同期胶州湾初级生产力的 1.3%、0.2%、0.8% 和 3.0%。

由此可以看出，DIP 和 DOP 均对胶州湾初级生产力有相当的贡献，其中 DOP 的贡献尤为突出。尽管大气沉降在初级生产力中所占比例较小，但是由于大气沉降自身的特点，它能够在短时间内通过强降水或者强风沙活动大量增加海水中的营养盐浓度，导致表层海水的营养盐浓度升高，促进浮游植物的大量繁殖。因此，大气干、湿沉降对胶州湾的海洋生态系统及其初级生产力都有着重要的影响。

3.2.2　大气气溶胶中的可溶性无机离子

刘臻等（2012）、王琳（2013）和陈晓静（2014）分别对 2008 年 1 ~ 12 月和 2009 年

9 月 ~ 2010 年 11 月、2011 年 3 ~ 11 月及 2012 年 8 ~ 2013 年 7 月胶州湾大气气溶胶中的可溶性无机离子进行了如下系统研究。

3.2.2.1 气溶胶中可溶性离子的浓度与组成

2008 年 1 ~ 12 月,青岛近海地区 TSP 中 10 种离子 F^-、Cl^-、NO_3^-、PO_4^{3-}、SO_4^{2-}、Na^+、NH_4^+、K^+、Mg^{2+} 和 Ca^{2+} 浓度总和的年均值为 $52.25\mu g/m^3$。对阴阳离子的质量平衡进行计算,得出离子平衡值为 $0.93\mu g/m^3$,处于表征离子平衡的 $0.9 \sim 1.1\mu g/m^3$,说明所测定的 10 种离子能够很好地代表大气气溶胶样品的无机成分。表 3-9 为各离子浓度的季节变化范围及平均值。

表 3-9 **2008 年胶州湾地区 TSP 中各水溶性离子浓度的季节变化范围及年平均值**

（单位：$\mu g/m^3$）

离子	春季	夏季	秋季	冬季	年平均值
F^-	0.02 ~ 1.66	0.01 ~ 0.13	0.01 ~ 0.44	0.04 ~ 3.26	0.29
Cl^-	0.3 ~ 12.92	0.38 ~ 4.76	1.01 ~ 5.12	1.26 ~ 24.49	4.08
NO_3^-	4.71 ~ 73.41	1.5 ~ 15.58	0.02 ~ 61.67	1.52 ~ 85.95	14.64
PO_4^{3-}	0.01 ~ 4.56	0.14 ~ 0.18	1.98 ~ 4.6	0.52 ~ 4.33	1.27
SO_4^{2-}	5.78 ~ 47.32	7.27 ~ 44.6	4.32 ~ 65.49	2.84 ~ 89.95	17.93
Na^+	0.29 ~ 6.02	0.07 ~ 3.02	0.07 ~ 4.12	0.25 ~ 10.78	1.57
NH_4^+	2.22 ~ 37.51	0.29 ~ 10.97	3.06 ~ 26.07	1.25 ~ 18.82	8.73
K^+	0.01 ~ 7.88	0.02 ~ 0.46	0.48 ~ 5.90	0.14 ~ 10.37	1.16
Mg^{2+}	0.03 ~ 1.96	0.17 ~ 0.31	0.13 ~ 0.92	0.27 ~ 1.64	0.44
Ca^{2+}	0.36 ~ 9.59	0.15 ~ 1.47	0.29 ~ 4.10	0.25 ~ 14.35	2.13

资料来源：刘臻等，2012

由表 3-9 可以看出,全年样品中 SO_4^{2-} 是最主要的离子,年均浓度为 $17.93\mu g/m^3$,最高值可达 $89.95\mu g/m^3$,NO_3^-、NH_4^+ 和 Cl^- 的年均浓度分别为 $14.64\mu g/m^3$、$8.73\mu g/m^3$ 和 $4.08\mu g/m^3$,其余 6 种离子浓度均小于 $2.2\mu g/m^3$。SO_4^{2-} 占总离子的比例为 34.3%,NO_3^- 占 28.1%,NH_4^+ 占 16.7%,Cl^- 占 7.8%,这 4 种离子共占总离子浓度的 86.9%;其他 6 种离子仅占总离子浓度的 13.1%,F^- 在所有的水溶性离子当中所占比例是最低的,仅为 0.6%,其次是 Mg^{2+},为 0.8%。由此可以得出,青岛大气气溶胶中的主要水溶性无机离子是 SO_4^{2-}、NO_3^-、NH_4^+ 和 Cl^-,而 SO_4^{2-} 的平均浓度略高于 NO_3^-,说明胶州湾地区颗粒物的主要致酸物质是 SO_4^{2-} 和 NO_3^-。

2009 年 9 月 ~ 2010 年 8 月,胶州湾地区 TSP 中 10 种离子浓度总和的年均值为 $51.53\mu g/m^3$。表 3-10 为各离子浓度的季节变化范围及年平均值。

表 3-10　青岛 TSP 中各水溶性离子浓度的季节变化范围及年平均值　（单位：μg/m³）

离子	春季	夏季	秋季	冬季	年平均值
F⁻	0.13 ~ 1.15	0.02 ~ 0.30	0.07 ~ 1.22	0.11 ~ 0.90	0.34
Cl⁻	1.22 ~ 12.30	0.18 ~ 4.96	0.50 ~ 10.96	0.61 ~ 11.47	2.82
NO₃⁻	3.86 ~ 21.45	3.90 ~ 34.95	2.66 ~ 53.61	2.54 ~ 35.96	12.75
PO₄³⁻	0.31 ~ 0.98	0.09 ~ 1.06	0.12 ~ 13.67	0.07 ~ 1.81	1.66
SO₄²⁻	4.55 ~ 27.31	5.72 ~ 28.89	4.74 ~ 74.78	5.99 ~ 98.44	16.29
Na⁺	0.26 ~ 17.00	0.27 ~ 6.99	0.38 ~ 22.93	0.95 ~ 7.27	4.47
NH₄⁺	2.36 ~ 16.02	2.91 ~ 21.15	1.25 ~ 27.46	2.54 ~ 36.90	8.24
K⁺	0.26 ~ 2.20	0.18 ~ 3.08	0.07 ~ 4.02	0.42 ~ 3.23	0.93
Mg²⁺	0.09 ~ 2.48	0.14 ~ 0.76	0.17 ~ 0.90	0.15 ~ 0.88	0.42
Ca²⁺	1.11 ~ 18.89	0.71 ~ 3.76	1.12 ~ 10.40	1.11 ~ 9.96	3.62

资料来源：刘臻等，2012

由表 3-10 可以看出，2009 ~ 2010 年与 2008 年类似，全年样品中 SO_4^{2-} 是最主要的离子，年均浓度为 16.29μg/m³，最高值可达 98.44μg/m³，NO_3^-、Na^+ 和 NH_4^+ 的年均浓度分别为 12.75μg/m³、4.47μg/m³ 和 8.24μg/m³，其余 6 种离子浓度均小于 3.7μg/m³。SO_4^{2-} 占总离子的比例为 31.6%，NO_3^- 占 24.7%，与 2008 年不同，Na^+ 所占比例较高，为 8.7%，NH_4^+ 占 16.0%，其质量浓度分别为 4.55 ~ 98.44μg/m³、2.54 ~ 53.61μg/m³、0.26 ~ 22.93μg/m³ 和 1.25 ~ 36.90μg/m³，这 4 种离子共占总离子浓度的 81.0%，其他 6 种离子仅占总离子浓度的 19.0%。同样，F^- 在所有的水溶性离子当中所占比例是最低的，仅为 0.7%，其次是 Mg^{2+}，为 0.8%。

2011 年 3 ~ 11 月，采集的青岛大气 TSP 样品中总水溶性无机离子质量浓度的平均值为 59.67μg/m³。从 2011 年各水溶性无机离子的浓度变化范围（表 3-11）可以看出，在所有采集的样品中，最主要的水溶性无机离子为 NO_3^-、SO_4^{2-} 和 NH_4^+，三者全年的日平均浓度分别为 18.06μg/m³、15.93μg/m³ 和 13.09μg/m³，占总悬浮颗粒物中总水溶性离子的百分数分别为 30.3%、26.7% 和 21.9%，浓度之和占水溶性离子总和的 78.9%。Ca^{2+}、Cl^- 和 Na^+ 的平均浓度分别为 3.95μg/m³、4.03μg/m³ 和 1.93μg/m³，分别占 TSP 总水溶性离子的 6.6%、6.7% 和 3.2%。F^- 占 TSP 总水溶性离子的百分数在所有离子中最少，仅占 0.7%。

表 3-11　2011 年 3 ~ 11 月青岛 TSP 水溶性离子变化范围及平均值　（单位：μg/m³）

离子	春季（3 ~ 5 月）	夏季（8 月）	秋季（10 ~ 11 月）	平均值
K⁺	0.14 ~ 8.21	0.08 ~ 3.10	0.12 ~ 4.49	0.96
Na⁺	0.10 ~ 10.23	0.81 ~ 8.41	0.04 ~ 4.81	1.93
Ca²⁺	0.91 ~ 24.23	0.26 ~ 9.51	0.62 ~ 13.98	3.95
Mg²⁺	0.04 ~ 1.59	0.06 ~ 0.70	0.05 ~ 1.27	0.36
NH₄⁺	3.76 ~ 37.97	2.38 ~ 45.68	0.94 ~ 42.40	13.09

离子	春季（3~5月）	夏季（8月）	秋季（10~11月）	平均值
NO_3^-	2.02~71.79	1.40~75.19	0.99~99.96	18.06
F^-	0.08~1.46	0.02~2.93	0.03~2.96	0.43
SO_4^{2-}	2.94~67.03	3.07~86.87	1.43~98.73	15.93
Cl^-	0.47~16.69	0.52~11.60	0.08~14.96	4.03

资料来源：王琳，2013

2012年8月~2013年7月青岛沿海大气气溶胶中9种水溶性无机离子浓度，其浓度在不同季节的变化范围及年平均值见表3-12。所测定的9种水溶性无机离子浓度总和的年平均值为65.05$\mu g/m^3$，这与2009~2010年（51.53$\mu g/m^3$）和2011年（59.67$\mu g/m^3$）的研究结果相比略有升高。各离子浓度年平均值的大小顺序为：SO_4^{2-}>NO_3^->NH_4^+>Cl^->Ca^{2+}>Na^+>K^+>Mg^{2+}>F^-。

表3-12 2012年8月~2013年7月青岛TSP中水溶性离子浓度变化范围及年平均值

（单位：$\mu g/m^3$）

离子	春季	夏季	秋季	冬季	年平均值	所占比例
Na^+	0.81~4.89	0.56~8.61	0.06~4.03	0.17~1.71	1.64	2.52
NH_4^+	1.76~31.53	1.81~15.63	0.60~14.07	1.60~22.80	8.50	13.07
K^+	0.14~1.61	0.28~0.98	0.17~1.76	0.21~2.07	0.68	1.04
Mg^{2+}	0.28~0.99	0.29~5.06	0.17~0.66	0.25~0.52	0.60	0.93
Ca^{2+}	1.30~5.36	1.46~7.50	0.64~4.45	1.02~6.97	2.69	4.13
F^-	0.11~0.47	0.13~0.51	0.00~0.65	0.00~1.40	0.31	0.48
Cl^-	1.05~7.18	0.42~17.13	0.42~12.31	0.37~18.17	4.70	7.22
SO_4^{2-}	7.85~62.42	5.95~38.36	5.71~35.06	4.80~123.98	26.10	40.12
NO_3^-	4.75~48.75	3.04~36.73	5.73~80.55	4.16~67.10	19.84	30.49

资料来源：陈晓静，2014

根据表3-12可知，与之前的研究结果一致，青岛沿海地区大气中主要水溶性无机离子为SO_4^{2-}、NO_3^-和NH_4^+，这3种离子占所测离子总浓度的比例达到83.68%。其中SO_4^{2-}是最主要的水溶性无机离子，年平均浓度为26.1$\mu g/m^3$，占所测离子总浓度的40.12%，第二位为NO_3^-（19.84$\mu g/m^3$），占30.49%，第三位为NH_4^+（8.50$\mu g/m^3$），占13.07%。所测定的青岛近海大气中水溶性无机离子中F^-和Mg^{2+}含量较低，分别为0.31$\mu g/m^3$和0.60$\mu g/m^3$，分别占所测离子总浓度的0.48%和0.93%。

3.2.2.2 气溶胶中可溶性离子的季节变化

（1）阳离子浓度的季节变化

2008年采样期间胶州湾地区TSP及其水溶性阳离子春、夏、秋、冬4个季节的浓度变化如图3-42所示。TSP在春季最高，为399.46$\mu g/m^3$，冬季次之，为225.41$\mu g/m^3$，秋季略低于冬季，为 206.52μg/m³，夏季最低，为 153.45μg/m³。青岛春季由于大风且沙尘天气较多，对颗粒物浓度有很大影响。冬季气候干燥且多风，加之燃煤取暖等人为源的影响，使得颗粒物浓度也比较高，而夏季降水充沛，对颗粒物浓度有一定的清除作用，从而使夏季大气颗粒物浓度为四季最低。春季水溶性离子总浓度的平均值为 63.64μg/m³，为夏季浓度（33.74μg/m³）的 1.9 倍，反映出青岛春季气溶胶污染比夏季严重。由于离子组分的来源不同，各水溶性离子表现出不同的季节变化特征。从图 3-42 可以看出，Na^+ 在冬季的平均浓度最高，为 2.99μg/m³，秋季次之，为 1.50μg/m³，春季为 0.70μg/m³，夏季最低，为 0.57μg/m³，与 1997～1998 年青岛气溶胶中 Na^+ 浓度呈春季最高、夏季最低的现象略有不同。Na^+ 冬季浓度最高可能是因为青岛冬季多大风天气（采样期间平均风速超过 8m/s 的天数为 5d），研究证实土壤源是钠盐的来源之一，因此冬季的多风天气会使来自地面土壤扬尘的 Na^+ 增多，而燃煤取暖也是导致冬季 Na^+ 含量升高的主要原因之一。此外，地表植被也会对 Na^+ 的浓度产生一定的影响，而秋季同样因为多大风天气（采样期间平均风速超过 7m/s 的天数为 7d）和燃煤取暖（青岛 2008 年供暖时间为 2008 年 11 月 16 日～2009 年 4 月 5 日），Na^+ 浓度也比较高。Na^+ 的浓度在多海风的夏季本应高于冬季，但是从夏季降雨的角度考虑，亲水性较强的 Na^+ 被降水大量吸收，加上气流主要来自较清洁的海洋气团，从而使 Na^+ 的浓度在夏季降低。

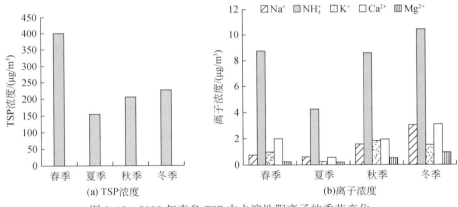

(a) TSP浓度　　(b)离子浓度

图 3-42　2008 年青岛 TSP 中水溶性阳离子的季节变化

资料来源：刘臻等，2012

NH_4^+ 的季节变化为：冬季（10.36μg/m³）>春季（8.70μg/m³）>秋季（8.51μg/m³）>夏季（4.17μg/m³），与前文大气气溶胶中营养盐的研究结果一致。大气气溶胶中 NH_4^+ 的唯一重要来源是气态 NH_3 的凝结，冬季采暖燃煤增加了空气中含氮气体的排放。另外，冬季的低温条件有利于空气中的 NH_3 与 NO_x 和 HNO_3 等气体结合生成颗粒态无机氮盐，并且低温条件不利于含氮化合物的分解，从而导致 NH_4^+ 的浓度在冬季最高。夏季的高温天气会导致 NH_4Cl、NH_4NO_3 等铵盐的分解和挥发，加上雨水的冲刷作用，使 NH_4^+ 的浓度降低。

K^+ 在秋季的平均浓度最高，为 1.74μg/m³，而夏季最低，为 0.18μg/m³，与 1997～1998 年青岛气溶胶中 K^+ 的季节变化类似。秋季的平均浓度是夏季的 9.7 倍，变化较大。K^+ 是生物质燃烧的示踪物，秋季，青岛郊区大量的燃烧秸秆、树叶等，造成 K^+ 在秋季浓度最高的现象。而夏季，尤其是 6 月，是青岛地区的麦收季节，所以也存在以秸秆焚烧为主的生物质燃烧现象，但青岛作为 2008 年奥运主办城市之一，政府为了确保奥运期间的空气质量，要求全面禁止燃烧秸秆，从而减少了大气中 K^+ 的来源，使青岛在夏季空气质量明显好转，这可能是造成夏季 K^+ 的平均浓度明显降低的主要原因。

Mg^{2+} 与 Ca^{2+} 均表现出冬季浓度最高、夏季浓度最低的现象，Mg^{2+} 的季节特征与 1997～1998 年青岛气溶胶中 Mg^{2+} 的季节变化类似，而 Ca^{2+} 则略有不同。两者的季节变化较明显，其原因可能与温度和湿度的季节性差异有关。有研究得出 Mg^{2+} 与 Ca^{2+} 的相关性比较高，Mg^{2+} 与 Ca^{2+} 主要来源于地表土壤和扬尘，此外，建筑施工产生的扬尘也是 Ca^{2+} 的重要来源。冬季降雨较少，空气干燥，且多大风天气，有利于颗粒物的再悬浮，使得气溶胶中 Mg^{2+} 与 Ca^{2+} 的含量较高。夏季潮湿，有利于 Mg^{2+} 与 Ca^{2+} 发生沉降，而且多雨天气不利于尘土进入大气，导致 Mg^{2+} 与 Ca^{2+} 夏季浓度最低，Mg^{2+} 夏季浓度（$0.08\mu g/m^3$）明显很低，加之青岛地区的主导风向为南风和东南风，所以夏季受远距离传输的尘土的影响较小，北方沙漠和黄土表面 Mg^{2+} 与 Ca^{2+} 的摩尔比值为 0.15，青岛大气气溶胶中 Mg^{2+} 与 Ca^{2+} 的物质的量比值为 0.34，由此推测 Mg^{2+} 除了来自尘土外，还有可能来自燃烧等过程。

2009～2010 年青岛地区 TSP 中水溶性阳离子春、夏、秋、冬 4 个季节的浓度变化如图 3-43 所示。从图 3-43 可以看出，Na^+ 在春季的平均浓度最高，为 $2.79\mu g/m^3$，夏季略低于春季，为 $2.78\mu g/m^3$，冬季为 $2.59\mu g/m^3$，秋季最低，为 $2.11\mu g/m^3$，与 1997～1998 年青岛气溶胶中 Na^+ 浓度呈春季最高，夏季最低的现象略有不同，也与 2008 年 Na^+ 在冬季最高，夏季最低不同。不同年份 Na^+ 浓度的季节差异可能与采样时不同的天气状况有关。Na^+ 春季浓度最高可能是因为青岛春季多沙尘天气且多风，土壤源是钠盐的来源之一，因此春季的大风以及沙尘天气会导致来自此部分的 Na^+ 增多。夏季 Na^+ 浓度也比较高，这主要是因为青岛位于沿海地区，而海洋气溶胶中含有丰富的 Na^+，风从海洋吹向陆地，因此会带来大量的 Na^+。冬季 Na^+ 浓度高于秋季，可能是因为青岛冬季多大风天气，会使来自地面土壤扬尘的 Na^+ 增多，而燃煤取暖也是导致冬季 Na^+ 含量升高的主要原因之一。此外，地表植被也会对 Na^+ 的浓度产生一定的影响。

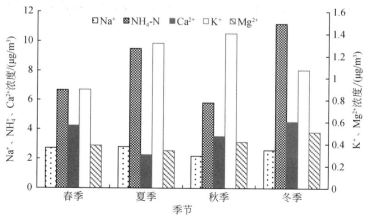

图 3-43 2009～2010 年青岛 TSP 中水溶性阳离子的季节变化

资料来源：刘臻等，2012

NH$_4^+$的季节变化为：冬季（11.13μg/m³）>夏季（9.48μg/m³）>春季（6.64μg/m³）>秋季（5.80μg/m³），与 2008 年对青岛气溶胶中 NH$_4^+$呈现冬季高、夏季低的研究结果略有不同。与 2008 年冬季相似，冬季的采暖燃煤和低温条件有利于颗粒态无机氮盐的生成，因而导致 NH$_4^+$的浓度在冬季最高。2010 年青岛多次出现霾天，总天数多达 88 天，即便是在夏季也常出现霾天，而且雾天较多，因此夏季 NH$_4^+$出现浓度高值主要是因为采样期间霾以及雾天等污染天气的出现。研究证明，霾天的出现会大大增加空气中 NH$_4^+$的含量，而雾天会促进 NH$_3$、NO$_x$、HNO$_3$等气体生成二次气溶胶的反应，因此雾天的出现会导致 NH$_4^+$浓度的升高，因而导致 NH$_4^+$夏季浓度较高。

K$^+$的季节变化为：秋季（1.40μg/m³）>夏季（1.31μg/m³）>冬季（1.06μg/m³）>春季（0.89μg/m³），与 1997～1998 年及 2008 年青岛气溶胶中 K$^+$浓度秋季高、夏季低的季节变化不同。如前所述，秋季是青岛郊区大量燃烧秸秆、树叶的季节，K$^+$是生物质燃烧的示踪物，从因而造成 K$^+$在秋季浓度最高的现象。而夏季，尤其是 6 月份，是青岛地区的麦收季节，所以也存在以秸秆焚烧为主的生物质燃烧现象，导致夏季 K$^+$也比较高。冬季 K$^+$浓度略高于春季，可能与冬季取暖燃烧大量的化石燃料有关。

Mg^{2+}与 Ca^{2+}均表现出冬季浓度最高、夏季浓度最低的现象，Mg^{2+}与 Ca^{2+}的季节变化特征与 2008 年青岛气溶胶中 Mg^{2+}与 Ca^{2+}的季节变化类似，Mg^{2+}与 Ca^{2+}在冬季的高值原因与 2008 年一致，在此不再赘述。值得一提的是，虽然夏季特殊天气会使部分离子的浓度升高，但霾天的出现对 Mg^{2+}与 Ca^{2+}的浓度影响较小，加上夏季比较潮湿，有利于 Mg^{2+}与 Ca^{2+}发生沉降，由此可能导致两者在夏季浓度最低。

2012 年 8 月～2013 年 7 月青岛沿海地区大气气溶胶中水溶性阳离子的季节变化如图 3-44 所示。根据图 3-44 可知，青岛近海大气中 Na$^+$浓度的季节变化为：夏季（2.30μg/m³）>春季（2.28μg/m³）>冬季（1.02μg/m³）>秋季（0.95μg/m³），与以往的研究差异较大，1997～1998 年青岛大气中 Na$^+$浓度春季最高、夏季最低；2009～2010 年青岛大气中 Na$^+$浓度冬季最高，夏季最低。海洋源是沿海大气中 Na$^+$的来源之一，由于采样点位于近海，夏季海风可能对大气中 Na$^+$有较大贡献，因而导致夏季 Na$^+$浓度较高。春季 Na$^+$浓度也比较高，略低于夏

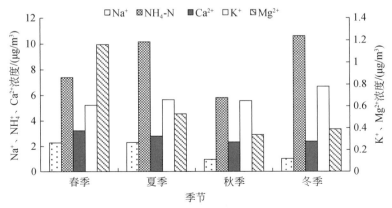

图 3-44　2012 年 8 月～2013 年 7 月青岛大气 TSP 中水溶性阳离子季节分布

资料来源：陈晓静，2014

季，春季大风扬尘天气较多，而研究发现 Na$^+$ 来源之一是土壤源，春季大风扬尘天气导致来自土壤源的 Na$^+$ 增加，因此春季 Na$^+$ 浓度较高。

NH$_4^+$ 浓度的季节变化为：冬季（10.62μg/m^3）>夏季（10.16μg/m^3）>春季（7.40μg/m^3）>秋季（5.82μg/m^3），呈现出冬季、夏季高于春季、秋季的变化规律，这与青岛近几年研究有所差异，总体上，各个季节 NH$_4^+$ 浓度较 2009～2010 年研究结果有所升高。大气中铵盐的主要来源是由空气中的 NH$_3$ 转化形成的，其转化过程受到环境温度、相对湿度、大气辐射等多种因素的共同影响。冬季较低的气温有利于气态 NH$_3$ 转化为颗粒态无机铵盐，而且低温不利于含氮化合物的分解，加之冬季燃煤取暖加大了大气中含氮气体的排放，因此 NH$_4^+$ 的浓度在冬季出现最高浓度。夏季 NH$_4^+$ 的浓度也比较高，比冬季略低一点，这可能是由于夏季农田化肥施用增多、生物活动频繁以及较大的空气相对湿度促进 NH$_3$ 转化为铵等，导致夏季浓度较高。刘臻（2012）的研究表明霾天导致 NH$_4^+$ 浓度大幅升高，在此期间也出现相同的结果，采样期间夏季多次出现霾天，这可能也导致 NH$_4^+$ 浓度在夏季较高。

K$^+$ 的浓度季节变化范围相对较小，冬季（0.78μg/m^3）>夏季（0.66μg/m^3）>秋季（0.65μg/m^3）>春季（0.61μg/m^3）。K$^+$ 主要来源于生物质燃烧、燃煤、燃油、土壤以及海洋源等，冬季燃煤取暖可能是导致青岛冬季 K$^+$ 浓度高的原因。大量研究表明，近距离生物质燃烧对大气中 K$^+$ 浓度影响很大，夏秋农田收割季节，秸秆焚烧等生物质燃烧会导致夏秋季 K$^+$ 浓度较高。

青岛沿海 Ca^{2+} 的浓度季节变化为：春季（3.24μg/m^3）>夏季（2.81μg/m^3）>冬季（2.38μg/m^3）>秋季（2.34μg/m^3）。Ca^{2+} 是典型的地壳金属元素，主要来源为地表土壤和扬尘，青岛春季多大风扬尘天气，来自陆地的地表土壤和扬尘增多，导致冬季 Ca^{2+} 浓度较高。Mg^{2+} 的浓度季节变化与 Ca^{2+} 一致，春季（1.16μg/m^3）>夏季（0.53μg/m^3）>冬季（0.39μg/m^3）>秋季（0.34μg/m^3）。Ca^{2+} 和 Mg^{2+} 季节变化趋势一致，表明有共同的来源。

（2）阴离子浓度的季节变化

2008 年采样期间青岛地区 TSP 中水溶性阴离子春、夏、秋、冬 4 个季节的浓度变化如图 3-45 所示。

F$^-$ 的季节变化为：冬季>春季>秋季>夏季，与 NH$_4^+$、Ca^{2+} 的季节变化相同。F$^-$ 是水溶性无机离子中浓度最低的一种物质，其季节变化比较明显。冬季最高（0.53μg/m^3），夏季最低（0.02μg/m^3），最大值出现在 1 月，为 3.26μg/m^3。F$^-$ 的来源有燃煤、铝制工业、磷酸盐化肥厂、玻璃品、陶瓷工业和钢厂。采样点附近没有导致高浓度 F$^-$ 排放的各种工业，而山东煤炭中氟的平均含量约为 137mg/kg，高于 80mg/kg 的世界煤炭氟平均含量，也高于 136mg/kg 的中国煤炭氟平均含量，由此推测导致 F$^-$ 浓度冬季最高可能是因为冬季采暖燃烧含氟较高的煤炭所致。春季 F$^-$ 的浓度（0.33μg/m^3）也较高可能与青岛春季多沙尘天气有关。

Cl$^-$ 的季节变化为：冬季>春季>夏季>秋季，这与 1997～1998 年青岛气溶胶中 Cl$^-$ 浓度呈春季高夏季低的趋势略有不同。青岛的地理位置决定了部分 Cl$^-$ 来源于海洋，此外，化石燃料的燃烧容易形成多种含 Cl$^-$ 的有机和无机物质，冬季由于采暖燃煤，使得青岛气溶胶中 Cl$^-$ 的浓度在冬季远高于非采暖期。而在采样期间，青岛春季多次出现污染天气（如

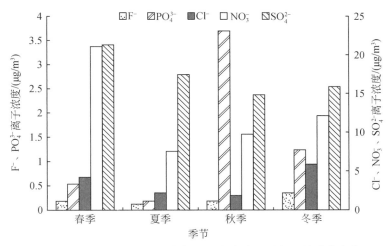

图 3-45　2008 年 1～12 月青岛 TSP 中水溶性阴离子的季节变化

资料来源：刘臻等，2012

沙尘、雾、霾），这使得近地层污染物不易扩散，浓度升高，春季多沙尘，扬起的沙尘中 Cl^- 浓度都较高，这可能是青岛春季 Cl^- 浓度也比较高的原因。Cl^- 的浓度夏季稍高于秋季，可能是因为夏季青岛多次出现轻雾以及阴天，造成空气中的水汽浓度大，相对湿度高（采样期间相对湿度超过 75% 的天数为 6d），大气中的 HCl 气体易溶于水，或在气溶胶表面发生均相、非均相化学反应而生成 Cl^-。

NO_3^- 的季节变化为：春季＞冬季＞秋季＞夏季，NO_3^- 春冬季浓度高，平均浓度为 $16.55\mu g/m^3$，其中春季、冬季测得的最大浓度为 $85.95\mu g/m^3$，而夏、秋两季 TSP 中 NO_3^- 的平均浓度变化不大，两个季节的平均浓度为 $9.65\mu g/m^3$。有研究证明，沙尘天气的出现会大大增加气溶胶中 NO_3^- 的浓度，因此 NO_3^- 春季浓度最高，可能是因为春季沙尘暴频发，北方源地携带颗粒态无机氮组分的沙尘气溶胶颗粒被运送至青岛，使无机氮组分浓度增加。同时，粗粒子中的 $CaCO_3$ 等颗粒为 NO_3^- 与 NH_4^+、Na^+、Ca^{2+} 等离子反应提供反应介质，使 NO_3^- 浓度为春季最高。此外，汽车尾气也是 NO_3^- 的重要来源之一，青岛的经济比较发达，车流量较多，因此汽车尾气也是 NO_3^- 来源不可忽视的一部分。从 5 月开始，青岛进入旅游旺季，车流量增多，而采样点靠近旅游干线，这同样对春季 NO_3^- 浓度产生较大的影响。冬季低温有利于气态 HNO_3 向粒子态的 NH_4NO_3 的转化，而 NH_4NO_3 在温度较低的情况下，不易分解，边界层稳定不利于污染物的扩散以及较低的湿清除效率，加上煤炭燃烧使含氮气体增加，使冬季 NO_3^- 的平均浓度较高。此外，汽车尾气属于低层污染源，冬季逆温使其不易扩散出去，这也是 NO_3^- 浓度在冬季较高的原因之一。虽然夏季 NO_2 向 NO_3^- 转化的光化学反应较强，但高温天气会导致硝酸盐的分解和挥发，加上青岛夏季降水丰富，对于大气颗粒物有一定的清除作用，因此夏季 NO_3^- 的浓度为四季最低。

PO_4^{3-} 的季节变化为：秋季＞冬季＞春季＞夏季，与 K^+ 的季节变化相同。PO_4^{3-} 的含量虽少，但季节变化很大，秋季的平均浓度为 $3.64\mu g/m^3$，而夏季的平均浓度仅为 $0.04\mu g/m^3$，秋季是夏季的 91 倍，秋季最高值可达 4.60μg/m³，也是一年当中的最大值。PO₄³⁻ 受人为源的影响比较大，来源包括各种磷酸盐产品的工业生产、鸟类的排泄物、固体废物的倾倒、磷酸盐化肥的施用和燃煤等。采样点附近没有导致高浓度 PO₄³⁻ 排放的各种工业，所以 PO₄³⁻ 的浓度受此来源的影响较小。青岛以种植小麦、玉米一年两作种植模式为主，玉米最佳播种施肥在 6 月，小麦最佳播种施肥在 10 月，因此可以推测 PO₄³⁻ 秋季浓度最高主要是因为秋季是庄稼施肥的黄金季节，各种磷酸盐化肥的施用会大大增加，加上 11 月中旬开始供暖，导致空气中 PO₄³⁻ 含量升高。夏季虽也有农业施肥的影响，但夏季降水量丰富，雨水的冲刷造成 PO₄³⁻ 浓度的降低，这可能是 PO₄³⁻ 浓度在夏季最低的主要原因。

SO₄²⁻ 的季节变化为：春季>夏季>冬季>秋季，四季浓度都比其他离子高。SO₄²⁻ 主要来源于大气中 SO₂ 的转化，春季风沙较大，导致大气中颗粒态物质增多，SO₂ 被颗粒态物质吸附并且发生催化转化的概率增大，有研究也表明霾天气有利于 SO₂ 转化为 SO₄²⁻，而春季是霾天气的多发季节，从而导致春季 SO₄²⁻ 浓度最高。SO₄²⁻ 的浓度在夏季也比较高的原因主要是因为夏季的高温天气使 SO₂ 的光化学反应加强，向 SO₄²⁻ 转化的产率提高，而且夏季的空气湿度较高，SO₂ 在云中的氧化反应也得到加强。研究表明，夏季，二甲基硫在海水中的浓度较高，而海水中的二甲基硫进入大气后可氧化为 SO₂，并最终转化为硫酸盐。冬季的燃煤取暖会排放二次颗粒物的前驱物 SO₂，大气中 SO₄²⁻ 的浓度既取决于 SO₂ 的排放，也与大气中气态 SO₂ 转化为颗粒态 SO₄²⁻ 的光化学反应和液相氧化有关。而冬季的低温、低湿条件不利于 SO₂ 的转化，这可能是 SO₄²⁻ 的浓度在冬季略微降低的原因。大气颗粒物中 NO₃⁻ 和 SO₄²⁻ 的质量比（NO₃⁻/SO₄²⁻）可以用来比较固定源和移动源对大气中硫和氮贡献量的相对大小，NO₃⁻ 作为移动源排放的指标，SO₄²⁻ 作为固定源排放的指标。结果表明，TSP 中 NO₃⁻/SO₄²⁻ 的平均值为 0.82（≤1），由此说明在青岛固定排放源（如燃煤）对大气水溶性组分的贡献大于移动排放源（如机动车），而机动车尾气排放出大量的 NOₓ 气体，经过紫外线的照射可以最终生成硝酸盐，使得 NO₃⁻/SO₄²⁻ 的值从 2004 年底的 0.73 上升至 2008 年的 0.82。

2009～2010 年青岛地区 TSP 中水溶性阴离子春、夏、秋、冬 4 个季节的浓度变化如图 3-46 所示。

F⁻ 的浓度季节变化为：冬季>春季>秋季>夏季，与 Ca²⁺ 的季节变化相同。Cl⁻ 的浓度在冬季最高，为 4.43μg/m³，其次是春季，为 3.79μg/m³，秋季最低，为 1.57μg/m³，F⁻ 与 Cl⁻ 浓度的季节变化均与 2008 年的调查一致。F⁻ 是所研究的所有水溶性无机离子中浓度最低的一种物质，其季节变化也与 2008 年相同，表现为冬季浓度最高，为 0.51μg/m³，夏季浓度最低，为 0.12μg/m³。F⁻ 浓度冬季最高可能是因为冬季采暖燃烧含氟较高的煤炭以及冬季的多风天气使得地面的土壤扬尘增多导致的，而春季 F⁻ 浓度也较高，为 0.47μg/m³，可能与青岛春季多沙尘天气有关。冬季的采暖燃煤与春季多次出现的沙尘、雾霾天气是青岛冬季和春季 Cl⁻ 浓度较高的原因。

NO₃⁻ 浓度的季节变化为冬季最高，秋季最低，这与 2008 年对青岛气溶胶中 NO₃⁻ 呈现春季、冬季浓度高，夏季浓度低的研究结果不同。冬季 TSP 中 NO₃⁻ 的平均浓度为 13.71μg/m³，

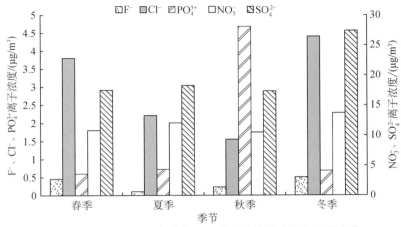

图 3-46　2009~2010 年青岛 TSP 中水溶性阴离子的季节变化

资料来源：刘臻等，2012

夏季为 $12.08\mu g/m^3$，而春、秋两季 TSP 中 NO_3^- 的平均浓度差别不大，分别为$10.82\mu g/m^3$和 $10.56\mu g/m^3$。冬季低温利于 NH_4NO_3 的转化且不易分解，加上煤炭燃烧以及冬季逆温使汽车尾气不易扩散是导致冬季 NO_3^- 的平均浓度最高的原因。夏季 $NO_3\text{-}N$ 浓度比较高，一方面是夏季光照较强，NO_2 向 NO_3^- 转化的光化学反应提高，另一方面则是夏季采样期间出现的霾和雾天等污染天气所致。霾天气时的气象因素有利于大量硝酸盐的形成，而雾滴作为载体可以把许多一次污染物转化为二次污染物，会促进 NH_3、NO_x、HNO_3 等气体生成二次气溶胶的反应。同时有研究表明，雾天 NO_3^- 浓度较晴天会明显升高，这可能是 NO_3^- 浓度在夏季比较高的原因之一。NO_3^- 春季浓度略高于秋季，可能与春季多沙尘天气和车流量增加有关。

PO_4^{3-} 浓度为秋季最高，其他 3 个季节浓度差别不大。秋季的平均浓度为 $4.67\mu g/m^3$，而春季的平均浓度仅为 $0.59\mu g/m^3$，秋季是夏季的 8 倍，秋季最高值可达 $13.67\mu g/m^3$，也是一年中的最大值。PO_4^{3-} 受人为源的影响比较大，秋季浓度最高主要是因为秋季是庄稼施肥的黄金季节，会增加各种磷酸盐化肥的施用，加上 11 月中旬开始供暖，也会导致空气中 PO_4^{3-} 含量升高。夏季同样因为农业施肥的影响，使 PO_4^{3-} 浓度略高于冬季和春季，但差别不大，这可能与夏季降水对颗粒物的清除作用有关。而冬季略高于春季，则可能是由于燃煤取暖所致。

SO_4^{2-} 浓度的季节变化为：冬季>夏季>春季>秋季，与 2008 年略有不同。SO_4^{2-} 冬季浓度最高可能是由于青岛冬季取暖燃烧大量的煤等化石燃料排放大量的 SO_2 的转化所致。夏季 SO_4^{2-} 的浓度也比较高的原因除了夏季的高温天气会使 SO_2 的光化学反应加强、向 SO_4^{2-} 转化的产率提高，且夏季的空气湿度较高使得 SO_2 在云中的氧化反应得到加强，以及夏季海水中较高浓度的二甲基硫的转化外，夏季采样期间出现的霾天气也增大了 SO_2 向 SO_4^{2-} 转化的概率。这些可能是造成夏季 SO_4^{2-} 浓度也比较高的原因。春季 SO_4^{2-} 浓度略高于秋季，可能是因为春季风沙比较大，SO_2 被颗粒态物质吸附并且发生催化转化的概率增大，加之春季多发的霾天有利

于 SO_2 转化为 SO_4^{2-}，从而导致春季 SO_4^{2-} 浓度略高于秋季。

2012 年 8 月 ~2013 年 7 月青岛沿海大气气溶胶中水溶性阴离子的浓度季节变化如图 3-47 所示。根据图 3-47 可知，F^- 的浓度季节变化为：春季（0.42μg/m³）>冬季（0.31μg/m³）>夏季（0.28μg/m³）>秋季（0.24μg/m³），大气中 F^- 的来源有燃煤尘、铝制工业等工业尘以及土壤尘。春季多大风扬尘天气，导致 F^- 的浓度较高。冬季正值燃煤取暖期间，且气候干燥大风天气较多引起的土壤尘增多，因此 F^- 在冬季浓度也较高。Cl^- 的浓度季节变化为：冬季（6.94μg/m³）>春季（5.38μg/m³）>秋季（3.85μg/m³）>夏季（2.62μg/m³）。化石燃料的燃烧是大气中 Cl^- 的重要来源，冬季处于燃煤采暖期，化石燃料燃烧增多，导致冬季 Cl^- 的浓度增大。SO_4^{2-} 的浓度季节变化规律为：冬季（44.82μg/m³）>夏季（25.74μg/m³）>秋季（19.23μg/m³）>春季（14.60μg/m³）。SO_4^{2-} 主要来源于大气中 SO_2 的转化，青岛 SO_4^{2-} 冬季浓度最高的原因可能是冬季燃煤取暖排放大量 SO_2，夏季 SO_4^{2-} 浓度也较高，可能是因为夏季太阳辐射强烈，由光化学反应引起的气粒转化增强。NO_3-N 的浓度季节变化规律为：冬季（24.69μg/m³）>秋季（21.62μg/m³）>夏季（17.21μg/m³）>春季（15.82μg/m³），秋冬季气温低有利于 HNO_3 转化为 NH_4NO_3，并且低温时 NH_4NO_3 不易分解，这可能是秋冬季 NO_3^- 浓度较大的原因。

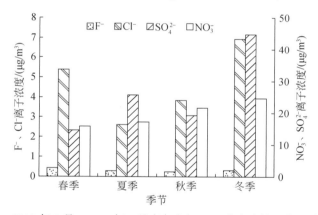

图 3-47　2012 年 8 月 ~2013 年 7 月青岛大气 TSP 中水溶性阴离子季节分布

资料来源：陈晓静，2014

硫酸盐和硝酸盐主要来源于化石燃料的燃烧，是大气气溶胶中典型的二次气溶胶，可以用 NO_3^-/SO_4^{2-}（质量比）的相对大小来反映机动车和燃煤对大气气溶胶中氮和硫的相对贡献量，作为移动排放源（如机动车）和固定排放源（如燃煤）排放强度的指示因子。分别计算了春、夏、秋、冬 4 个季节的 NO_3^-/SO_4^{2-}，其值的大小顺序为：秋季（1.12）>春季（1.08）>夏季（0.68）>冬季（0.55），表明在秋季和春季移动源对青岛大气气溶胶中水溶性离子的贡献要略大于固定源的贡献，而夏季与冬季与此相反，固定源对青岛大气气溶胶中水溶离子的贡献明显大于移动源的贡献。2000 年 NO_3^-/SO_4^{2-} 为 0.59，2007 年为 0.72，2010 年为 0.76，2012 ~2013 年的研究结果为 0.76。由此可以看出，近年来青岛近海大气中 NO_3^-/SO_4^{2-} 呈现逐渐上升的趋势。一方面，中国近年来实行的经济结构调整，以及燃煤排放的控制措施，使 SO_2 排放的增长趋势减缓，另一方面，随着经济的快速发展，青岛近年来机动车辆不断增加，机动车尾气排放的 NO_x 也随之增多，导致 NO_3^-/SO_4^{2-} 不断增大。

3.2.3 大气干湿沉降对胶州湾微（痕）量元素的输入

刘素美等（1991，1993）、王云龙等（2005）、祁建华（2003）、贲孝宇（2014）和陈晓静（2014）分别对 1988 年 10 月~1990 年 5 月、2002 年春季、2001 年 5 月~2002 年 4 月、2012 年 12 月~2013 年 1 月以及 2013 年 3~4 月和 2012 年 8 月~2013 年 7 月的大气干湿沉降样品和气溶胶中的微（痕）量元素作了如下系统的研究。

3.2.3.1 大气干湿沉降样品中微量元素的分布特征

1988 年 10 月~1990 年 5 月，因 3~7 月为多雨季节，降水频率高、降水量大，多为 20~55mm。结果表明，溶解态 Co、Cr 一般小于检测限，Pb、Ni 也小于检测限（表3-13）。元素浓度与降水量有很大关系，高的元素浓度对应低降水量，低的浓度对应高降水量。雨水中 K、Na、Ca、Mg 的浓度变化很大，K、Mg 为 5~10 倍，Na、Ca 的浓度变化则超过一个数量级（表3-14）。由雨水中溶解态金属浓度同样降水量有很大关系，降水量增加时，金属元素浓度降低，反之亦然。青岛雨水中 Na、Mg 近似或稍高于其他地区近岸雨水的浓度，而 Ca、K 则显著增加，可能是与陆源风沙输送的影响有关。

表 3-13 1988 年 10 月~1990 年 5 月间雨水中溶解态痕量元素的浓度

日期	降水量 /mm	元素浓度/（μg/L）							
		Zn	Co	Fe	Cu	Mn	Pb	Cr	Ni
1988 年 10 月 4 日~1989 年 5 月 9 日	5.7~54.8	10~68	<2	1~384	1~13	2~103	<10	<2	<6~12

资料来源：刘素美等，1991

表 3-14 雨水中金属元素含量　　　　　　　（单位：mg/L）

元素	Mg	Ca	Na	K
几何平均值	0.35	1.73	3.30	0.44
范围	0.17~1.6	0.4~13.43	0.3~3.4	0.17~1.4

资料来源：刘素美等，1991

大气中的微量元素，如 Co、Cr、Cu、Pb、Zn 等，受人类活动的影响较明显，这些元素在大气中的浓度相对于地壳、岩石风化的产物和盐粒（海洋）有较高的浓度水平。例如，大气中来自工业排放和化石燃烧的 Pb 较天然来源的 Pb 浓度更高，而 Fe、Mn，可能主要来自地壳岩石风化，并由于风的作用而进入大气。由于"清洗效应"这些元素随降水而返回地表，其浓度随云系的来源和降水量的变化略有不同。大气 Zn、Cu 的变化幅度在采样、观测期间可达 7~10 倍，对于这些痕量化学要素，一方面受工业排放影响；另一方面局部性的天气质量恶化的影响是显著的，特别在冬季，由于取暖等大量燃烧煤及其他化石燃料，使得空气中尘埃的浓度剧增，引起溶解态化学元素的浓度增加。此外，在冬季大气中雨水及颗粒物的存留时间相对增加了，这与天气动力学的条件变化有关，随之而来的是更多的痕量元素以固相进入水中。

大气干沉降的元素浓度见表3-15，除 Fe、Mn 外，南黄海沉积物中的 Co、Pb、Zn、Cu、Ni、Cr 等的浓度均较大气干沉降中相应元素的浓度更低。这表明大气干沉降颗粒进入海洋沉积物中可能会引起沉积物中某些痕量元素的浓度增加。大气干沉降对沉积物中化学成分的影响随元素而异，对于那些以天然过程的产物（例如风化、侵蚀作用）为主要物源的元素，如 Fe 和 Mn 等，它们在大气与海洋颗粒物中的浓度差别并不显著或两者近似，相反对于某些低浓度的痕量元素，它们在大气干沉降物中的浓度可以是海洋沉积物的 2～3 倍。干、湿沉降浓度的对比表明，痕量元素在湿沉降中的浓度普遍高于干沉降，指出湿沉降对于物质向海洋的输入作用可能更显著。

表 3-15　大气干湿沉降与南黄海沉积物中微量元素的浓度对比　（单位：μg/g）

样品		Co	Mn	Pb	Zn	Cu	Ni	Cr	Fe
干沉降	平均值	51.87	432.2	188.3	289.3	138.2	61.1	77.8	31 582.9
	范围	6.2～337.8	31.2～988.8	1.2～359.9	41.6～526.2	4.7～315.9	0.1～207.6	6.4～158.3	4 641.1～53 589.4
湿沉降	平均值	182.5	539.8	593.4	390.0	246.6	314.6	86.4	49 641.2
	范围	18.8～595.0	188.5～925.2	0.1～660.4	113～1 197	30.6～847.5	0.1～1 811	0.1～223.1	15 000～71 800
南黄海沉积物	平均值	13	679	23.3	66.3	19.3	39.2	49.8	31 900
	范围	10.6～15.4	364～1 269	13～32	29.5～110	7～31	22.5～57.5	24.2～85.6	17 000～45 500

资料来源：刘素美等，1991

表 3-16 为直接测定的湿沉降中颗粒物和总沉降（干沉降+湿沉降）颗粒物中金属元素的浓度。由表 3-16 可以看出，总沉降中的 K、Na、Ca、Mg 的浓度是湿沉降的 2 倍，在相同的沉降时间内湿沉降输送物质较干沉降更多。

表 3-16　大气总、湿沉降颗粒物中 K、Na、Ca、Mg 的浓度　（单位：mg/L）

元素		K	Na	Ca	Mg
湿沉降	平均值	2.12	3.04	3.75	0.12
	范围	0.87～5.70	1.17～10.98	1.01～13.45	0.40～2.74
总沉降	平均值	3.17	5.60	6.66	0.13
	范围	1.08～10.18	2.28～23.04	2.46～43.99	1.02～12.24

资料来源：刘素美等，1991

将测定的雨水中溶解态、颗粒态和干沉降颗粒物中痕量元素的浓度按冬季、夏季求平均值进行了对比分析（表3-17），冬季为12月初至次年4月底，夏季为5月初至11月底，以了解大气颗粒态及降水中微量元素的季节性变化。冬季各种元素溶解态的平均含量均高于夏季，而雨水中颗粒物元素浓度除 Pb、Cr 外均是夏季高于冬季，干沉降除 Pb、Ni、Cr 外也是夏季高于冬季。这说明，在一定程度上，大气污染的季节性变化是显著的，除了温度、风向、风力等气象因素的差别可引起痕量元素的浓度变化外，大气中物质来源及其在大气中的存留时间、运动轨迹等都能显著地影响痕量元素在大气中的丰度及固—液相间的分配。简而言之，中国北方气候的季节性变化显著，夏季中国大陆的降水主要受来自于太平洋和印度洋的东南/西南季风制约，降水更多地来自海洋表面的蒸发—再冷凝过程，而在冬季，气候主要受来自西伯利亚高纬地区的西北/东南风影响，同时由于冬季取暖消耗更多的化石燃料，大气中有更多的燃烧废物。此外，冬季、夏季干沉降的对比表明，大多数在冬季的沉降通量高于夏季。

表 3-17 冬夏季溶解态、颗粒态、大气干沉降中痕量元素的浓度

	样品	Co	Mn	Pb	Zn	Cu	Ni	Cr	Fe
冬季	溶解态/(μg/L)	<2	43	<10	44	8	<11	<2	167
	颗粒态/(μg/g)	117.9	460.6	326.1	328.9	197.4	134.1	112.6	4.67
	大气干沉降/(μg/g)	27.9	354.3	199.3	297.4	141.9	70.0	83.6	31 900.7
夏季	溶解态/(μg/L)	<2	22	<10	28	3	<12	<2	61
	颗粒态/(μg/g)	215.4	562.8	286.9	571.8	274.0	634.4	53.9	4.77
	大气干沉降/(μg/g)	88.5	497.4	173.3	297.9	144.8	52.8	72.4	33 038.4
干沉降/(g/半年)	冬季	43.9	558.0	313.9	468.4	223.5	110.3	131.7	50 243.6
	夏季	47.4	344.2	119.9	206.1	100.2	36.5	50.1	22 862.6

资料来源：刘素美等，1991

王云龙（2005）对 2002 年春季青岛两个沿海站位的大气气溶胶样品中的酸可溶态的痕量元素进行了如下系统的研究。其中，地壳元素 Al、Fe 含量很高，地壳元素 Mn 比人为元素要高，人为元素 Cu、Pb、Zn 的浓度依次降低；从位置上看，高新区点位各元素的含量均高于八关山点位的含量，说明在春季沙尘期间，高新区受到更大的影响，同时，高新区作为开发建设活动较集中的区域所受人为影响大于八关山（表 3-18）。图 3-48 表明，在大气气溶胶的污染元素中 Pb 含量较高，而 Cd、Cu 的含量相对接近，说明 Pb 在大气中所占的污染负荷最大，且青岛地区可能有人为的 Pb 排放源（或是禁燃含铅汽油以前残留所致），而镉的人为排放情况相对较少。

表 3-18 2002 年春季 TSP 中金属元素浓度的平均值 （单位：ng/m³）

元素	Al	Fe	Mn	Cu	Pb	Zn
高新区	21 204	12 300	303.4	49.8	130.2	260.1
八关山	12 138	7 172	169.3	13.3	56.8	83.3

资料来源：王云龙，2005

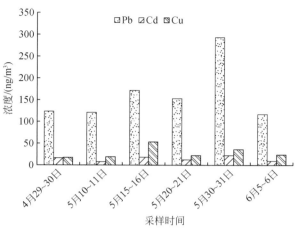

图 3-48　高新区 2001 年 TSP 中污染元素含量
资料来源：王云龙，2005

　　祁建华（2003）对 2001 年 5 月～2002 年 4 月，仰口、八关山、沧口 3 个采样点的 TSP 样品中总的微量元素 Al、Fe、Mn、Cu、Pb、Zn 浓度平均值的相关变化作了系统的研究。图 3-47 为全年这 3 个采样点大气中总悬浮颗粒物中元素 Al、Fe、Mn、Cu、Pb、Zn 浓度的月平均值变化图，各点 TSP 和八关山点 PM10 及其中元素 Al、Fe、Mn、Cu、Pb、Zn 浓度的变化范围及平均值见表 3-19。TSP 样品中地壳元素 Al、Fe 的含量都很高，变化范围很大，在仰口和八关山两个采样点的最大值和最小值之间都相差 2 个数量级以上，人为元素中 Pb 的变化范围较大。在八关山采样点 TSP 样品最大值与最小值之间相差 200 倍以上，这是由气溶胶浓度分布的季节变化引起的。从空间位置而言，可以看出三采样点绝大多数月份 TSP 中各元素浓度的平均值大小为：沧口>八关山>仰口，地理位置上仰口与市区相隔崂山山系，为旅游度假区，受外界和人为活动影响较小。若以仰口采样点大气中总悬浮颗粒物中各元素的浓度为基值，八关山采样点与该基值相比，TSP 中元素 Al、Fe、Mn、Cu、Pb、Zn 浓度的年平均值较该基值分别高出 62.5%、66.9%、43.4%、74.0%、45.4% 和 60.4%，该采样点位于青岛市市南区，为居民居住区，自然天气条件、交通运输引起的浮尘以及从其他地方输送到此的颗粒物是该采样点大气中 TSP 的主要来源。沧口采

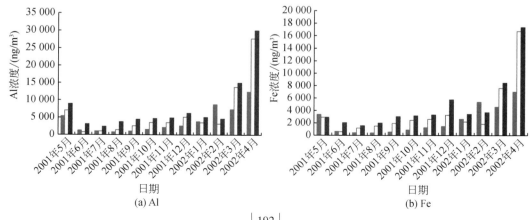

(a) Al　　　　　　　　　　　　　　　　(b) Fe

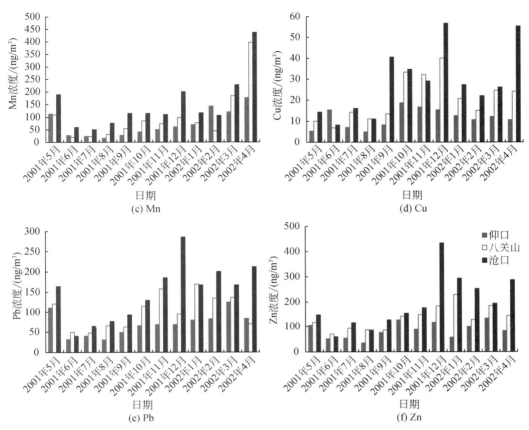

图 3-49　2001 年 5 月～2002 年 4 月仰口、八关山、沧口大气中总悬浮颗粒物中 Al、Fe、Mn、Cu、
Pb、Zn 月平均值变化

资料来源：祁建华，2003

样点 TSP 中 Al、Fe、Mn、Cu、Pb、Zn 浓度的年平均值较仰口基值分别高出 105.6%、109.5%、121.1%、162.3%、128.4% 和 145.8%，这是因为该采样点位于青岛市的重工业区，有青岛钢厂、青岛化工厂等重工业污染排放源，而且该区交通繁忙，交通运输等引起的浮尘较多。

表 3-19　三采样点 TSP 及其中各元素浓度变化范围及平均值

项目		仰口	八关山	沧口
TSP/(μg/m³)	范围	13.6～428.52	20.14～860.04	30.54～918.56
	平均值	92.91	118.03	162.28
Al 浓度 /(ng/m³)	范围	363.80～33 874.64	273～71 230.85	1 069.02～68 416.59
	平均值	3 924.63	5 703.73	7 572.61
Fe 浓度 /(ng/m³)	范围	177.57～18 912.62	337.66～42 245.61	1 008.53～38 893.92
	平均值	2 369.34	3 586.34	4 673.95

项目		仰口	八关山	沧口
Mn 浓度 /(ng/m³)	范围	5.66～468.33	5.79～990.50	18.59～930.61
	平均值	70.70	93.06	147.62
Cu 浓度 /(ng/m³)	范围	1.92～28.15	3.42～49.62	4.18～85.07
	平均值	11.54	20.49	28.51
Pb 浓度 /(ng/m³)	范围	17.86～194.29	1.23～236.31	37.92～370.02
	平均值	68.30	103.09	149.78
Zn 浓度 /(ng/m³)	范围	20.61～178.01	24.58～263.06	41.36～624.28
	平均值	82.15	134.56	193.44

资料来源：祁建华，2003

就季节变化而言，三采样点大气中总悬浮颗粒物中各元素的含量呈现季节性。三采样点春、夏、秋、冬四季 TSP 中各元素的平均浓度见表 3-20。从表 3-20 可以看出，3 个采样点全年 TSP 样品中 3 类地壳元素 Al、Fe、Mn 的浓度呈同样的季节变化规律。3 个采样点3 类人为元素 Cu、Pb、Zn 浓度的季节变化比较复杂。对 Cu 而言为：秋季≈冬季>春季>夏季，Pb、Zn 的变化规律则为在仰口采样点四季中春季略大，而在其他两个采样点为冬季>春季>秋季>夏季。Cu 与 Pb、Zn 的季节变化不同步，主要是这 3 个采样点受不同的人为排放源影响，如元素 Cu 主要来源于焦炭的粉尘、钢铁厂熔炉的废气、自然粉尘等，元素 Pb、Zn 主要来源于汽车尾气排放（历史遗留）、煤、植物树叶等燃烧产生的气体等。TSP 样品中的地壳元素和人为元素在夏季都出现了全年的最小值，主要原因在于夏季青岛地区空气湿润、多雨，湿沉降通过冲刷、雨除等机制使大气颗粒物中各金属元素的浓度大大降低，因而夏季出现了全年的最小值。春季 TSP 样品中 Fe、Al、Mn 出现了最大值，是因为春季青岛多风而且多次受西北沙尘暴的影响，浮尘天气较多，而 3 类地壳元素的主要来源是土壤和浮尘，因而出现了全年的最大值。三点 TSP 样品中 Pb、Zn 在冬季、春季含量较高，主要是由冬季青岛市燃煤取暖等人为排放源增多及春季多次浮尘天气引起的。但是 Cu 不仅冬季、春季含量高，而且秋季也较高，可能有着与 Pb、Zn 不同的污染源，导致变化不同步。

表 3-20 仰口、八关山、沧口四季 TSP 中各元素的平均浓度

采样点	季节	TSP /(μg/m³)	Al 浓度 /(ng/m³)	Fe 浓度 /(ng/m³)	Mn 浓度 /(ng/m³)	Cu 浓度 /(ng/m³)	Pb 浓度 /(ng/m³)	Zn 浓度 /(ng/m³)
仰口	春季	144.85	8 221.68	4 868.86	133.46	9.31	104.70	101.20
	夏季	42.14	807.80	354.47	18.58	9.18	31.38	42.71
	秋季	57.09	1 421.02	890.92	36.23	15.13	61.21	95.95
	冬季	127.57	5 248.03	3 363.13	94.55	12.55	75.90	88.75
	平均	92.91	3 924.63	2 369.34	70.70	11.54	68.30	82.15

续表

采样点	季节	TSP /($\mu g/m^3$)	Al 浓度 /(ng/m^3)	Fe 浓度 /(ng/m^3)	Mn 浓度 /(ng/m^3)	Cu 浓度 /(ng/m^3)	Pb 浓度 /(ng/m^3)	Zn 浓度 /(ng/m^3)
八关山	春季	236.53	15 263.29	8 646.29	216.09	20.80	114.39	153.13
	夏季	42.66	810.93	1 125.65	21.92	11.32	51.23	82.45
	秋季	81.84	3 088.99	2 232.95	64.96	25.25	109.91	118.80
	冬季	111.08	3 651.71	2 340.49	69.28	24.59	136.83	183.88
	平均	118.03	5 703.73	3 586.34	93.06	20.49	103.09	134.56
沧口	春季	279.31	17 437.32	9 491.73	278.24	31.31	178.87	206.47
	夏季	80.06	3 089.39	1 875.37	61.93	12.41	65.55	91.03
	秋季	119.75	4 616.52	3 053.46	111.36	34.86	135.32	149.80
	冬季	169.98	5 147.22	4 275.21	138.95	35.46	219.39	326.47
	平均	162.28	7 572.61	4 673.95	147.62	28.51	149.78	193.44

资料来源：祁建华，2003

贾孝宇（2014）对 2012 年 12 月 ~2013 年 1 月及 3~4 月大气气溶胶中总微（痕）量元素与溶解态微（痕）量元素进行了研究。2012 年冬季，大气气溶胶中最主要的两种元素为 Fe 和 Al，二者皆为地壳元素，Fe、Al 总浓度变化见图 3-50。二者浓度远远高于其他微量元素，且文献报道其有相同来源和相似变化，故而放在一起讨论。从图中可以看出，二者浓度极为相近，且变化范围均较大，最大值与最小值之间相差一个数量级以上。二者浓度之和占总悬浮颗粒物浓度的 4.5%。气溶胶中 Fe 浓度为 578.43 ~8273.03ng/m³，平均为 3414.81ng/m³±1655.51ng/m³。其中，12 月 Fe 的浓度低于 1 月的，分别为 3248.23ng/m³ 和 3587.62ng/m³。Al 浓度为 879.08~9191.85ng/m³，平均为 3228.84ng/m³±1872.80ng/m³。与 Fe 不同的是，12 月 Al 的浓度明显高于 1 月的，分别为 3559.62ng/m³ 和 2886.21ng/m³。Fe 浓度最大值出现在 1 月 7 日，样品颗粒物浓度也接近冬季最大值，与之相近的另一高值出现在 12 月 4 日，且当日颗粒物中 Al 含量也为冬季最大值。Fe 浓度最小值出现在 12 月 13 日，颗粒物浓度和 Al 浓度最低值也均出现在当日，根据气象资料，当日有中雨，对颗粒物的冲刷、雨除作用使大气颗粒物及其中各金属元素的浓度大大降低。对比颗粒物浓度可以发现，Fe、Al 浓度与其有相似的变化，颗粒物浓度较高时，其中所含 Fe、Al 量也较大，而颗粒物浓度较低时，Fe、Al 含量往往也较小。分析发现，Fe、Al 与总颗粒物浓度有着良好的线性关系（$R^2=0.74$，0.60）。气团后向轨迹分析显示，Fe、Al 和颗粒物的浓度高值多出现在来源于北方大陆的气团，而低值多来源于近岸城市和近海。

Mn 是除 Fe、Al 外的含量最高的地壳元素，其浓度变化见图 3-51。从图 3-51 中可以看出，Mn 浓度 2012 年 12 月初和 2013 年 1 月中旬变化较为剧烈，与 Fe、Al 浓度变化较为相似。对比颗粒物浓度变化同样可以发现，Mn 浓度与其有相似的变化，经分析发现，Mn 与总颗粒物浓度有着良好的线性关系（$R^2=0.61$）。Mn 浓度为 8.76 ~216.37ng/m³，平均为 70.44ng/m³±41.20ng/m³，与同为地壳元素的 Fe、Al 相比，小约

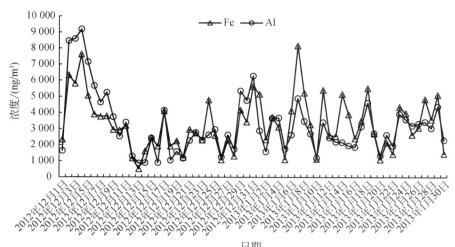

图 3-50　2012～2013 年冬季青岛大气气溶胶中 Fe 和 Al 总浓度

资料来源：贲孝宇，2014

50 倍。与 Fe 相同，Mn 的浓度 12 月略低于 1 月的，分别为 63.08ng/m³ 和 78.19ng/m³。Mn 浓度最大值出现在 2013 年 1 月 14 日，当日颗粒物浓度为 294.97ng/m³，接近冬季颗粒物浓度最大值。Fe、Al 当日浓度处于冬季中等偏下水平，地壳源不是其浓度增加的原因。Mn 为地壳元素，其来源主要为地壳沙尘，而在一些情况下，人为污染（如重质燃料的燃烧、金属冶炼工厂的排放）也会在一定程度上成为 Mn 的来源。富集因子分析发现，Mn 的 EF_{crust} 值总体平均为 1.75，表现为较弱的富集性。最大 Mn 浓度当日，其 EF_{crust} 值达到 8.43，明显高于其他日期样品，表现出一定富集性，因此推断，Mn 浓度的增加可能是人为污染带来的。Mn 浓度最小值出现在 2012 年 12 月 13 日，与颗粒物和 Fe、Al 相同，天气原因是造成低值的主要原因。

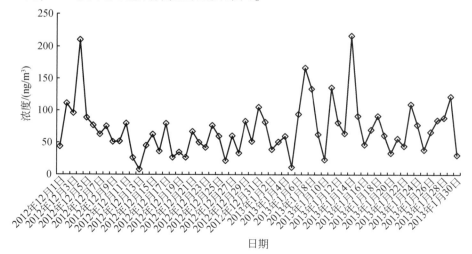

图 3-51　2012～2013 年冬季青岛大气气溶胶中 Mn 总浓度

资料来源：贲孝宇，2014

冬季大气气溶胶中 Pb 和 Cu 总浓度变化见图 3-52，Pb 浓度高于 Cu 浓度，且 Cu 浓度变化范围较小。对比颗粒物浓度发现，Pb 和 Cu 浓度与其有相似的变化，颗粒物浓度较高时，其中 Pb 和 Cu 含量也较大，而颗粒物浓度较低时，两者含量往往也较小。分析发现，Pb 和 Cu 与总颗粒物浓度有着良好的线性关系（$R^2 = 0.64$，0.50）。2012 年 12 月两者浓度变化范围相对较小，且多为低值；2013 年 1 月两者浓度变化较为剧烈，高值也多出现于此月，最大值与最小值之间相差一个数量级以上。Pb 浓度为 22.69 ~ 632.21ng/m³，平均为 159.72ng/m³±117.59ng/m³。最高值出现在 1 月 14 日，与 Mn 最高值出现日期相同，这也一定程度上说明了人为污染对这两种元素的影响；而最低值也同样出现在 12 月 4 日。

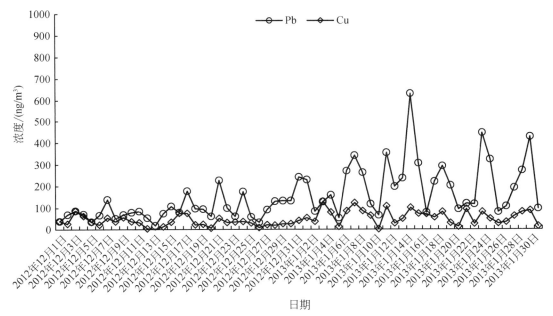

图 3-52　2012 ~ 2013 年冬季青岛大气气溶胶中 Pb 和 Cu 总浓度
资料来源：贾孝宇，2014

由以上分析可以看出，冬季青岛大气气溶胶中含量较高的元素依次为 Fe、Al、Pb、Mn 和 Cu。其中地壳元素 Fe、Al 和 Mn 有较为相似的变化趋势，而人为元素 Pb 和 Cu 有着相同却略不同于地壳元素的变化趋势。然而元素浓度变化均与颗粒物浓度有着良好的线性关系，说明其浓度会在很大程度上受颗粒物影响。2012 年 12 月与 2013 年 1 月相比，地壳元素浓度基本相当，而人为元素后者明显升高，且高值也在此月集中出现，这说明 1 月可能受到了更多的人为污染。其余元素浓度均较低，除 Ba 外，平均值均小于 50ng/m³，在颗粒物中所占比例也较低，其浓度从高至低依次为：Ba>Sr>Ni>As>V>Rb>Ga>Bi>Cd>Co>Cs>Tl。

2013 年春季大气气溶胶中含量最高同为地壳元素 Fe 和 Al，总浓度变化见图 3-53。从图 3-53 中可以看出，二者浓度极为相近且变化跨度更大，并有较多极值出现。二者浓度之和占总悬浮颗粒物浓度的 6.1% ，与冬季相比，此比例有所升高。较之冬季，春季大气气溶胶中 Fe、Al 浓度明显偏高，根据气象数据，春季采样期间多大风且受到了沙尘天气影响，携带 Fe、Al 含量相对较高的沙尘气溶胶，对 Fe、Al 总浓度贡献较大。气溶胶中 Fe 浓度为 668.91 ~ 16 334.49ng/m³，平均为 4220.14ng/m³ ± 3658.96ng/m³；Al 浓度为 838.52 ~ 14 522.34ng/m³，平均为 4647.89ng/m³±3362.68ng/m³。与颗粒物浓度不同，2013 年 3 月 Fe 和 Al 浓度明显低于 4 月，分别为 3433.21ng/m³ 和 3762.14ng/m³、5064.21ng/m³ 和 5597.53ng/m³，这可能是受沙尘天气所带来沙尘气溶胶的影响。Fe 浓度最大值出现在 4 月 13 日，样品颗粒物浓度处于春季样品偏高水平，与之相近的另一高值出现在 4 月 21 日，且当日颗粒物中 Al 含量也为春季最大值。Fe、Al 浓度最小值均出现在 3 月 11 日，与之相近的另一低值出现在 4 月 4 日，两日均有小雨天气，冲刷、雨除作用使大气颗粒物及其中各金属元素的浓度大大降低。与颗粒物浓度变化比较可以发现，Fe、Al 浓度变化与之较为一致，经检验，气溶胶中总 Fe、Al 与颗粒物的质量浓度有一定的正相关关系（$R^2 = 0.37$，0.45）。气团后向轨迹分析显示，与春季类似，Fe、Al 和颗粒物的浓度高值也多出现在来源于北方大陆的气团，而低值来自近岸城市和近海。

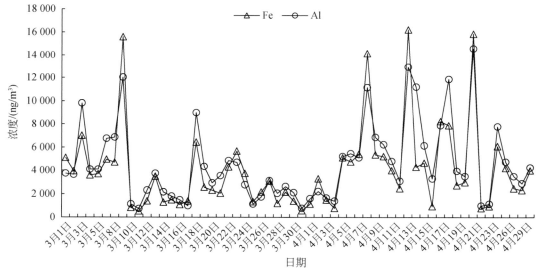

图 3-53　2013 年春季青岛大气气溶胶中 Fe 和 Al 总浓度

资料来源：贲孝宇，2014

Mn 是除 Fe、Al 外含量最高的地壳元素，其浓度变化见图 3-54。从图 3-54 中可以看出，Mn 浓度仅在 2013 年 3 月下旬变化较为缓和，3 月初和 4 月下旬浓度变化较为剧烈，这与 Fe、Al 浓度变化是相似的。对比颗粒物浓度变化同样可以发现，Mn 浓度与其有相似的变化，经分析发现，Mn 与总颗粒物浓度有一定线性相关关系（$R^2 = 0.40$）。Mn 的浓度范围为 13.19 ~ 311.38ng/m³，平均为 81.78ng/m³ ± 73.03ng/m³。相比于冬季，Mn 浓度大小与之相当。比 Fe、Al，Mn 浓度低 50 倍以上，此巨大差异现象也同样出现在冬季。与 Fe、Al 相同，3 月 Mn 的浓度略低于 4 月的，分别为 64.15ng/m³ 和 101.23ng/m³。Mn 浓度最大值出现在 4 月 21 日，当日 Fe、Al 浓度也出现极大值。Mn 浓度最小值出现在 3 月 11 日，与颗粒物和 Fe、Al 相同，降雨天气所带来的冲刷、雨除作用是造成低值的主要原因。

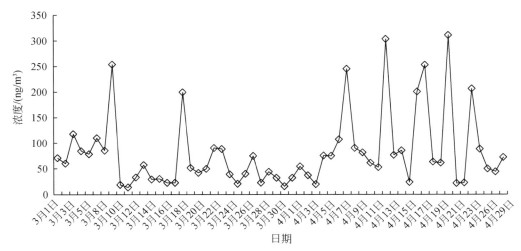

图 3-54 2013 年春季青岛大气气溶胶中 Mn 总浓度

资料来源：贾孝宇，2014

春季大气气溶胶中 Zn、Pb 和 Cu 总浓度变化见图 3-55。从图 3-55 中可以看出，人为元素同样以 Zn 浓度最高，Pb、Cu 次之。Zn 的浓度变化范围较大，且多有极值出现。与冬季不同的是，Cu 浓度变化较为剧烈，而 Pb 浓度变化范围较小。Cu 在 2013 年 3 月初有极大值出现，后浓度降低，与 Zn、Pb 趋势相反，其他时间三者有较为相似的浓度变化。分析发现，Zn、Pb 和 Cu 与总颗粒物浓度有着较弱的线性关系（R^2 = 0.34，0.26，0.15），这可能是由于颗粒物在春季受沙尘气溶胶影响较多，而人为污染对其贡献较小。3 月份 Zn、Pb 浓度均低于 4 月份，而 Cu 两月的浓度相当。Zn 浓度为 34.35 ~ 617.87ng/m³，平均 199.79ng/m³±138.22ng/m³。Zn 浓度最大值出现在 3 月 6 日，当日颗粒物浓度也接近春季最高水平为 306.17ng/m³，且 Pb 浓度最高值也出现于当日；最小值出现在 3 月 10 日，各元素在当日也处于偏低水平。Pb 浓度为 12.94 ~ 195.90ng/m³，平均 76.12ng/m³± 45.17ng/m³，最低值均出现在 3 月 25 日。Cu 浓度为 3.21 ~ 241.90ng/m³，平均 47.30ng/m³± 49.66ng/m³，最低值均出现在 3 月 24 日。三者极值出现日期的较大差异也说明了在春季气溶胶受人为污染情况的多样性。

由以上分析可以看出，春季青岛大气气溶胶中含量较高的元素依次为 Fe、Al、Zn、Pb、Mn 和 Cu，这与冬季情况完全相同。其余元素浓度均较低，除 Ba 外，平均值均小于 50ng/m³，在颗粒物中所占比例也较低。与冬季略有不同，其浓度从高至低依次为：Ba>Sr>Ni>V>Rb>As>Ga>Bi>Tl>Co。两季节相比较可以发现，春季地壳元素浓度较冬季有所

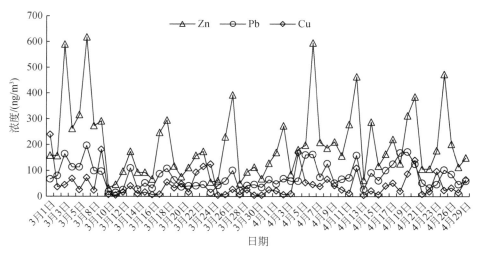

图 3-55 2013 年春季青岛大气气溶胶中 Zn、Pb 和 Cu 总浓度

资料来源：贲孝宇，2014

增加，而人为元素浓度普遍降低（表 3-21），季节性差异与东海气溶胶中微量元素所得结果相似，这可能是两季节微量元素来源不同造成的影响。其中，地壳元素 Fe、Al 和 Mn 有相似的变化趋势和极值点，且三者浓度变化均与颗粒物浓度有良好的线性关系，其浓度在很大程度上受颗粒物影响。而人为元素 Zn、Pb 和 Cu 有着相同变化趋势却与地壳元素有较大不同且与颗粒物浓度的线性关系较弱。这一现象与冬季有较大不同，说明颗粒物受到更多的地壳源沙尘气溶胶影响而受人为污染较冬季减少。

表 3-21 青岛大气气溶胶中微量元素总浓度 （单位：ng/m³）

元素	冬季（n=61）	春季（n=58）	平均值
Fe	578.43~8 273.03	668.91~16 334.39	3 817.47
Al	879.08~9 191.85	838.52~14 522.34	3 938.5
Mn	8.76~216.37	13.19~311.38	76.12
Zn	—	34.35~617.87	261.75
Pb	22.69~632.21	12.94~195.90	118.24
Cu	6.51~130.97	3.1~241.90	49.92
Ba	15.11~116.24	12.05~194.16	61.62
Sr	11.24~68.21	5.14~78.05	30.71
Ni	2.91~51.55	3.81~60.12	13.43
V	3.12~18.56	4.02~27.06	9.86
As	1.85~41.39	1.35~25.32	9.75
Rb	1.31~21.08	1.01~20.31	7.82

续表

元素	冬季 ($n=61$)	春季 ($n=58$)	平均值
Ga	2.58~19.21	0.47~15.23	7.11
Bi	0.34~11.78	0~4.21	2.03
Cd	0.16~11.14	0~3.84	1.91
Tl	0.15~3.42	0.26~1.83	0.93
Co	0.19~2.35	0~2.71	0.9
Cs	0.10~3.31	0~1.22	0.66

资料来源：贲孝宇，2014

冬季大气气溶胶中地壳元素溶解态浓度从高至低依次为 Al、Fe、Mn，其余元素溶解态浓度均小于 $10ng/m^3$，三者浓度变化见图 3-56。从图 3-56 中可以看出，Fe、Al 的溶解态浓度远高于 Mn，三者浓度有相似的变化趋势。12 月，Fe、Al 和 Mn 溶解态浓度普遍较低，分别为 $43.12ng/m^3$、$59.31ng/m^3$ 和 $19.20ng/m^3$，且其变化范围较窄。1 月，三者溶解态浓度明显升高，分别为 $168.55ng/m^3$、$280.23ng/m^3$ 和 $54.13ng/m^3$，且变化范围较宽。而无论颗粒物浓度还是三者总浓度，均未表现出如此大的差异。Fe、Al 溶解态浓度最高值出现在同一样品中（1 月 29 日），当日 Mn 溶解态浓度也接近冬季最高值。与之相反的是，三者总浓度在当日反而接近冬季最低值；三者溶解态浓度最小值也同样出现于同一样品，且与总浓度相同，均在 12 月 13 日，前文提到，当日有中雨，冲刷、雨除作用使大气颗粒物及其中各金属元素的浓度大大降低，同时也降低了溶解态微量元素浓度。经检验，三者总浓度与溶解态浓度间并无统计意义上的相关关系。

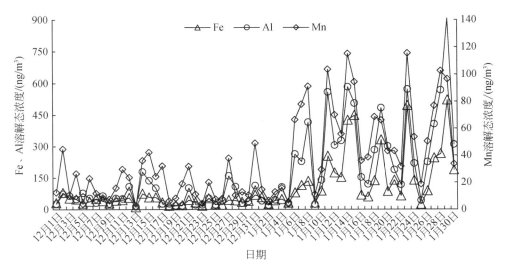

图 3-56　2013~2014 年冬季青岛大气气溶胶中 Fe、Al 和 Mn 溶解态浓度

资料来源：贲孝宇，2014

冬季大气气溶胶中人为元素溶解态浓度 Pb 高于 Cu，其余元素溶解态浓度均小于 10ng/m³，三者浓度变化见图 3-57。与地壳元素类似，12 月 Pb、Cu 的溶解态浓度明显低于 1 月的，平均浓度分别为 6.33ng/m³、5.82ng/m³ 和 82.23ng/m³、18.53ng/m³。同时，1 月两者浓度变化范围较宽，多有极大值出现。Cu 的溶解态浓度水平偏低，为 1.97~51.32ng/m³，平均为 11.70ng/m³。这是其在颗粒物中总含量较低造成的，且总浓度与溶解态浓度间并未呈现线性相关关系，更增加了其溶解的复杂性，使其浓度偏低。

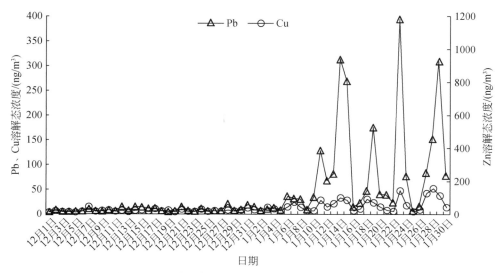

图 3-57　冬季青岛大气气溶胶中 Pb 和 Cu 溶解态浓度

资料来源：贾孝宇，2014

春季大气气溶胶中地壳元素溶解态浓度从高至低依次为 Al、Fe、Mn，与冬季相同。三者平均浓度分别为 50.92ng/m³、80.61ng/m³ 和 19.73ng/m³，与冬季相比明显降低，其余元素溶解态浓度均小于 5ng/m³，三者浓度变化见图 3-58。从图 3-58 中可以看出，Al 的溶解态浓度略高于 Fe、Mn，三者浓度变化也较为相似。3 月，Fe、Al 和 Mn 溶解态浓度变化范围较宽，除 Al 出现多次极大值外，三者浓度普遍较低，分别为 49.12ng/m³、86.63ng/m³ 和 18.01ng/m³。三者溶解态浓度 1 月与 12 月基本持平，分别为 53.05ng/m³、75.11ng/m³ 和 22.06ng/m³，且变化范围也较宽。这与颗粒物浓度和三者总浓度变化相似，但幅度较之更小。Fe 溶解态浓度最大值出现在 3 月 6 日，当日 Mn 溶解态浓度也达最大，而 Al 浓度则仅为春季平均水平；Fe、Al 溶解态浓度最小值均出现在 3 月 29 日，而 Mn 最小值则出现在 3 月 23 日。与总浓度所表现出的一致性不同，三者溶解态浓度在极值和变化规律上存在较大差异，这也说明其在溶解过程中受到了复杂因素的影响。经检验，Fe、Al 总浓度与溶解态浓度间有显著的反相关关系（$R^2 = -0.33$，-0.51），而 Cu 总浓度与溶解态浓度间并无统计意义上的相关关系。

春季大气气溶胶中人为元素溶解态浓度从高至低依次为 Zn、Pb、Cu，与冬季相同，

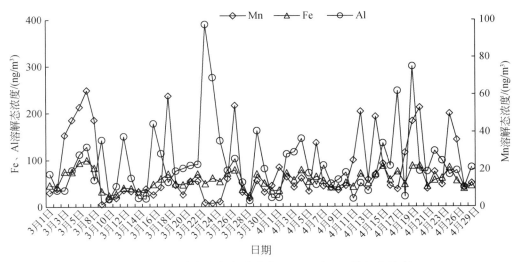

图 3-58　春季青岛大气气溶胶中 Fe、Al 和 Mn 溶解态浓度

资料来源：贲孝宇，2014

其余元素溶解态浓度均小于 10ng/m^3，三者浓度变化见图 3-59。从图 3-59 中可以看出，三者变化趋势相似，而 Zn 的溶解态浓度远远高于 Pb 和 Cu。3 月，三者有 3 次较明显的起伏变化，浓度升至最高值后迅速减小，分别发生在月初、月中和月末。3 月 Zn、Pb、Cu 溶解态浓度分别为 99.15ng/m^3、8.23ng/m^3 和 4.72ng/m^3。4 月浓度变化更为剧烈，相比于 3 月较少有极大值出现，三者溶解态浓度与 3 月基本相同，分别为 99.45ng/m^3、7.62ng/m^3 和 4.97ng/m^3。Zn 为春季溶解态浓度最高的微量元素，且其总浓度也远远低于 Fe、Al，这与冬季相同，表明 Zn 具有极强的溶解性。Zn 溶解态浓度为 $4.71\sim598.09\text{ng/m}^3$，平均为 98.89ng/m^3；Pb 溶解态浓度为 $0.45\sim39.62\text{ng/m}^3$，平均为 7.89ng/m^3；Cu 的溶解态浓度为 $0.02\sim24.44\text{ng/m}^3$，平均为 4.80ng/m^3。Pb 和 Cu 溶解态水平要远远小于 Zn，整体处于偏低水平，这可能是其在颗粒物中总含量较低造成的，且总浓度与溶解态浓度间并未呈现线性相关关系，更增加了其溶解的复杂性，使其浓度偏低。Zn、Pb 和 Cu 溶解态浓度最高值和最低值出现于同一样品中，分别为 3 月 6 日和 4 月 14 日。而颗粒物浓度和三者总浓度变化情况不尽相同，这可能是颗粒物在春季受沙尘气溶胶和人为污染复杂条件影响所致。二者总浓度也有类似现象，经检验，Zn 总浓度与溶解态浓度间存在较好线性正相关关系（$R^2=0.57$），Pb 和 Cu 均未表现此规律。

由以上分析可以看出，春季青岛大气气溶胶中微量元素溶解态浓度较高的元素依次为：Zn、Al、Fe、Mn、Pb 和 Cu，与冬季情况有所不同，主要表现在 Pb 浓度减小从而低于 Mn 浓度。其余元素浓度均较低，平均值均小于 $10\mu\text{g/m}^3$，在颗粒物中所占比例也较低。与冬季略有不同，其浓度从高至低依次为：Sr>Ba>As>V>Rb>Ni>Ga>Bi>Tl>Co。整体来看，两个季节也存在明显差异，前文分析可知，春季各元素尤其是地壳元素总浓度较冬季

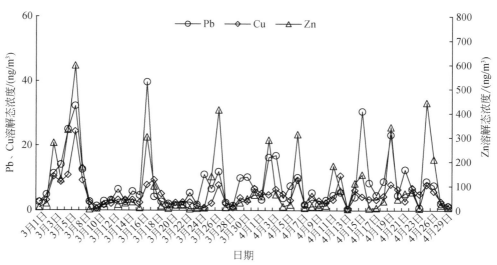

图 3-59 春季青岛大气气溶胶中 Zn、Pb 和 Cu 溶解态浓度

资料来源：贲孝宇，2014

有明显增加，而溶解态浓度春季却普遍低于冬季（表 3-22）。可能是沙尘气溶胶和人为污染影响差异造成的。地壳元素 Fe、Al 和 Mn 溶解态浓度有相似的变化趋势和极值点，与其各自总浓度相比，存在明显负相关关系，说明总浓度对溶解态浓度有一定的影响。人为元素 Zn、Pb 和 Cu 的溶解态浓度同样表现出相似的变化趋势，与地壳元素不同的是，其溶解态浓度与总浓度间存在较显著的正相关关系。地壳元素和人为元素溶解态浓度表现出的差异性特征也同样说明其受来源和污染影响的复杂特性。

表 3-22 青岛大气气溶胶中微量元素溶解态浓度 （单位：ng/m³）

元素	冬季（$n=61$）	春季（$n=58$）	平均值
Fe	12.79 ~ 523.59	22.90 ~ 89.79	77.74
Al	5.12 ~ 924.17	10.79 ~ 368.30	124.38
Mn	2.41 ~ 115.32	1.17 ~ 61.82	28.07
Zn	—	4.71 ~ 598.09	182.33
Pb	1.03 ~ 394.88	0.45 ~ 39.62	25.82
Cu	1.97 ~ 51.32	0.02 ~ 24.44	8.25
Ba	1.66 ~ 22.24	1.25 ~ 13.43	6.66
Sr	3.80 ~ 22.91	1.91 ~ 19.96	9.37
Ni	0.60 ~ 8.59	0.31 ~ 5.51	2.36
V	0.76 ~ 9.56	0.58 ~ 13.32	3.97
As	1.01 ~ 22.20	0.73 ~ 12.23	4.75
Rb	0.82 ~ 14.93	0.09 ~ 6.12	3.52

元素	冬季（n=61）	春季（n=58）	平均值
Ga	1.69~5.62	0.13~4.25	1.57
Bi	0.03~1.71	0~0.94	0.25
Cd	0.03~6.55	0~2.42	0.88
Tl	0.13~2.52	0~1.31	0.58
Co	0.05~0.70	0~0.42	0.19
Cs	0.06~2.63	0~0.94	0.5

资料来源：贲孝宇，2014

陈晓静（2014）对 2012 年 8 月~2013 年 7 月青岛沿海地区大气气溶胶中常见的 18 种微量金属元素进行了如下系统的研究。各金属元素的含量水平、浓度范围以及平均值等结果如表 3-23 所示。由表 3-23 可知，所测的大气微量金属元素的平均质量浓度大小关系为：Al>Ca>Fe>Na>K>Mg>Ti>Zn>Pb>Mn>Ba>Sr>Cr>Ni>Li>Co>Sc>Be。其中 Al、Ca、Fe、Na、K 和 Mg 的质量浓度占所测金属元素浓度总和的 94.30%，是青岛大气气溶胶中主要的金属元素；其余元素仅占所测金属元素的 5.70%，在大气中含量较低。各金属元素的浓度变化范围较大，表明在不同的月份，青岛大气气溶胶中金属元素的含量波动比较大，这与不同的气象条件、地形地貌、污染源排放等因素有关。

表 3-23　2012 年 8 月~2013 年 7 月青岛大气中金属元素浓度范围

元素	最大值 /（ng/m³）	最小值 /（ng/m³）	平均值 /（ng/m³）	相对标准偏差 /%	占所测金属浓度总和的比例/%
Li	23.18	0.97	5.91	74.81	0.024
Be	1.49	0.00	0.34	81.69	0.001
Sc	6.14	0.34	1.30	79.92	0.005
Cr	92.64	0.00	26.88	81.07	0.109
Co	26.49	0.24	2.69	157.17	0.011
Ni	67.36	0.00	14.85	105.71	0.06
Zn	902.62	0.00	303.58	77.17	1.233
Al	30 103.89	550.62	5 563.36	100.77	22.594
Ba	329.77	0.00	93.01	77.58	0.378
Ca	20 980.38	313.35	4 649.37	96.09	18.882
Fe	21 272.7	571.4	4 523.3	86.25	18.37

元素	最大值 /（ng/m³）	最小值 /（ng/m³）	平均值 /（ng/m³）	相对标准偏差 /%	占所测金属浓度 总和的比例/%
K	8 441.3	148.75	2 253.48	81.75	9.152
Mg	9 817.34	0.00	1 893.71	111.58	7.691
Mn	455.47	19.93	119.68	76.26	0.486
Na	43 852.01	0.00	4 336.04	160.04	17.609
Pb	620.85	7.08	139.01	101.39	0.565
Sr	205.38	0.00	43.06	99.93	0.175
Ti	10 899.55	55.65	653.86	266.77	2.655

资料来源：陈晓静，2014

由表 3-23 可知，在所测的金属元素中，Al 是青岛大气中含量最高的金属元素，占所测金属元素总浓度的 22.59%，平均质量浓度达到 5563.36ng/m³，这一结果远远高于渤海（359ng/m³）、北黄海（599ng/m³）以及南海（250ng/m³）等海洋大气气溶胶中 Al 的平均浓度值。青岛大气中 Ca 的质量浓度也比较高，仅次于 Al 的浓度，占金属元素总浓度的 18.88%，平均质量浓度为 4649.37ng/m³。与 Al 相同，青岛大气中 Ca 的浓度也远远高于海洋大气中 Ca 的浓度（渤海和黄海分别为 572ng/m³ 和 565.9ng/m³±465.9ng/m³）。青岛大气中 Fe 的含量略低于 Ca 的含量，其平均质量浓度为 4523.3ng/m³，占所测金属总浓度的 18.37%。与 Al、Ca 相同，Fe 的浓度远远高于渤海、北黄海和南海大气中的平均浓度（分别为 402ng/m³、718ng/m³ 和 426.8ng/m³）。青岛沿海大气中 Pb 的最大浓度达到 620.85ng/m³，低于环境空气质量标准（GB3095-2012）中 Pb 的浓度限值 1.0ng/m³，而平均浓度（139.01ng/m³）远远低于这一浓度限值。世界卫生组织推荐的大气环境中 Mn 和 Pb 的浓度限值分别为 150ng/m³ 和 500ng/m³，青岛大气中这两种金属元素的最大浓度均超过此标准限值，而平均值均在此标准范围内，表明青岛大气中的微量金属元素浓度水平较低，符合环境标准规定的限值，但是，在个别情况下仍然存在污染严重的问题。2001～2002 年青岛八关山和 2008～2011 年青岛近海大气中 Pb 的平均浓度基本一致，分别为 100.59ng/m³ 和 100ng/m³，而 2012～2013 年青岛近海大气中 Pb 的平均浓度值与前几年相比显著增大，可能是因为青岛存在 Pb 的人为污染源，加之近年来雾霾天气增多，稳定的大气条件造成污染物不易扩散，从而导致青岛大气中的 Pb 与之前相比浓度有所升高。

根据测定的各金属元素浓度，分别计算了不同月份各金属元素的月平均浓度。根据月平均浓度的大小，将测定的金属元素分为 3 组。第一组金属元素在大气中含量较高，浓度水平在 10^2～10^3 数量级（单位为 ng/m³，下同），包括 Al、Ca、Fe、K、Mg 和 Na；第二组金属元素浓度水平在 10～10^2 数量级，包括 Zn、Ba、Mn、Sr、Ti、Pb 和 Cr；第三组金属元素在大气中含量较低，浓度水平在 10^{-1}～10 数量级，包括 Li、Be、Sc、Co、Ni。3 组金属元素浓度的月变化趋势分别见图 3-60、图 3-61 和图 3-62。同时根据气象局数据统计了采样期间各月份的气象条件，见表 3-24。

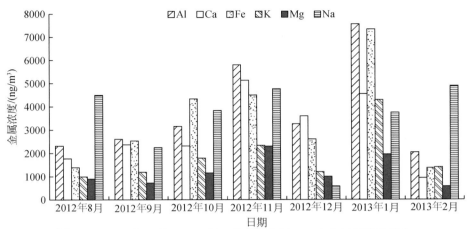

图 3-60　2012 年 8 月~2013 年 7 月青岛大气 TSP 中金属元素月变化

资料来源：陈晓静，2014

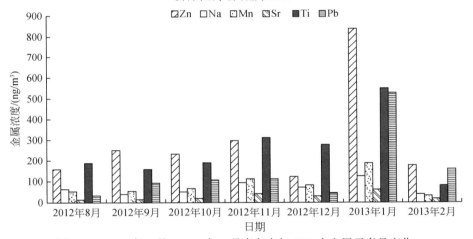

图 3-61　2012 年 8 月~2013 年 7 月青岛大气 TSP 中金属元素月变化

资料来源：陈晓静，2014

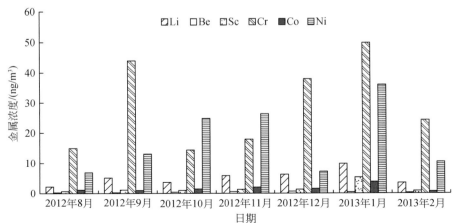

图 3-62　2012 年 8 月~2013 年 7 月青岛大气 TSP 中金属元素月变化

资料来源：陈晓静，2014

表 3-24 采样期间各月份的气象条件

采样日期	温度/℃	相对湿度/%	风速/(m/s)
2012 年 8 月	27.3	72.2	4.0
2012 年 9 月	24.4	51.31	2.8
2012 年 10 月	20.3	58.29	4.3
2012 年 11 月	7.7	47.32	5.3
2012 年 12 月	0.9	53.84	4.5
2013 年 1 月	-1.3	67.06	4.2
2013 年 2 月	1.6	78.92	4.0

资料来源：陈晓静，2014

由图 3-60 可知，总体来看，Al、Ca、Fe、K、Mg 和 Na 这 6 种金属元素浓度在 2013 年 1 月都较高，由于 1 月正值燃煤取暖期，人为污染严重，而且 1 月雾霾等污染天气特别严重，大气层结稳定造成污染物不易扩散，导致 1 月各金属元素浓度都比较高。

由图 3-60 可知，青岛大气中 Al 的浓度在 2012 年 8～11 月呈现逐渐升高的趋势，11 月达到浓度高峰值（5793.32ng/m³），在 2012 年 12 月浓度又有所降低，在 2013 年 1 月出现浓度最高值（7542.81ng/m³），然后在 2013 年 2 月浓度降低至最小值（2083.03ng/m³）。Al 是土壤扬尘的标志性元素，以往的研究也发现青岛大气中 Al 最主要的来源是土壤源，8 月大气中 Al 的浓度较低，由于 8 月降水较多，冲刷作用使土壤扬尘明显减少，另外，有研究发现，大气降水对大气颗粒物中金属元素的去除作用十分明显，因此 Al 的浓度在 8 月较低。9 月大气中 Al 的浓度略高于 8 月 1 日的，也处于浓度较低的水平，可能是由于 9 月风速很低（2.8m/s），在采样期间各月份中风速最低，较低的风速减少了土壤扬尘的发生，相关性分析也表明，大气中 Al 的浓度与风速呈现显著的正相关关系，因此 9 月 Al 的浓度也相对较低。11 月 Al 的浓度较高，11 月大风天气较多，平均风速在采样期间最大，达到 5.3m/s，土壤扬尘增多，并且 Al 的浓度与风速成正相关关系，加上 11 月雾霾等污染天气较多，污染物不易扩散，导致 Al 在 11 月出现浓度高峰值。1 月 Al 的浓度最高，达到 7542.81ng/m³，1 月雾霾等严重污染天气较多，大气稳定颗粒物不易扩散，导致污染物不断积累增多，1 月大气中 Al 的浓度达到最高值。2 月 Al 的浓度出现最低值，可能的原因是 2 月一次采样发生在降雪以后，降水的冲刷作用使得大气中的颗粒物明显降低，土壤扬尘减少，空气比较清洁，因此 Al 在 2 月浓度较低。

Ca 的浓度在 2 月最低，为 972.27ng/m³，其次在 8 月，为 1813.85ng/m³，9 月和 10 月 Ca 的浓度水平相当，分别为 2419.72ng/m³ 和 2352.91ng/m³，略高于 8 月的浓度。11 月～次年 1 月 Ca 的浓度水平较高，其中 11 月浓度最高，达到 5150.90μg/m³，其次为 1 月（4568.29ng/m³），12 月 Ca 浓度相对较低（3594.07ng/m³）。Ca 是典型的地壳金属元素，其主要来源于地表土壤尘和扬尘。Ca 的浓度在 2 月最低，可能是由于采样前出现降雪天气，对颗粒物冲刷作用明显，土壤扬尘显著减少，因此浓度出现低值。8 月 Ca 的浓度也相对较低，8 月降水较多，湿沉降作用明显，所以 Ca 的浓度比较低。除土壤扬尘外，建筑尘也是大气中 Ca 的重要来源，11 月采样期间风速较大造成土壤扬尘增多，同时采样点附近 100m 处有几次建筑施工，导致 Ca 在 11 月浓度最高。1 月 Ca 浓度也较高的原因是雾霾天气严重，污染物不易扩散导致大气中 Ca 的浓度升高。

Fe 浓度的月变化规律与 Al 一致，表明其可能有共同的来源。8 月 Fe 的浓度较低，为 1456.29ng/m³，8～11 月呈现逐渐升高的趋势，在 11 月达到浓度高峰值（4491.32ng/m³），在 12 月浓度又有所降低，1 月浓度又升高至最大值（7331.57ng/m³），2 月浓度降低至最小值（1406.38ng/m³）。土壤扬尘和冶金化工尘是大气中 Fe 的主要来源，也有研究表明青岛大气中 Fe 最主要的来源是土壤源和工业源，8 月降水较多，湿沉降作用使土壤扬尘减少，且 8 月盛行南风，由北部工业区输送来的冶金化工尘相对减少，因而 8 月 Fe 的浓度较低。11 月多大风天气，导致土壤扬尘增多，相关性分析也表明 Fe 与风速呈显著的正相关关系，且 11 月盛行偏北风，冶金化工尘由工业区输送到沿海地区，同时雾霾天气较多，污染物不易扩散，因此 11 月 Fe 浓度较大。1 月以偏北风为主导风向，将工业区产生的冶金化工尘输送到沿海地区，且雾霾天气严重，大气颗粒物不易扩散，导致 1 月 Fe 浓度增大。2 月 Fe 浓度最低，原因与 Al 和 Ca 相同。

K 与 Al 和 Fe 浓度的月变化规律一致，K 也与 Al 的月变化趋势一致，8 月 K 的浓度最低，为 1037.91ng/m³，8～11 月浓度逐渐升高，11 月达到 2355.76ng/m³，12 月浓度降低（1199.54ng/m³），1 月浓度又升高到最大值（4282.19ng/m³），2 月浓度又有所降低（1457.30ng/m³）。K⁺易溶于水，大气降水对水溶性离子的冲刷作用尤为明显，8 月降水较多，因此 K 浓度比较低，2 月降雪后采样也使 K 的浓度降低。K 是生物质燃烧的标志性元素，10 月正值秋收季节，秸秆焚烧导致 10 月 K 的浓度升高。K 的另外来源是燃煤以及土壤扬尘，11 月多大风天气且开始供暖，受土壤扬尘及燃煤的共同影响，导致 11 月 K 的浓度较高。12 月 K 的浓度较低，富集因子分析的结果显示，K 在 12 月的富集因子小于其他月份，表明其受人为污染相对较小，这可能是浓度较低的原因。1 月 K 的浓度最高，研究表明雾霾天气下 K⁺浓度增大，1 月雾霾天气严重，且采样期间均为雾霾天气，污染物不易扩散，同时 1 月正值燃煤取暖阶段，因此 K 出现浓度最大值。

青岛大气中的 Mg 在 8～10 月和 12 月浓度变化不大，为 955.71～1194.12ng/m³，11 月浓度出现最大值（2329.44ng/m³），1 月次之，浓度为 2011.83ng/m³，2 月浓度最小，为 649.01ng/m³。大气中 Mg 的主要来源有地表土壤和扬尘，11 月大风扬尘天气较多，导致 Mg 的浓度出现最高值，而 1 月出现的雾霾等严重污染天气造成污染物不断积累，导致 Mg 的浓度较高。除地表土壤和扬尘外，青岛大气气溶胶中的 Mg 也受部分海洋源的影响，8～10 月在采样期间青岛盛行南风和东南风，从海上输送来的海洋气溶胶相对较多，而 2 月主导风向为西北偏北风，来自海洋源的 Mg 相对较少，且 2 月采样期间无雾霾等污染天气，空气比较清洁，这可能是 8～10 月与 2 月相比 Mg 的浓度相对较高的原因。

Na 与上述 5 种金属元素的月平均浓度变化规律差异很大，8 月、11 月和 2 月 Na 的浓度较高，分别为 4520.32ng/m³、4778.38ng/m³ 和 4896.22ng/m³，10 月和 1 月浓度有所降低，分别为 3843.24ng/m³ 和 3780.41ng/m³，12 月浓度最低，为 563.61ng/m³。海洋源是近海大气中 Na 的重要来源，青岛 8 月以南风和东南风为主导风向，采样点受到来自海上气流的影响增大，导致 Na 的浓度增大。研究发现土壤源是大气中钠盐的来源之一，11 月多大风天气，土壤扬尘增多，因此 Na 的浓度较高。根据富集因子结果，Na 在 2 月富集因子远远大于采样期间其他月份，达到 8.0，表明人为污染可能是 2 月 Na 浓度较高的原因。12 月 Na 浓度最低，12 月盛行西北风，来自海洋的 Na 相对较少，并且 12 月风速相对较小使得土壤扬尘也比较少，加上 12 月 Na 的富集因子与其他月份相比明显减小，仅为 0.4，表明 12 月 Na 不受人为污染源的影响，浓度最低。

由图 3-61 可知，与前文讨论的第一组金属元素类似，Zn、Ba、Mn、Sr、Ti、Pb 等 6 种金属元素均在 1 月出现最大浓度，11 月浓度也相对较高。1 月处于燃煤采暖阶段，人为污染比较严重，且 1 月雾霾等严重污染天气较多，大气层结十分稳定，造成污染物不断积累，致使各金属元素 1 月的浓度都比较高。

Zn 在 12 月的浓度最低，为 115.79ng/m³，在 1 月的浓度最高，达到 841.12ng/m³，11 月浓度也相对较高，为 300.74ng/m³，其余月份浓度变化相对较小，为 161.42 ~ 252.56ng/m³。Zn 是工业冶金化工尘的标志性元素，以往的研究发现青岛大气中 Zn 的主要来源是工业源，1 月以偏北风为主导风向，来自工业区的冶金化工尘相对较多，加上 1 月雾霾等污染天气严重，大气非常稳定，造成污染物不易扩散，导致 Zn 的浓度较高。11 月也盛行偏北风，工业区的冶金化工尘输入也较多，因此 11 月 Zn 的浓度也较高，但是 11 月风速很大，有利于污染物的扩散，因此远远低于 1 月 Zn 的浓度。12 月也盛行偏北风，但是富集因子结果显示 12 月 Zn 的富集因子为 2.43，远远小于其他月份的富集因子，表明 12 月大气中的 Zn 主要受自然来源的影响，而 Zn 的自然来源较少，因此 12 月 Zn 的浓度较低。

青岛大气中的 Ba 在 9 月、10 月和次年 2 月浓度较低，分别为 41.16ng/m³、55.49ng/m³ 和 42.68ng/m³，8 月和 12 月浓度有所升高，分别为 68.99ng/m³ 和 72.13ng/m³，11 月和次年 1 月浓度最大，分别为 95.86ng/m³ 和 129.85ng/m³。11 月和次年 1 月雾霾等天气较多，尤其是 1 月雾霾污染特别严重，稳定的大气条件造成污染物的积累，导致这两个月 Ba 的浓度较高，而 9 月、10 月和现年 2 月采样期间污染天气相对较少，空气比较清洁，因此 Ba 的浓度较低。8 月降水较多，大气污染也较少，但是 8 月是旅游旺季，采样点位于海边旅游区附近，机动车尾气排放较多，而有研究表明，Ba 是机动车尾气的标志性元素，可能导致 Ba 在 8 月浓度相对较高。

Mn 在 11 月和次年 1 月的浓度最高，分别为 116.51ng/m³ 和 190.13ng/m³，2 月浓度最低，为 35.28ng/m³，其余月份浓度变化不大，为 52.98 ~ 83.30ng/m³。Mn 是地面扬尘的标志性元素，11 月风速较大，土壤扬尘增多，相关性分析也表明，Mn 的浓度与风速呈现显著的正相关关系，因此 11 月 Mn 的浓度较高。Mn 的另一重要来源是冶金化工尘，11 月和 1 月都以偏北风为主导风向，来自工业区的冶金化工尘相对较多，且雾霾等污染天气较多，逆温天气导致污染物不易扩散，因此 Mn 浓度较高。大气降水对金属元素有显著的湿沉降作用，2 月降雪后采样导致 Mn 的浓度较低。

Sr 的浓度月变化范围比较小，仅在 11 月和次年 1 月浓度相对较高，分别为 47.10ng/m³ 和 65.93ng/m³，其余月份浓度较低，为 16.50 ~ 33.34ng/m³。Sr 在 11 月和 1 月浓度较高的原因与上述元素浓度较高的原因一致。

Ti 在 11 月、12 月和次年 1 月的浓度较高，分别为 316.21ng/m³、276.75ng/m³ 和 553.69ng/m³，8~10 月浓度相近，与 11 月~次年 1 月相比有所降低，分别为 190.74ng/m³、160.27ng/m³ 和 193.83ng/m³，2 月 Ti 的浓度最低，为 85.61ng/m³。Ti 是燃煤尘的标志性元素，11 月~次年 1 月正值燃煤取暖期，燃煤尘较多，因此 Ti 的浓度较高。11 月雾霾天气较多，大气污染比较严重，且 11 月风速较大，相关性分析表明 Ti 与风速呈正相关关系，因此 Ti 的浓度比 12 月要高。1 月雾霾天气与其他月份相比最严重，稳定的大气不利于污染物的扩散，因此 Ti 浓度最高。2 月也在燃煤取暖期，但是 2 月降雪以后采样，采样期间空气比较清洁，因此 Ti 浓度较低。

Pb 浓度的月变化规律与其他金属元素明显不同，在 8 月和 12 月浓度较低，分别为 35.28ng/m³ 和 49.15ng/m³，9~11 月浓度水平相近，高于 8 月和 12 月的浓度，为 96.71~115.32ng/m³，1 月和 2 月浓度较高，分别为 532.24ng/m³ 和 163.96ng/m³。Pb 是机动车排放和冶金化工尘的特征元素，煤、植物树叶等燃烧过程也排放 Pb，但是研究表明近十几年来无铅汽油的使用使汽车尾气对 Pb 的贡献明显下降，因此燃煤尘和冶金化工尘成为 Pb 的主要来源，1~2 月正值燃煤取暖期，且盛行西北偏北风，将工业污染区铅冶金及铅蓄电池等企业排放的 Pb 输送至采样区域，加之逆温天气多导致工业污染物不断积累，使 Pb 的浓度较高。12 月也处于燃煤取暖期，但是由于 12 月采样发生在降雪以后，湿沉降作用使大气中 Pb 的浓度明显降低。8 月降水较多，因而湿沉降作用明显，无严重污染天气，且主导风向为南风和东南风，减少了工业污染区输送来的污染物，因而 Pb 的浓度较低。10 月无燃煤取暖，且采样期间多南风，工业污染区的输入较少，但是 10 月正值秋收季节，秸秆焚烧较多，植物树叶等燃烧过程也排放 Pb，因而 Pb 浓度高于 8 月。除 12 月外，Pb 的浓度随月平均温度升高而降低，这与相关性分析中 Pb 与温度呈显著的负相关的结果一致。

由图 3-62 可知，青岛大气中 Li 的浓度在各月变化相对较小，11 月、12 月和次年 1 月浓度较高，分别为 5.58ng/m³、6.07ng/m³ 和 9.89ng/m³，8 月和 2 月浓度较低，分别为 2.11ng/m³ 和 3.20ng/m³。青岛大气中 Li 的主要来源为土壤源和工业源，11 月和 12 月大风天气较多，风速与其他月份相比较高（表 3-22），导致土壤扬尘增多，相关性分析也表明 Li 与风速呈显著的正相关关系，因此 Li 的浓度较高。1 月污染天气较多，大气层稳定导致污染物不易扩散，因此 Li 浓度较高。Be 在 1 月浓度最高，为 0.53ng/m³，原因如前所述。其余月份浓度变化幅度相对较小，为 0.13~0.40ng/m³，表明大气中 Be 的来源比较稳定，并且受环境条件的影响相对较小。

大气中 Sc 的浓度在 8~12 月逐渐升高，12 月浓度达到最高值，为 1.50ng/m³，之后在 12 月至次年 2 月浓度又逐渐降低。Sc 的浓度为 0.57~1.50ng/m³，在大气中相对比较稳定。研究表明，青岛大气中 Cr 的主要来源是工业源与土壤源，Cr 的浓度随月份变化较小，在环境中的浓度相对稳定，表明其有稳定工业来源和土壤来源，且受环境的影响相对较小。Co 在 8 月和次年 2 月的浓度较低，分别为 0.91ng/m³ 和 0.68ng/m³，1 月的浓度最高，为 3.80ng/m³，其余月份无显著变化。Ni 在 8 月的浓度最低，为 6.74ng/m³，从 8~

11 月浓度呈现不断升高的趋势，12 月浓度降低，为 7.02ng/m³，1 月浓度出现最高值，达到 35.88ng/m³，2 月浓度又有所降低，为 10.32ng/m³，原因如前所述。

3.2.3.2 干、湿沉降输送通量的估算

多数情况下，大气污染物对地表及海洋环境的冲击与影响是一个缓慢的累积效应，而在估计其对生态系统的危害时，常常需要考虑物质通量，而不仅限于元素在不同物态（固、液）中的浓度，刘素美等（1991，1993）在长期观测的基础上分别计算了 1988~1990 年常量和痕量化学要素通过干、湿沉降过程到达地表和海洋表层的通量［g/（m²·a）］，结果列于表 3-25。表中所列微量元素的湿沉降通量均高出干沉降通量 1~2 个数量级，说明大气总沉降中湿沉降较干沉降在物质循环量中具有更重要的作用，亦即降水对环境的冲击就痕量元素而言较颗粒物潜在危害更大。

表 3-25　1988~1990 年胶州湾常量和痕量元素大气干湿沉降通量　［单位：g/（m²·a）］

样品	Co	Mn	Pb	Zn	Cu	Ni	Cr	Fe	Mg	Ca	Na	K
干沉降	0.0029	0.0245	0.0107	0.0164	0.0078	0.0035	0.0044	1.79	0.442	0.086	0.258	0.156
湿沉降	0.0366	0.3132	0.0976	0.2603	0.0691	0.1423	0.0244	11.33	0.504	1.696	1.373	0.960

资料来源：刘素美等，1991，1993

痕量元素的沉降方式（干、湿）对海洋上层生态环境的冲击方式有显著的差异，雨水中的痕量元素是"速效式"的，具体表现为雨水的影响更多地限于海洋上部的近光层，痕量元素进入海水中迅速地被生物吸收、吸附并结合到颗粒表面，或者为海水稀释。相反，颗粒物进入海水后，部分痕量元素由固相进入水体，这一过程可以很快或缓慢，依颗粒物的成分和化学元素的赋存形式，随着颗粒物的沉降，部分痕量元素到达海底并进入沉积物。因此，颗粒态的痕量元素对整个水体和沉积物的生态系统都产生影响。所以，从颗粒态的行为和时间尺度而言，大气颗粒态痕量元素的输送对海洋生态系统的潜在威胁令人瞩目。

王云龙等（2005）基于 2002 年春季的观测数据，利用直接测定法计算了痕量元素的干沉降通量，结果见表 3-26。基于改进的 Slinn 模型和 Wiillmas 模型预测的沉降速率和在实验测定得到的 6 种金属元素的平均浓度估算了它们在三个采样点仰口、八关山和沧口的四季和全年沉降通量，结果列于表 3-27~表 3-29 中。

表 3-26　2002 年春季痕量元素的干沉降通量

元素	八关山		高新区	
	沉降通量 /［mg/（m²·d）］	沉降速率 /（cm/s）	沉降通量 /［mg/（m²·d）］	沉降速率 /（cm/s）
Al	76.58	4.88	84.17	5.23
Fe	28.76	3.54	29.66	3.62

元素	八关山		高新区	
	沉降通量 /[mg/(m² · d)]	沉降速率 /(cm/s)	沉降通量 /[mg/(m² · d)]	沉降速率 /(cm/s)
Mn	0.66	3.24	0.776	3.85
Cu	0.055	2.56	0.065	2.79
Pb	0.098	0.78	0.086	0.69
Zn	0.129	1.35	0.158	1.56

资料来源：王云龙，2005

表 3-27　仰口四季各元素的平均浓度和运用改进的模型估算的干沉降通量

季节	平均浓度与干沉降通量		Al	Fe	Mn	Cu	Pb	Zn
春季	平均浓度/(ng/m³)		8221.68	4868.86	133.46	9.31	104.70	101.20
	干沉降通量 /[mg/(m² · d)]	Slinn	10.25	6.07	0.17	0.012	0.13	0.13
		Wiillmas	7.06	4.18	0.11	0.0080	0.090	0.087
		平均	8.66	5.13	0.14	0.0098	0.11	0.11
夏季	平均浓度/(ng/m³)		807.80	354.47	18.58	9.18	31.38	42.71
	干沉降通量 /[mg/(m² · d)]	Slinn	1.30	0.57	0.030	0.015	0.051	0.069
		Wiillmas	0.82	0.36	0.019	0.0093	0.032	0.043
		平均	1.06	0.46	0.024	0.012	0.041	0.056
秋季	平均浓度/(ng/m³)		1421.02	890.92	36.23	15.13	61.21	95.95
	干沉降通量 /[mg/(m² · d)]	Slinn	3.07	1.92	0.078	0.033	0.13	0.21
		Wiillmas	2.26	1.42	0.058	0.024	0.097	0.15
		平均	2.66	1.67	0.068	0.028	0.11	0.18
冬季	平均浓度/(ng/m³)		5248.03	3363.13	94.55	12.55	75.90	88.75
	干沉降通量 /[mg/(m² · d)]	Slinn	12.91	8.27	0.23	0.031	0.19	0.19
		Wiillmas	9.48	6.08	0.17	0.023	0.14	0.16
		平均	11.20	7.17	0.20	0.027	0.16	0.19

资料来源：祁建伟，2003

表 3-28　八关山四季各元素的平均浓度和运用改进的模型估算的干沉降通量

季节	平均浓度与干沉降通量		Al	Fe	Mn	Cu	Pb	Zn
春季	平均浓度/(ng/m³)		15 263.29	8 646.29	216.09	20.80	114.39	153.13
	干沉降通量 /[mg/(m² · d)]	Slinn	19.03	10.78	0.27	0.026	0.14	0.19
		Wiillmas	13.12	7.43	0.18	0.018	0.098	0.13
		平均	16.08	9.11	0.23	0.022	0.12	0.16

续表

季节	平均浓度与干沉降通量		Al	Fe	Mn	Cu	Pb	Zn
夏季	平均浓度/(ng/m³)		810.93	1 125.65	21.92	11.32	51.23	82.45
	干沉降通量/[mg/(m²·d)]	Slinn	1.31	1.81	0.035	0.018	0.082	0.13
		Wiillmas	0.82	1.14	0.022	0.011	0.052	0.083
		平均	1.06	1.48	0.029	0.015	0.067	0.11
秋季	平均浓度/(ng/m³)		3 088.99	2 232.95	64.96	25.25	109.91	118.80
	干沉降通量/[mg/(m²·d)]	Slinn	6.67	4.82	0.14	0.054	0.24	0.26
		Wiillmas	4.91	3.55	0.10	0.040	0.17	0.19
		平均	5.79	4.19	0.12	0.047	0.21	0.23
冬季	平均浓度/(ng/m³)		3 651.71	2 340.49	69.28	24.59	136.83	183.88
	干沉降通量/[mg/(m²·d)]	Slinn	8.98	5.76	0.17	0.060	0.34	0.45
		Wiillmas	6.60	4.23	0.12	0.044	0.25	0.33
		平均	7.79	4.99	0.15	0.052	0.29	0.39

资料来源：祁建伟，2003

表3-29　沧口四季各元素的平均浓度和运用改进的模型估算出的干沉降通量

季节	平均浓度与干沉降通量		Al	Fe	Mn	Cu	Pb	Zn
春季	平均浓度/(ng/m³)		17 437.32	9 491.73	278.24	31.31	178.87	206.47
	干沉降通量/[mg/(m²·d)]	Slinn	21.47	11.84	0.35	0.039	0.22	0.26
		Wiillmas	14.99	8.16	0.24	0.027	0.15	0.18
		平均	18.37	10.00	0.29	0.033	0.19	0.22
夏季	平均浓度/(ng/m³)		3 089.39	1 875.37	61.93	12.41	65.55	91.03
	干沉降通量/[mg/(m²·d)]	Slinn	4.98	3.02	0.10	0.020	0.10	0.15
		Wiillmas	3.12	1.89	0.062	0.012	0.066	0.092
		平均	4.05	2.46	0.081	0.016	0.086	0.12
秋季	平均浓度/(ng/m³)		4 616.52	3 053.46	111.36	34.86	135.32	149.80
	干沉降通量/[mg/(m²·d)]	Slinn	9.97	6.59	0.24	0.075	0.29	0.32
		Wiillmas	7.34	4.86	0.18	0.056	0.21	0.24
		平均	8.66	5.72	0.21	0.065	0.25	0.28
冬季	平均浓度/(ng/m³)		5 147.22	4 275.21	138.95	35.46	219.39	326.47
	干沉降通量/[mg/(m²·d)]	Slinn	12.66	10.52	0.34	0.087	0.54	0.80
		Wiillmas	9.30	7.72	0.25	0.064	0.40	0.59
		平均	10.98	9.12	0.30	0.076	0.47	0.70

资料来源：祁建伟，2003

　　由计算得到元素 Al、Fe、Mn、Cu、Pb 和 Zn 春季向胶州湾每平方千米海域的干沉降输入量分别为 14.37kg、8.08kg、0.22kg、0.022kg、0.14kg 和 0.16kg；夏季分别为

2.06kg、1.46kg、0.045kg、0.014kg、0.065kg 和 0.094kg；秋季分别为 5.70kg、3.86kg、0.13kg、0.047kg、0.19kg 和 0.23kg；冬季分别为 9.99kg、7.10kg、0.22kg、0.052kg、0.31kg 和 0.43kg；全年分别为 32.12kg、20.50kg、0.61kg、0.13kg、0.70kg 和 0.91kg。地壳元素 Al、Fe、Mn 在春季、冬季对海域的输入量较大，占全年输入量的 71% ~ 75.8%，而且春季略高于冬季，夏季最低，输入量不到 10%，秋季次之。人为元素 Cu、Pb、Zn 都是秋季、冬季较高，占全年输入量的 71.8% ~ 7.33%，也是夏季最低，占全年输入量不足 11%。这是因为夏季青岛地区空气湿润、多雨，湿沉降使大气颗粒物中各金属元素的浓度大大降低，因而无论是地壳元素还是人为元素，夏季出现了全年输入量的最小值。而冬季青岛市燃煤取暖等人为排放源增多，使地壳元素和人为元素，特别是人为元素的输入量大为增加。对地壳元素而言，春季青岛多风，而且多次受西北沙尘暴的影响，浮尘天气较多，因而 Al、Fe、Mn 出现了全年的最大输入量；人为元素在其发源地和从西北地区长途传输过程中富集较小并且浓度较低，春季的沙尘天气对三类人为元素影响并不大（与地壳元素相比）。

3.3　养殖排放对胶州湾物质的输送

20 世纪 80 年代以来，海洋渔业资源的锐减使得海水养殖业迅速发展，据统计，全球的海水养殖以每年 10% 的速度增加。中国的海水养殖业在养殖面积、放养种类以及产量等方面也得到了很大的发展。而随之产生的是海水养殖海域的严重污染，主要原因是外源性的，包括大量的投饵、肥料以及养殖物的粪便排泄等，造成了局部水域的 N、P 负荷加大，海水透明度下降，水质恶化，富营养化加重，引发赤潮等自然灾害，导致鱼类的大量死亡。胶州湾海域的对虾养殖、网箱养鱼、贝藻类养殖过程中，大量的饵料投喂以及养殖鱼类的排泄物最终进入了水环境，以无机氮、无机磷和一些有机的形式留在水体，促进了水体中浮游生物的繁殖，加速了水体的富营养化，引发赤潮，破坏水体环境。因此，胶州湾海水养殖污染通量的研究具有重要意义。

3.3.1　胶州湾海水养殖状况

王刚（2009）对胶州湾海水养殖情况进行了如下系统的研究。环胶州湾的海水养殖区域主要包括城阳区、胶州市、黄岛区和青岛市市区等。其中城阳区包括流亭、红岛和河套地区；胶州市主要是营海镇；黄岛区主要包括红石崖和黄岛；青岛市市区主要是李沧区。海水养殖的数据主要是通过青岛市年鉴、青岛市海洋与渔业局、青岛市环境公报、相关文献等和现场调查相结合的方法来获得。根据收集的养殖资料并结合现场调查，绘制了胶州湾海水养殖范围的示意图，如图 3-63 所示。

胶州湾的养殖品种主要包括贝类（贻贝、扇贝、牡蛎、菲律宾蛤仔等）、对虾（中国对虾、日本车虾等）、鱼类（六线鱼、鲈鱼等）和其他蟹类、藻类。胶州湾海水养殖主要品种和养殖方式如表 3-30 所示，胶州湾海水养殖面积变化、胶州湾对虾养殖面积变化、胶州湾鱼类年产量变化以及胶州湾贝类年产量变化如图 3-64～图 3-67 所示。

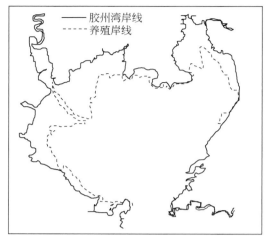

图 3-63　胶州湾海水养殖示意

表 3- 30　胶州湾海水养殖主要品种和养殖方式

品种	养殖方式	放养规格	放养密度/亩[①]
扇贝	筏养	0.5cm	12 万粒
菲律宾蛤仔	滩涂底播	2 000～3 000 粒/kg	750～1 000kg
牡蛎	滩涂底播	—	—
鱼类	网箱养殖	>10cm	800～900 尾/箱
对虾	池塘混养	1cm	3 000～10 000 尾

资料来源：王刚，2009

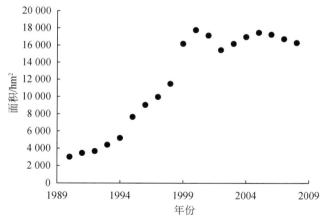

图 3-64　胶州湾海水养殖面积变化

资料来源：王刚，2009

---

① 　1 亩 ≈666.7m² 。

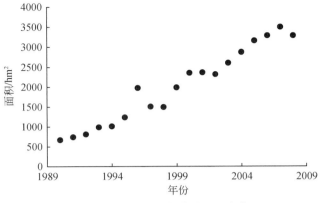

图 3-65　胶州湾对虾养殖面积变化

资料来源：王刚，2009

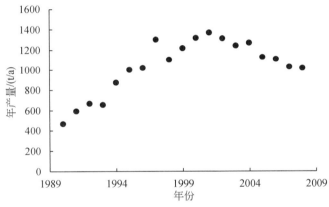

图 3-66　胶州湾网箱养鱼类年产量变化

资料来源：王刚，2009

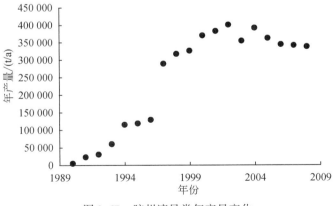

图 3-67　胶州湾贝类年产量变化

资料来源：王刚，2009

20 世纪 50 ~ 90 年代，胶州湾的海带、贝类、对虾、鱼类养殖先后掀起了四次养殖浪潮，胶州湾近海海域海水养殖面积逐年增大，到 90 年代末已高达 18 000km²。从 21 世纪初开始，为遏制胶州湾水质恶化，开始有步骤地限制和削减海水养殖面积，目前胶州湾海水养殖面积为 16 000km²（张拂坤，2007）。

3.3.2 不同养殖方式污染物排放通量的估算方法

近年来，随着胶州湾养殖业的迅速发展，海水养殖的废水排放成为了胶州湾 COD 和氮磷营养盐的主要来源。王刚（2009）针对胶州湾对虾、贝类和鱼类这三种主要的海水养殖品种，选用了不同的污染物估算方法对养殖污染物的排放通量估算进行了如下系统的研究。

3.3.2.1 对虾养殖污染物通量的估算方法

对虾池塘养殖系统相对封闭和独立，按其养殖模式分为高位池、低位池、分级池、围塘养殖等。养殖过程中产生的大量有机污染物随着虾池废水的排放进入周围海域，形成对海域生态环境的污染。估算对虾养殖污染物通量采用以下公式：

根据胶州湾海水养殖面积和单位养殖面积污染物排放量计算养殖入海通量（F_j）。计算公式为

$$F_j = S_j \times M_r \tag{3-1}$$

式中，S_j 为海水养殖面积；M_r 为单位养殖面积所产生的污染物数量；在实际的估算中，S_j 采用胶州湾历年来海水养殖中对虾养殖面积。

M_r 运用以下公式计算：

$$M_r = C_i \times H \times P \times T \tag{3-2}$$

式中，H 为平均水深；P 为换水率；T 为养殖周期；C_i 为养殖废水与海水交换后的污染物浓度增量；i 为 COD、DIN 和 DIP。

研究发现，养殖方式不同，单位养殖面积废水排放量及污染物不尽相同，前者主要决定于水深、换水率、养殖周期等，而后者还决定于养殖废水与海水交换后的污染物浓度增量（ΔC_i）。调查研究表明，胶州湾沿海对虾养殖平均水深为 1.5m，每年两个养殖周期，每个周期约 100d，平均每天有近 150m³/hm² 养虾废水排入胶州湾海域。针对胶州湾城阳区的虾池给排水中的 COD、DIN、DIP 含量进行监测，监测结果如表 3-31 所示：胶州湾对虾养殖 COD、DIN、DIP 的 ΔC_i 增量分别为 2.96mg/L、89.01μg/L 和 11.01μg/L。通过计算得出的污染物增量同崔毅等相关研究结果进行比较发现，胶州湾 COD、DIP 的增量大于北方沿海的平均值，而 DIN 都要小于北方沿海地区的平均值。

表 3-31 不同虾池进水及纳水中 COD、DIN、DIP 的含量监测结果

地区	COD/(mg/L)			DIP/(μg/L)			DIN/(μg/L)		
	进水	排水	ΔC_i	进水	排水	ΔC_i	进水	排水	ΔC_i
上马镇	3.21	6.01	2.8	70.03	81.51	11.48	181.15	263.3	82.15
红岛镇	3.3	6.19	2.89	50.01	60.47	10.46	180.45	257.9	77.45

续表

地区	COD/(mg/L)			DIP/(μg/L)			DIN/(μg/L)		
	进水	排水	ΔC_i	进水	排水	ΔC_i	进水	排水	ΔC_i
河套镇	3.12	6.30	3.18	33.43	44.53	11.1	153.62	261.3	107.68
平均	3.21	6.17	2.96	51.16	65.17	11.01	171.74	260.83	89.01

资料来源：王刚，2009

3.3.2.2 网箱养殖污染物通量的估算方法

网箱养殖是水产养殖业迅速发展起来的新的养殖技术，是一种人工营养型的养殖系统，其主要特点是高饵料投入和系统开放，大量的残饵、鱼类的排泄物等进入养殖区水体，易造成水体的富营养化，加重水体的负荷。但是实际调查研究其污染物排放的时候比较复杂和困难。鉴于此种情况，现在主要有现场测定和物质守恒两种研究方法。由于现场测定耗时耗力，目前研究主要采用物质守恒方法。

海水网箱养殖的环境负荷为投入饵料的营养数－养殖物体内的营养量。采用竹内俊郎法估算网箱养殖的污染物入海通量。竹内俊朗法估算网箱养殖过程中氮磷排放总量，这种保守的计算方式适合估算网箱养殖排放总量。其公式为

$$L_N = (CF_N - P_N) \times 10^3 \tag{3-3}$$

式中，L_N 为氮的环境负荷，kg/t；C 为饵料系数；P_N 为鱼体中氮的含量，%；F_N 为饵料中氮的含量，%。

$$L_P = (CF_P - P_P) \times 10^3 \tag{3-4}$$

式中，L_P 为磷的环境负荷，kg/t；C 为饵料系数；P_P 为鱼体中磷的含量，%；F_P 为饵料中磷的含量，%。

根据现场调查得知，青岛市网箱养殖的饵料一般以鲜杂鱼虾为主，含水率大约在20%，而饵料的转化率一般在6%左右，小于山东海水养殖的平均值（8%）。根据报道，P_N 和 P_P 分别取值为2.8%和0.29%，F_N 和 F_P 分别取值为2.4%和0.44%。关于网箱养殖过程中的 COD 的入海通量按照网箱精养过程中 COD 的排放的结果估算。其计算参数为785.25kg/t。

3.3.2.3 贝类养殖污染物通量的估算方法

贝类养殖属于自然营养型的养殖系统，不需要投放饵料，在养殖过程中的环境负荷量非但不增加，而且通过贝类的虑食，使环境中的 N、P 负荷减小。但是在实际中，由于贝类的养殖密度过大，它们的代谢会增加局部海域的 N、P 的含量，致使水体被污染。

由于缺少胶州湾贝类养殖的监测数据，通过总结相关文献的数据来定量估算贝类养殖物的 N、P 的排放物。贝类的 N、P、COD 按照贻贝的参数来整体估算（山东渔业调查）相关研究表明，贻贝在自然水体中，每年1g 干重贻贝产生的排泄物量为1.76g 干重，其中含氮量约为0.0017g、磷为0.00026g，并按在一般情况下贻贝的干肉率为6%~9%，一

般取平均干肉率7.5%。

王晓宇等（2011）于2006年2月、5月、8月和11月4个季度月采用呼吸瓶法对胶州湾菲律宾蛤仔的呼吸排泄作用和胶州湾滩涂养殖的菲律宾蛤仔通过呼吸排泄作用将向胶州湾释放的氨氮和无机磷通量估算进行了如下系统的研究。结果表明，不同生物学规格的蛤仔呼吸排泄速率具有明显的差异，单位个体耗氧率、排氨率和排磷率均随着个体大小的增加而增加，而单位体重的耗氧率、排氨率和排磷率则随着个体大小的增加而降低，且耗氧率、排氨率和排磷率（RX）与软体干重（DW，g/ind）呈异速方程关系，方程为 RX = $a \times DWb$。耗氧率、排氨率和排磷率的 a 值分别为 0.20~0.93、0.29~2.46 和0.27~0.59；耗氧率、排氨率和排磷率的 b 值分别为 0.52~0.83、0.35~0.62 和0.28~0.88。

3.3.3　胶州湾海水养殖排放 COD 与营养物质的通量

王刚（2009）针对胶州湾对虾、贝类和鱼类三种主要海水养殖品种，选用不同的污染物估算方法并结合统计和调查数据，对2008年海水养殖污染物的入海通量估算及多年的胶州湾海水养殖污染物通量的年际变化趋势进行了如下系统的研究。

分别根据对虾、鱼类和贝类的估算公式，计算了2008年的胶州湾海水养殖 COD 的入海通量，结果如图3-68所示。2008年胶州湾海水养殖 COD 的年入海通量为5640.6t，其中，对虾、鱼类和贝类的 COD 入海通量分别为1450.40t、796.80t 和3393.44t。

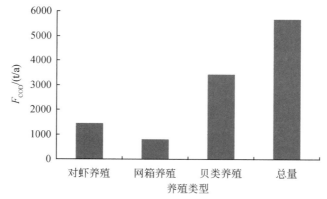

图 3-68　2008 年对虾养殖、网箱养殖和贝类养殖的 COD 入海通量

资料来源：王刚，2009

根据估算海水养殖污染物通量的方法，结合所统计的多年胶州湾海水养殖数据，估算胶州湾多年的海水养殖污染物入海通量。图3-69为20世纪90年代初到2008年胶州湾海水养殖 COD 入海通量的变化趋势。从图3-68中可以看出，随着年份的增加，20世纪90年代初到2008年胶州湾的海水养殖 COD 入海通量整体上呈递增趋势，2005年以来，海水养殖 COD 的入海通量呈平稳的趋势。具体地讲，胶州湾海水养殖 COD 的入海通量自20世纪90年代初的700t/a 左右，迅速增加到21世纪初的6000t/a 左右，2005年以来，COD 的入海通量基本保持在5600t/a 左右。

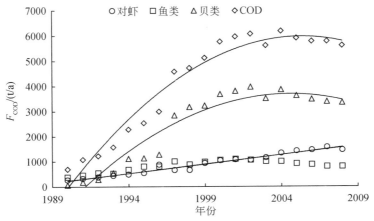

图 3-69　胶州湾海水养殖 COD 入海通量的年际变化

资料来源：王刚，2009

究其原因，主要是胶州湾贝类养殖的迅速发展引起的。胶州湾的贝类养殖产量由 20 世纪 90 年代初的 5000t 左右，迅速增加到目前的 33 万 t 左右。贝类的 COD 排放也由 20 世纪 90 年代初的 55t，增加到 2008 年的 3000t 左右；胶州湾的对虾养殖也经历相似的发展趋势，由 20 世纪 90 年代初 600hm² 发展到 2008 年的 3000hm² 左右，其 COD 的排放也逐年增加，2008 年 COD 的入海量为 1450t；胶州湾的网箱养殖多年来发展平缓，在海水养殖 COD 入海量变化不大，占总量的 19.5%（图 3-70）。

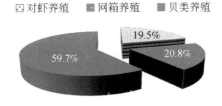

图 3-70　对虾养殖、网箱养殖、贝类养殖 COD 的分担率

资料来源：王刚，2009

3.3.4　海水养殖排入胶州湾营养盐的通量

3.3.4.1　胶州湾 2008 年海水养殖营养盐排放通量

王刚（2009）分别根据对虾、鱼类和贝类的估算公式，对 2008 年胶州湾海水养殖 DIN、DIP 的入海通量进行了估算，结果如图 3-71 和图 3-72 所示。2008 年胶州湾海水养殖 DIN、DIP 的年入海通量分别为 205.6t 和 35.97t。其中，2008 年胶州湾对虾、鱼类和贝类的 DIN 入海通量分别为 43.60t、117.70t 和 44.30t；2008 年胶州湾对虾、鱼类和贝类的

DIP 入海通量分别为 5.39t、23.80t 和 6.78t。

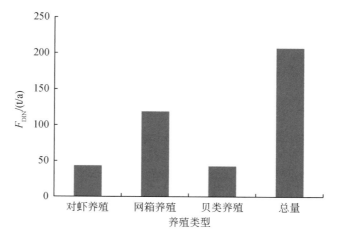

图 3-71　2008 年对虾养殖、网箱养殖、贝类养殖的 DIN 入海通量
资料来源：王刚，2009

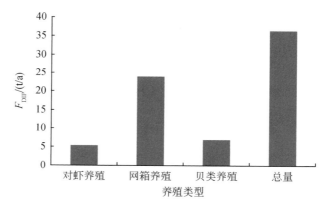

图 3-72　2008 年对虾养殖、网箱养殖、贝类养殖的 DIP 入海通量
资料来源：王刚，2009

3.3.4.2　胶州湾海水养殖 DIN、DIP 入海通量的年际变化

图 3-73 为 20 世纪 90 年代初到 2008 年胶州湾海水养殖 DIN 入海通量的变化趋势。从图中可以看出，随着年份的增加，胶州湾的海水养殖 DIN 入海通量整体上递增趋势，2005 年以来，海水养殖 DIN 的入海通量呈现下降的趋势。具体来讲，胶州湾海水养殖 DIN 的入海通量自 20 世纪 90 年代初的 60t/a 左右，迅速增加到 21 世纪初的 240t/a 左右。2005 年以来，DIN 的入海通量有所减少，保持在 200t/a 左右。

究其原因，主要是胶州湾海水养殖中的氮污染物的排放中，网箱养殖占比很大，胶州湾的海水鱼类产量由 20 世纪 90 年代初的 400t/a 左右，迅速增加到 21 世纪初的 1400t/a 左右，近年来，随着胶州湾海水养殖产业的规范化，许多非法养殖网箱被清除，产量降低至

2008 年的 1000t/a。鱼类的氮污染物排放随产量的变化呈现了相同的变化趋势；胶州湾的贝类养殖对虾养殖的氮污染物的排放，虽然也由于产量的急剧增加而有增加趋势，但是相比鱼类的排放，其所占的比例较小，分别占总量的 17.9% 和 14.8%（图 3-74），对胶州湾 DIN 入海量的影响不大，不能改变整体的变化趋势。

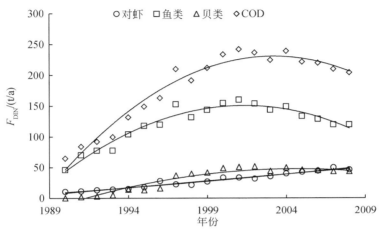

图 3-73　胶州湾海水养殖 DIN 入海通量年际变化

资料来源：王刚，2009

图 3-74　对虾养殖、网箱养殖、贝类养殖 DIN 的分担率

资料来源：王刚，2009

图 3-75 现了 20 世纪 90 年代初到 2008 年，胶州湾海水养殖 DIP 入海通量的变化趋势。从图 3-74 中可以看出，随着年份的增加，胶州湾的海水养殖 DIP 入海通量整体上递增趋势，从 2005 年以来，海水养殖 DIP 的入海通量呈现下降的趋势。具体来讲，胶州湾海水养殖 DIP 的入海通量自 20 世纪 90 年代初的约 12t/a 迅速增加到 21 世纪初的约 42t/a，2005 年以来，DIP 的入海通量有所减少，基本保持在约 36t/a。究其原因，主要是胶州湾海水养殖中的磷污染排放同氮污染物排放相同，网箱养殖占很大的比例，而鱼类的磷污染物排放随产量的变化呈先急剧增加，而后又逐渐降低的趋势；胶州湾的贝类养殖、对虾养殖的磷污染物的排放，虽然由于产量的急剧增加有增加趋势，但是相比鱼类的排放，其所占的比例较小，分别占总量的 15.1% 和 10.1%（图 3-76），对胶州湾 DIP 入海量的影响不大，不能改变整体的变化趋势。

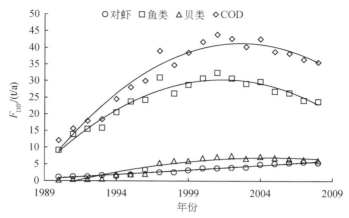

图 3-75　胶州湾海水养殖的 DIP 入海通量年际变化
资料来源：王刚，2009

图 3-76　对虾养殖、网箱养殖、贝类养殖 DIP 的分担率
资料来源：王刚，2009

　　根据对胶州湾 21 世纪初 DIN 和 PO_4-P 主要排污口和养殖排污的数据统计（图 3-77），由图 3-77 可以看出，胶州湾主要陆源排污口和海水养殖排放的 DIN 比例分别约为 90% 和 10%，PO_4-P 的比例分别为 80% 和 20%。

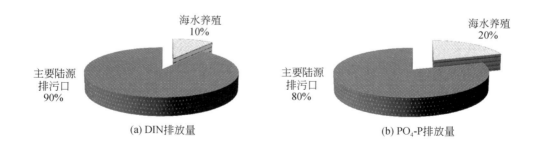

图 3-77　胶州湾主要陆源排污口与海水养殖 DIN 与 PO_4-P 排放量比例
资料来源：王刚，2009

3.3.4.3　胶州湾主要贝类养殖的呼吸排泄作用

王晓宇等（2011）实测了胶州湾菲律宾蛤仔的呼吸排泄作用，测得菲律宾蛤仔耗氧率为
0.021～0.562mg/（ind·h），最高值出现在 5 月，8 月次之，11 月达到最低值；排氨率为
0.078～1.685mol/（ind·h），最高值出现在 8 月；排磷率为 0.015～0.249mol/（ind·h），最
高值出现在 8 月，5 月次之，最低值出现在 2 月（图3-78）。可见菲律宾蛤仔呼吸排泄速
率具有明显的季节变化趋势，一般春季、夏季高于秋季、冬季。这是因为菲律宾蛤仔的
生长具有时间节律性，4～9 月是其生长旺盛时期，这个时期水温逐渐升高，8 月达到最
高，TPM 和 Chla 调查结果显示蛤仔的食物可获得性增强，导致蛤仔的生长速率和生理代
谢速率加快。用 2 月、5 月、8 月和 11 月的排氨率和排磷率分别代表冬季、春季、夏季、
秋季的平均排氨率和排磷率，每个季节按照 91 天计算，整个海区菲律宾蛤仔养殖面积约
为 1 万 hm²，以 600 只/m² 的密度计算，胶州湾整个养殖海区菲律宾蛤仔每年将向水体释
放氨氮 3137t 和无机磷 902t。

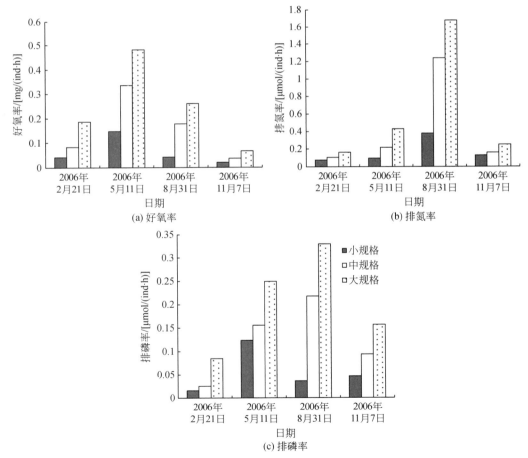

图 3-78　不同规格菲律宾蛤仔代谢速率的季节性变化

资料来源：王晓宇等，2011

3.4　地下水和沉积物–海水界面迁移对胶州湾物质的输入

海岸带地下水不但是工农业生产和城市发展不可缺少的重要资源，也是海岸带环境的重要组成部分和全球水循环的重要环节。然而，随着海岸带工农业生产的大力发展和经济的快速增长，打着人类污染"烙印"的海岸带地下水携带了大量的污染物质和营养盐排泄入海，影响着近岸海洋生态系统的平衡，造成水体污染和富营养化，甚至引发赤潮。以往胶州湾的陆源营养盐输送通量研究忽略了地下水的营养盐输送作用，本节对胶州湾陆源地下水对海湾营养盐的输送贡献进行简要论述。

3.4.1　胶州湾地下水物质输入通量

虽然陆地地下水排泄不如河水排泄明显，但是如果沿海含水层与大海是连通的，且存在一定的水力梯度，陆地地下水可能会直接排入大海，自流含水层可以从海滨延伸相当长的距离，在出露点排入大海。有时，一些深层含水层也可能因其上面的承压层存在裂隙或破碎带而发生地下水和海水的相互交换。海底地下水排泄（submarine ground water discharge，SGD）即海岸带海底地质体中的水向近海的排泄，其来源有陆源地下水和循环海水。近年来，科学家们逐渐认识到源于陆地的海底地下水可能会携带一些污染物质和营养盐入海，从而影响近岸海水生态系统的平衡（如引起赤潮等），尤其是一些半封闭水体（如海湾、泻湖等）。研究表明，有些地区的海岸带地下水硝酸盐输送入海量占陆源总输送量的50%以上，并且若地下水通过海湾底部沉积物时没有发生反硝化作用，其输送量可能还会更大。叶玉玲（2006）和刘贯群等（2007）利用断面法对近年青岛市地下水及其N、P、Si无机营养盐向胶州湾的输送量估算及其影响因素进行了如下系统的研究。

3.4.1.1　陆源 SGD 计算方法

在海岸带，只要陆侧地下水水头高过海平面，且与海连通，可以通过各种途径向海湾输送，地下水向海湾的输送量可根据达西定律由陆地间、陆海间断面法确定。大沽河平原地下水向海湾的输送量为水位高过截渗墙顶而向下游输送的那部分地下水量，由陆地间断面法确定。

（1）陆地间断面法

由于含水层为潜水含水层，其公式为

$$Q_{SGD} = KB\frac{h_1^1 - h_2^2}{2L} = KIB\frac{h_1 - h_2}{2} = KIB\bar{h} \tag{3-5}$$

式中，Q_{SGD} 为地下水向海输送量；K 为渗透系数（表3-32）；B 为断面宽度（表3-32）；I 为水力梯度；h_1、h_2 为断面上、下游潜水含水层的厚度；$\bar{h}$ 为过水断面平均厚度；L 为上下游潜水含水层之间沿着水力梯度方向的距离。

表 3-32　胶州湾研究区含水层各计算断面参数

含水层断面	白沙河—墨水河平原				大沽河平原	洋河平原
	皂户段	苇苫段	王家女姑段	港东段	截渗坝顶	宗家屯段
$K/(\text{m/d})$	34.3	23.4	29.0	44.7	0.5	31.5
B/m	1475	3250	2350	600	3750	4625

资料来源：刘贯群等，2007

（2）陆海间断面法

公式同前，I 为水力梯度，即陆侧潜水位与海湾地下水出露处（海平面）之间的水力梯度；h 为地下水出露处含水层厚度；L 为陆侧潜水含水层与海湾地下水出露处之间沿着水力梯度方向的距离，其他同前。

因受波浪、潮汐等影响，海平面时刻都在变化。根据青岛验潮站 1952～1979 年验潮资料计算确定近年平均海平面为 2.429m，即我国现行的高程基准。夏秋季节胶州湾海平面较高，而冬春季较低，每年的 2 月海平面开始上升，8 月海平面高程达到最高，为 19.1cm，9 月开始下降，1 月海平面高程达到最低，为 −21.9cm，最低海平面（1 月）与最高海平面（8 月）相差 45cm。

3.4.1.2　地下水的补给、径流与排泄

（1）地下水的补给

胶州湾地区地下水主要是依靠大气降水补给和侧向径流补给，较大河流的边缘地带在河流有水时有少量河水入渗补给。

大气降水入渗补给的影响因素主要有降水的方式、气候条件、降水前的土壤含水率、暴雨的特征（时间、强度、峰值强度）、地形、地面的渗透性与植被等。其中对地下水补给有利的雨型是速率适当的中雨、大雨，过猛容易形成表流，过慢则大量被蒸发消耗。胶州湾周边地区地形平坦，含水层以砂砾石和砂为主，透水性好，上覆黏土层薄，埋深浅，利于降水的入渗补给。与降水的季节分配性相对应，地下水的动态变化也呈现一定的季节性动态。每年的 7～8 月为汛期，降水量增多，地下水位随之升高，8 月底或 9 月初水位达到最高，雨季过后，降水量减少，水位逐渐下降，至次年 5 月、6 月汛期来临前，水位又降到最低。地下水位动态的季节变化明显，充分显示出大气降水与地下水之间的密切联系。多年统计资料进行的研究显示，研究区地下水总补给中降水补给占 50% 以上。

山前侧向径流补给是指山丘区地下水以地下径流的形式补给平原区的浅层地下水。山前侧向径流补给的多少受上下游地下水位动态和岩性的控制。白沙河平原地下水的侧向补给来源是基岩裂隙水、孔隙—裂隙水，而洋河平原和大沽河平原地下水的侧向径流补给由基岩山地、山麓地带的裂隙水与孔隙水组成，呈水平方向流入。多年统计资料研究表明，白沙河、洋河平原地下水的侧向径流补给均占其总补给的 15% 以上。

河水对地下水的补给强度受到多种因素的影响，如包气带和含水层的特性、河流径流量大小、径流时间长短、河水与地下水的水位差值等。研究区第四系孔隙潜水多呈双层结

构沿河谷地带呈带状分布，尤其下层多砂砾卵石，河水与地下水关系密切，沿河出现的"天窗"更使上下砂层相沟通，为河水与地下水相互转化提供了有利的条件。总之，河水与地下水之间存在相互补给相互转化的关系。

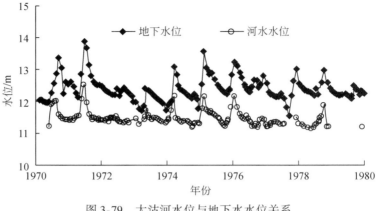

图 3-79　大沽河水位与地下水水位关系

资料来源：叶玉玲，2006

　　1982 年前，大沽河平原地下水位均高于河水水位 0.24～2.28m，如图 3-79 所示，而当时没有进行地下水的工业大规模开采，地下水的补给是大沽河在 1982 年前能够常年保持径流的原因。1982 年，南村水文站的断面径流量为 238 万 m³，流至南张院附近则全部渗入地下。1982 年后，开始了地下水的大规模开采，至 1985 年开采的地下水达 1.486 亿 m³，南村地下水位下降至 10m 左右，虽然 1985 年 9 号台风使地下水得到补给，但地下水位随着开采的进行而不断下降，使河水补给地下水，因此在降水较少的非汛期，河水经常断流。

　　灌溉入渗补给即引用各种地表水体进行灌溉时对地下水的入渗补给，灌溉入渗补给量与灌溉方式、灌溉水量、灌溉时间及包气带岩性及厚度等因素有关。大沽河下游平原是青岛市的农业井灌区，采用了大水漫灌方式进行灌溉，这种灌溉方式容易使灌溉水下渗补给地下水。白沙河平原是青岛市近郊最大的蔬菜种植基地，在春灌期和秋灌期进行农灌时，部分灌溉水也可能会入渗补给地下水。

　　另外，白沙河、大沽河下游地区分别在 20 世纪 70 年代末到 90 年代初、20 世纪 80 年代初到 90 年代后期发生了海水入侵，这个时期，地下水受到海水的补给（SGR），海水对地下水的补给会改变地下水的水质，造成水质恶化、农田荒废等一系列严重的后果。

　　（2）地下水的径流与排泄

　　地下水径流。天然情况下，地下水的径流与地形、含水层岩性结构等有着密切的联系，研究区域的地下水流向与地形基本一致，即由山前平原向海湾地带汇集。例如白沙河—墨水河平原地下水径流的分布由东部山前平原向海湾东北侧延展，该区域的等水位线南边密集北边稀疏，河流上游密集而下游稀疏，东南角古镇一带地下水位达到最高，地下径流强烈。当地下水开采量大大超过其补给量时，会形成区域性的水位下降漏斗，开采漏斗会使地下水由漏斗边缘向漏斗中心径流，如果漏斗中心靠近海边则会使海水侵入含水层，引起海水入侵。如白沙河—墨水河平原曾在 20 世纪的 70 年代末到 90 年代初发生了严重的海水入侵，海水入侵极大地改变了原来天然的地下水径流方式，地下水不再流向海湾，而是海水侵入到含水层中。

地下水的排泄。地下水的排泄方式主要有人工开采、蒸发和向海湾排泄。20 世纪 60 年代以前白沙河—墨水河平原地下水开采较少，地下水主要排泄方式为蒸发和向海湾排泄；而自 20 世纪 70 年代末到 90 年代初的海水入侵时期，地下水的天然状态极大地受到了人为开采因素的影响，地下水的人工开采成了最主要的排泄方式，其次是蒸发排泄；1991 年后地下水又开始向海湾排泄，这个时期，人工开采仍是地下水最主要的排泄方式，其次是向海湾排泄和蒸发排泄。

大沽河下游历史上就是农业井灌区，但作为青岛供水水源地则开始于 1978 年，当时以取大沽河表流为主，地下水取水工程仅限于移风地区，地下水只作为枯水期的调节补充水源，开采量不大。这个时期，地下水排泄主要以向海湾输送为主。1981 年 9 月，青岛市出台了以抗大旱而开采地下水为目的的供水应急工程，大力开发大沽河地下水，大沽河地下水位开始急剧下降，下游形成了开采漏斗，漏斗的急剧扩大使地下水不再向海湾排泄，直到 20 世纪 90 年代初漏斗才开始平复，至 1994 年丰水期，地下水才开始向海湾排泄。这个时期，工农业开采成了地下水的主要排泄方式，虽然丰水年随着地下水位的回升，水位埋深浅的沿河地带地下水的蒸发作用强烈，但一般年份蒸发量较小。自 1998 年在大沽河下游建立了地下水截渗坝以后，其下游地下水不能直接通过含水层直接向胶州湾排泄，只能在水位高于截渗坝顶高程（0m）且高于下游水位时才向海湾排泄，这个时期地下水向海湾的输送量少，地下水的主要排泄方式仍为人工开采和蒸发。

20 世纪 90 年代以前，洋河平原地下水主要排泄方式为向海湾泄流和人工开采，因洋河平原地下水位埋深较浅，也有蒸发排泄，而 20 世纪 90 年代后地下水开采量减少，地下水主要注入胶州湾。

3.4.1.3　胶州湾地下水位动态

白沙河-墨水河平原是青岛市近郊水源地，也是青岛市的主要蔬菜生产基地，地下水开发时间较早（建国前），地下水水位深受降水和工农业开采因素的影响，该区也是青岛市沿海地带海水入侵发生最早以及危害最大的地区。大沽河平原地下水水位动态主要受降水和开采的影响，其水位变化实质是地下水接受以降水入渗为主的补给和以开采为主的排泄之间相互作用的过程。

（1）年际动态

地下水水位的年际变化与前一年表层地层的持水量、当年降水量以及地下水开采量的多少有关，近年来，白沙河-墨水河平原地下水位动态变化大致如下：

水位下降及开采漏斗的出现（20 世纪 60 年代中期）：20 世纪 60 年代中期，白沙河-墨水河下游平原出现了开采漏斗，漏斗中心在城阳小寨子一带。

海水入侵时期（1976～1988 年）：20 世纪 70 年代后期，白沙河-墨水河下游平原地下水位下降漏斗扩展到海边，发生了海水入侵。1977年后的连年枯水以及地下水的超量开采（其每年向市区供水的开采量$7 \times 10^6 m^3$，而农业开采量约$25 \times 10^6 m^3$，其中以城阳、流亭两镇开采量最大，夏庄次之），地下水位急剧下降，海水入侵范围迅速扩展。与20世纪70年代中期相比，1983年枯水期开采漏斗中心水位降到-8.83m，下降了5m多，该年海水入侵面积达$8km^2$，铁路以西为严重海水入侵区，尤以莘苦一带最为严重，菜田不能再种植，粮田大幅减产甚至绝产。1985年九号台风带来大量降水，地下水位有所回升（1986年开采漏斗中心水位为-2.35m），海水入侵状况有所缓和，1986年以后水位再次下降，海水入侵范围继续扩展，其中以莘苦和西果园一带扩展最快，其他地段幅度较小，1988年漏斗中心水位降至-7.84m。

地下水位降落漏斗消失，水位持续上升时期（1989~1998年）：20世纪90年代，降水的入渗补给、开采量的减少以及农田减少、水厂停采等原因使地下水位大幅回升。1989~1991年是水位快速上升时期。1989年，地下水降落漏斗中心水位-5.05m，漏斗面积有所缩小，1990年是丰水年，形成了20多年的开采漏斗平复，1991年枯水期，开采降落漏斗已完全消失，原漏斗中心水位上升为5.43m，而赵村附近（第二水厂）至今一直存在地下水降落漏斗，但其范围较小。1992~1998年该区地下水位持续缓慢上升，1998年汛期的大量降水（464mm）使该区下游地下水位上升到20世纪80年代以来最高。

地下水位相对稳定时期（1999年至2004年7月）：1999~2001年该区地下水位相对稳定，2002年是枯水年，地下水补给少，水位一直下降，该年汛期水位上升幅度很小或几乎没有上升，地下水位直至2003年汛期大幅度回升。总体来看，这个时期的水位比较稳定，但比起20世纪90年代中后期稍有下降，可见地下水位动态受降水的影响较大。

大沽河平原近30年的地下水位动态大致经历了以下4个过程（图3-80）：

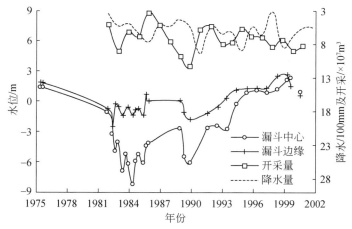

图3-80　1975~2000年大沽河下游地下水位动态及开采

资料来源：叶玉玲，2006

缓慢下降阶段（1975~1981年年初）：1975~1981年年初是连续枯水年，地下水位除1980年稍有回升外，一直缓慢下降。

急剧下降阶段（1981年9月至1989年）：该期间地下水位基本处于下降状态，特别是1982~1984年，而1984~1985年地下水位有所回升。

1981年为解决大旱（该年降水量308mm），从该年9月开始集中抽取大量地下水供应青岛市，年末在李戈庄采区东南部的青胶公路附近形成了近10km^{2}的降落漏斗，漏斗中心水位-1.09m，当时进入淡水含水层的咸水体面积约7km^2。1982年1月开始大规模供水开采（1982~1985年年均开采量6.26×10^{7}m^3），而期间年平均降水量仅506.9mm，地下水位大幅度下降。1982年年初~1982年6月底地下水位急剧下降，李戈庄采区地下水位月平均降幅达0.27m，漏斗中心水位降为-3.22m，漏斗面积扩大约为40km^2。1982年7月~1984年6月，地下水位月平均降幅减小为0.078m，漏斗中心水位降至-8.18m，达有史以来最低，漏斗面积近80km^2。

1984年降水量比往年有所增加，汛期漏斗中心水位开始回升，受1985年8月九号台风的影响（南村站降水量327.2mm），大沽河出现径流，河水急剧暴涨，地下水位大幅度回升。李戈庄采区8~9月份地下水位平均上升0.67m，10~12月地下水继续回升，但幅度变小，速度变慢，该年地下水开采量下降，至1985年年末漏斗中心水位上升到-4.19m。

1986~1989年是枯水年（年平均降水量519.33mm），天气的持续干旱，加上地下水的开采力度加大，地下水水位再次呈现下降趋势，漏斗范围扩大，1988年海水入侵范围比1981年向内陆推移750m，此时采区咸水体分布面积已经超过50km^2。1989年地下水的开采量达11.31×10^{7}m^3，为20世纪80年代最高，该年12月漏斗中心水位降到-6.11m。

漏斗消失，水位持续上升阶段（1990~1999年）：除1997年降水极少外（仅317mm），该期间降水整体偏丰（南村站年均降水量672mm），并且1992年年末引黄济青工程的建成和1998年年底下游地下水库截渗墙的兴建，地下水开采量的减少，这些因素使地下水位开始大幅度回升，其中以1991年和1994年的漏斗中心水位上升最快，1994年枯水期水位比1993年同期水位上升了2.48m，该年丰水期开采漏斗已开始平复，而1995年地下水开采降落漏斗已完全平复，至1999年地下水位上升到20世纪80年代以来最高。但咸水入侵的扩展一直没有完全稳定，截至1998年，地下咸水羽状体舌部到达周陈屯一带，咸水体分布面积超过60km^2。

水位波动及稍有下降阶段（2000年至2004年7月）：该期间大沽河下游地下水位比20世纪90年代中后期稍有下降。2000年该区降水少，地下水得不到补给，水位急剧下降，枯水期月降幅达-0.24m，丰水期月降幅为-0.19m。2001年8月受到大强度降水的影响（7月降水量271mm），地下水位急剧大幅度回升（月升幅1.30m）。2002年又遭遇枯水年，地下水位再次下降，2002年枯水期水位月降幅达-0.22m，汛期月回升幅度仅0.05m，而2003年8月大量降水的补给使地下水位再次快速上升（月升幅0.50m）。总体而言，该期间大沽河下游地下水位比20世纪90年代中后期的要稍低。另外，有研究表明，截至2002年年初，该区咸水体的分布范围没有太大的改变，但咸水体的体积在不断增大。

（2）年内水位动态

白沙河-墨水河平原和大沽河平原地下水主要受降水、开采影响，每年春季到夏初，因降水稀少及农灌开采，水位大幅度下降，在 5 月底至 7 月初达到最低，随着 7 月和 8 月降水增多，水位上升，8 月末或 9 月初升至最高，而后进入秋灌期，水位稍有下降，而 12 月到次年 2 月，水位相对稳定。该区 2002 年为枯水年，汛期水位回升幅度很小，直到 2003 年汛期大幅度回升。另外，陈家铺子水位变化比其他两孔剧烈得多，这是因为它们分别处于地下水库截渗墙的上、下游，这也说明了地下水库对地下水的涵养作用。洋河平原地下水主要受降水影响，年内水位动态在 6 月底至 7 月初达到最低，而在 8 月末或 9 月初升至最高，该区 2002 年水位呈下降趋势。

3.4.1.4　胶州湾流域地下水营养盐含量

（1）白沙河–墨水河平原

2001～2004 年的监测表明，该区地下水中的 NO_3-N 浓度很高，而 NH_4-N 和 NO_2-N 浓度相对较低。该区地下水 NH_4-N 浓度为 0.007～1mg/L，且一般小于 0.5mg/L；NO_2-N 浓度一般为 0.005～0.2mg/L，地下水中的 NH_4-N 和 NO_2-N 浓度的时空分布规律性不明显。

1982 年白沙河下游地下水 NO_3-N 浓度为 89mg/L，1988 年白沙河上游地下水 NO_3-N 浓度为 31mg/L，而下游达 116mg/L。2001～2003 年该区地下水 NO_3-N 平均浓度分别为 263mg/L、211mg/L 和 189mg/L，呈现一定的下降趋势，比 20 世纪 80 年代要高得多。从 NO_3-N 浓度的空间分布来看，10 号孔陈家古镇、8 号孔小寨子地下水中的 NO_3-N 浓度最高，其年均值均大于 400mg/L，其次是白沙河、墨水河下游的 3 号孔港东和 5 号孔皂户，其年平均浓度也高达 210～330mg/L。而沿海 2 号孔王家女姑地下水 NO_3-N 浓度为该区最低，多年平均为 40mg/L。

根据崂山县志记载，崂山县是青岛市的近郊蔬菜基地，蔬菜种植历史源于解放前。1956 年后，崂山县菜田面积发展到 3 万～5 万亩，其中的大部分集中在白沙河–墨水河下游。20 世纪 50 年代以来，该区化肥用量一直呈上升趋势，1991 年化肥用量高达 892kg/hm^2，2003 年达 796kg/hm^2，化肥主要以氮肥为主。有关研究表明，虽然土壤中较高的氮肥含量利于蔬菜的生长发育，但是真正的氮肥利用率仅 25%～85%，没有被植物吸收利用的氮肥中的 NH_4-N 极易被包气带岩土（尤其是黏土）吸附，在适当条件下，很容易发生硝化作用转变为 NO_3-N，而 NO_3-N 极易随下渗水运移进入地下水中，从而造成地下水的 NO_3-N 污染，而 NO_2-N 性质不稳定，容易发生硝化作用转变为 NO_3-N，能进入地下水中的 NO_2-N 是极少的。研究表明，地下水 NO_3-N 浓度与氮肥用量呈明显正相关关系，并且 NO_3-N 含量高的地下水被抽取作为灌溉水使用，可能会造成地下水 NO_3-N 的二次污染。该区潜水埋深较浅，且含水层的双层结构中分布有黏性土层，这些因素都有利于该区 NH_4-N 发生硝化作用，进一步转化为 NO_3-N。研究还表明，一般来说，菜田过量施用氮肥的现象较粮田更为严重，因此菜田的 NO_3-N 累积量更大，而老菜田的 NO_3-N 累积量比新菜田大得多，所以其流失到地下水中的 NO_3-N 量可能更多，而 10 号孔和 8 号孔的蔬菜种植时间最早，造成了地下水中极高的 NO_3-N 含量。另外，也不能排除 8 号孔的历史径流条件对地下水高含量的 NO_3-N 的影响。20 世纪 70～80 年代，因地下水的过量开采，以 8 号孔为中心形成了一开采漏斗，漏斗的形成极大地改变了原来地下水的天然径流条件，漏斗附近地下水开始向漏斗中心汇集，大量的 NO_3-N 向漏斗中心汇集时，可能有部分残留在漏斗上方的土壤层中，虽然土层对 NO_3-N 的吸附量较小，但当漏斗中心成为长达十几年的 NO_3-N 的"汇"时，残留量不可忽视，而后随着水位的回升、漏斗的平复及降水的溶滤作用，残留的 NO_3-N 可能再次进入地下水，使地下水中的 NO_3-N 污染变得更严重。

该区地下水中的 PO_4-P 浓度较低，一般为 0.002 ~ 0.5mg/L，8 号孔小寨子和 4 号孔苇苦的 PO_4-P 浓度偏高，其多年平均浓度分别为 0.358mg/L 和 0.252mg/L。白沙河途流区地层岩性上游为花岗岩，下游为火山岩，岩石中的 SiO_3-Si 含量较高，从而该区地下水中的 SiO_3-Si 浓度也普遍较高，其浓度为 5 ~ 50mg/L，一般都大于 20mg/L，且由东南向西北及北递减，东南角白沙河中上游两支流汇合处的 10 号孔陈家古镇最高，年均值达 20 ~ 44mg/L，北部 6 号孔古庙头和 7 号孔西城汇一带最低，多年平均浓度分别为 19mg/L 和 22mg/L。

（2）大沽河平原

大沽河地下水库截渗墙两侧地下水中的无机氮浓度差异较大。2001 ~ 2004 年截渗墙上游地下水中的 NO_3-N、NH_4-N 和 NO_2-N 平均浓度分别达 177.19mg/L、18.10mg/L 和 0.16mg/L，其中 15 号孔的 NO_3-N 平均浓度高达 282.16mg/L，处于咸水体内的 14 号孔的 NH_4-N 平均浓度高达 20.59mg/L。同期截渗墙下游地下水中的 NO_3-N、NH_4-N 和 NO_2-N 平均浓度则分别为 16.92mg/L、0.16mg/L 和 0.04mg/L，且靠近大沽河的地下水 NO_3-N 浓度偏高。由此可见地下水库截渗墙上游地下水受到的无机氮污染较下游要严重得多，地下水库截渗墙的建立防止了海水入侵的同时，也阻止了污染物向海湾的排泄。靠近河流一侧的地下水 NO_3-N 浓度偏高，而东南侧上下游咸水区的 NH_4-N 浓度偏高，这可能是咸水含水介质对 NH_4-N 的吸附能力比淡水含水介质低造成的。该区地下水的 NO_3-N 和 NH_4-N 浓度比地表水的要高得多，主要来源于工农业污染。截渗墙两侧地下水中的 PO_4-P 和可溶性 SiO_3-Si 浓度相差不大，2001 ~ 2004 年截渗墙上下游地下水中的 PO_4-P 浓度的平均值分别为 0.25mg/L 和 0.28mg/L，而其可溶性 SiO_3-Si 浓度的平均值分别达 17.25mg/L 和 19.52mg/L。

（3）洋河平原

洋河平原地下水中 N、P、Si 无机营养盐浓度普遍较低。该区地下水无机氮主要以 NO_3-N 形式存在，NO_3-N 浓度大多为 0.1 ~ 80mg/L，年平均浓度为 30mg/L，且靠陆侧监测孔（16、18、21 号孔）中的浓度偏大；NH_4-N 浓度为 0.001 ~ 0.2mg/L，仅个别大于 0.1mg/L，年平均浓度为 0.06mg/L；NO_2-N 浓度为 0.003 ~ 0.5mg/L，大部分在 0.1mg/L 以下。该区地下水 PO_4-P 浓度达 0.003 ~ 3.7mg/L，年平均浓度为 0.38mg/L，洋河下游 19 号孔多次检测结果都大于 1.4mg/L，总之，该区个别监测孔的 PO_4-P 浓度偏高。而该区地下水可溶性 SiO_3-Si 浓度为 3 ~ 38mg/L，年平均浓度为 15mg/L，低于白沙河平原和大沽河平原地下水中的可溶性 SiO_3-Si 浓度。

3.4.1.5 地下水向胶州湾的输送及其营养盐输送量

（1）地下水向胶州湾的输送

根据白沙河–墨水河平原下游地下水向海湾的输送断面的水文地质参数，由北至南把输送断面划分为 4 段：皂户（5 号孔）段、苇苫（4 号孔）段、王家女姑（2 号孔）段、港东（3 号孔）段。由陆地间断面法、陆海间断面法得到的研究结果见图 3-81，由图 3-80 可见两种方法得到的结果比较相近，且入海量随时间的变化趋势基本一致，2001 年、2003 年年内丰、枯水期地下水入海量差异明显，6 月（枯水期）地下水向海湾的输送量最小，而 8 月（丰水期）的输送量最大，12 月输送量介于二者之间，2002 年丰水期、平水期、枯水期地下水入海量差异不明显。

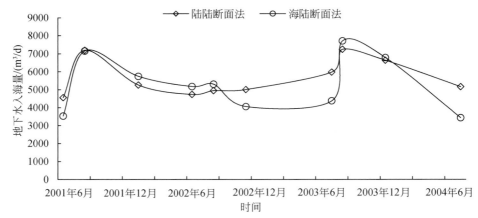

图 3-81　两种断面法所得白沙河平原地下水入海量

资料来源：叶玉玲，2006

白沙河–墨水河平原沿海的 4 个断面中，2 号孔段和 4 号孔段渗透系数比 3 号孔段和 5 号孔段的小，其断面较宽，水力梯度较大，其向胶州湾输送的地下水量最大，其次是 3 号孔段，5 号孔段向海湾输送的地下水量最少（图 3-82）。表 3-33、表 3-34 分别为由陆地间断面法和陆海间断面法计算得到的 2001～2004 年白沙河–墨水河平原枯水期、丰水期、平水期及全年的地下水入海量。

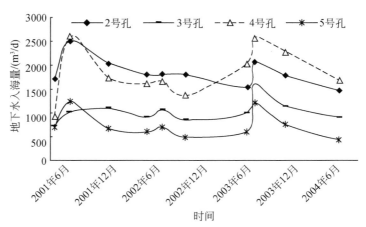

图 3-82　白沙河–墨水河平原沿海各断面地下水入海量

资料来源：叶玉玲，2006

表 3-33　陆地间断面法所得白沙河–墨水河平原地下水入海量　（单位：万 m³）

时间		各断面地下水入海量				
		2 号孔段	3 号孔段	4 号孔段	5 号孔段	总计
2001 年	6 月	5.74	2.46	4.03	1.73	13.96
	8 月	8.30	4.62	6.71	2.94	22.57
	12 月	6.58	3.70	4.99	1.45	16.72
	全年合计	81.83	42.75	62.39	24.31	211.28
2002 年	6 月	5.31	3.11	4.48	1.49	14.39
	8 月	5.42	3.80	5.06	1.34	15.62
	12 月	5.86	2.83	5.08	1.43	15.19
	全年合计	65.85	38.62	57.99	16.91	179.36
2003 年	6 月	5.16	3.58	7.24	2.88	18.85
	8 月	6.44	5.96	7.62	2.90	22.91
	12 月	6.68	3.88	8.51	3.08	22.14
	全年合计	71.72	52.65	91.70	34.74	250.82
2004 年	7 月	5.07	2.97	7.07	2.18	17.29

资料来源：叶玉玲，2006

表 3-34　陆海间断面法所得白沙河–墨水河平原地下水入海量　（单位：万 m³）

时间		各断面地下水入海量				
		2 号孔段	3 号孔段	4 号孔段	5 号孔段	总计
2001 年	6 月	4.50	2.06	2.99	1.24	10.79
	8 月	7.19	2.06	9.17	3.47	21.90
	12 月	6.05	3.37	5.74	2.53	17.69
	全年合计	70.39	29.70	71.01	28.70	199.89
2002 年	1 月	6.05	3.37	5.74	2.53	17.69
	2 月	5.67	3.44	5.62	2.39	17.11
	3 月	5.67	3.06	5.57	2.43	16.74
	4 月	5.46	2.56	4.82	2.02	14.86
	5 月	5.72	2.56	5.37	2.51	16.16
	6 月	5.43	2.62	5.21	2.12	15.38
	7 月	5.92	2.76	4.37	2.02	15.07
	8 月	5.66	3.08	5.11	2.20	16.05
	9 月	5.32	2.89	3.97	1.76	13.95
	10 月	5.27	2.77	3.49	1.52	13.05
	11 月	4.14	2.11	2.57	1.21	10.04

时间		各断面地下水入海量				
		2 号孔段	3 号孔段	4 号孔段	5 号孔段	总计
2002 年	12 月	5.14	2.65	3.02	0.58	11.39
	全年合计	65.45	33.88	54.87	23.29	177.49
2003 年	7 月	4.43	2.90	5.25	0.87	13.45
	8 月	6.40	4.57	8.19	4.62	23.78
	12 月	5.03	3.47	6.29	1.63	16.42
	全年合计	62.22	42.89	77.46	27.98	210.55
2004 年	7 月	4.10	2.61	3.45	0.49	10.66

资料来源：叶玉玲，2006

大沽河平原曾在 20 世纪八九十年代发生了海水入侵，1994 年丰水期漏斗平复，1997 年枯水期地下水已向海湾排泄。1998 年为防止海水入侵，在大沽河下游建立了地下水库截渗坝，地下水得到涵养，水位普遍升高，但同时地下水库截渗坝改变了该区地下水的径流及排泄条件，地下水不能直接通过含水层向海湾排泄，只有水位高于截渗坝坝顶高程（0m）且高于下游水位时才向海湾排泄，其输水断面厚度为坝顶到潜水面之间的厚度，渗透系数取坝顶中粗砂及粘质砂土渗透系数的加权平均值，截渗坝的建立极大地减少了该区地下水向海湾的输送量。

由陆地间断面法计算得到的该区地下水向胶州湾的输送量见表 3-35，2001~2003 年的地下水输送量分别为 916.38m³、1462.82m³ 和 1047.81m³，远小于白沙河平原地下水的输送量。并且因截渗坝对地下水的涵养作用，丰枯季节及年份截渗坝上游地下水位变化比截渗坝下游地下水位变化要平缓得多，因此枯水季节及年份截渗坝上下游的水力梯度稍稍变大，使枯水季节及年份地下水向海湾的输送量比丰水季节及年份稍大。

表 3-35　2001~2004 年大沽河平原地下水入海量　　　　（单位：m³）

地下水入海	2001 年	2002 年	2003 年	2004 年
6 月	94.86	94.86	122.65	83.74
8 月	72.02	267.95	58.96	—
12 月	61.58	5.90	68.62	—
全年	916.38	1462.82	1047.81	—

资料来源：叶玉玲，2006

洋河平原地下水主要作为乡村居民的生活用水，工农业开采很少，地下水位埋深较浅，它对胶州湾的补给基本上处于天然状态。由陆海间断面法计算得到的洋河平原地下水向胶州湾的输送量见表 3-36，2001~2003 年洋河平原向胶州湾输送的地下水量分别为 10.04 万 m³、8.80 万 m³ 和 9.14 万 m³，比大沽河平原的地下水输送量大得多，但仅占白沙河-墨水河平原输送量的 5%。

表 3-36 2001～2004 年洋河平原地下水入海量 （单位：万 m³）

时间		各断面地下水入海量		
		21 号孔	17 号孔	平均
2001 年	6 月	0.54	0.37	0.45
	8 月	1.08	1.28	1.18
	12 月	0.82	1.03	0.93
	全年合计	9.54	10.54	10.04
2002 年	1 月	0.82	1.03	0.93
	2 月	0.78	0.96	0.87
	3 月	0.78	1.02	0.90
	4 月	0.74	0.77	0.76
	5 月	0.75	0.94	0.85
	6 月	0.70	1.08	0.89
	7 月	0.72	0.85	0.78
	8 月	0.72	0.82	0.77
	9 月	0.47	0.60	0.53
	10 月	0.43	0.47	0.45
	11 月	0.56	0.42	0.49
	12 月	0.61	0.56	0.59
	全年合计	8.08	9.53	8.80
2003 年	5 月	0.52	0.45	0.48
	8 月	0.86	0.94	0.90
	12 月	0.91	0.99	0.95
	全年合计	8.97	9.30	9.14
2004 年	7 月	0.73	0.75	0.74

资料来源：叶玉玲，2006

洋河平原地下水向海湾的日输送量如图 3-83 所示，可见 2001 年和 2003 年的丰水期、枯水期地下水输送量差异明显，枯水期输送量达到全年最少，丰水期输送量急剧增加到全年最大，而平水期的输送量介于两者之间，2002 年的地下水输送量呈现下降趋势，且丰、枯水期的输送量差异不明显，可见，地下水输送量的变化趋势与降水量的变化是一致的。

根据前面的研究结果可得，2001～2003 年研究区地下水向胶州湾的总输送量分别为 2.16m³、1.87m³ 和 2.40×10⁶m³，年平均为 2.14×10⁶m³。其中白沙河平原的输送量占总输送量的 95% 以上，而大沽河平原的输送贡献小于 1%。

（2）陆源 SGD 营养盐输送量

根据白沙河–墨水河、大沽河、洋河平原每年平均的 NO_2-N、NH_4-N、NO_3-N、PO_4-P 和可溶性 SiO_3-Si 浓度及其地下水入海量，计算得出各平原每年地下水向海湾的营养盐输送量，结果见表 3-37。

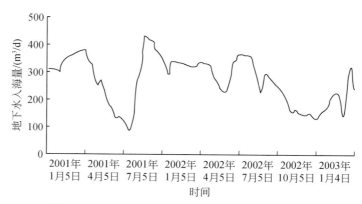

图 3-83　2001~2004 年洋河平原地下水日入海量

资料来源：叶玉玲，2006

表 3-37　2001~2003 年胶州湾陆源 SGD 及其营养盐输送量

研究区	年份	SGD /(10^3 m^3/a)	营养盐输送量/(10^3 mol/a)				
			NO$_3$-N	NO$_2$-N	NH$_4$-N	PO$_4$-P	可溶性 SiO$_3$-Si
白沙河– 墨水河平原	2001	2056.76	6642.80	5.58	23.44	0.18	1044.48
	2002	1777.22	4308.18	3.30	4.35	0.25	604.22
	2003	2304.60	6003.18	2.45	31.60	7.88	648.38
洋河平原	2001	107.41	54.44	0.09	0.35	0.43	31.69
	2002	95.27	35.47	0.22	0.14	0.59	20.88
	2003	105.20	33.56	0.14	0.71	0.42	21.34
大沽河平原	2001	0.91	1.99	0.002	0.02	0.001	0.32
	2002	1.46	1.81	0.004	0.63	0.004	0.48
	2003	1.07	1.56	0.002	0.31	0.003	0.31
合计	2001	2165.08	6699.22	5.67	23.80	0.61	1076.49
	2002	1873.95	4345.47	3.52	5.12	0.84	625.58
	2003	2410.87	6038.30	2.60	32.62	8.30	670.03

资料来源：刘贯群等，2007

　　胶州湾陆源 SGD 营养盐输送中，NO$_3$-N 输送量最大，达 4.3×10^6~6.7×10^6 mol/a，因 2002 年地下水输送量较小，其营养盐输送量最小。白沙河–墨水河平原的地下水输送量最大，且地下水中 NO$_3$-N 的含量较高，其 NO$_3$-N 输送量占研究区总输送量的 99%。地下水可溶性 SiO$_3$-Si 输送量也较大，为 0.6×10^6~1.07×10^6 mol/a，其中白沙河–墨水河平原的贡献率占 96% 以上。地下水 NO$_2$-N、NH$_4$-N 和 PO$_4$-P 输送量较小，输送量分别为 2.6×10^3~5.7×10^3 mol/a、5.1×10^3~32.6×10^3 mol/a 和 0.6×10^3~8.3×10^3 mol/a，均主要为白沙河–墨水河平原输送，大沽河平原的输送量最小。结合近年研究区河流向胶州湾的营养盐输送资料分析，该区地下水向海湾输送的 NO_3-N、NH_4-N、PO_4-P 和可溶性 SiO_3-Si 数量分别占地表河流输送量的 20.11%、0.06%、0.13% 和 1.29%，应该引起高度的重视。

3.4.1.6　SGD 及其营养盐向海湾输送影响因素分析

（1）大气降水因素

胶州湾地下水主要受降水补给，地下水向海湾输送量随降水量的增加而增大。如 2001 年（降水量为 766mm）和 2003 年（降水量为 810mm）地下水输送量分别为 $2.17×10^6 m^3$ 和 $2.41×10^6 m^3$，而 2002 年的降水量为 425mm，地下水输送量仅为 $1.9×10^6 m^3$。且降水量大的 7~9 月地下水输送量较大，降水量较小的 3~6 月，其地下水输送量也相对小。

（2）人工构筑物因素

为从根本上解决大沽河下游海水入侵问题，1998 年年底在其下游胶州市麻湾附近建一道 4km 的地下水库截渗墙，大沽河水源地形成了一个近亿立方米的地下水库，防止了海水入侵，同时也大大减少了地下水及其营养盐向海湾的输送量，虽然大沽河含水层规模比白沙河、洋河含水层大得多，但其每年输送量仅为 $0.9×10^3 ~ 1.4×10^3 m^3$，远小于白沙河、洋河平原的输送量。

（3）地质环境因素

含水层规模、介质、岩性均对地下水输送量有一定的影响。地下水向海湾的输送主要发生在孔隙介质中，裂隙介质地下水输送量很少。天然状态下，含水层规模越大，透水性越强，地下水输送量越大。如白沙河平原与洋河平原的降水量相近，但白沙河平原含水层规模比洋河平原含水层大得多，其地下水输送量是后者的 20 多倍。白沙河途流区上游地层岩性为花岗岩，下游为火山岩，且白沙河沉积物向北已达苇苫一带，由于岩石不断被淋溶风化，矿物中非晶质 SiO_2 不断淋溶迁移水中，造成了该区地下水可溶性 SiO_2 含量较高。研究区含水层类型为潜水，包气带岩性为黏质砂土及砂质黏土，透气性好，易于氧气的补充而保持氧化环境，利于硝化反应进行，所以该区地下水中的无机氮主要以 NO_3-N 为主。

（4）农业因素

NO_3-N 是研究区向海湾所输送的最多的营养盐，其中白沙河平原贡献率达 99%，该区地下水 NO_3-N 浓度高达 280mg/L，主要来源于化肥农药的过度使用。

3.4.2　沉积物–海水界面交换

沉积物–海水界面作为海洋中最重要的界面之一，是水体和沉积物之间物质交换和输送的重要途径。它对海洋中物质的循环、转移和储存有重要作用。由于物理化学条件的差异，在沉积物、孔隙水与底层水这 3 种介质中发生着不同的地球化学反应及过程，但这三者在内源性物质的吸附释放过程中又存在密切的关系。早期成岩作用使沉积物和孔隙水的物理化学性质发生剧烈的变化，并通过浓差扩散、生物和物理扰动等向上覆水迁移和交换。因此海底沉积物–海水界面的化学过程对控制上覆水体和沉积物环境的化学性质、各种营养要素和污染物质的生物地球化学循环等起着相当重要的作用。

3.4.2.1 沉积物–海水界面营养盐的迁移

对于某一自然海域来说，营养盐的输入主要有水平输送、与开放海域海水的交换、沉积物–水界面交换和大气沉降4种途径。在沿岸、河口及陆架区域，河流输入、沿岸污水的排放占营养盐输入的绝大部分，并通过潮汐、风、对流扩散等作用影响其分布。沉积物对营养盐的循环起非常重要的作用，某些情况下，沉积物营养盐的再生是初级生产者营养盐需求的一个主要部分。蒋凤华等（2002，2003，2004）在实验室通过沉积物和底层海水的培养，对营养盐在胶州湾–海水界面上的交换速率和通量做了如下系统的研究。采样站位见图3-84。

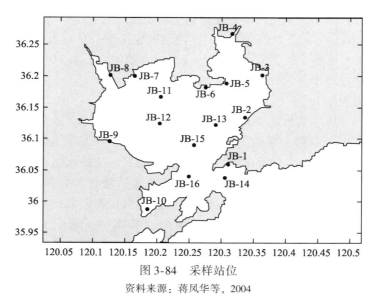

图 3-84　采样站位

资料来源：蒋凤华等，2004

（1）DIN 在胶州湾沉积物–海水界面上的交换

1）DIN 在胶州湾沉积物–海水界面上的交换动力学。根据培养实验水体中 NH_4-N、NO_2-N 和 NO_3-N 浓度随培养时间的变化，同时考虑由于取样而引起的海水体积变化对交换量的影响，得到 NH_4-N、NO_2-N 和 NO_3-N 在沉积物–海水界面上的交换量（M）随培养时间的变化曲线，其典型代表曲线见图3-85。

结果表明，NH_4-N、NO_2-N 和 NO_3-N 在沉积物–海水之间的交换量变化曲线随沉积物的不同而不同。NH_4-N 一般由沉积物向水体释放，交换量随培养时间的增加而增加，达到最大值后逐渐减少，但在 JB-1、JB-5、JB-7 和 JB-8 站位的交换量趋近于0，而在JB-14和 JB-15 站位的交换则表现为向沉积物转移。NO_3-N 交换量随培养时间的增加一般呈"S"形

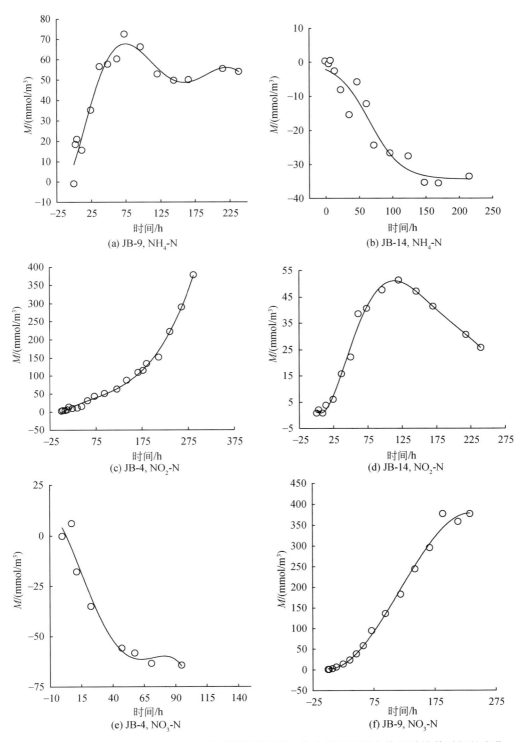

图 3-85 NH$_4$-N、NO$_2$-N 和 NO$_3$-N 在胶州湾沉积物–海水界面上的交换量随培养时间的变化

资料来源：蒋凤华等，2004

变化，在大部分站位表现为由沉积物向海水转移，但在 JB-2、JB-11、JB-14 和 JB-15 站位的交换量趋近于 0。而在 JB-3 和 JB-4 站位沉积物-海水界面上的交换则表现为由海水向沉积物的转移。NO_2-N 交换量一般随培养时间的增加先增加而后减小，并且交换量比较小，但在 JB-3 和 JB-4 站位的交换量则比较大，而且其交换量随着培养时间的增加而指数增加，可能是由于这两个站位分别位于河流入海口和养殖区，沉积物中含有丰富的污染物和养殖有机质，细菌含量也比较高，由此在微生物作用下，NH_4-N 通过硝化反应转化为 NO_3-N 过程中，有更多的中间产物 NO_2-N 产生。

总之，DIN 在沉积物–海水之间的交换以 NH_4-N 或者 NO_3-N 为主，而 NO_2-N 的交换量比较小，这主要是由于沉积物间隙水中的 DIN 主要以 NH_4-N 形式存在并且浓度比较高，NH_4-N 在沉积物–海水界面上的交换主要由间隙水向上覆水的扩散控制，而 NO_3-N 可能主要是在微生物作用下间隙水中 NH_4-N 的硝化反应所致，NO_2-N 则是硝化过程的中间产物。

为了进一步证明微生物作用对于 NH_4-N，NO_2-N 和 NO_3-N 交换量的影响，采用 $HgCl_2$ 方法减小 JB-4 站位沉积物中微生物活动（图 3-86）。结果表明，存在微生物活动时，水体中 NH_4-N 交换量随培养时间的增加而先增加然后逐渐减少，但是其占 DIN 百分比随培养时间的增加而逐渐减少，而 NO_2-N 交换量和占 DIN 的百分比逐渐增大，NO_3-N 交换量和占 DIN 的百分比缓慢增加；消除微生物作用后，NH_4-N 是 DIN 在沉积物–海水界面上交换的主要形态，并且其交换量随培养时间增加而增大，水体中的 NO_2-N 和 NO_3-N 都很少并且基本不变，进一步说明 NH_4-N 通过硝化反应产生 NO_3-N 和中间产物 NO_2-N 是在微生物作用下进行的。

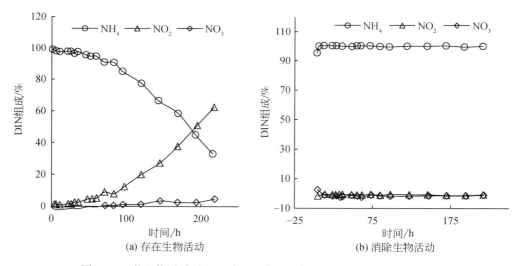

图 3-86　微生物活动对 DIN 在沉积物–海水界面上的交换过程的影响

资料来源：蒋凤华等，2004

2）DIN 在沉积物–海水界面上的交换速率。如图 3-84 所示，NH_4-N、NO_2-N 和 NO_3-N 交换量随培养时间的变化曲线可很好地应用以下方程描述：

$$M(t) = \frac{M_1 - M_2}{1 + e^{\frac{t-t_1}{t_2}}} + M_2 \tag{3-6}$$

式中，M_1、M_2 为时间 t_1、t_2 的交换量。这样，根据交换速率连续函数计算方法，应用非线性拟合技术可以得到 NH_4-N、NO_2-N 和 NO_3-N 在胶州湾沉积物–海水界面上的交换速率（表 3-38）。结果表明，NH_4-N、NO_2-N 和 NO_3-N 交换速率为 $-0.01 \sim 48$ mmol/($m^2 \cdot d$)，$-0.052 \sim 6.2$ mmol/($m^2 \cdot d$) 和 $-2.0 \sim 1.4$ mmol/($m^2 \cdot d$)。其中，JB-3 站位沉积物其交换速率分别可高达 48 mmol/($m^2 \cdot d$)、3.7 mmol/($m^2 \cdot d$) 和 -0.70 mmol/($m^2 \cdot d$)，JB-4 站位沉积物其交换速率可分别高达 1.6 mmol/($m^2 \cdot d$)、6.2 mmol/($m^2 \cdot d$) 和 -2.0 mmol/($m^2 \cdot d$)。

图 3-87 表明，除 JB-3 和 JB-4 站位外，其他站位沉积物的 NH_4-N、NO_2-N 和 NO_3-N 交换速率和与间隙水中 DIN 浓度之间存在较好的线性关系（$R = 0.72$，$p < 0.02$）。这进一步说明，由于 NH_4-N 是间隙水中 DIN 的主要存在形态，因此 NH_4-N、NO_2-N 和 NO_3-N 在沉积物–海水界面上的交换主要是由 NH_4-N 的浓差扩散控制，并且在扩散过程中受温度、溶解氧和微生物作用等因素影响而发生硝化–反硝化反应，从而转化为其他形态溶解无机氮。而对于 JB-3 和 JB-4 站位沉积物，如上所述，可能由于沉积物中有机质含量较高等原因，使其 NO_2-N、NO_3-N 和 NH_4-N 的交换速率之和与间隙水浓度的关系偏离相关线性关系（图 3-87）。

表 3-38 胶州湾不同站位沉积物间隙水中 NH_4-N、NO_2-N 和 NO_3-N 的浓度（c）及其在沉积物–海水界面上的交换速率（v）

站位	c/（mmol/m³）			v/[mol/（m²·d）]		
	NO_2-N	NO_3-N	NH_4-N	NO_2-N	NO_3-N	NH_4-N
JB-1	—	—	—	0.011	0.21	→0
JB-2	—	—	—	0.66	→0	0.32
JB-3	10.4	<0.1	165	3.7	-0.70	48
JB-4	1.09	1.1	118	6.2	−2.0	1.6
JB-5	1.61	1.08	573	0.018	1.2	→0
JB-6	1.74	<0.1	280	−0.052	0.74	0.29
JB-7	2.15	0.57	227	0.090	1.1	→0
JB-8	10.3	<0.1	724	0.022	1.40	→0
JB-9	1.58	<0.1	338	0.057	1.0	0.75
JB-10	1.48	<0.1	338	0.057	1.0	0.23
JB-11	1.72	0.18	156	0.018	→0	0.24
JB-12	1.43	<0.1	156	0.0058	0.26	0.86
JB-13	1.75	0.18	105	0.0044	0.25	−0.0096
JB-14	—	—	—	0.012	→0	−0.41

续表

站位	$c/(mmol/m^3)$			$v/[mol/(m^2 \cdot d)]$		
	NO_2-N	NO_3-N	NH_4-N	NO_2-N	NO_3-N	NH_4-N
JB-15	2.12	<0.1	295	0.041	→0	−0.089
JB-16	7.84	0.66	123	0.16	1.1	0.89

资料来源：蒋凤华等，2004

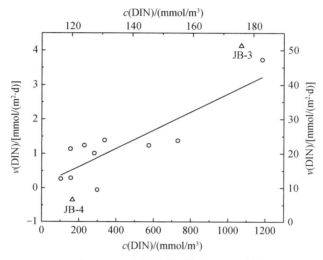

图 3-87　NH_4-N、NO_2-N 和 NO_3-N 在沉积物–海水界面上的交换速之和与间隙水中

DIN 浓度的关系

资料来源：蒋凤华等，2004

△表示 JB-3，JB-4 站位，用右纵坐标、上横坐标表示；○ 表示其他站位的，

用左纵坐标、下横坐标表示

3）溶解无机氮在胶州湾沉积物–海水界面上的交换通量。胶州湾总面积为 $397km^2$，其中潮间带面积约 $103km^2$。胶州湾潮汐为规则半日潮，根据 NH_4-N、NO_2-N 和 NO_3-N 在各种类型沉积物–海水界面上的交换速率，以及各种类型沉积物占海洋总面积的权重，估算出 NH_4-N、NO_2-N、NO_3-N 和总 DIN 的交换通量（表 3-39）。

表 3-39　胶州湾不同形态氮营养盐的输入通量　　　　　　　（单位：mmol/d）

输入类型	输入通量			
	NH_4-N	NO_2-N	NO_3-N	DIN
河流输入	$1.87×10^9$	$2.58×10^7$	$1.60×10^8$	$2.06×10^9$
沉积物界面输入	$5.06×10^8$	$2.14×10^8$	$2.48×10^8$	$9.68×10^8$

资料来源：2001 年青岛市环境状况公报；蒋凤华等，2004

结果表明，沉积物向水体释放的总 DIN 是河流 DIN 输入总量的 50% 左右，其中沉积物向水体释放的 NH_4-N 是 DIN 的主要形式，其交换通量为河流 NH_4-N 输入的 30% 左右，而 NO_2-N 和 NO_3-N 在沉积物–海水界面上的交换通量分别为河流输入量的 8 倍和 2 倍。表明 DIN 在沉积物–海水界面上的交换过程对胶州湾海水中的 N 有着相当重要的作用。此外，胶州湾初级生产力以 C 计算约为 503mg/(m^2·d) ±184mg/(m^2·d)，按 Redfield 比值推算，维持胶州湾初级生产力需 DIN 约为 $1.86×10^9$mmol/d±$0.68×10^9$mmol/d，则沉积物向水体释放的 DIN 供浮游植物所需氮的 (52±19)%，比东海 (5.1%) 和 Carolina 河口区 (28%~35%) 沉积物所释放的 DIN 对初级生产力的贡献要高，而与波士顿港 (40%) 相当。

总之，DIN 在胶州湾沉积物–海水上界面的交换以 NH_4-N 的扩散为主，大部分站位表现为由沉积物向水体的转移。由于间隙水中 DIN 主要以 NH_4-N 形态存在，DIN 在沉积物–海水界面上的交换以 NH_4-N 的扩散为主，NO_3-N 来自 NH_4-N 的硝化反应，而 NO_2-N 是 NH_4-N 和 NO_3-N 相互转化过程的中间产物。NH_4-N、NO_2-N 和 NO_3-N 在沉积物–海水界面上的交换速率一般分别为 -0.5~1.6mmol/(m^2·d)、-2.0~2.8mmol/(m^2·d) 和0.005~0.67mmol/(m^2·d)。根据 NH_4-N，NO_2-N 和 NO_3-N 在不同类型沉积物–海水界面上的交换速率，以及各种类型沉积物占胶州湾海底总面积的权重，所估算的 NH_4-N、NO_2-N 和 NO_3-N 在沉积物–海水界面上的交换通量分别为 $5.06×10^8$mmol/d、$2.48×10^8$mmol/d 和 $2.14×10^8$mmol/d，总 DIN 交换通量为 $9.68×10^8$mmol/d。DIN 在胶州湾沉积物–海水界面上的交换通量是河流输入 DIN 的 50% 左右，可提供维持胶州湾初级生产力所需 DIN 的 52%。

（2）磷酸盐在胶州湾沉积物–海水界面上的交换

1）PO_4-P 在沉积物–海水界面上的交换动力学。图 3-88 为 PO_4-P 在不同站位沉积物–海水界面上的交换量随时间的变化曲线。结果表明，PO_4-P 在沉积物–海水界面的交换动力学曲线均为非线性：随培养时间的增加，PO_4-P 的交换量呈"S"形增加，或者迅速增加后缓慢减少，或者是缓慢增加后迅速减少；而在 JB-14 站沉积物培养过程中，PO_4-P 由水体向沉积物转移，并且随培养时间的增加，向沉积物转移的量逐渐增加。这说明 PO_4-P 在沉积物–海水界面的交换处在复杂的动态平衡状态。

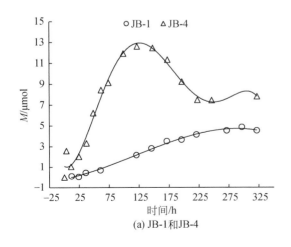

(a) JB-1和JB-4

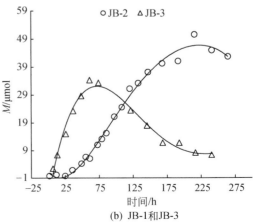

(b) JB-1和JB-3

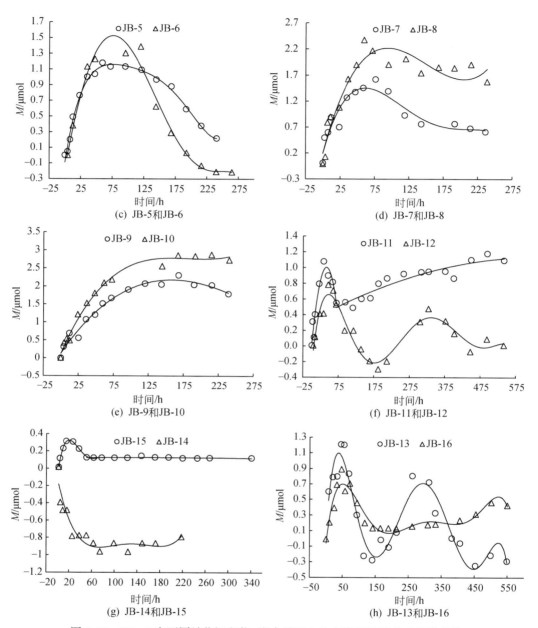

图 3-88 PO_4-P 在不同站位沉积物–海水界面上的交换量随培养时间的变化

资料来源：蒋凤华等，2003

2）PO_4-P 在胶州湾沉积物–海水界面上的交换速率。对 PO_4-P 交换量随培养时间的变化曲线进行拟合，计算得到 PO_4-P 在胶州湾不同站位沉积物–海水上的交换速率，结果如表 3-40 所示。由表 3-40 可见，PO_4-P 在不同站位的交换速率为 $-43.3 \sim 395 \mu mol/(m^2 \cdot d)$，所有站位的交换速率平均值为 $39.2 \mu mol/(m^2 \cdot d)$。结果表明，$PO_4$-P 在胶州湾沉积物–海水界面上的交换速率与中国的渤海、大亚湾、南沙海域相当，但是要低于 Mobile 河口，

Boston 港、黑海西北部、Port Phillip 湾等其他海域。此外，PO_4-P 在 JB-2 站沉积物上的交换速率高达 395 $\mu mol/(m^2 \cdot d)$，这可能是因为 JB-2 站位于生活污水排放处，沉积物中有机物以及含磷化合物含量较高所致。而在 JB-13 和 JB-14 站的交换速率为负值，这可能是因为在沉积物中存在底栖藻类，从而吸收水体中 PO_4-P 维持底栖藻类生长所致。

表 3-40 PO_4-P 在胶州湾不同站位沉积物–海水界面上的交换速率 [单位：$\mu mol/(m^2 \cdot d)$]

站位	交换速率	站位	交换速率
JB-1	30.5	JB-9	9.13
JB-2	395	JB-10	48.1
JB-3	87.4	JB-11	3.89
JB-4	62.1	JB-12	0.86
JB-5	0.86	JB-13	-0.58
JB-6	0.16	JB-14	-43.3
JB-7	6.70	JB-15	5.48
JB-8	18.9	JB-16	1.34

资料来源：蒋凤华等，2003

3）PO_4-P 在胶州湾沉积物–海水界面上的交换通量。与 DIN 的估算方法一致，PO_4-P 在潮间带沉积物上的交换速率取相关站位沉积物（如 JB-2 ~ JB-10）的平均值，在此基础上，考虑到胶州湾潮汐为规则半日潮，估算出 PO_4-P 在潮间带沉积物上的交换通量为 3.39×10^6 mmol/d。根据 PO_4-P 在胶州湾各种类型沉积物–水界面上的平均交换速率，以及各种类型沉积物占胶州湾海底总面积的权重，估算出 PO_4-P 在胶州湾低潮线以下沉积物–水界面上的交换通量为 6.37×10^6 mmol/d。因此，PO_4-P 在胶州湾沉积物–海水界面上的交换通量为 9.76×10^6 mmol/d。近年来，通过河流输入胶州湾的 PO_4-P 平均为 4.28×10^6 mmol/d，因此沉积物释放进入海水的 PO_4-P 占河流输入量的 24%，远远小于河流输入对胶州湾海水中 PO_4-P 的贡献。此外，胶州湾初级生产力约为 503mgC/$(m^2 \cdot d)$ ± 184mgC/$(m^2 \cdot d)$，若按 Redfield 比值推算，维持胶州湾初级生产力所需 PO_4-P 约为 $(116 \pm 42) \times 10^6$ mmol/d，则沉积物向水体释放的 PO_4-P 仅可提供浮游植物生长所需磷的 (9 ± 3)%。

（3）SiO_3-Si 在沉积物–海水界面上的交换

1）SiO_3-Si 在沉积物–海水界面上的交换交换动力学。图 3-89 为培养实验过程中 SiO_3-Si 的浓度随培养时间变化的典型曲线。结果表明随着时间的增加，水体中 SiO_3-Si 浓度增加，而无沉积物样品的对照组中 SiO_3-Si 浓度基本保持恒定。说明实验水体中 SiO_3-Si 的增加是由沉积物向上覆水释放所致。根据培养实验和对照水体中 SiO_3-Si 浓度变化可以计算沉积物向水体中的释放量，即 SiO_3-Si 在海水–沉积物界面上的交换量。

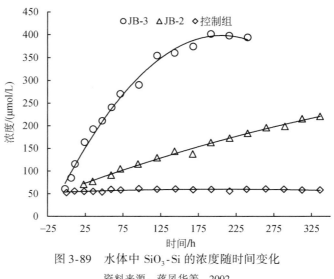

图 3-89 水体中 SiO_3-Si 的浓度随时间变化

资料来源：蒋凤华等，2002

控制组为实验对照组

2）SiO_3-Si 在沉积物–海水界面上的交换速率。SiO_3-Si 在沉积物–水界面上的交换速率结果见表 3-41。由表 3-41 所示，SiO_3-Si 在胶州湾 JB-1 ~ JB-16 站沉积物–海水界面上的交换速率为 0.05 ~ 9.03mmol/（m^2·d），其相对测定误差为 3.1% ~ 11.4%，平均为 8.2%，各站位交换速率的平均值为 3.3mmol/（m^2·d）。其中大部分站位的交换速率为 1 ~ 5mmol/（m^2·d）。但是，JB-1 和 JB-2 站位的交换速率较低，分别为 0.05mmol/（m^2·d）和 0.65mmol/（m^2·d），这可能与 JB-1 和 JB-2 站的沉积物主要为砂质，而 JB-2 站因位于排污口其沉积物污染严重的因素有关。然而，JB-4 和 JB-7 站位的交换速率较高，达 9.03mmol/（m^2·d）和 6.11mmol/（m^2·d），这可能是 JB-4 和 JB-7 站位于养殖区内，其沉积物中有机质含量较高所致。JB-4 沉积物存在明显的生物扰动作用，这是造成其较高交换速率的另一原因。实际上，JB-4 沉积物经过灭菌处理后，其交换速率仅为 3.69mmol/（m^2·d），说明生物扰动作用可以大大增加 SiO_3-Si 交换速率。

表 3-41 SiO_3-Si 在不同站位沉积物–海水界面上的交换速率 [单位：mmol/（m^2·d）]

站位	交换速率	站位	交换速率
JB-1	0.05	JB-9	2.91
JB-2	0.65	JB-10	4.72
JB-3	4.39	JB-11	2.53
JB-4	9.03	JB-12	2.84
JB-5	3.01	JB-13	2.72
JB-6	3.63	JB-14	2.36
JB-7	6.11	JB-15	1.98
JB-8	4.90	JB-16	1.56

资料来源：蒋凤华等，2002

3）SiO$_3$-Si 在胶州湾沉积物–海水界面上的交换通量。与 DIN 和 PO$_4$-P 的计算方法相似，根据 SiO$_3$-Si 在胶州湾各种类型沉积物–海水界面上的交换速率，以及各种类型沉积物占胶州湾海底总面积的权重，估算胶州湾海水中 SiO$_3$-Si 在沉积物–海水界面上的交换通量为 $1.06×10^9$ mmol/d。根据胶州湾主要河流径流量以及河水中 SiO$_3$-Si 的浓度，估算出通过河流输入胶州湾的 SiO$_3$-Si 为 $2.03×10^8$ mmol/d，沉积物向水体释放的 SiO$_3$-Si 是河流输入量的 5.3 倍。由此可见，胶州湾海水中的 SiO$_3$-Si 主要来源于沉积物的释放。胶州湾初级生产力约为 503mgC/（m^2·d）±184mgC/（m^2·d），若按 Redfield 比值推算，维持胶州湾初级生产力需 Si 大约为（1.86±0.68）×10^9 mmol/d。以此计算，胶州湾沉积物所释放的 SiO$_3$-Si 可提供维持胶州湾初级生产力所需 Si 的（58±21）%。由于胶州湾海水中 SiO$_3$-Si 的浓度很低，所以沉积物所释放的 SiO$_3$-Si 对于维持初级生产力有着重要的意义。

3.4.2.2　生物扰动对沉积物–海水界面颗粒的垂直迁移影响

海洋生态系统通过能流和物流的传递将水层系统与底栖系统融为一体的过程，称做水层与底栖的耦合。该过程是构成河口、近岸和浅海水域的关键生态过程，而生物扰动作用（bioturbation）正是这一关键过程中至关重要的环节和枢纽。生物扰动是指底栖动物通过摄食、建管和筑穴等使沉积物的物理和化学结构发生重要变化，对沉积物–海水界面的物质交换和能量运转有显著的影响。尽管大量有关滤食性双壳贝类的文献中多次使用生物扰动这一术语，并将生物扰动与生物沉积、生物过滤等重要概念一起来讨论水层–底栖耦合等重要过程，但真正的定量化研究并不多。杜永芬和张志南（2004）利用化学稳定的荧光砂作为沉积物的示踪颗粒，研究了在大型底栖双壳贝类菲律宾蛤仔的扰动下，沉积物再悬浮以及向深层垂直迁移的通量。

（1）生物扰动对胶州湾沉积物–海水界面颗粒的垂直迁移影响

1）沉积物表层示踪结果。实验期间，连续充气、换水等物理扰动使海水产生运动，沉积物被扰动后示踪砂的分布状态，表层示踪砂悬浮量以及垂直向下迁移率见图 3-90。A11、A21、B11 和 B21 管中示踪砂总丢失量分别为 47.7%、42.8%、41.3% 和 29.5%；减去对照扰动量，则蛤仔扰动丢失率分别为 34.7%、29.8%、30.1% 和 18.2%。分别有 46.6%、39.4%、35.7% 和 22.9% 的示踪颗粒经扰动后向沉积物深层迁移，表层示踪颗粒在蛤仔的生物扰动作用下的垂直迁移率分别为 $1.47×10^{-5}$/（g·cm^2·d）、$2.27×10^{-5}$/（g·cm^2·d）、$1.41×10^{-5}$/（g·cm^2·d）和 $1.42×10^{-5}$/（g·cm^2·d）。

ANOVA 分析显示，壳长和饵料均对扰动产生影响，即随着壳长增大，示踪砂悬浮进入水体的量增多，垂直迁移的百分比增加，前者无显著差异，后者差异显著；单位湿重的垂直迁移率降低，但无显著性差异。各参数值有饵组均大于无饵组，其中悬浮量和迁移率无显著性差异，垂直迁移百分比差异显著。实验结束后，各实验组蛤仔的栖息深度大蛤为 6～11cm；小蛤为 5～9cm。贝类因摄食而产生的身体运动对沉积物产生扰动，正是蛤仔的栖息深度和摄食活动导致不同参数指标的差异。

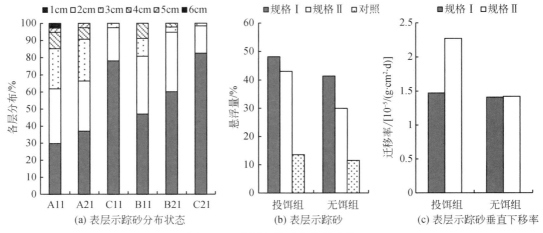

图 3-90　表层各扰动参数的比较

资料来源：杜永芬和张志南，2004

2）沉积物 8cm 深处示踪结果。经过扰动后 8cm 深处示踪砂在垂直上下两个方向都发生迁移，分布状态和垂直迁移率见图 3-91。A12 分别有 36.3% 和 15.9% 的示踪颗粒经蛤仔扰动后向上和向下迁移，其垂直迁移率分别为 $1.31\times10^{-5}/(g\cdot cm^2\cdot d)$ 和 $0.58\times10^{-5}/(g\cdot cm^2\cdot d)$；A22 管示踪颗粒向上、向下迁移量分别为 25.2% 和 11.1%，垂直迁移率分别为 $1.75\times10^{-5}/(g\cdot cm^2\cdot d)$ 和 $0.77\times10^{-5}/(g\cdot cm^2\cdot d)$。无饵实验组 C22 为对照，B12 组向上向下迁移量分别为 31.8% 和 13.6%，垂直上下迁移率分别为 $1.1\times10^{-5}/(g\cdot cm^2\cdot d)$ 和 $0.46\times10^{-5}/(g\cdot cm^2\cdot d)$；B22 管对应值分别为 14.5% 和 9.7%，垂直上下迁移率分别为 $0.92\times10^{-5}/(g\cdot cm^2\cdot d)$ 和 $0.61\times10^{-5}/(g\cdot cm^2\cdot d)$。就实验中两种规格而言，随个体增大迁移百分比增大，而垂直迁移率降低，但无显著性差异；饵料因子分析结果为有饵组大于无饵组，除上移百分比和上移率在小蛤间差异明显外，其他参数均无显著性差异。

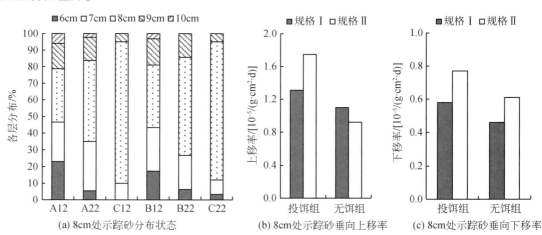

图 3-91　8cm 深处各扰动参数的比较

资料来源：杜永芬和张志南，2004

菲律宾蛤仔属大型底栖滤食性双壳贝类，倒立埋栖于泥沙中。蛤仔在穴中随潮水降落做上下升降运动，伸出水管索食，从而使颗粒物质发生转移，进而改变沉积物的理化性质。根据实测，蛤仔的最大分布深度为 11cm，表层示踪砂的最大迁移深度 5cm 和 8cm 深处向上迁移所达最小深度为 4cm，可能与放置的示踪砂数量有关。贝类主要是由于摄食而产生的身体运动对沉积物有扰动作用，摄食率反映贝类的生理状况。结果表明，壳长和饵料以及两者的交互作用均对蛤仔的扰动作用产生影响。个体增大，示踪砂悬浮进入水体的量和垂直迁移量以百分比表示的扰动参数均升高。ANOVA 分析显示，前者无显著差异，后者差异显著；以单位湿重表示的迁移率降低，但无显著差异。该结果和体重对摄食率影响规律基本一致，摄食率随体重增加而增加，但随单位体重的增加而减小，蛤仔的栖息深度随壳长的增加而增加也是导致参数差异的原因，小蛤栖息深度比大蛤浅，就每次搬运量而言，可能低于大蛤，但由于搬运距离短和较小的重量而具有较高的搬运效率，蛤仔经常活动的深度与扰动参数值密切相关，又因为本实验中蛤仔的壳长差别不是很大（相对于 1cm 分层），故而扰动参数虽有差异但不都是显著差异。就饵料因子而言，投饵组各扰动参数值大于无饵组，大蛤间除表层下移百分比差异显著外，其他无显著差异。小蛤间存在显差异的参量为：表层下移百分比、深层上移百分比和深层单位湿重的上移率。饵料对贝类摄食生理的影响的传统理论（在一定的饵料范围内，摄食率随饵料浓度的增大而增大）支持上述结论，小蛤对饵料等环境因子的敏感性和较浅的栖息深度是其参数差异显著的原因。以上分析表明，扰动参数可以与摄食率一样作为反映贝类生理状况的指标。

结果表明，滤食性双壳贝类对沉积物具有一定的生物扰动作用。按照传统概念，生物扰动是指底栖动物，特别是沉积性大型动物的活动对沉积物初级结构造成的改变。然而，本研究显示，菲律宾蛤仔通过自身的活动分别使 28.2% 的示踪砂悬浮进入水体和 36.1% 的示踪砂垂直下移，其生物扰动导致其活动范围内的沉积物颗粒上下混合，并促使颗粒态和溶解态的物质释放进入水体再悬浮，由此证明菲律宾蛤仔不仅通过摄食（生物沉降）控制水层生态系统，而且通过生物扰动影响沉积物–海水界面生源要素的交换通量，定量研究其生物扰动作用对深入开展水层和底栖耦合等过程有重要意义；从应用角度来看，选择合适的滤食性双壳类与经济种类混养，不但能通过其生物沉降作用净化水质，还能通过生物扰动作用净化沉积物。

（2）生物扰动对胶州湾潮间带沉积物–海水界面颗粒的垂直迁移影响

潮间带是联系陆地与海洋的纽带，同时也是人们利用海洋资源进行人工养殖的主要场所之一。受环境因子和生物因子的影响剧烈，其水体悬浮物和沉积物中包含着大量有机和无机的颗粒物质，这些颗粒也是一些较难溶解的污染物的携带者。韩浩等（2001）利用中型生物扰动系统（AFS）对胶州湾薛家岛潮间带菲律宾蛤仔养殖断面和非养殖断面的中潮和低潮生物沉降和沉积物的再悬浮过程作了如下系统的研究：

1）生物沉降、沉积物侵蚀和再悬浮的测定结果。图 3-92 为养殖断面不同潮位站位的自然沉降率和生物沉降率。从图 3-91 中可以看出，养殖断面中、低潮站位的生物沉降率分别明显地大于非养殖断面。在非养殖断面，生物的沉降作用小于自然沉降，而在养殖的高密度区，即养殖断面的低潮站位，生物沉降率约为自然沉降率的 4 倍。

沉积物再悬浮的最大浓度随水流速度变化的关系式为，养殖断面中潮：$y = 0.0217e^{0.4846x}$；养殖断面低潮：$y = 0.0842e^{0.3525x}$；非养殖断面中潮：$y = 0.1192e^{0.3558x}$；非养殖断面低潮：$y = 0.0345e^{0.3899x}$。若以 SPM 增加到 100mg/L 做为临界侵蚀阈值，薛家岛潮间带沉积物的临界侵蚀速率分别为：养殖区中潮 17.4cm/s；养殖区低潮 20.1cm/s；非养殖区中潮 18.9cm/s；非养殖区低潮 20.4cm/s。

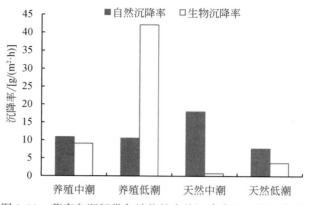

图 3-92　薛家岛潮间带各站位的自然沉降率和生物沉降率

资料来源：韩浩等，2001

薛家岛各站位在各流速下的沉积物再悬浮最大浓度和最大侵蚀率的测定结果表明两个断面的中潮与中潮、低潮与低潮的表现趋势基本一致。最大悬浮物浓度取对数与对应的水流速度进行直线回归，经方差分析比较其斜率，发现两个断面的低潮站位与其相应的中潮站位差异均显著（$p<0.05$），非养殖断面中潮与对应养殖站位的差异显著（$p<0.05$），但低潮两站位的差异不明显（$p>0.05$）。

2）生物扰动对胶州湾潮间带沉积物–海水界面颗粒的垂直迁移影响。薛家岛潮间带养殖断面和非养殖断面不同潮位的研究显示了大型底栖动物在水层–沉积物界面颗粒通量过程中的作用。生物沉降率随着滤食性双壳类–菲律宾蛤仔的密度增高而显著增加。在双壳类生物量和丰度较低的养殖断面中潮和天然断面中、低潮站位，其生物沉降率均较低，而在生物量和丰度较高的养殖断面低潮站生物沉降作用明显高于其他站位。同时，菲律宾蛤仔的滤食作用能很快将混浊的海水变清澈。生物沉降作用的测定是在低于动物粪球和假粪的临界侵蚀速率（15～20cm/s）时进行的，生物沉降的颗粒悬浮物只有一部分用作动物的新陈代谢、生长和繁殖，而大部分又以粪便或溶解性营养盐的形式排泄或分泌出来。这些物质随着退潮时较高的水流速度再度悬浮起来进入水体。可见滤食性双壳类在水层–沉积物的物质通量过程中起着巨大的作用。高密度的双壳类不仅能够滤食底边界层，而且能够滤食整个沿岸海湾的浮游植物，甚至能形成"营养控制"。

研究中，实验均在沉积物刚暴露时进行，沉积物稳定性不受暴露时间长短的影响，出现低潮稳定性高于中潮的局面可能是由于某些大型底栖动物的生物扰动造成的。在采样现场，尤其是中潮带可以看到许多活动能力较强且个体较大的大蝼蛄虾和日本大眼蟹等扰动生物及其洞穴，而使用采样框采到的仅为活动能力较弱或个体较小的动物，一些大的扰动生物对沉积物的疏松作用可能未体现出来；另外在实验现场还可以看到，高潮养虾池的废水直接通过大坝底部经中潮排入海中。值得一提的是，养殖区中潮站位，由于离岸较近，又受养虾池排污的影响，养殖户并未在此投放蛤仔苗。其大型动物丰度在 4 个站位中最高，生物量却较低，也说明了该站的受扰动程度。两低潮站位最大悬浮物浓度的对数与对应的水流速度的回归直线斜率差异不明显，此结果表明，现在菲律宾蛤仔的养殖密度尚未对沉积物的稳定性造成影响。

|第4章| 胶州湾沉积环境演变的过程及表征

4.1 胶州湾的现代沉积速率

4.1.1 样品采集与分析

2003年9月，中国科学院海洋研究所"金星二号"考察船在胶州湾海域设置10个采样站位，利用重力活塞式取样器在湾口、湾外和湾内成功取得了10个柱状沉积物样（图4-1）。其中，B3站柱长94cm，B6站柱长86cm，D4站柱长108cm，D6站柱长92cm，C2站柱长30cm，C4站柱长30cm，J37站柱长80cm，J39站柱长75cm，J94站柱长43cm，D7站柱长45cm。

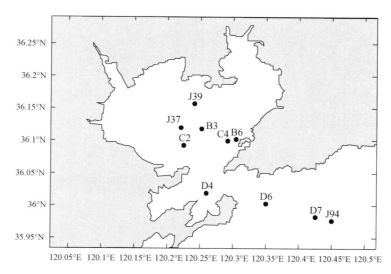

图4-1 胶州湾及邻近海域沉积物采样站位

资料来源：齐君，2005

在采样现场，按照《海洋调查规范》对柱状样样品进行岩性描述，主要内容包括：沉积物的物理性质（颜色、气味、孔隙度、可塑性和黏性等），物质组成（粒度特征、岩屑砾石、生物化石、结核团块等），结构构造（层理特征、接触关系等）。按照"上部按2cm间距取样，20cm以下按5cm间距取样"的标准对样品进行分样，编号装入聚乙烯塑料袋中备测。

测定岩芯的含水量，其测定的具体方法是：从岩芯的上、中、下 3 个层位中取样，称取湿重；置于 105℃ 的烘箱中烘干 48h；称取干重；差减法分别计算 3 个层位样品含水量，然后取其平均值。

岩芯中的 ^{210}Pb 放射性活度随时间呈指数衰减，在沉积速率比较稳定的情况下，它随深度的变化也有此规律。因此，在选取 ^{210}Pb 备测样品时，岩芯上层取样间距小，取 2cm；越向深层取样，间隔逐渐加大为 5cm。总之，根据沉积物的特征、对沉积速率的估计及工作经验，以尽量反映最近的 ^{210}Pb 放射性活度变化、也保证准确反映 ^{210}Pb 的本底值所在层位为取样原则。

^{210}Pb 样品的预处理步骤：置于 105℃ 烘箱中烘干 48h；取 5g 已烘干样，研磨至过 150 目筛；置于 85~105℃ 烘箱烘干研磨备用。

^{210}Pb 放射性活度的测定：由于 ^{210}Pb 的 β 射线能量低，通常通过测定子体 ^{210}Bi 或 ^{208}Po 以确定 ^{210}Pb 的放射性活度。化学处理中所加示踪剂 ^{208}Po 是为了计算回收率，是计算 ^{210}Pb 放射性活度所必需的待定参数。

本研究利用化学浸取法处理样品，其过程如下：差量法称量 0.5~1g 样品，用 HNO_3 稀释的示踪剂 ^{208}Po 置于 250ml 烧杯中，在电热板上低温蒸干（约 30min）；称样时，岩芯深度 20cm 以内称取 1g，深度 20cm 以下称取 2g，置于预先加入示踪剂并已蒸干的烧杯中，加入 50ml 的 6mol/L HCl，2ml 双氧水和约 0.5g 的柠檬酸三胺，置于电热板上低温（约 80℃）浸取 2h；将浸取液倒入离心杯，离心 15min，将上清液转移于烧杯中；残渣用 20ml 的 6mol/L HCl 洗回到原来的烧杯中，在电热板上浸取 1h，将浸取液离心 15min，合并上清液，再用蒸馏水冲洗残渣并离心一次，合并上清液，弃去残渣；将上清液在电热板上低温蒸干（微干）；用 10ml 的 1mol/L HCl 溶解，再加入 10ml 蒸馏水，低温加热溶解，加入坏血酸半匙，还原 Fe^{3+} 由深黄色变浅绿色；放入银片，置于水浴中（80℃）自镀 3h；取出银片，用蒸馏水冲洗，晾干，用 α 多道能谱仪测定 ^{210}Po 和 ^{208}Po 总计数；^{210}Pb 总放射性活度可用下式计算：

$$^{210}Pb_{tol} = \frac{N_{210Po}}{N_{208Po}} \times I_{210po} \times \frac{W_{208Po}}{W_S} \qquad (4\text{-}1)$$

式中，$^{210}Pb_{tol}$ 为 ^{210}Pb 总放射性活度（dpm/g）；N_{210Po} 为 ^{210}Po 的总计数；N_{208Po} 为 ^{208}Po 的总计数；I_{210po} 为 ^{210}Po 浓度（dpm/g）；W_{208Po} 为 ^{208}Po 重量（g）；W_S 为样品的重量（g）。

微量元素的测定：将沉积物样品在 60~70℃ 下烘干磨细，过 160~180 目尼龙筛。称取 0.1g 经 110℃ 烘干的样品于聚四氟乙烯坩埚中，加入 HF-HNO_3-$HCLO_4$ 溶解样品，后利用电感耦合等离子质谱（ICP-MS）测定元素含量。样品的分析的项目主要包括 Zn、Pb、Co、Cu、Ni、Cr、Cd 7 种重金属元素。该测定方法的精确度在 95% 的置信度范围内接近 10%，其主要微量元素的国际标准物质回收率为 90%~95%。

沉积物中 ^{210}Pb 有两个来源：一是来自沉积物中 ^{238}U 系列中 ^{226}Ra 衰变所产生的子体 ^{210}Pb，这一部分称为补偿 ^{210}Pb；另一是大气中 ^{226}Ra 衰变产生的子体 ^{210}Pb。大气层中的 ^{210}Pb，在高空中停留 5~10d 后，以气溶胶的形式随大气降水或降雪沉降进入陆地、湖泊、海洋，并积蓄在沉积物中。沉积物中积蓄部分 ^{210}Pb 因不与母体 ^{226}Ra 共存和平衡，通常称之为过剩^{210}Pb。在沉积过程中，^{210}Pb 在沉积物中的含量一方面因^{226}Ra 的衰变和大气中^{210}Pb 的沉降不断积累，另一方面又因^{210}Pb 自身衰变而不断减少。因此，随着沉积物的顺序堆积，^{210}Pb 的放射性强度将随着沉积物埋藏深度的增加而呈指数减少趋势。通过测量沉积物柱状样中不同深度的^{210}Pb 放射性活度值，计算沉积物的沉积速率。

在实际工作中，测定^{210}Pb 的总放射性活度，扣除^{210}Pb 的本底值后，即为过剩的^{210}Pb 活度值。过剩^{210}Pb 按照本身固有的半衰期衰变。在满足^{210}Pb 地质年代学假定的前提下，过剩^{210}Pb 的放射性活度（I）与沉积物柱状样的深度（H）之间的关系如下：

$$I_h = I_0 e^{-\lambda t} \tag{4-2}$$

式中，I_h 为 h 深度沉积物中过剩^{210}Pb 的放射性活度；λ 为^{210}Pb 衰变常数（每年 0.031）；I_0 为表层沉积物中过剩^{210}Pb 的放射性活度；t 为 h 深度下沉积物的沉积年龄。

同时，沉积速率 S 即可表示为

$$S = \frac{H}{t} \tag{4-3}$$

将式（4-3）代入式（4-2），经过系列变化后可得

$$\ln I_h = \ln I_0 - \frac{\lambda H}{S} \tag{4-4}$$

$$\lg I_h = \lg I_0 - \frac{\lambda H}{2.303 S} \tag{4-5}$$

式中，H 为沉积物深度。

由此可见，过剩^{210}Pb 的放射性活度的对数值与岩芯深度呈线性关系，以^{210}Pb 各测点的深度 H 为自变量，$\lg I_h$ 为因变量，利用最小二乘法求出回归线，所得斜率 k 代入式（4-6），即可求得沉积物的平均沉积速率。

$$k = -\frac{\lambda}{2.303 S}$$

$$S = -\frac{\lambda}{2.303 k} \tag{4-6}$$

假设沉积物沉积速率恒定，则

$$t = \frac{H}{S} \tag{4-7}$$

以上公式即可计算某一深度沉积物的沉积年龄。

被沉积的表层沉积物往往含有较高的含水量，若干年后，逐渐被后来沉积的上覆沉积物压缩，含水量减少，厚度随之减小，从而影响沉积速率的数值。校正的方法是，扣除每层沉积物中的含水量，用沉积通量来表示沉积速率，沉积通量为

$$F = S \times \rho_{dry} \tag{4-8}$$

而沉积物的干密度 ρ_{dry} 为

$$\rho_{dry} = \frac{1 - W_C}{\frac{1 - W_C}{\rho_S} + \frac{W_C}{\rho_W}} \tag{4-9}$$

式中，ρ_s 为沉积物的密度（2.6 g/cm³）；ρ_w 为海水密度（1.027 g/cm³）。

4.1.2　胶州湾现代沉积速率

为探讨近百年来胶州湾现代沉积环境的演化历史，根据放射性同位素²¹⁰Pb 测年法，分析该海区沉积物中²¹⁰Pb 放射性活度的时空分布，并根据²¹⁰Pb 沉积特征和随柱样深度的衰减规律，获取平均沉积速率，建立柱状沉积年代序列。

4.1.2.1　沉积岩芯²¹⁰Pb 放射性活度时空分布与沉积速率

在对胶州湾及邻近海区 9 个站位²¹⁰Pb 测定中，发现无论在垂直方向还是水平方向上，²¹⁰Pb 的分布都存在一定的规律性。这些分布规律反映了该海区沉积环境的变化和沉积作用过程。

理想状态下，现代沉积的²¹⁰Pb 的放射性活度随岩芯深度明显衰减，到一定深度后基本稳定。由于物质供应、水动力、生物活动等条件的差异和变化，²¹⁰Pb 的垂向分布也会出现一定的差异。各柱状样品²¹⁰Pb 测定结果如下：

岩芯 J39（36°09′20″N，124°14′10″E）采自胶州湾西北部海域，水深6m，岩芯表层为灰黄色粉砂质黏土，2cm 以下为灰褐色黏土，29cm 处含少量贝壳，60cm 以下沉积物为灰黄色黏土软泥。从图 4-2（a）中可以看出，²¹⁰Pb 随岩芯深度衰减在 0～6cm 处没有规律，此处存在一个混合段，这与当地水动力条件强烈和生物活动频繁有关。J39 处水深较浅，水动力对表层沉积物的影响较大，此外，在底质采样时，沉积物表层多处发现活生物体，蛤蜊尤为多见，这些均可能对表层沉积物造成扰动。岩芯 6～49cm 段²¹⁰Pb 随岩芯深度呈指数衰减，并呈较有规律的分布特征，该层是²¹⁰Pb 的衰变段。仅在 28～30cm 处²¹⁰Pb 活度出现了锐减现象，这种特别现象，应是该层沉积物粒度成分的变化造成的；岩芯 49～74cm 段²¹⁰Pb 不再随岩芯深度衰减，²¹⁰Pb 的放射性活度随岩芯深度的衰变基本上恒定，即是²¹⁰Pb 的衰变平衡段，也可称为²¹⁰Pb 的本底值。

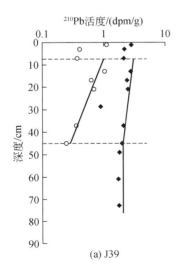 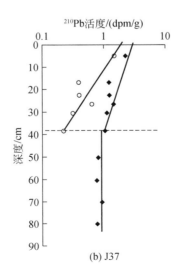 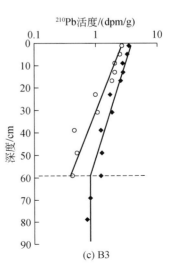

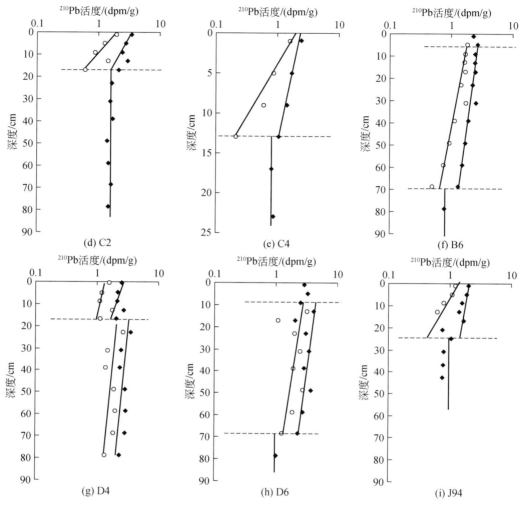

图 4-2　胶州湾柱样中^{210}Pb 活度的垂直分布

资料来源：齐君，2005

岩芯 J37（36°07′26″N，120°13′20″E）位于胶洲湾中部偏西大沽河水道与湾中央水道之间，水深 10m，沉积物为灰色黏土质粉砂，从图 4-2（b）中可以看出，岩芯中^{210}Pb 随深度的衰减较有规律，呈^{210}Pb 的衰减段和平衡段两段分布。岩芯 0～39cm 段^{210}Pb 随岩芯深度呈指数衰减，呈较有规律的分布特征，该层是^{210}Pb 的衰变段；岩芯 49～81cm 段^{210}Pb 不再随岩芯深度衰减，^{210}Pb 的放射性活度随岩芯深度的衰变基本上恒定，即是^{210}Pb 的衰变平衡段。

岩芯 B3（36°07′07″N，120°15′04″E）位于胶州湾中央水道以南，该海域水深 16m，沉积物多为粉砂类物质，柱状样品表层 0～2cm 是黄灰色砂质泥，50cm 以下，贝壳开始增多，砂含量增多，尤其在 70cm 以下，贝壳明显增多。该柱样^{210}Pb 随沉积物深度变化见图 4-2（c）。^{210}Pb 剖面以 59cm 为界明显分为两部分：0～59cm 为^{210}Pb 的衰变区，^{210}Pb 在该区间呈指数衰减，59cm 以下为该柱样的 ^{210}Pb 本底区，^{210}Pb 放射性活度在 0.77 dpm/g 左右波动。

岩芯 C2（36°05′36″N，120°13′30″E）位于胶州湾大沽河水道以南的海域，水深 13m，此柱样呈相对均匀的沉积结构直到 124cm，黏土含量较高，反映低能的沉积环境。岩芯表层沉积物为黄灰色稀泥，3cm 以下为灰色软泥。该柱样 ^{210}Pb 放射性活度分布见图 4-2（d），呈两区分布：0～17cm 为 ^{210}Pb 的衰变区，^{210}Pb 在该区随深度呈现很好的指数衰变规律；17cm 以下 ^{210}Pb 活度值基本恒定，不再随岩芯深度衰减，此区是 ^{210}Pb 本底区。

岩芯 C4（36°06′00″N，120°17′30″E）采自沧口水道附近，该处水深为 10m，岩芯柱长仅为 30cm，该柱样由砾砂质泥和泥质砂构成。沉积物颜色在 0～8cm 为灰黑色，8cm 以下颜色变为灰黄色，随着深度的增加，沉积物中生物贝壳逐渐增多，砂粒逐渐变粗。从图 4-2（e）中可以看出，0～13cm ^{210}Pb 活度随岩芯深度呈指数衰减而且呈较有规律的分布特征，该区是 ^{210}Pb 的衰变段区；13cm 以下为 ^{210}Pb 的本底区。

岩芯 B6（36°06′07″N，120°18′14″E）采自离岸较近的海域，靠近沧口水道，水深 15m，岩芯表层沉积物是灰黑色软泥，70cm 以下，沉积物中砂质含量逐渐增多。^{210}Pb 放射性活度分布呈现三区分布，从图 4-2（f）中可以看出，0～5cm 为物理作用下的混合层，可能是因为离岸比较近，受到频繁的生物扰动的影响。岩芯 5～69cm ^{210}Pb 活度随岩芯深度呈指数衰减，并较有规律，该层是 ^{210}Pb 的衰变区，69cm 以下 ^{210}Pb 的放射性活度随岩芯深度的衰变保持恒定，^{210}Pb 不再随岩芯深度衰减，达到了本底值。

岩芯 D4（36°01′09″N，120°15′33″E）位于黄岛前湾湾口和海西湾湾口之间的海域，受外海潮流和波浪的影响，该处的水动力条件非常复杂，沉积物多以粉砂和砾砂类物质为主，细颗粒物质很难在此处沉积下来。岩芯表层沉积物颜色是灰黑色，10cm 以下颜色逐渐变黑。从图 4-2（g）可以看出，0～17cm ^{210}Pb 放射性活度呈衰减趋势，在此之后，可观察到另一个 ^{210}Pb 衰变区。^{210}Pb 剖面反映出两个衰变段，表明这里的环境发生过变化。

岩芯 D6（36°00′12″N，120°21′01″E）采自湾外海域，水深为 33m，岩芯表层沉积物在 0～2cm 为黄灰色软泥，8～10cm 是灰色软泥，30cm 处为灰色砂质软泥，65cm 以下粉砂物质含量逐渐增多，在 88cm 处开始出现生物贝壳。从图 4-2（h）可以看出，^{210}Pb 活度分布呈现三区分布，^{210}Pb 放射性活度在 0～9cm 处没有规律，此处存在一个在物理作用下的混合层。这与当地水动力条件复杂有关；在 9～69cm，^{210}Pb 活度随岩芯深度呈指数衰减，并呈较有规律的分布特征，该层是 ^{210}Pb 的衰变区；岩芯在 69cm 以下 ^{210}Pb 活度不再随岩芯深度衰减，^{210}Pb 活度值基本上恒定，即是 ^{210}Pb 的本底区。

岩芯 J94（35°58′37″N，120°27′08″E）位于胶州湾口门外深水区，水深 22m，柱状样主要由为灰黄色粉砂构成，在岩芯 16～18cm 处沉积物细颗粒物质突然增加，并伴有贝壳出现，根据岩性分析，该岩芯含砂的组分较多，约占 50% 以上，黏土组分仅占 3.01%～42.13%。从图 4-2（i）可以看出，^{210}Pb 放射性活度随岩芯深度的衰减很有规律，岩芯上部未出现混和层，呈现两区分布，即 ^{210}Pb 的衰减区和本底区。

综合胶州湾及邻近海区 ^{210}Pb 放射性活度在岩芯中的垂直分布，大致可以归纳为以下 3 种分布类型。

三区式分布模式：其中 J39、B6 和 D6 均属于此种模式。其特点是 ^{210}Pb 的垂向分布可以分为 3 个区：混合层、衰变区和本底区。混合区中，由于生物活动及物理作用等对表层沉积物产生扰动、混合作用，使这一区域中的 ^{210}Pb 活度呈不同程度的均一状态。如果混合完全，则 ^{210}Pb 剖面为垂线；如果混合不完全，则 ^{210}Pb 分布有一斜率。混合层的厚度和该区中的 ^{210}Pb 剖面的斜率反映了该区中混合作用的程度。在衰变区中，^{210}Pb 放射性活度随深度的增加而呈指数衰变，因此，该区 ^{210}Pb 剖面总是呈倾斜状。在本底区中，^{210}Pb 的剖面又呈直线，因为 ^{210}Pb 的本底是由沉积物中 ^{226}Ra 衰变而来的。而 ^{226}Ra 的半衰期为 1600 年，因此，在一定深度内，它的放射性活度可以认为是不变的。

两区式分布模式：包括 B3、J37、C2、C4 和 J94 站位。其特点是表层没有混合层，只有衰变层和本底区。不同的是，各岩芯中 ^{210}Pb "斜线"的斜率和"垂线"的起始深度有所不同。这种分布反映了该站的生物活动和物理作用对表层沉积物的扰动及再改造影响较小。

多阶分布模式：在外湾湾口处海域的 D4 站的 ^{210}Pb 分布呈现紊乱的无规律状态，^{210}Pb 放射性活度随岩芯深度衰减出现多阶衰变层现象。这种分布产生的原因可能有以下两点：复杂的水动力条件和极不稳定的沉积环境；柱状样中沉积物粒度发生了变化。

以上 3 种模式基本反映了胶州湾及邻近海区 ^{210}Pb 垂向分布的特点。

胶州湾及邻近海区不同区域中表层沉积物的 ^{210}Pb 活度分布见表4-1。从表4-1中可见，胶州湾 ^{210}Pb 活度在水平方向的分布呈一定的规律性。^{210}Pb 活度的高值区位于胶州湾中部海域，以站位 C2、B3 为代表；^{210}Pb 活度的中值区位于胶州湾东部海区，以站位 B6、C4 为代表；^{210}Pb 活度的低值区位于胶州湾外湾湾口处海域，以站位 J94 为代表。

表 4-1　采样站位表层样中 ^{210}Pb 活度　　　　　　（单位：dpm/g）

站位	表层 ^{210}Pb 活度
J39	2.90
J37	2.39
B3	3.52
C2	3.59
C4	2.44
B6	2.34
D4	2.63
D6	2.93
J94	2.02

资料来源：齐君，2005

在细颗粒物质组分较高且悬浮体含量较高的湾内中部海域，^{210}Pb 活度值较高，如 C2 站位表层沉积物中 ^{210}Pb 活度值达到 3.6dpm/g；在外湾海域，沉积物粒径较大，以粗颗粒物质为主，悬浮体含量较低，而 ^{210}Pb 活度值较低，如 J94 站位表层沉积物中 ^{210}Pb 活度值仅为 2.02dpm/g。胶州湾及邻近海区 ^{210}Pb 的富集、分布特征可能与研究海区细颗粒物质以及悬浮体含量相关，^{210}Pb 易被细颗粒物质所吸附。同样地，^{210}Pb 活度的空间分布也能反映该海区沉积物沉积特征，在 ^{210}Pb 活度值较高的海域，沉积物多以细颗粒物质为主，而且悬浮体含量较高，反之，在 ^{210}Pb 活度低值区，沉积物多以粗颗粒物质为主而且悬浮体含量较低。因此，^{210}Pb 的富集、分布受到研究海区水动力条件和沉积物粒级的影响。

本研究利用绘图法确定 ^{210}Pb 本底值，用 α 谱仪测得的 ^{210}Pb 总量减去 ^{210}Pb 本底，获得 ^{210}Pb 过剩值。绘制 ^{210}Pb 活度随深度变化的垂直分布图，利用最小二乘法求出其平均沉积速率和沉积通量。各站位柱状样测定结果见表 4-2。从表 4-2 中各站位的 ^{210}Pb 分析结果看，因其所处地理环境的差异，形成了沉积速率各不相同的分布格局。

表 4-2　利用 ^{210}Pb 方法测定的胶州湾及邻近海区的沉积速率

站位	水深/m	含水量/%	干密度/(g/cm³)	沉积速率/(cm/a)	沉积通量/[g/(cm²·a)]
J39	6	38.73	0.99	0.77	0.77
J37	10	37.97	1.02	0.64	0.65
B3	16	69.12	0.39	0.85	0.33
C2	13	42.05	0.92	0.56	0.51
C4	10	27.56	1.34	0.19	0.25
B6	15	36.92	1.07	1.62	1.73
D4	21	64.14	0.47	1.63	0.77
		65.32	0.45	3.96	1.80
D6	33	35.63	1.097	2.27	2.49
J94	22	14.94	1.8	0.45	0.81

资料来源：齐君，2005

站位 J39：从该站位沉积速率看，该站可能接受了大量的大沽河物质，据 1952~1979 年河流输沙量统计，西北部潮滩的沉积物供应量约为 1.3 万 t/a，该海域陆源供应比较充足，从而出现较高的沉积速率。这一沉积速率与大沽河口外海域岩芯 J01 获得的沉积速率 0.89cm/a 较接近，可能是因为这里距离胶州湾西北部潮滩不远，属于大沽河输沙影响的范围，沉积物的物源供应量相近所致。

站位 J37：从该站岩芯沉积速率、较有规律的 ^{210}Pb 分布以及其地理位置看，采样点因距离岸边河口较远，大量陆源输入物质已在近岸沉积下来，从而受到陆源的影响较小。又因为位于大沽河水道和中央水道交汇处，水动力条件较为复杂，大量泥沙物质很难沉积下来，故表现出较低的沉积速率。

站位 B3：从该采样点的地理位置看，其位于胶州湾湾内隆脊南部海域，隆脊的存在形成较大的形态阻力，或形成水道与隆脊之间的横向环流，利于沉积物在隆脊上堆积，故而出现较高的沉积速率。

站位 C2：从地理位置看，该站位处于胶州湾隆脊（即等深线的鞍部）以南 5~10m 等深线范围内，是湾内沉积物的汇聚部位，水动力条件较为稳定，沉积过程以泥质细颗粒物质沉积作用为主。较低的沉积速率以及较有规律的 ^{210}Pb 分布和稳定的沉积环境完全吻合。

站位 C4：采样点位于沧口水道和中央水道交汇处，通常涨落潮流速均大，因此，大量较细的泥沙颗粒很难落淤，表层较低的^{210}Pb 活度值（2.44dpm/g）也可以说明这一点。该站位距岸边河口较远，沉积作用受近岸陆源的影响较小，从而表现出较低的沉积速率。

站位 B6：该站位位于沧口水道末端，是入海径流、潮流和沿岸流的汇合处，水动力在该处突然减弱，又因为距离岸边较近，物质来源丰富，所以此处沉积速率快，沉积通量大。^{210}Pb 剖面图中出现一混合层，是因为该站位离岸较近，表层沉积物受到自然界或人类活动的影响。根据推断，该处沉积物的物源以近岸河流排污和城市垃圾堆放等陆源输入为主。

站位 D4：在该站位^{210}Pb 剖面中，出现 1.63cm/a 和 3.96cm/a 两个沉积速率，反映出此地曾发生过重大变革。根据推断，陆源物质供应量的改变是导致沉积环境发生变化的可能原因，近十年来，随着陆源供应的减少，该处沉积速率减小很多。

站位 D6：较高的沉积速率和具有混合层的分布模式反映该区水动力条件较活跃和物质来源充足的沉积环境。从地理位置上看，该处沉积物物源供应包括黄海潮流携带的外海物质和胶州湾出湾物质等。另外，根据推断，主航道外缘处形成的沙脊可能是导致该处沉积速率较高的原因之一，沙脊的存在使更多的泥沙物质沉积下来。

站位 J94：^{210}Pb 的垂直分布表明，该区域水动力条件和生物活动不活跃，沉积环境稳定。计算岩芯沉积速率为 0.45cm/a，沉积通量为 0.81 g/（cm^2·a）。在胶州湾及邻近海域，河流物质主要输入胶州湾盆地，几乎没有直接入海的河流。因此，在胶州湾口门外海域，沉积物的供应量较少，沉积物主要是落潮从胶州湾输出的物质和沿岸流搬运的泥沙，故该区域沉积速率较低。

综上所述，从^{210}Pb 方法提供的信息来看，胶州湾及邻近海区的现代沉积速率具有一定的规律性，沉积速率随物质供应和沉积环境的差异而有所不同。首先，在物质供应充分的海区，沉积速率最大，例如 J39、B6、D4 站位接受了大量的陆源物质的供应；D6 站位的物质来源包括胶州湾出湾物质和外海物质。其次，沿细颗粒物质的输运路径，沉积速率也较高，如 C2、J37 站位。虽然离岸较远，但更多胶州湾湾内沉积物有向隆脊汇聚的趋势，从而该海区出现较高的沉积速率，而且细颗粒物质也能更好地沉积下来。

4.1.2.2　不同方法获取胶州湾沉积速率的比较

^{210}Pb 测年法的应用已有 40 年，是测定现代沉积速率的一种常用的方法，^{210}Pb 方法因其简单、具有可重复性而具有可行性，所以可测定的沉积速率的值域非常广，但^{210}Pb 也有其局限性。排除实验过程中的人为误差，影响^{210}Pb 测年法的因素主要是：①^{210}Pb 测年法的应用是在沉积物按时间顺序堆积，并且沉积速率大致恒定的条件下。胶州湾近百年来沉积环境较为稳定，能够满足沉积物按时间顺序堆积的条件。②处于稳定的沉积环境中，地层不发生后期扰动。通常采用箱式取样器采集^{210}Pb 样品会降低人为因素对地层造成后期扰动的影响，而本书使用的是重力取样器，可能带来的问题包括：重力作用使样品发生一定程度的压缩；压缩又可能产生一定程度的液化现象，使相邻层位之间的^{210}Pb 发生迁移。液化现象可能会导致测量的沉积速率比实际的数值小，其误差为 10%～15%。但是，在采样时按照较小的间距取样会减轻液化作用造成的影响。③被沉积物颗粒吸附^{210}Pb 的

不发生后期化学迁移。因此，本书采用^{210}Pb法测定胶州湾现代沉积速率在原理上是可行的，可以使现代沉积速率的计算定量化，而对于前面所提到的 3 个方面的要求，只能综合考虑研究区域的地质与水动力状况等，选取稳定沉积环境中的岩芯，以减小误差。沉积速率有多种测试和计算方法，除^{210}Pb法以外，还有沉积物平衡法、海图对比法和^{14}C 测年法等，这些方法获得的沉积速率有一定差异，甚至是数量级的差别。

（1）基于沉积物平衡法估算的沉积速率

用河流输入的沉积物量来粗略估计沉积速率，大沽河、洋河、辛安河和墨水河口附近海区的沉积速率分别是 0.22cm/a、0.37cm/a、0.20cm/a 和 0.03cm/a。利用沉积物平衡法计算出 1949 ~ 1979 年胶州湾沉积速率为 0.353 ~ 0.362cm/a，沉积通量为 0.458 ~ 0.471g/（cm^2·a）。与本书利用^{210}Pb方法测得的沉积速率相比，二者数量级相当，但在数值上有差异：利用沉积物平衡法估算沉积速率偏小。首先，它们所表示的沉积速率是在不同空间尺度的速率：^{210}Pb测定的沉积速率仅能代表取样站位附近的沉积速率，而沉积物平衡法测定的沉积速率代表的是整个海域盆地的空间平均沉积速率。其次，河流输沙由于不能确切估算河口海岸沉积物与外界交换得数量而存有误差。再次，胶州湾水动力条件复杂，河流沉积物进入海湾后堆积的具体位置难以确定，仅就沉积物平均分配在河口邻近海域比较牵强。因此，沉积物平衡法只能在一定情况下作定性的参考。

（2）海图对比方法获得的沉积速率

边淑华等（2001）利用 1983 年、1966 年、1985 年和 1992 年的海图，获得了胶州湾在 1963 ~ 1992 年不同时期的沉积速率。从表4-3 中不难看出，在不同历史时期，不同海区的沉积速率的变化比较大。与^{210}Pb法及沉积物平衡法的测定结果相比，利用海图对比法获得的沉积速率的绝对数值明显偏大，而且在某些时段内还得出相反的定性结论。虽然从原理上讲，利用海图对比法测定胶州湾的沉积速率是可行的，但如何对不同历史时期的海图进行投影方式、比例尺、深度基准面和测量的地形精度校正还存在着相当大的困难。

表4-3　海图对比法获得的胶州湾海区的沉积速率　　　　（单位：mm/a）

时段	沧口水道	大沽河口	内湾中部	湾口	红岛岸外	黄岛前湾海西湾
1863 ~ 1966 年	0 ~ 20	0 ~ 20	>20	-0.5	0 ~ 10	-0.5
1966 ~ 1985 年	30 ~ 90（南）	30	<-0.1	<-0.1	10	0 ~ 25
	0 ~ 25（北）	—	—	—	—	—
1985 ~ 1992 年	<-70	-70	-70	-70	0 ~ 25	0 ~ 25
平均	30	10 ~ 20	40	>-10	0 ~ 20	0 ~ 20

资料来源：齐君，2005

（3）^{14}C 测年法估算的沉积速率

从较长时间尺度来看，假设沉积物在整个钻孔岩芯中都是均匀沉积的，则可根据岩芯的测年数据和沉积厚度确定平均沉积速率。国家海洋局第一海洋研究所于 1980 ~ 1981 年在胶州湾取得多个钻孔岩芯，利用^{14}C 测年法获得了胶州湾海域的沉积速率。结果表明，在大沽河附近的岩芯 J01 沉积速率较大，为 0.1cm/a 以上。此外，在海西湾薛家岛附近的

HJ2 也有较大的沉积速率。在湾内中部和胶州湾东北部墨水河河口海区，沉积速率中等，为 0.06～0.07cm/a；而在湾内南部和黄岛前湾海域的沉积速率较低，仅为 0.025cm/a 左右。岩芯 HJ3 位于胶州湾中部海区，其沉积速率可代表胶州湾湾内的平均状况。该处沉积速率为 0.074cm/a，比用 ^{210}Pb、沉积物平衡法获得的百年时间尺度内胶州湾的沉积速率小得多，几乎相差一个数量级。这主要是因为 ^{14}C 测年法所获得的沉积速率反映的是万年时间尺度内的平均状态，是长期地质历史时期的产物，除考虑到下部沉积物受到上覆沉积物压实作用以外，在万年左右的地质变迁期间，沉积物的形成可能受到海平面升降、动力条件的变化及周围沉积环境变迁的影响，海域沉积物的堆积可能时快时慢，甚至还有多处间断，或侵蚀而丢失部分层序。

从以上的简单对比可以看出，在胶州湾海域利用多种方法获得的沉积速率存在着一定的差异，究其原因，首先是不同方法测定的沉积速率处于不同的时间、空间尺度，其次是采样位置不同及方法本身所存在着的局限性所致。

^{210}Pb 法所反映近百年时间尺度的沉积速率，胶州湾近百年来沉积环境较稳定，能够满足沉积物按时间顺序堆积的条件，采样时按 2cm 间距采样，提高了地层年代精度，按 ^{210}Pb 衰变公式，可求出各段沉积岩芯确切的地层年龄，对探讨沉积环境的变化拥有可靠的依据。^{210}Pb 测年结果表明，^{210}Pb 垂直分布有 3 种模式，其中以两区分布模式多见，反映了近百年来胶州湾的沉积环境是较为稳定的，^{210}Pb 活度的高值区位于胶州湾中部海域，^{210}Pb 活度的中值区位于胶州湾东部海区，^{210}Pb 活度的低值区位于胶州湾外湾湾口处海域，依据 ^{210}Pb 沉积和随柱样深度的衰减特征，获得胶州湾及其邻近海区的沉积速率为 0.19～3.96cm/a，沉积速率随物质供应和沉积环境的差异而有所不同。

4.2　沉积物中的氮与磷

海洋沉积物中的氮与磷作为海洋水体中的源和汇，既可接收来自水体沉降、颗粒物的输运带来的氮与磷，也可以在适当的条件下释放分解进入水体进行再循环，即当水体中可供吸收利用的氮与磷较少时，在条件（底栖生物扰动以及水理化、动力条件等）变化时，海洋沉积物中的氮与磷可以从沉积物释放出来，不同的海洋生物吸收利用可交换部分以供自身需要，在体内转化为有机氮与磷，并通过排泄以及死亡分解等生命过程使氮与磷重返水体或沉积物中，从而实现氮与磷的循环，在此过程中沉积物起着氮与磷源的作用。相反地，当水体中营养物质比较丰富，海洋生物可供吸收利用的营养元素比较多，海洋生物快速生长发育以及大量繁殖，富含有机质的生物排泄物和死亡残体也非常丰富，在水动力作用下不断搬运沉降，使沉积物中有机质的含量也相对丰富，沉积物则成为氮与磷汇（宋金明，1997，2004），因此沉积物中的氮与磷在海洋生态系统中起着关键的作用，沉积物中氮与磷的研究是其的海洋生物地球化学循环研究的关键一环。

4.2.1　沉积物中氮的生物地球化学特征

沉积物中氮的早期成岩研究始于 20 世纪 30 年代。早期成岩过程由于可利用的最终电子受体的不同以及不同氧化剂获得的能量不同，可分为有氧矿化和无氧矿化，对氮而言则分别为：①以氧作为最终电子受体，将 ON 还原为 NH_4-N；②以铁、锰、硫酸盐等作为最终电子受体，将 ON 还原为 NH_4-N。目前人们普遍认为矿化作用最终电子受体的优先级顺序为：$O_2 > NO_3$-$N > Mn$（Ⅳ）$> Fe$（Ⅲ）$> SO_4^{2-}$，这一顺序反映了不同氧化剂作用所获得的不同能量。海洋沉积物–海水界面附近氮的转化模型大都限于几个或多个生物化学反应，有些还包含着生物化学反应和相关的化学物种之间的耦合，图 4-3 所示的是氮在沉积物–水界面的迁移和转化。其中有机质的主要降解反应可总结如下：

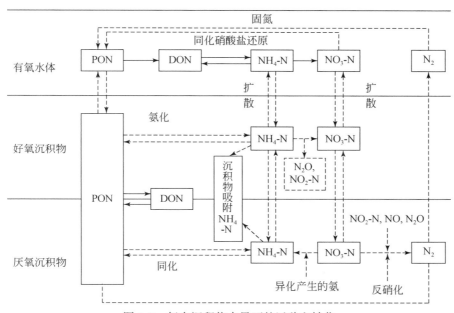

图 4-3　氮在沉积物水界面的迁移和转化

资料来源：戴纪翠，2007

氧的呼吸作用被描述为

$$138O_2 + (CH_2O)_{106}(NH_3)_{16}H_3PO_4 + 18HCO_3^- \longrightarrow 124CO_2 + 16NO_3^- + HPO_4^{2-} + 140\ H_2O$$

或

$$(CH_2O)_{106}(NH_3)_{16}H_3PO_4 + 106O_2 \longrightarrow 106CO_2 + 16NH_3 + H_3PO_4 + 106H_2O$$

反硝化作用被描述为

$$94.4NO_3\text{-}N + (CH_2O)_{106}(NH_3)_{16}H_3PO_4 \longrightarrow$$
$$13.6CO_2 + 92.4HCO_3^- + HPO_4^{2-} + 84.8H_2O + 55.2N_2$$

或

$$84.8NO_3\text{-}N + (CH_2O)_{106}(NH_3)_{16}H_3PO_4 \longrightarrow$$
$$7.2CO_2 + 98.8HCO_3^- + HPO_4^{2-} + 16NH_4^+ + 42.4N_2 + 49H_2O$$

锰的氧化物作为电子受体

$$212MnO_2 + (CH_2O)_{106}(NH_3)_{16}H_3PO_4 + 322CO_2 + 120H_2O \longrightarrow$$

$$438HCO_3^- + 16NH_4^+ + HPO_4^{2-} + 212Mn^{2+}$$

铁的氧化物作为电子受体

$$424Fe(OH)_3 + (CH_2O)_{106}(NH_3)_{16}H_3PO_4 + 756CO_2 \longrightarrow$$
$$862HCO_3^- + 16NH_4^+ + HPO_4^{2-} + 424Fe^{2+} + 304H_2O$$

或

$$212Fe_2O_3 + (CH_2O)_{106}(NH_3)_{16}H_3PO_4 + 848H^+ \longrightarrow$$
$$106CO_2 + 16NH_3 + H_3PO_4 + 424Fe^{2+} + 530H_2O$$

硫酸根作为电子受体

$$53SO_4^{2-} + (CH_2O)_{106}(NH_3)_{16}H_3PO_4 \longrightarrow$$
$$39CO_2 + 67HCO_3^- + 16NH_4^+ + HPO_4^{2-} + 53HS^- + 39H_2O$$

有机质的水解

$$14H_2O + (CH_2O)_{106}(NH_3)_{16}H_3PO_4 \longrightarrow 39CO_2 + 14HCO_3^- + 53CH_4 + 16NH_4^+ + HPO_4^{2-}$$

海底矿化再生的 NH_4-N 在进入上覆水体之前可能被进一步氧化为 NO_3-N（或 NO_2-N），即发生硝化作用。硝化作用对海洋生物生产具有重要影响，它不仅改变了 N 循环的形式，将 N 的矿化再生与反硝化这一去营养化作用联系起来，且与异氧生物争夺有限的溶解 O_2。硝化作用受制于沉积物中可渗透的氧气的含量，通常发生在表层沉积物几厘米之内，并随深度而减弱。北海的比利时海岸沉积物中的硝化作用研究发现，较深沉积物（35m）中的硝化作用仅为较浅沉积物（15m）中的 60%。控制硝化作用的物理化学因素包括温度、O_2、NH_4-N、CO_2、pH、盐度、毒物及促进物和作用界面等，此外还受生物和生态因素的控制。海底硅藻将导致沉积物耗氧量、无机氮和溶解有机氮释放的显著增加。硝化作用的增强或减弱则取决于占主导作用的因素，若 NH_4-N 增加则可利用的 O_2 就会减少。硝化作用产生的 NO_3-N 可在缺氧条件下还原成为气体 N（N_2 和 N_2O），由于硝化–反硝化作用可导致沉积物再生氮的流失，从而影响整个 N 循环过程，这个问题近年来受到研究者的广泛关注。在菲利普海湾（澳大利亚），每年通过海底再生的 N、P 分别占输入的 63% 和 72%，而其中有 63% 再生的氮由反硝化作用流失，反硝化作用的 NO_3-N 大部分来自于硝化作用。在多格滩沉积物中，反硝化作用所需的 NO_3-N 完全由硝化作用产生。在美国切萨皮克海湾的 Patuxent 河口发现，超过99% 的 NO_3-N 发生了反硝化作用，硝化–反硝化耦合十分密切，尽管二者需要截然不同的氧化–还原环境，由于沉积物上部有氧层存在微还原环境，导致耦合作用的发生。然而也有报道认为这种耦合作用并不明显（Lohse et al.，1993）。日本广岛海湾沉积物的硝化和反硝化速度分别为 $0 \sim 299\mu g/(m^2 \cdot h)$ 和 $-69.0\mu g/(m^2 \cdot h)$，反硝化作用并不明显。砂质沉积物中主要发生的硝化作用可作为 NO_3-N 源，而泥质沉积物中的反硝化作用则成为 NO_3-N 的汇。尤其在初冬，水体中 NO_3-N 浓度最大而温度低，利于反硝化作用。在英国的 Colne 河口，反硝化的去 N 作用占整个 N 通量的 20% ~ 30%。北海每年由河流输入的 NO_3-N 和 TN 分别为 $670 \times 10^3 t$ 和 $1000 \times 10^5 t$，海水中 IN 的主要形式为 NO_3-N，且水体中 NO_3-N 始终高于沉积物间隙水中的 NO_3-N，表明此时沉积物对 NO_3-N 是一种汇。沉积物矿化产物的 36% ~ 87% 通过反硝化作用流失，因此沉积物作为海洋中 N 的源或汇是由矿化速度、硝化速度及反硝化速度共同决定的。沉积物中有机质的适度增加将促进反硝化去 N 作用，而在过量 N 输入导致富营养化的条件下, 反硝化去 N 作用也减弱。

此外, 沉积物缺氧层中 NO_3-N 的微生物还原也可沿另一途径进行, 即 NO_3-N 还原为 NH_4-N, 也称 "NO_3-N 氨化"。有时, NO_3-N 氨化作用与反硝化作用同等重要, 甚至更重要, 尤其在高有机含量的还原性环境中对氨化还原更有利。在日本广岛的海湾, 反硝化速度和 NO_3-N 还原速度分别为 $0 \sim 69.0 \mu g/(m^2 \cdot h)$ 和 $0 \sim 794 \mu g/(m^2 \cdot h)$, 前者仅为后者的 3%, 影响这两种还原过程相对比例的因素包括实际 NO_3-N 浓度、温度、沉积物中氧化–还原环境和水体中的溶解 O_2 等。

此外, 沉积物中 NH_4-N 的吸附在 N 的早期成岩过程中是非常重要的过程, NH_4-N 可能被颗粒物吸附, 这种吸附包括两种类型: 一种为可交换吸附, 吸附在表面; 另一种则进入沉积物内部形成晶格, 不易交换。沉积物中固定 NH_4-N 具有特别的重要性, 固定 NH_4-N 占沉积物中总氮含量的 10% ~ 22%。美国南卡罗莱纳州的马德海湾沉积物中 NH_4-N 吸附的研究得出其线性吸附系数为 1.3 ± 0.1, 且不随沉积环境、温度等发生明显变化。宋金明 (1997) 对中国东海间隙水中 NH_4-N 吸附进行了研究, 测得其线性吸附动力学反应常数为 $(5.2 \sim 450) \times 10^{-5}/a$。当沉积物中 NH_4-N 浓度较高时, NH_4-N 可能作为一种自生沉淀组分沉积下来。沉积物中各形态氮之间的相互转化如图 4-4 所示。

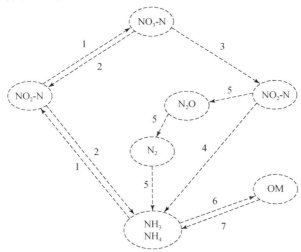

图 4-4 氮形态之间的相互转化

资料来源: 戴纪翠, 2007

1. 硝化作用 (nitrification); 2. 硝酸盐氮的同化还原作用 (assimilatory nitrate reduction);

3. 硝酸盐的异化还原作用 (dissimilatory nitrate reduction); 4. 硝酸盐的氨化作用 (nitrate ammonification);

5. 反硝化作用 (denitrification); 6. 同化作用 (assimilation); 7. 氨化作用 (ammonification)

对海底矿化作用的定量研究给出有关生源要素在全球范围内的循环以及现代海洋组成的控制因素的重要信息。近年来, 研究人员对早期成岩进行了大量研究, 特别是 "扩散–平流–反应" 模式的提出, 使其从定性描述发展到定量研究, 尤其是通过构建成岩模型进行研究。氧化还原、硝化反硝化作用的动力学模型, 定量地关联了这些过程及深层下氧的还原、反硝化作用速率和碳氧化速率。估算出海洋间隙水中氧的还原速率和反硝化速率正相关，沿着这些相关性外推，可以预测 NO_3-N 的最大值。模型得出能被反硝化作用氧化的有机质的最大值，仅为太平洋中氧呼吸作用氧化的 30%，和大西洋中被氧呼吸氧化的 13%。利用耦合的、非线性的早期成岩模型可解释氧的矿化作用、反硝化作用、厌氧矿化作用、氨的氧化作用和其他还原性物质的氧化作用，体现了生源要素在近海的循环过程，用于描述碳、氧、硝酸盐、铵和其他可降解物质在沉积物间隙水中的垂直分布和生物扰动作用。赤道太平洋间隙水中氧、总二氧化碳（TCO_2）、碱度、硝酸盐和硅等垂直分布大多满足反应速率随深度呈指数衰减的模型，在低纬度地区，更好地服从另一种模型，即双组分模型。结果表明，至少 70% 的有机质降解发生在 1~2cm 的表层沉积物内。通过构建一种非线性模型，可将有氧矿化、无氧矿化、硝化、反硝化等一系列过程结合，以此来研究沉积物中碳、氮和氧的循环模型耦合。赤道太平洋海底沉积物的早期成岩动力学研究，早期成岩作用受沉积物中有机质含量、氧的含量以及底栖生物扰动等的影响。一般来说，沉积物有机质含量越高，成岩作用越明显。在较深的沉积物中，沉积物老化及有机营养供给不足，造成无氧矿化过程（如发酵、反硝化和硫酸盐还原）变慢。底栖生物扰动对矿化作用起促进作用，有机质含量越高，促进作用就越明显。

在整个海洋系统中，氮循环与其他生源要素（C、P、Si、S 等）的循环密切相关，尤其是与 C、P、Si 三者的循环密不可分。C 是一切生命活动的物质基础，P 是生物生产不可缺少的营养元素。海洋中的 Si 循环主要在真光层内完成，其中到达沉积物进入长期循环的 C 只占全球光合作用固碳的 1%，但其意义重大。沉积物中的有机碳一部分永久性埋藏，另一部分则经过不同的氧化剂发生矿化作用，随着有机碳（OC）的矿化，有机氮也矿化成为 NH_4-N。

1934 年 Redfield（1934）提出，浮游生物体本身所含 C、N、P 元素的原子个数比接近于 106∶16∶1，这个比值得到公认且沿用至今。沉积物大部分源于海洋浮游生物残体，因此沉积物在到达海底之初基本保持这个比值。但由于 C、N、P 的降解矿化作用随时间和空间分布差异很大，且受不同的生物地球化学条件影响，如 P 的再生周期极短，相当部分的颗粒 P 在沉积物捕捉器中即溶解；C 恰好相反，其再生周期变化范围从几周到 106 年，N 的再生周期介于 C 和 P 之间，实际沉积物中比值与 Redfield 比值偏差较大。随着深度增加，N 和 P 含量减小，在太平洋和大西洋沉积物的中等深度 C∶N∶P 为 200∶21∶1，而在底部则变为 300∶33∶1。沉积物中不同的 C、N、P 含量将导致早期成岩过程发生变化，在研究沉积物的早期成岩及生源要素的循环过程中，C、N、P 的定量关系是必要前提。澳大利亚菲利普海湾沉积物的研究表明，N 和 P 的循环效率随着 OC 含量的增加而提高。通过对沉积物中 OC 的测定，可以推测其中 N 的存在形式。C/N 值在元素的早期成岩及 N、P 循环研究中也是重要的参数指标，沉积物中 N 和 P 的净再生只有在基质中 C、N、P 原子比相对于细菌生物体 C、N、P 原子比 45∶9∶1 很小时才能发生。沉积物中 C/N 和 C/P 的值通常比所用的 Redfield 值偏大，这是由于浮游植物细胞的矿物营养自溶作用，以及 N 和 P 比 C 优先降解，当沉积物中 C∶N∶P 为 125∶11∶1 时，海底细菌可能成为 N 的净消费者。Redfield 比值在有机质的有氧矿化时基本维持不变，而无氧矿化时则发生变化。对全球大洋的大量营养盐数据进行了分析发现，N/P 随深度和地理位置的分布发生明显变化，较低的 N/P 值与较低的溶解 O_2 呈显著的相关性，表明反硝化作用可能是导致低 Redfield 比值的原因之一；另一可能的原因则是沉积物中 P 的优先释放。

N 是海洋中浮游植物生产的主要营养元素，对海水中 N 的研究开展得较早，也较为全面和深刻。近几十年，众多研究者已对中国渤海、黄海、东海、南海和台湾海峡等不同海域的 N 营养盐进行研究。沉积物中 N 的生物地球化学循环的研究则始于 20 世纪 80 年代，研究较少且比较分散。早期成岩过程是生物地球化学过程的重要组成部分。海水–沉积物界面下的沉积物间隙水被称为早期成岩作用的灵敏指示剂。间隙水地球化学为沉积物中生源要素的生物地球化学循环研究提供了一个简单易行的方法。宋金明（1997）研究了辽东湾间隙水中 NH_4-N 的早期成岩过程，对南沙珊瑚礁生态系中沉积物–海水界面 N 的扩散通量进行研究，得出其扩散通量高于渤黄东海，并分析造成这种结果的原因是南沙群岛海域常年高水温，导致沉积物释放扩散的营养组分的表观活化能降低，沉积物活性明显增强，使间隙水中得到了大量营养组分，并向上覆海水扩散。

广义来讲，沉积物中的 N 包括两个大的体系，即沉积物间隙水体系和沉积物固体（颗粒）本身。沉积物中的早期成岩以及生源要素的循环实质是沉积物–海水相互作用的过程，其作用的结果在沉积物间隙水中得以体现，因此，近年来对沉积物中氮循环的研究主要致力于间隙水的研究，其中包括有机氮的矿化作用、N 在沉积物–海水界面的转移和交换、N 循环的收支计算等。相对而言，对沉积物颗粒本身的行为及 N 在沉积物固体中的赋存形态等的研究较少。

目前，对沉积物间隙水中氮的研究主要是通过测定沉积物柱状样中间隙水中各种形式 N 及 O 的浓度分布，测算出沉积物中 N 的再生、硝化、反硝化速率，结合上覆水体中的浓度分布则可以计算界面交换通量，还能求得 N 的循环效率及循环收支。后来发展到应用 ^{14}C 或 ^{15}NO$_3$-N 同位素示踪及柱状样注射技术测定硝化速度，利用 C_2H_2 作为抑制剂测定硝化、反硝化速度。目前对矿化、硝化、反硝化测定应用最广泛的技术是 ^{15}N 同位素技术及 C_2H_2 抑制技术。

沉积物固体中的 N 分为有机和无机两类，起初的研究认为，沉积物中所有的 N 均以有机结合形式存在。沉积物中固定 NH_4-N 占总氮的 10%～22%，固定 NH_4-N 的量与深海沉积物中钾的含量呈线性相关。沉积物中无机氮主要为 NH_4-N，其吸附方式有两种：可交换吸附和形成晶格的吸附，对可交换吸附利用碱或盐提取即可测定，对形成晶格的 NH_4-N 则需进行深度提取，如利用 HF-HCl 混酸提取。对沉积物中有机氮的测定通过氧化法测定其总量，而对其赋存形态的甄别则缺乏有效的方法，有待进一步研究解决。

目前，对沉积物中 N 循环的研究已经在 N 的早期成岩过程、N 的去营养化作用、N 在沉积物–海水界面的转移过程及交换通量等方面进行了深入的研究（宋金明，1997）。近年来实施的全球性重大合作计划，如全球海洋通量联合研究计划（JGOFS）、全球海洋生态系统动力学研究计划（GLOBEC）等也对海洋中的 N 循环进行了研究。现在则需要对沉积物中 N 循环的控制机制、N 循环与其他生源要素循环的关系等方面的研究给予更多的关注。

近年的研究工作大多集中于从沉积物间隙水这一角度研究沉积物中的 N 循环，而对沉积物固体本身研究较少，一方面是由于研究手段方法的缺乏（甄别沉积物中 N 的各种赋存形态极为困难），另一方面则是这一领域的研究没有一定的经验积累作为基础。事实上，沉积物固体颗粒本身的特征，如颗粒大小及 N 在其中的赋存形态对较长时间尺度上的 N 循环过程具有重大影响。沉积物中有机质的含量受一系列因素控制，包括沉积物的粒度、输送速度、沉积速度以及上覆水体的氧化-还原环境等。在缅因海湾（美国），沉积物中有机质（TOC、TN）的浓度主要受粒度控制，而粒度控制可通过评价有机质浓度与沉积物表面积的关系来研究。在较深的沉积物中，TC 和 TN 的含量几乎完全由粒度控制。TC、TN 及叶绿素浓度均随深度而降低，深度对蛋白质及叶绿素含量的影响尤为突出。TC 和 TN 对有机质输入变化的敏感性降低，表明其浓度受到了某种与粒度相关因素的缓冲作用。在较远的滨外区，沉积物主要为难降解物质，其 TC 和 TN 含量随深度变化极小。沉积物中总有机质主要由粒度控制，而其中不稳定成分（如酶水解的蛋白质）则主要由有机质输送速度控制。

多年来存在的问题仍然是沉积物中相当一部分有机氮无法明确鉴别，有 1/3～1/2 的有机氮至今仍未完全弄清楚。通常认为大多数有机氮包含在复杂的腐质酸大型分子中，而后来的研究表明，有机氮也可能存在于较小的脂肪胺内，脂肪胺广泛存在于海洋藻类中，并可由海洋动物及细菌降解、排泄和代谢产生。沉积物中的脂肪胺可以作为甲烷矿化的基质，且能够控制其中的 C/N 值。在较深的沉积物中，由于吸附进入黏土矿物形成晶格的 NH_4-N 占沉积物中总氮的 25 %～40 %，因而黏土矿物将影响沉积物中氨基酸的分布及脂肪胺的浓度。经 HF 处理的沉积物比经 HCl 处理能释放更多的胺表明，胺在沉积物中也可以进入矿物晶格结构，一经与矿物结合，胺即不易被生物利用，由此影响沉积物中的 N 循环。因此对沉积物中 N 的赋存形态的研究必须首先弄清这些成分与沉积物的物理结合，以确定其生物和化学活性，不仅仅鉴定单一的化合物，更需要了解这些有机物与其环境结构的相互作用关系。将来对沉积物中氮的生物地球化学循环的研究试图从沉积物固体颗粒物质这一角度出发，因此应主要致力于两个方面，即沉积物中 N 的真实赋存形态特征和 N 循环的粒度控制。

海洋生物是海洋生态环境中的重要组成部分，对生源要素的生物地球化学循环具有重要作用。通常情况下，海洋植物从海水或沉积物中吸收大量的无机氮盐以合成氨基酸、蛋白质等生命活动所必需的氮水化合物，而其他生物则通过食物链摄取自身需要的能量，并由代谢排泄以及死亡分解而开始营养物质的再矿化过程。生物体 N 的代谢产物有相当部分以气态 N 的形式直接释放到环境中，这种 N 的形态可直接被植物利用。代谢废物还包括含 N 有机物，这些溶解性有机物也逐渐被分解矿化。海洋动物排出的粪团或死亡尸体等颗粒有机氮在下沉过程中也逐渐被分解矿化。在海洋生物地球化学循环中起重要作用的生物是底栖生物，它主要包括微生物、原生动物、小型动物和大型动物等。底栖生物的摄食与海洋沉积物中营养物质的循环具有不可分割的关系，N 作为海洋沉积物中生源要素的一种与底栖生物的活动息息相关。

微生物包括细菌和真菌，它们是海底有机物质的分解者。真菌可以分解木质纤维和甲壳质，细菌则可以分解颗粒态有机质，通过细菌的分解作用使其中的营养元素得以循环，维持海洋生物链的平衡。常见的细菌有硝化细菌和反硝化细菌，硝化细菌是需氧的化能自养型细菌，反硝化细菌是厌氧的异养型细菌，它们在作用于作用物的过程中吸收自身需要的物质和能量得以生存。海洋细菌常因病毒感染而死亡，死亡细胞的溶解产物中核酸和蛋白质的含量很高，因此细菌也是营养物质的潜在来源。

原生动物和小型动物的食物来源比较复杂，它们主要有 3 种捕食方式：①全植营养：即具有色素体的原生动物利用太阳的光能将 CO_2 和 H_2O 合成碳水化合物得到养料；②全动营养：吞食其他的生物或有机碎片为食；③腐生：借体表的渗透作用，摄取周围的有机物质。它们主要摄食细菌和超微型自养浮游生物。原生动物的相对生物量代谢速率很高，营养物质的排泄速率也很高，在排泄和摄取过程中实现 N 的循环。原生动物和小型动物中 N 的再生速率与相应食物的营养质量及动物自身的生长状态有关，食物的营养质量高，含 N 量高，且动物的生长状态稳定，则 N 的再生效率高；反之，食物的营养质量低、动物自身处于快速增长阶段，则 N 的再生效率低。

大型动物主要以捕食和牧食为主，主要以悬浮物或沉降物为食，并通过对颗粒物和沉降物的吞食和排出，实现沉积物的有效搬运（宋金明，2000）。大型动物在 N 循环中的作用主要是通过影响 N 的矿化、硝化、反硝化及氨化过程来实现，其中起关键作用的主要是底栖生物，底栖生物的扰动和灌溉作用改变了沉积物的物理化学性质，促进了硝化和反硝化作用。从整体上来说，需充分了解以下 3 点，即底栖生物最基本的营养需求，可满足底栖生物需要的食物源，底栖生物利用资源的手段，这些对于理解底栖生物在 N 循环中的作用意义重大。底栖动物的大小、聚集度及代谢速率等因素不同，将造成它们在 N 循环中的作用不同。例如，多毛类环节动物生存的微环境中 O_2 的消耗速率和反硝化作用比双壳类软体动物活动的微环境高 2 倍。多毛类环节动物扰动提高了上覆水体和沉积物的反硝化作用，其中 79% 的反硝化作用由多毛类环节动物扰动造成。双壳类软体动物并不能显著促进 O_2 的吸收，但提高了沉积物的有氧呼吸；多毛类环节动物则正相反，它大大促进了 O_2 的吸收，但对于提高沉积物中的有氧呼吸作用甚微，可能是由这些动物不同的灌溉机理造成的。掘穴动物的活动增加了沉积物与上覆水体接触的区域，能够携带营养物质、O_2 及某些微生物进入沉积物深层，并可从沉积物深层到表层互相转移物质。端足类甲壳动物洞穴壁的硝化作用比表层沉积物高 3 倍，这是由于含有大量硝化细菌的洞穴内壁的特殊组成和化学特征所致，因此可以得出：底栖动物对有机物质沉降和沉积物中 N 的转移过程都具有重要影响。另外，底栖动物自身也依赖于可利用的 O_2，当开放海区停滞时期，沉积物缺氧，因此影响营养物质循环不仅通过缺氧环境自身，而且也通过生物扰动作用的停止和相关沉积物通气反应来减少反硝化作用。因此底栖动物对 N 的再生过程有相当的作用，其再生效果与食物氮的丰度有关，食物氮的丰度大，再生效果明显。不过与原生动物和细菌相比，其在营养盐再生过程中的作用是次要的。

浮游植物和海藻作为浮游生物对 N 循环也具有重要影响。增加浮游植物量会降低光线的传输并间接削减浅海区海底小型藻类的反应，增加藻类沉积并因此而造成沉积物中 O_2 消耗量的增加，对反硝化作用有利。在沉积物中加入藻类，则反硝化速率降低，是由于藻类的加入加速了沉积物中细菌的生产，O_2 的消耗量也随之增大，使沉积物成为缺氧型，且由于硝化作用的最后一步（$NO_2\text{-}N \longrightarrow NO_3\text{-}N$）对 O_2 浓度最敏感，也就没有 $NO_3\text{-}N$ 产生，所以反硝化作用可以利用的 $NO_3\text{-}N$ 很少，故反硝化作用降低。另外藻类的加入可以导致 $NH_4\text{-}N$ 从沉积物中快速逸出，因此加入藻类物质会降低反硝化作用与矿化作用的比值。沉积物-海水界面加入藻类有机碳，由于加速反硝化作用使 NO_3-N 还原为 N_2 的量增大，造成沉积物中 NO_3-N 量降低，从而导致 NO_2-N+NO_3-N 从水体进入沉积物的通量增大。戴纪翠等（2007a）和 Song（2010）对胶州湾沉积物中 N 的地球化学特征及其环境意义进行了如下系统的研究。

4.2.1.1 自然粒度下胶州湾沉积物中氮的地球化学特征及环境意义

从 20 世纪 20 年代开始，释放到环境中的 N 的数量和形态模式发生了十分重大的变化，造成这一现象的原因主要是工农业的发展和人类活动的加强，包括激增的人口数量、含 N 肥料的大面积使用、工业化和城市化以及海水养殖业的迅猛发展等，这些因素不可避免地影响 N 的形态及其分布。胶州湾是一个海陆交替的典型的受环境变化较为明显的脆弱带和敏感带，由于近年来环胶州湾地区工农业和水产养殖业等的迅猛发展，特别是确立了青岛市作为 2008 年北京奥运会的伙伴城市后，该地区更是得到了前所未有的发展，人为活动对胶州湾沉积环境产生了不可忽视的影响。据报道，沿岸排入胶州湾的固体垃圾和污水中的悬浮颗粒物的量已超过河流来沙，成为胶州湾沉积物的主要来源。受人为活动的影响，胶州湾的营养盐浓度、营养盐结构比例发生了较大的变化，40 多年以来，胶州湾水体中的 NO_3-N 含量增加了 4.3 倍，NH_4-N 含量增加了 4.1 倍，DIN 的含量增加了 3.9 倍。

本书就胶州湾湾内、湾口和湾外的 3 个柱状样中 N 的含量及其分布特征，并结合 ^{210}Pb 测年进行了研究，探讨了胶州湾现代沉积过程中，沉积时间序列上各种形态氮的地球化学特征、控制因素和环境意义。

柱状沉积物中不同形态 N 的垂直分布特征反映了早期成岩过程中所发生的一系列反应，记录了不同地质时期 N 的形态和含量变化与其他环境演变的相关信息，因此研究沉积物中 N 的垂向分布特征对研究沉积环境演变的历史具有重要的意义。胶州湾沉积物各形态 N 的垂直分布见图 4-5，以下讨论均基于图 4-5 和有关地球化学环境的有关数据。

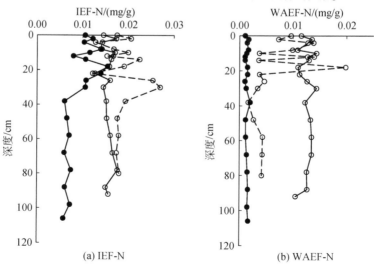

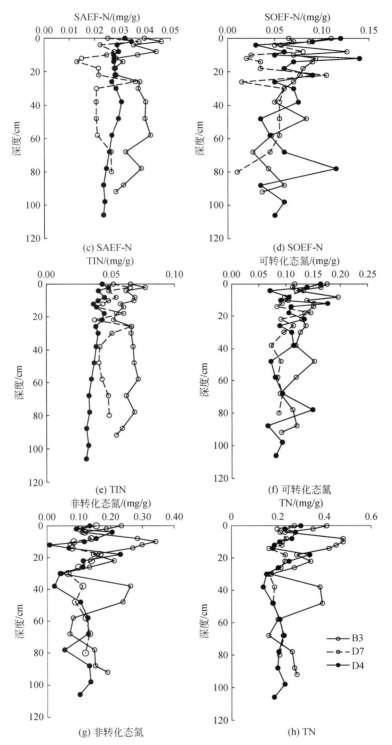

图 4-5　自然粒度下胶州湾沉积物中 N 的垂向分布特征

资料来源：戴纪翠等，2007a

总氮（TN）是沉积物中 N 的总和，是可以参与 N 循环的最大值。TN 在不同柱状沉积物中的含量差异较大，在所研究的 3 个柱状样中其平均含量的顺序为：B3（0.323mg/g）>D4（0.217mg/g）>D7（0.209mg/g），其中 B3 站位 TN 的平均含量是 D7 站位的 1.55 倍。TN 最大值大致出现在表层和次表层，分别位于表层以下 8cm、10cm（B3，0.481mg/g）、18cm（D4，0.336mg/g）和表层（D7，0.271mg/g），而 TN 的最低值并不在底层，而是在中层沉积物中，分别是 68cm（B3，0.160mg/g）、30cm（D7，0.161mg/g）和 38cm（D4，0.137mg/g）。从垂直分布特征看，B3 和 D4、D7 相差较大，自上而下呈波状的增加趋势，而 D4 和 D7 的 TN 垂直分布模式相似，0～20cm 及以上变化较大，20cm 以下变化幅度不大，基本上是常数。总的来说，3 个柱状样变化总的趋势是自上而下 TN 的含量逐渐减小。

离子交换态氮（IEF-N）是所有可转化氮中结合能力最弱的，最易被释放参与循环的氮的形态（吕晓霞等，2004），是沉积物中 N 比较活跃的部分。在所研究的胶州湾的 3 个柱状样中，IEF-N 在 D7 中的含量为 0.0122（22cm）～0.027mg/g（30cm），平均值为 0.0187mg/g；在 B3 中的含量为 0.0127（22cm）～0.0177mg/g（78cm），平均值为 0.0156mg/g；在 D4 中的含量为 0.058（106cm）～0.0154mg/g（18cm），平均值为 0.0095mg/g。垂直分布特征，除 D7 站位自上而下波动较大外，D4 和 B3 站位 IEF-N 的含量在 0～30cm 处急剧减小，并且 3 个站位在 40cm 以下，IEF-N 的含量变化不大，说明有机质的矿化作用大都发生在表层和次表层的含氧区，随着深度增加，矿化作用逐渐减弱，因此 IEF-N 的含量变化不大。

弱酸浸取态（WAEF-N）是所有可转化态氮中含量最低的一种形态，主要是由沉积物中可浸取的碳酸盐。WAEF-N 在 3 个柱状沉积物中的含量相差较大，在 B3 中的含量为 0.0105（92cm）～0.0144mg/g（30cm），平均值为 0.0125mg/g；在 D7 中的含量为 0.0016（38cm）～0.0198mg/g（18cm），平均值为 0.0069mg/g；在 D4 中的含量为 0.001（26cm）～0.002mg/g（38cm），平均值为 0.0014mg/g。其中 B3 站位 WAEF-N 的含量是 D4 站位的近 9 倍，说明 WAEF-N 受沉积环境及沉积物的粒度组成等多种因素的控制。3 个研究柱状样 WAEF-N 的含量除 D7 变化较复杂外，D4 和 B3 的变化幅度都不大，且 D7 站位在 20cm 以下其 WAEF-N 的含量也基本上保持不变。在所取的柱状样中，WAEF-N 的最大值大致出现在中层沉积物中，分别在表层以下的 30cm（B3）和 38cm（D4、D7）。

强碱浸取态（SAEF-N）主要是铁锰氧化物浸取态，受沉积物的氧化还原环境的影响较大，是胶州湾沉积物中无机氮的主要存在形态。在所研究的胶州湾的 3 个柱状样中，SAEF-N 在 B3 中的含量为 0.028（18cm）～0.047mg/g（2cm），平均值为 0.036mg/g；在 D4 中的含量为 0.024（106cm）～0.035mg/g（2cm），平均值为 0.0028mg/g；在 D7 中的含量为 0.013（14cm）～0.038mg/g（2cm），平均值为 0.024mg/g。其中 B3 站位 SAEF-N 的平均含量是 D7 站位的 1.5 倍，反映了不同站位不同的氧化还原环境。除 D4 外，SAEF-N 在 B3 和 D7 的变化幅度很大，趋势复杂且不明显。并且 SAEF-N 的最大值在 3 个柱状样中都在表层 2cm 处。

强氧化剂浸取态（SOEF-N）主要是有机形态的 N，是可转化态中含量最高的 N。在所研究的 3 个柱状样中，SOEF-N 在 B3 中的含量为 0.027（68cm）～0.127mg/g（8cm），平均值为 0.070mg/g；在 D4 中的含量为 0.03（4cm）～0.14mg/g（12cm），平均值为 0.069mg/g；在 D7 中的含量为 0.01（80cm）～0.105mg/g（22cm），平均值为 0.049mg/g。在所有柱状样沉积物中，SOEF-N 的垂向分布特征各不形同，但大致都是自上而下，SOEF-N 的含量逐渐减小，并且都在 0～8cm 的表层和次表层内，其含量迅速降低，说明有机质的矿化作用大都在表层含氧区发生，而 SOEF-N 在表层以下复杂多变的趋势，则说明了 SOEF-N 的含量及其分布特征是多种因素综合作用的结果。

氨氮（NH$_4$-N）和硝氮（NO$_3$-N）是不同形态 N 最终参与早期成岩的两种主要形式，由于其来源和性质不同，受沉积环境的影响也不同。NH$_4$-N 是有机质矿化作用的第一产物，适宜在还原条件下存在，而在有氧的条件下，NH$_4$-N 则在细菌作用下被硝化成 NO$_3$-N。在通常情况下，NH$_4$-N 和 NO$_3$-N 相伴而生的，只是含量高低不同而已。沉积物中 NH$_4$-N 和 NO$_3$-N 的垂直分布可以在一定程度上揭示 N 矿化作用进行的程度，反映沉积物对不同存在形式的 N 的吸附情况和两种形式 N 之间的转化。

以胶州湾湾内的 B3 站为例，图 4-6 给出的是不同形态氮中 NO$_3$-N/NH$_4$-N 的垂向分布。从图 4-6 中可以看出，除弱酸浸取态氮的 NO$_3$-N/NH$_4$-N 值随深度变化不大外，其余形态 N 的该比值均随深度的增加而减小，说明 NO$_3$-N 在总氮中所占的比例逐渐减小，而 NH$_4$-N 的比例逐渐增大，这是因为随着深度的增加，有机质的矿化作用加强，而其第一产物是 NH$_4$-N；并且沉积物中含氧量逐渐减小，还原环境加强，有利于 NH$_4$-N 的存在，所以该比值逐渐减小。

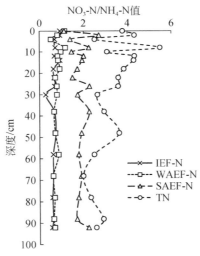

图 4-6　胶州湾 B3 站各形态氮中 NO$_3$-N/NH$_4$-N 值
资料来源：戴纪翠等，2007a

所取的深度范围内，所研究的 3 个柱状样除 D4 随深度的增加变化不大外，B3 和 D7 的 NH$_4$-N 的垂向分布趋势比较复杂，NH$_4$-N 在 0～20cm 浓度迅速降低，而后 D7 在 22cm 和 B3 在 38cm 处 NH$_4$-N 的浓度骤然升高。总体来讲，NH$_4$-N 的平均含量的大小顺序为：B3>D4>D7，大致是从湾内到湾口和湾外逐渐减小。NO$_3$-N 是胶州湾沉积物中 N 的优势形态，3 个柱

状样中 NO_3-N 的含量分别为 0.070~0.184mg/g（B3）>0.054~0.161mg/g（D7）>0.052~0.159mg/g（D4），其垂向变化特征十分复杂，但总的趋势是从上到下呈波状减小，并且最大值都出现在表层。

通过上述分析可以看出，表层沉积物中可转化态氮均大于底层的，因为表层沉积物基本上处于富氧的沉积环境中，水动力和生物扰动频繁，沉积物中有机质的矿化作用比较完全。而对于底层沉积物来说，由于堆积比较紧密，O_2 的渗透量较少，有机质的矿化作用比较弱，加上底部沉积物的成岩作用使一部分 N 转化为更稳定的形态，可转化的部分减小，故一般底层可转化态氮的含量较表层低。

海洋沉积物中可转化态氮是与沉积物中化学晶格结合相对较弱的部分，是沉积物与上覆水体之间 N 迁移转化的关键所在。自然粒度下表层沉积物中可转化态氮的含量是体现沉积物中能参与 N 循环的最大量值。胶州湾表层沉积物（0~2cm）中可转化态氮占总氮的份额列于表4-4。

表4-4 胶州湾表层沉积物（0~2cm）中可转化态氮占总氮的百分比 （单位:%）

站位	IEF-N	WAEF-N	SAEF-N	SOEF-N	TIN
B3	3.54	2.81	9.69	26.83	16.04
D4	3.54	0.35	10.76	40.31	14.65
D7	6.47	3.55	9.32	24.02	19.33

资料来源：戴纪翠等，2007a

从表4-4可以看出，SOEF-N 是可转化态氮中的绝对优势态，占总氮的24.02%~40.31%，SAEF-N 是可转化无机氮中的优势态，占总氮的14.65%~19.33%，可转化氮中，WAEF-N 最小，IEF-N 次之，分别占总氮的0.35%~6.47%和3.54%~6.47%。

4.2.1.2 影响沉积物中氮的含量及其分布的因素

沉积物中 N 的赋存形态受到自然因素（主要包括环境因素和生物因素）和人为因素的影响较大，并且两种因素相互作用并制约着 N 在沉积物中的分布特征。

（1）环境因子

N 的形成、降解和释放等主要受沉积物中有机质在矿化作用过程中环境条件与动力因素的控制，上覆水体的温度、盐度、DO、沉积物的 pH、氧化还原电位（Eh、Es）、物源输入、生物扰动以及水动力因素都可影响不同形态 N 的含量和垂向分布特征，从而可以说明沉积物中 N 的存在形态和含量分布特征的变化都是沉积环境变化的反映，B3 柱状样中 N 与不同环境因子的相关系数列于表4-5。

表4-5 氮与环境参数的相关系数

氮的赋存形态	φ	pH	Eh	Es	OC
IEF-N	−0.176	−0.525	0.385	0.185	0.393
WAEF-N	−0.322	0.218	−0.214	−0.018	−0.287

续表

氮的赋存形态	ϕ	pH	Eh	Es	OC
SAEF-N	−0.363	−0.435	0.642	0.439	0.253
SOEF-N	−0.272	−0.673	0.514	0.479	0.323
TN	−0.368	−0.474	0.457	0.394	0.411
NH_4-N	0.013	−0.488	−0.492	0.115	0.404
NO_3-N	−0.276	−0.692	0.552	0.500	0.208

资料来源：戴纪翠等，2007a

上覆水体温度对沉积物可转化态氮的影响相对简单，温度对沉积物中无机氮和有机氮含量的影响是一致的。一方面，温度升高加快了沉积物中有机质的矿化作用，使有机形态的 N 含量降低；另一方面，温度升高促进硝化细菌的反应活性，加快底栖生物的生命活动，生物扰动作用加强，沉积物中不同形态的无机氮的释放作用也加强，沉积物中无机氮的含量降低，上覆水体中无机氮的含量增加。也就是说，温度升高能加快沉积物中可转化态氮向上覆水体释放，与沉积物中 N 的含量呈不同程度的负相关。

OC 是沉积物中有机质含量的量度，通常在表层沉积物中含量较高，而在表层沉积物以下，由于有机质不断的矿化作用，有机碳含量相对减少。由表 4-5 可以看出，IEF-N、TN、SOEF-N 和 NH_4-N 与 OC 的含量正相关，而与 WAEF-N 负相关，说明 TN 与 OC 有类似的形成迁移机理，OC 含量越高，TN 的含量就越高。IEF-N 主要是吸附态氮，而沉积物中有机质的含量越高，吸附能力就越强，所以 IEF-N 与 OC 正相关。而 SOEF-N 主要是有机形态氮，它与 OC 有相似的成岩过程和转移机理，所以 SOEF-N 与 OC 正相关。NH_4-N 是有机质的矿化作用的第一产物，在有氧条件下被硝化为 NO_3-N。而在能发生矿化作用的深度范围内，沉积深度越深，沉积物的含氧量越低，NH_4-N 越不易被硝化为 NO_3-N，其含量就越低。这与有机质含量垂向分布特征一致，所以两者正相关。

Eh 和 Es 是沉积物氧化还原环境的标志，Eh 和 Es 越高，沉积物环境氧化性越强，反之，沉积环境还原性越强。由表 4-5 可以看出，Eh 和 Es 和 SAEF-N、SOEF-N 和 NO_3-N 和 TN 均正相关，而与 NH_4-N 负相关。沉积物越氧化，即 Eh 和 Es 越高，沉积物中铁锰氧化物的含量就越高，SAEF-N 越容易吸附在其表面，SAEF-N 的含量越高。对于 SOEF-N 来说，沉积环境越氧化，有机质的矿化作用越强，SOEF-N 的含量越高。对于 NH_4-N 和 NO_3-N来讲，氧化环境有利于硝化作用，还原环境则利于反硝化作用，因而 NH_4-N 一般在还原环境下存在，NO_3-N 在氧化环境下存在。所以 Eh 和 Es 与 NO_3-N 正相关而与 NH_4-N 负相关。

另外，沉积物的 pH、含水率（ϕ）以及铁锰氧化物等与沉积物中 N 的含量和分布有关。如 Fe^{3+} 在营养元素循环中的作用已经受到越来越多的重视，由于 SAEF-N 主要是铁锰氧化物结合态氮，所以一般来说，Fe^{3+} 的含量越高，铁锰氧化物的含量就越高，可能形成的 SAEF-N 的含量就越高。又如含水率（ϕ）与不同形态 N 的也呈一定程度的负相关关系。

（2）生物因素

N 是浮游植物所必需的元素之一，缺乏或过剩都会导致生物种群的异常变化，从某种意义上讲，N 的含量及其形态影响并控制着浮游植物的发育和生长，甚至成为浮游植物生长的限制性因素，所以沉积物中 N 与浮游植物的丰度分布有着密切的关系。Chla（浮游植物现存量）与沉积物没有直接关系，而是间接通过其他物理、化学或生物过程的相互作用，影响海底沉积物的早期成岩作用，进而在一定程度上影响沉积物中 N 的含量和形态。由于缺乏足够多的 N 的平面分布数据，所以仅从定性的角度研究胶州湾沉积物中 N 与 Chla 的关系。根据 1991~2002 年胶州湾浮游植物的调查结果，胶州湾 Chla 的高值区位于湾内的西北部和东北部近岸海域，湾中部和南部较低，并且湾内高于湾口，呈现出自湾内向湾外递降的趋势。Chla 的这种分布趋势与沉积物中 TN、SOEF-N 和 NH_4-N 的平面分布趋势完全一致，但与无机形态的 IEF-N、SAEF-N 和 WAEF-N 则没有相关关系，这是因为在 Chla 高的海区，光合作用较强，浮游植物的生长比较旺盛，所以富含有机质的有机物和生物残体在不断的沉降与再悬浮过程中分解和矿化，繁盛的浮游植物生长消耗了大量的 O_2，从而使有机质的分解矿化相对减弱，来不及矿化的部分被埋藏沉积，造成了沉积物中 TN 和 SOEF-N 的含量较高，所以与 Chla 具有相同的分布趋势。

（3）人为活动

随着工农业和社会的不断发展，人类活动对整个生态系统的影响越来越明显，尤其是近岸海域，包括河口、大陆架、海湾等受人为影响最为剧烈。世界上研究环境的几个大的计划，如 IHDP 计划（全球环境变化与人文因素计划），1998 年设立的十个研究方向中某些研究重视人类活动的环境效应及结果，如形成于 1991 年的 PAGES 计划，通过对历史资料和自然记录的研究，借助现代分析技术重演过去的环境变化并区分自然因素和人为因素的影响。胶州湾作为典型的受海陆相互作用的敏感区域，近年由于人为活动的不断加强和干预，其沉积环境发生较大的变化。这些人为活动主要包括，环胶州湾地区人口的急剧膨胀，工农业的迅速发展，化肥农药的大量使用以及水产养殖面积的不断扩大等。以上人为活动导致沿岸倾倒垃圾不断增加，每年排入胶州湾的固体垃圾和污水中的悬浮颗粒物已超过河流来沙，成为胶州湾沉积物主要的来源。本书通过研究降水量与对应年代 N 的含量的关系以及元素间的 OC/TN 值来作为胶州湾受到人为活动的影响，陆源输入已经成为沉积物的主要来源。

胶州湾沉积物中有机质主要有两个来源：海洋自生和陆源输入。地球化学研究中，元素的比值常被用来指示有机质的来源，并且有机质都有明显的 C：N：P 值。海洋浮游植物 OC/TN 的平均值为 6.6：1，而陆源植物由于相对缺乏 N 和 P，所以软组织植物 OC/TN 值为 10~100，木质植物的 OC/TN 值为 100~1000。微生物也是组成沉积物中有机质的重要组成部分，其 OC/TN 值为 4~6。由此可以看出，沉积物中陆源有机质所占的比例越高，其 OC/TN 值就越高。胶州湾 3 个柱状样沉积物的 OC/TN 值的垂直分布图如图 4-7 所示。从图 4-7 中可以看出，其 OC/TN 值都较高。3 个站位的 OC/TN 值分别为：9~53（D7）、6~55（B3）和 19~72（D4）。3 个站位平均的 OC/TN 值的大小顺序均为：D4>B3>D7，在胶州湾湾内有近 10 条河流汇入胶州湾，由此带来了丰富的陆源输入，位于湾口的 D4 站由于区域面积较小，且有辛安河将黄岛地区的工农业废水排入其中，另外，来往于湾口附近港口的大量船只也可能带来了较多的有机质（李学刚等，2005a），因此，湾口的OC/TN 值比湾内的 B3 站的大，D7 的 OC/TN 值是 3 个站位中最小的。从其垂直分布特征来看，3 个岩心沉积物的 OC/TN 值大致是自下而上逐渐增大，说明了近年来陆源输入已经越来越成为胶州湾沉积物主要的来源。

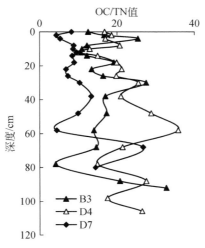

图 4-7 胶州湾沉积物中和 OC/TN 值
资料来源：戴纪翠，2007

淡水输入对胶州湾沉积物中 N 的含量也有影响。胶州湾地区降水量的年际变化较大，平均为 775.6mm，年降水量最大为 1227.6mm（1976 年），最小为 308.2mm（1981 年），其中丰水年所占的比例小于枯水年。降水量的大小直接影响着环胶州湾地区十几条入海河流的径流量，丰沛的降水必然带来丰富的陆源输入，而陆源输入则影响着胶州湾上覆水体和沉积物中 N 的含量及分布特征。因此对有记录的年代的降水量和沉积物中不同形态 N 的含量进行了相关分析，结果如表 4-6 所示。

表 4-6 胶州湾沉积物中氮与降水量的相关系数

站位	IEF-N	WAEF-N	SAEF-N	SOEF-N	TN	NH$_4$-N	NO$_3$-N
B3	0.50	0.34	0.02	−0.69	0.52	0.29	0.33
D4	0.56	0.66	0.06	0.67	0.43	−0.24	0.52
D7	0.52	−0.50	0.55	−0.08	−0.77	0.16	−0.39

资料来源：戴纪翠，2007

从表 4-6 中可以看出，不同站位不同形态 N 与降水量的相关关系不同，甚至相反。除了 NH$_4$-N 和降水量不相关外，其他形态 N 均与降水量有一定的相关关系。IEF-N 与降水量正相关，与 B3、D4 和 D7 的相关系数分别是 0.50，0.76 和 0.72，可能是因为降水量越大，入海河流的径流量便增大，使其携带了大量的陆源物质进入胶州湾，吸附在沉积物表面的 N 的含量升高。而 WAEF-N、NO$_3$-N 和 TN 与降水量在湾内和湾口正相关，而在湾内与降水量负相关，湾外的 D7 站水动力条件较复杂，且河流经此处入海较少，大的降水量对沉积物中 N 的含量起稀释作用，所以与其负相关。SAEF-N 与降水量在湾内和湾口都没有相关性，仅在湾外的 D7 呈较好的正相关。有机形态的 SOEF-N 在湾内、湾口和湾外与降水量的相关性均不一致，在湾内负相关，在湾口正相关，在湾外则没有相关性，说明 N 的含量不仅受降水量影响，还受到其他各种因素的控制，是多种因子共同作用的结果。

4.2.1.3 沉积物中 N 的埋藏通量与控制因素

近海沉积物既是陆源 N 迁移的最终归宿，也是海洋 N 循环的起点。对沉积物 N 在海洋生态系统中循环的研究可以更好地了解海洋和大气的生物地球化学过程。沉积物 N 的释放和沉降过程受到诸如温度、海流、微生物的活性和氧化还原状态等许多因素的影响，与沉积物一同埋藏是海洋中 N 的最终归宿，N 从溶解态转化为颗粒态，转移到沉积物中，最终被埋藏，成为海洋 N 永久的"汇"，并且埋藏的部分在条件适宜的时候会释放到水体中，因此必须了解沉积物中有多少 N 被埋藏及影响埋藏通量的影响因素。

海洋沉积物中 N 的埋藏通量主要由沉积物中 N 的释放和保存来决定，N 的埋藏通量主要由以下环境因素来决定：沉积速率、沉积物的孔隙度、微生物的活性、生物扰动、底层水含氧量等，因此沉积物中氮的埋藏通量的公式可表达为

$$\mathrm{BF} = C_i S \rho_\mathrm{d} = C_i S\,(1-\phi)/\big[(1-\phi)/\rho_\mathrm{s}+\phi/\rho_\mathrm{w}\big] \tag{4-10}$$

其中

$$\rho_\mathrm{d} = (1-\phi)/\big[(1-\phi)/\rho_\mathrm{s}+\phi/\rho_\mathrm{w}\big] \tag{4-11}$$

式中，BF 是沉积物的埋藏通量 $[\mu\mathrm{mol}/(\mathrm{cm}^2\cdot\mathrm{a})]$；$C_i$ 是沉积物中不同形态氮的浓度($\mu\mathrm{mol/g}$)；S 是沉积速率 ($\mathrm{cm/a}$)；ρ_d ($\mathrm{g/cm}^3$) 为干密度；ϕ 是沉积物的含水率 （%）；ρ_s 是沉积物的密度 ($\mathrm{g/cm}^3$)，本书中都定为 2.56 $\mathrm{g/cm}^3$；ρ_w 是水的密度 （$\mathrm{g/cm}^3$），取 1.027 $\mathrm{g/cm}^3$。图4-8 为根据选取深度计算的沉积速率而得出的不同年代 N 的埋藏通量。

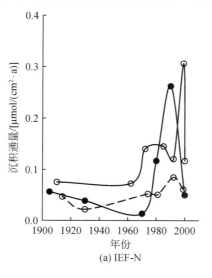
(a) IEF-N

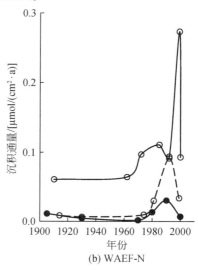
(b) WAEF-N

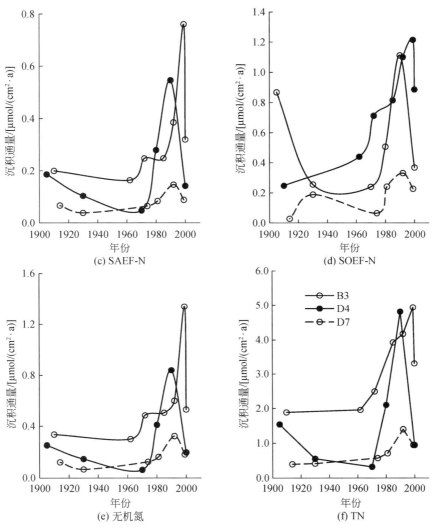

图 4-8　胶州湾沉积物中不同时期 N 的埋藏通量

资料来源：戴纪翠等，2007a

　　从某种意义上说，埋藏通量的变化可以反映一段历史时期内环境的变化特点和趋势。从图 4-8 可以看出，所研究的胶州湾 3 个柱状样 N 的埋藏通量随不同的年代而呈明显且相似的分布特征。以 B3 站位为例，20 世纪初 70 年代以前，N 的埋藏通量在比较低的水平上，说明在这期间几乎没有大的环境改变。从 80 年代开始，由于沿岸工农业的迅猛发展，胶州湾海水的富营养化程度加重，进而影响到沉积物中 N 的埋藏通量不断增大，这种影响在 20 世纪 90 年代中期至末期表现得尤为严重，在这期间沉积物中 N 的埋藏通量达到了近百年来的最高值，充分反映了该段时间内胶州湾的环境污染状况，如强氧化剂浸取态氮的埋藏通量在 80 年代初为 $0.815\mu mol/(cm^2 \cdot a)$，90 年代中末期激增到了 $1.216\mu mol/(cm^2 \cdot a)$，总无机氮的埋藏通量从 80 年代初的 $0.506\mu mol/(cm^2 \cdot a)$ 激增到 90 年代中末期的

1.341μmol/（cm² · a），总氮的埋藏通量在这个时期也从3.931μmol/（cm² · a）增加到
4.937μmol/（cm² · a）。21世纪初，胶州湾加大了沿岸治污措施，富营养化程度有所减轻，
N的埋藏通量显著降低，湾内B3站强氧化剂浸取态氮、总无机氮和总氮的埋藏通量已经分
别降至0.888μmol/（cm² · a）、0.531μmol/（cm² · a）和3.309μmol/（cm² · a），大致恢复到
了20世纪80年代的水平，说明了近年来城市生活污水、工农业废水以及农用化肥农药排放
等陆源输入等对胶州湾的影响已经得到了有效遏制，胶州湾的生态环境有了较大改善。

　　沉积环境的类型对沉积物中N的埋藏和再循环都具有十分重要的作用，沉积物的埋藏
和沉降是不同环境因子共同作用的结果，沉积速率、沉积物的组成、DO、pH、有机碳、
沉积物的混合速度等均在此范围内。表4-7列出的就是B3站位氮的埋藏通量和环境因子
的相关系数，其中φ是沉积物的含水率，S为沉积速率。沉积速率是决定P的埋藏通量最
为重要的因子之一，通过测定不同层的²¹⁰Pb的活度，计算了沉积物柱状样各层的沉积速
率，给出沉积速率和N的埋藏通量相关系数，证明沉积速率与不同形态氮的埋藏通量呈较
好的正相关。另外，含水率也是影响N的埋藏通量较为重要的元素之一，其与N的埋藏
通量呈明显的负相关。不同形态的N之间的埋藏通量也呈较好的正相关，说明各个形态N
的埋藏趋势大致是一致的。另外，不同形态的N与pH呈微弱的相关。

表4-7　N的埋藏通量与环境因子的相关系数

N形态	φ	pH	Eh	Es	OC	S
IEF-N	−0.90	−0.04	−0.14	0.32	0.35	0.97
WAEF-N	−0.89	−0.14	−0.16	0.35	0.13	0.98
SAEF-N	−0.72	−0.19	−0.35	0.28	0.29	0.98
SOEF-N	−0.46	−0.43	−0.81	0.11	0.31	0.89
NH₄-N	−0.72	0.29	0.32	0.18	0.321	0.81
NO₃-N	−0.58	0.27	0.26	0.30	0.35	0.89
TN	−0.65	0.16	−0.40	0.35	0.16	0.82

资料来源：戴纪翠等，2007a

4.2.1.4　胶州湾不同粒级沉积物中N的地球化学特征及生态学意义

　　沉积物是海洋环境中N重要的源和汇，沉积物中的N经早期成岩作用后，在适宜的
条件下，部分N可以从沉积物中释放出来，返回到水体中参与再循环，其余部分则以不同
的结合形态保存在沉积物中。不同结合态的N形成的机制不同，在循环中所起的作用也不
尽相同。另外，沉积物的粒度也是影响N的生物地球化学循环的一个关键因素，不同粒度
的沉积物对N的富集程度不一致，能参与循环的N的比例也不同。因此，研究不同粒级
沉积物中N的形态对了解N的地球化学循环过程具有十分重要的意义。N作为生物生命活
动所必需的营养元素之一，不同海区N的含量和形态也各不相同，可被生物吸收和利用的
数量就不相同，因此，研究海洋沉积物中N的形态，对于了解各形态N与生物种群及环
境的响应关系，探讨其生态学功能，具有十分重要的意义。

（1）胶州湾不同粒级沉积物中氮的地球化学特征

胶州湾不同粒级沉积物 N 的含量和分布各不相同，表 4-8 中列举了不同形态 N 的分布特征。

表 4-8　胶州湾沉积物中不同形态 N 含量的平均值

粒度/μm	IEF-N /(mg/g)	WAEF-N /(mg/g)	SAEF-N /(mg/g)	SOEF-N /(mg/g)	可转化态氮 /(mg/g)	TN /(mg/g)
<31	0.0482	0.0282	0.0362	0.0617	0.174	0.367
31~63	0.0148	0.0189	0.0303	0.0511	0.115	0.343
>63	0.0117	0.0060	0.0317	0.0719	0.122	0.309

资料来源：戴纪翠，2007

1）离子交换态氮（IEF-N）。IEF-N 是结合能力最弱的吸附态氮，是沉积物中最"活跃"的部分。胶州湾沉积物 3 个不同粒级沉积物中 IEF-N 的含量分别为 0.0298~0.0695mg/g（<31 μm）、0.0086~0.0294mg/g（31~63μm）和 0.0082~0.0169mg/g（>63 μm），占可转化态氮的 9.94%~27.67%（表 4-9）。从表 4-9 可以看出，IEF-N 的含量大小顺序为：细粒级>中粒级>粗粒级。在中、粗两个粒级沉积物中，IEF-N 自上而下变化幅度不大，中粒级在 12cm 处至表层显著增大，而细粒级沉积物中 IEF-N 的含量自下而上呈波状增加 [图 4-9（a）]。

表 4-9　胶州湾 B3 岩心沉积物中不同形态 N 在可转化态氮中所占份额

粒度/μm	IEF-N/%	WAEF-N/%	SAEF-N/%	SOEF-N/%
<31	27.67	16.17	20.78	35.38
31~63	12.90	16.41	26.31	44.38
>63	9.54	4.89	25.85	58.69

资料来源：戴纪翠，2007

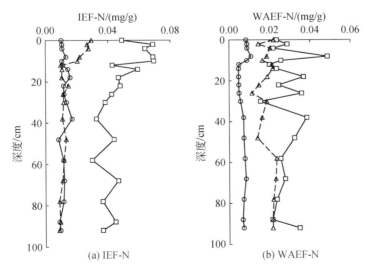

(a) IEF-N　　(b) WAEF-N

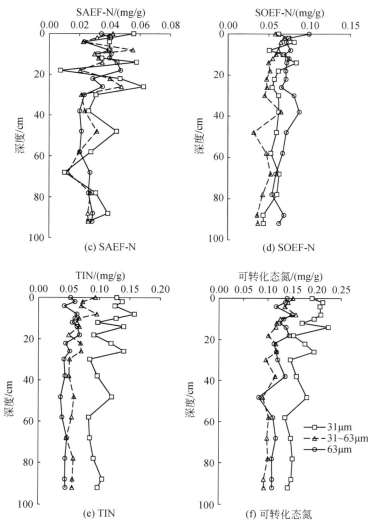

图 4-9　胶州湾不同粒级沉积物中 N 的垂向分布
资料来源：戴纪翠，2007

　　IEF-N 在沉积物 N 循环中占有重要的地位，是所有可转化态氮中最易参与循环的形态，温度、盐度、pH、DO 及有机质的含量的不同及生物扰动作用都会影响 IEF-N 的含量及释放，它除与上述因子有一定的相关性外，还与沉积物本身的结构、性质及粒度都有着直接的关系。如表 4-10 所示，IEF-N 与沉积物中细、中粒度组分具有显著的正相关关系，这是因为沉积物的粒度越细，沉积物的比表面积越大，吸附容量越大。同时，细粒级沉积物中有机质的含量越高，可吸附的位点越多，进一步增大了沉积物的吸附容量。

表 4-10　胶州湾沉积物不同形态氮与粒度的相关关系

粒度/μm	IEF-N	WAEF-N	SAEF-N	SOEF-N	TN
<31	0.34	0.40	−0.20	0.34	0.28
31~63	0.30	0.31	−0.26	0.59	0.47
>63	−0.32	−0.01	0.05	−0.53	−0.44

资料来源：戴纪翠，2007

2）弱酸浸取态氮（WAEF-N）。WAEF-N 是所有结合形式含量最小的一种形态，其结合能力相当于碳酸盐的结合能力。胶州湾 3 个粒级沉积物中 WAEF-N 的含量分别为 0.0155~0.0487mg/g（<31 μm）、0.0113~0.0235mg/g（31~63μm）和 0.0061~0.0062mg/g（>63 μm）。从 WAEF-N 的平均含量来看，其大小顺序为：细粒级>中粒级>粗粒级。从其垂直分布特征来看，除粗粒级沉积物中 WAEF-N 的变化不大外，细、中两个粒级沉积物中其变化幅度较大。从图 4-9（b）中可以看出，中粒级沉积物中 WAEF-N 的含量在 58cm 以下变化不大，WAEF-N 的含量及分布也受到多种因素的影响，尤其是受到 pH 和沉积物粒度的影响较大。在碳酸盐含量较高的地区，OC 的含量较低，矿化作用较弱，pH 变化较小，不易发生 CaCO₃ 的溶解和沉淀过程。沉积物中 WAEF-N 与细粒度组分呈较好的正相关，说明细粒度组分含量越高，OC 的含量越高，矿化作用较强，pH 的变化较大，WAEF-N 的含量较高。

3）强碱浸取态氮（SAEF-N）。SAEF-N 主要是铁锰氧化物吸附的氮，是沉积物中无机氮的优势形态。胶州湾沉积物中 SAEF-N 的含量分别为 0.0075~0.0623mg/g（<31 μm）、0.0126~0.0552mg/g（31~63 μm）和 0.0202~0.0472mg/g（>63 μm）。从整个柱状样 SAEF-N 的平均含量来看，3 个粒级 SAEF-N 的大小顺序为：细粒级>粗粒级>中粒级。从其垂直分布特征来看，3 个粒级 SAEF-N 的垂直分布模式较为复杂，出现多峰多谷的变化特点［图 4-9（c）］。SAEF-N 的形成和分布主要由沉积物的氧化还原环境控制。当粒度是氧化还原环境的主要控制因素时，SAEF-N 应与细粒度的含量负相关。

4）强氧化剂浸取态（SOEF-N）。SOEF-N 是可转化态氮的优势形态，主要是有机形态氮。3 个粒级沉积物中 SOEF-N 的含量大小为 0.0435~0.0835mg/g（<31 μm）、0.0315~0.0687mg/g（31~63 μm）和 0.0542~0.0991mg/g（>63μm），从其垂直分布特征来看，3 个粒级沉积物中的 SAEF-N 自下而上逐渐增加［图 4-9（d）］。SOEF-N 的分布与沉积物的来源、有机质含量、沉积物的粒度、有机质向沉积物的输送速度、沉积速率及沉积物的氧化还原环境有关。如表 4-10 所示，SOEF-N 与细粒级沉积物的含量正相关，而与粗粒级沉积物的含量负相关，这是因为在通常情况下，沉积物的粒度越细，堆积得越紧密，沉积物处于不透气的厌氧环境，Eh 越低，沉积环境越还原，有机质在这种条件下越容易保存，矿化分解反应难以进行，SOEF-N 的含量就越高。

5）可转化态氮。可转化态氮是能参与界面循环的各形态氮的总和。胶州湾 3 个粒级沉积物中可转化态氮的含量大小为 0.136~0.224mg/g（<31 μm）、0.090~0.157mg/g（31~63 μm）和 0.082~0.149mg/g（>63 μm），并且其垂直分布模式大致类似，即自下而上可转化态氮的含量逐渐增加［图 4-9（f）］，这一方面说明了在人类活动影响下 N 的陆源输入增加外，另一方面主要是因为沉积物经过早期成岩转化为更稳定的形态，可转化的部分减少，表层沉积物中可转化态氮比下层占其总量的比例高。

6）总氮（TN）。TN 是沉积物中所有形态氮的总和，是沉积物中可能参与循环氮的最大值，因此沉积物中 TN 的多寡常常成为本海区生产力的量度。TN 分布主要受沉积物的来源和粒度控制，有机质的输运和积聚主要是伴随细颗粒组分发生的，因此细颗粒沉积物中有机质的含量较高，TN 的含量就越高。

（2）沉积物中不同形态氮的生态学意义

生源要素是海洋生物生长繁衍最基本的物质来源，沉积物中的 N 与海区生物种群的丰度、分布有着密切的关系，这方面的研究较少。吕晓霞等（2004）对南黄海表层沉积物中不同形态氮的生态学功能进行了研究，认为不同粒度的沉积物中各形态氮的生态学功能有较大差异，一般细粒度沉积物中可转化各形态氮与浮游植物、底栖生物有较密切的关系，而中、粗颗粒沉积物中的可转化氮主要与浮游动物有关。海洋浮游植物是海洋生态系统中初级生产者，在海洋食物链中起着重要作用，它的种群结构和数量分布的显著变化将影响整个食物链中的物质循环和能量转换。沉积物是海洋环境中 N 重要的源和汇，沉积物既可接受来自水体沉降、颗粒物运输等多种途径带来的 N，而 N 又可以在特定的环境条件下，从沉积物中释放出来，重新返回到水体中参与循环，因此沉积物通过影响上覆水体中的 N 可以影响该地区生物种群的丰度和分布。戴纪翠等（2006b）通过 ^{210}Pb 测年计算胶州湾的沉积速率，从而确定沉积物的年龄（表 4-11）。在此基础上，分析了胶州湾 B3 岩心不同粒级沉积物中的氮与浮游植物数量、Chla 以及水体中 NO_3-N 之间的相关关系，如表 4-12 所示。

表 4-11　胶州湾沉积物层及其对应年份

深度/cm	年份
0	2003
5	2001
9	1994
13	1987
17	1984
23	1964
31	1938
39	1912
49	1879
69	1824

资料来源：戴纪翠，2007

表 4-12　不同形态氮与水体中硝酸盐、浮游植物数量和 Chla 的相关关系

环境参数	粒度/μm	IEF-N	WAEF-N	SAEF-N	SOEF-N
水体中的硝酸盐	<31	0.30	0.14	0.35	0.31
	31 ~ 63	0.11	0.05	0.22	0.36
	>63	−0.19	0.09	−0.21	−0.04
浮游植物数量	<31	0.23	0.31	0.38	0.28
	31 ~ 63	0.24	−0.24	0.43	0.26
	>63	−0.31	−0.31	0.11	−0.23
Chla	<31	0.34	0.25	0.08	0.47
	31 ~ 63	0.18	0.22	−0.21	0.33
	>63	0.13	0.12	−0.19	0.15

资料来源：戴纪翠，2007

　　从表 4-12 中可以看出，不同粒级沉积物中的各形态氮与水体中硝酸盐大致正相关，尤其是细粒级沉积物，其相关性更为显著。其中，IEF-N 和 SOEF-N 与上覆水体中相关性较好，由此说明了这两种形态氮对氮的生物地球化学循环的贡献较大。而浮游植物与不同形态氮的相关研究也表明，SAEF-N、IEF-N 以及中、细粒级沉积物中的 SOEF-N 与浮游植物数量的长期变化趋势基础上一致，而粗粒级沉积物中的各形态氮对浮游植物的生长和繁殖的贡献较小，说明大颗粒沉积物即使在强烈的环境变化时也不易破碎而使 N 溶出，只有颗粒外层的 N 或在海水中自生的小颗粒中的 N 才能真正参与循环（马红波等，2003）。Chla 是衡量初级生产力的重要标准，它通过一系列的物理、化学作用及生物活动与海洋沉积物相互作用。研究发现，胶州湾 Chla 与中细两个粒级沉积物中各形态氮大致正相关，这与吕晓霞等（2004）的研究结果一致，说明 Chla 高的海区，光合作用较强，浮游植物的生长活动比较活跃，富含有机质的排泄物在水动力作用的条件下被埋藏和沉积，这从某种程度上影响了沉积物的物理化学反应，从而改变了沉积物中元素的形态，使有机态的 SOEF-N 的含量增大，因此两者正相关。

　　利用改进的分级浸取程序降胶州湾不同粒级沉积物中的可交换态氮分为离子交换态、弱酸浸取态、强碱浸取态和强氧化剂浸取态。其中 SOEF-N 是可转化态氮的优势形态，SAEF-N 是可转化态无机氮中的优势形态。不同粒级沉积物中各形态氮所占的比例不同，但大致是沉积物的粒度越细，N 的含量就越高。在 [210]Pb 定年的基础上，初步探讨了近年来胶州湾沉积物中各形态氮与浮游植物数量长期变化、Chla 以及上覆水体中硝酸盐的相关关系。研究表明，中细粒级沉积物中各形态氮大致与上述三者正相关，但仍有例外，说明浮游植物的生长除了与营养盐的含量有关外，还与各营养盐之间的比例有关。

4.2.2　沉积物中磷的生物地球化学特征

　　近海沉积物是 P 重要的源和汇，通过不同途径进入水体中的 P，经过一系列复杂的沉

降，矿化等过程，最终进入沉积物中。因此，P 对上覆水体具有一定的净化功能，而进入沉积物中的 P 并不是简单地被堆积和埋藏，而是经过一系列与水体复杂的生物地球化学交换，再悬浮等过程，一部分 P 可以通过间隙水不断向上覆水体释放，从而在一定程度上发挥着源的作用，进而影响到海域的富营养化程度。所以研究沉积物中 P 的形态具有重要的环境意义。

从另一方面来说，沉积物是环境演变较为完备的信息载体。它系统地记录了整个海洋生态系统中生物、物理以及化学过程的相互作用，并且记录了自然因素和人为因素对环境的影响程度。而沉积物中的生源要素包括 C、N、P、Si 等可以作为环境演变最有效的指示因子之一。与 C、N 和 Si 不同的是，P 在常温常压下不会形成气态的化合物，所以陆地上的 P 在风化等作用下被输入海洋，而不能由大气再回到陆地上。因此，沉积 P 的循环和其生物利用性相对简单。P 与沉积物结合强度不同，它可以与 Fe、Ca，Al 等元素以晶体或无定形的形式结合。不同形态的 P 具有不同的生物有效性，沉积物中能参与界面交换及生物可利用性 P 的含量取决于沉积物中 P 的形态，并且明显的受控于区域条件的变化。P 的形态研究不仅反映早期成岩作用的动力学过程，而且也反映了物源输入和人为影响等重要信息，沉积 P 在垂向上随时间累计量的变化是区分人为和自然来源的因素之一。根据沉积物中不同结合态磷与盐度的相关性推断古海水深度，来指示古气候和古环境的变化。因此，研究沉积物中 P 的形态对了解物质迁移、成岩过程以及 P 和其他生物元素的循环，并建立古沉积环境演变的序列和预测未来环境变化的趋势都具有重要的意义。

沉积物作为地球环境中的物质循环中的一项重要的环节，既是污染源，更是污染汇。大气中的污染物随降水到达陆地后随地面径流进入河流，土壤中的各种污染物也随径流进入河流，另一方面直接排入河流的各类污水中含有的污染物，随颗粒物沉积下来进入沉积物，使沉积物成为一个污染汇。当外界的各种条件发生变化时，沉积物中的各种污染物，可以通过生物过程和生物地球化学过程等向上覆水体中释放污染物，造成二次污染，再次成为污染源。P 是水生生物赖以生存的基础营养盐之一，它的分布和含量直接影响水体的初级生产力及浮游生物的种类、数量和分布。近年来，近海区域和内陆湖泊的富营养化带来了一系列的影响已引起人们的广泛关注。自然界的 P 循环的基本过程是：陆地岩石风化和土壤中的磷酸盐通过地表径流的搬运大部分经河流进入湖泊或海洋，途中一部分可溶态 P 被生物群落截获而进入生物循环，同时一部分 P 也可被土壤或沉积物吸附于矿物中而重新被固定。进入海洋的溶解态磷参与海洋生物的循环，而一部分 P 很快会被吸附或沉降进入海底沉积层，直到地质活动使它们暴露于水面，再次参加循环。近年来，随着农业现代化水平的提高，各地区的化肥使用比例在逐年提高，特别是城市郊区，这一比例甚至达 90% 以上。不合理的施肥制度使化肥中的氮磷营养素经地表径流和淋溶作用进入水体，导致藻类等水生物大量繁殖，水中溶解氧急剧下降，鱼虾大量死亡，水质恶化。因此研究 P 对水环境及其生态系统的影响刻不容缓。进入水体的 P 根据其来源分为点源和非点源两种，点源污染主要是集中从排污口排入水体的工业废水和生活污水；非点源污染主要是由大范围的分散污染造成的，主要包括农业非点源污染，林地和草地的养分流失，城市径流和固体废弃物的淋溶污染等。近年来，尽管对点源污染的识别和治理能力越来越强，但非点源污染所占比例越来越大。

根据提取剂的不同，有的把磷分为三态，有的分五态：如将沉积物中磷分为可溶磷（不稳定性或松结合态磷）、铝结合态磷（Al-P）、铁结合态磷（Fe-P）、钙结合态磷（Ca-P）、闭蓄态磷（Oc-P）及有机磷；Chang 和 Jackson（1957）将土壤中的磷分为不稳定性或松结合态磷（labile of loosely-bond P）、铝结合态磷（Al-P）、铁结合态磷（Fe-P）、钙结合态磷（Ca-P）、可还原水溶态磷（Rsp）、闭蓄态磷（occluded）及有机磷。

沉积物中 P 的形态研究中目前最成熟、最理想的还是化学连续提取法。化学连续提取法的基本原理是采用不同类型的选择性提取剂连续地对沉积物样品进行提取，根据各级提取剂提出的 P 量间接反映沉积物 P 的释放潜力。根据提取剂的种类和连续提取方案的不同，化学连续提取法又具体分为很多方法，如 Hieltjes（1980）提出了被广泛的应用的 4 步连续提取法、De Groot（1990）提出了 3 步法、Olila（1993）年提出了 5 步法、Jensen（1993）提出了 5 步法、Ruttenberg（1992）提出了针对海洋沉积物的 6 步法等。其中，Ruttenberg 方法首次提出区分原生碎屑磷和自生钙结合磷的磷形态分离方法，适合研究沉积物中 P 的生物地球化学行为，尤其是对水生生物生产力旺盛水域的沉积物 P 形态研究更有意义。然而该提取方法仅仅侧重于碎屑磷和原生磷的分离，对其他形态的 P 的分离不够，比如该方法第二步用 CDB 提取的 P 实际上是铝结合磷、铁结合磷和闭蓄态磷的总和，如果仅认为是铁结合磷则过于偏颇。

海洋沉积物中 P 以有机态和无机态形式存在，其中无机态磷为绝大部分的可溶磷、铁铝结合态磷和钙结合态磷。沉积物中的有机磷又可经细菌生化作用转化为无机磷，并成为沉积物中 P 溶出的主要因素；无机磷又以钙结合态磷为主；还认为铝铁结合态磷以沉淀状态存在于沉积物中，当它们转化为亚磷酸盐等可溶性盐类时便向水体中释放 P。无机磷是和沉积物中的 Al、Fe、Ca 等无机态结合物而存在，他们与水体不断地进行交换、溶解、沉积，尤其在内湾缺氧的条件下，沉积物中的磷酸盐大量溶出。富营养条件下促进沉积物对 P 的吸附，而缺氧有利于 P 的释放。河流沉积物与海洋沉积物又有所不同：无机磷以铁磷为主，主要因为在河流低温低酸度的条件下，磷与钙不易结合沉积下来。另外，各种形态磷的含量变化及形态还受到其所处地质污染状况及外界条件的的影响，如黄河流域土质以碳酸钙为主，无机磷多以磷灰石磷结合态存在；而长江径流大，有机物向外海输送，故崇明岛附近沉积物不仅总磷含量不高，而且又多以磷灰石结合态存在。东北的大辽河土质肥沃，故磷灰石结合态磷相对前两者少，基本与磷灰石比例持平。在黄浦江、海河这两条污染严重的河流中，排放的工业废水中含有大量重金属离子，在适宜的条件下，P 易形成非磷灰石结合态。由此也说明非磷灰石结合态的含量与工业废水的排放量有一定的关系。沉积物中的铝磷和铁磷是与污染物质（包括有机的和无机的）一起被吸附在碎屑表面沉积，沉积物中的铝磷和铁磷的含量与有机污染状况有关，其含量与有机物呈明显的正相关关系。

沉积物采回后应立即处理分析，不能立即分析的应冷冻保存，沉积物中的孔隙水大多采用离心的方法分离，即在 4500r/min 的转速下运行 15min，在恒温或冷冻的离心机中进行就可以比较完全地分离沉积物中的孔隙水。而在普通的离心机内进行，会由于在离心过程中的高温造成 P 损失。相对来说，沉积物的处理方法较多，大多采用自然风干或 35℃烘干。干燥温度的不同对于 P 的测定结果有一定的影响，特别是对有机磷的影响：温度过高时易引起 P 的损失，造成有机磷的含量减少。相对于室温而言，在 95℃干燥，有机磷的含量降低了 13% 。因此，干燥的理想方式应是在尽量低的温度下进行，冻干比较理想。另外，在真空中于 40℃下干燥，效果也会很好。如果仅有普通的烘箱，于 60℃以下温度烘干，对磷的测定影响不是很大，也是可行的。

P 的测试方法多采用磷钼蓝法，该方法具有显色时间长、显色稳定、抗干扰能力强的特点。但该方法中测试液的酸度将对被测物质的吸光度有很大的影响，当酸性太低或太高时，显色时间长不利于快速分析；总磷大多选择用高氯酸和硫酸消煮的方法，但此方法的消煮时间不容易掌握，易造成不能把沉积物中的总磷释放出来或消煮过头造成 P 损失。有人提出一种简易快速的测量方法，沉积物中的总磷用 $K_2S_2O_8$ 作为氧化剂，在普通高压锅内进行高压热处理，将沉积物中的各种形式的 P 转化为 PO_4-P，连同原有的 PO_4-P 一起用磷钼蓝法进行测试，此方法具有简易、快速、样品量少、精度高的优点，但同时也受到 $K_2S_2O_8$ 氧化能力的影响。分级磷采取用不同的提取剂提取后用磷钼蓝法进行测定，不同形态的 P 采用不同的提取剂。水溶磷一般应用中性物质如 0.5mol/L NH_4Cl 提取，但 NH_4Cl 在显色过程中干扰能力强，标线不易获得，因此，有采用 $MgCl_2$ 来作为提取剂；铁磷用中性的 0.5mol/L NH_4F 提取；铝磷一般采用 0.1mol/L NaOH 提取，在提取之前要用饱和食盐水洗净残余的 NH_4Cl，否则在用磷钼蓝法测定时有影响；钙磷一般用 0.25mol/L 的 H_2SO_4 提取，同时在加 NH_4Cl 前用饱和食盐水洗净残余的 NaOH，铝磷提取后要用硼酸盐和硫酸处理后，应用磷钼蓝法进行测量。也有为了排除 NH_4F 的影响，而把铁磷和铝磷同时用 NaOH 来提取。有机磷的测定，有研究用总磷减去各个分级磷得到，此方法有很大的误差。大多数研究采用 H_2O_2 氧化法来测定。测定有机磷时会受到样品干燥温度的影响，过高会使有机磷含量降低。

4.2.2.1 自然粒度下胶州湾沉积物中磷的地球化学特征

P 是海洋生物重要的限制性营养元素之一。海洋初级生产力以及整个海洋系统中碳的循环，取决于 P 的输入输出平衡，即通过河流和降水向海洋输入 P 的过程和通过沉降作用储存于沉积物过程之间的动态平衡。水体中 P 含量的变化及其循环必然影响着海洋生态系统的平衡。在考虑 P 对海洋生态系统的重要性时，除了需要分析研究水体中的 P 及其行为之外，对 P 的沉积地球化学行为也应引起足够的重视。在一些富营养化河口，有关沉积物在平衡营养盐含量中发挥的作用，在世界各地都有所报道。通过对沉积物中 P 的分布和变化规律的研究，可以探讨某些沉积矿产的形成和沉积环境问题。

P 的分级浸取（SEDEX）起源于土壤中 P 的各种形态及有效性探讨，目前其方法被广泛利用于河口、海湾及深海沉积物中。本书对胶州湾湾内、湾口和湾外的 3 个典型柱状样中各种形态的 P 的含量及其分布特征，并结合[210]Pb 测年法进行了研究，探讨了胶州湾现代沉积过程中，沉积时间序列上各种形态 P 的分布特征及其环境意义，以期对胶州湾未来的发展趋势作出较为准确的预测。戴纪翠等（2006b，2007b）和 Song（2010）对胶州湾不同形态磷的沉积记录及生物可利用性作了如下系统的研究。

（1）沉积物中磷形态的垂直分布特征及控制因素

1）总磷和有机磷。胶州湾沉积物各形态磷的垂直分布见图 4-10。胶州湾沉积物中 3 个岩芯的总磷浓度分别为 0.197~0.312mg/g（D4）、0.247~0.408mg/g（D7）和 0.167~0.309mg/g（B3）。受多种因素的共同作用，总磷的垂直分布在湾内和湾外都比较复杂，随深度的增加而略有减小，但变化幅度不大。D7 岩芯的总磷含量在 10cm 以上变化复杂，在 10cm 以下变化不大。B3 和 D4 岩芯中总磷的垂向分布特征大致类似，都随着深度的增加而略有减小。总的来说，总磷在 3 个站位的表层 0~2cm 处浓度都有所下降，该层沉积物所代表的年代是 20 世纪末和 21 世纪初，说明在这段时间内，由于各项治污和管理措施的加强，胶州湾的环境状况已经有较大的改观。

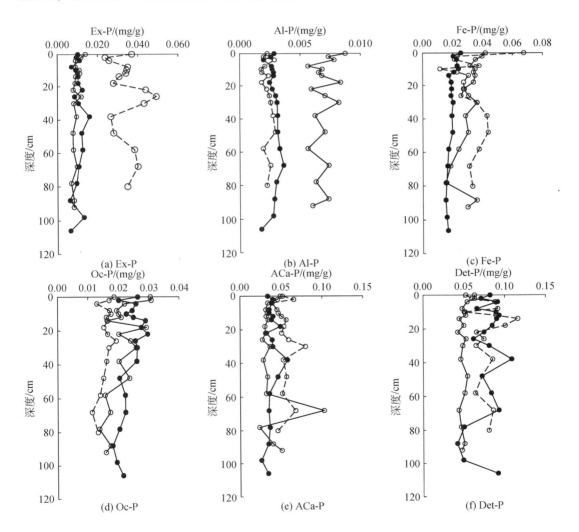

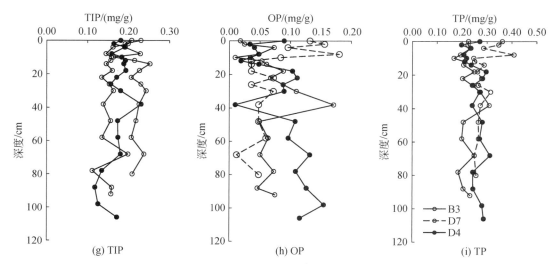

图 4-10　胶州湾沉积物中不同形态磷的垂向分布特征

资料来源：戴纪翠等，2006b

有机磷主要来源于陆源输入和食物链等生物过程，其含量大小直接影响初级生产力的溶解性磷的可利用水平。有机磷可以用来粗略估计有机质的生成和降解，是一种优于总磷的可指示富营养化程度的指标。对胶州湾沉积物来说，有机磷只占较小的比例，含量分别为 0.0098 ~ 0.155mg/g（D4）、0.009 ~ 0.171mg/g（D7）和0.012 ~ 0.180mg/g（B3）。D4 和 B3 岩芯有机磷的含量波动较大，但总趋势是随深度的增加而增加，D7 岩芯的垂向分布趋势则正好相反。造成湾内湾外不同分布趋势的原因可能是总磷受多种因素共同作用的结果。在 3 个岩芯的表层，有机磷的浓度都突然降低，可能是表层沉积物基本上处于富氧的沉积环境中，有机磷强烈的矿化作用造成的。

有机磷在沉积物中的含量受多种因素综合控制。有研究表明，高黏土含量以及沉积速率是有机磷含量丰富的原因。另外，陆源污染物的大量输入，也使沉积物中有机磷含量升高。关于有机磷的来源，一般认为由陆源排放和海洋浮游生物两部分组成。有机磷可分成难降解有机磷和可降解有机磷，其中难降解有机磷主要来源于陆源排放物质，其含量在沉积柱样中基本保持不变。可降解有机磷主要来源于死亡的海洋浮游生物，在早期的成岩过程随着有机质的分解而释放，甚至向其他结合态磷转化，有机磷的降解是影响沉积物 P 组分的一个重要过程。

与世界其他河口、海湾沉积物相比（表4-13），胶州湾沉积物的总磷和有机磷处于相对较低的水平上，这除了说明 P 的含量受多种因素的影响外，同时也说明了胶州湾的富营养化的程度较世界上某些海域轻。

表 4-13　胶州湾与世界其他河口和海湾沉积物中磷的浓度比较　　（单位：mg/g）

研究区域	TP	OP
胶州湾湾内	0.197~0.312	0.0098~0.155
州湾湾口	0.167~0.309	0.009~0.171
胶州湾湾外	0.247~0.408	0.012~0.180
东海西南部	0.4~1.1	0.1~0.3
Seine 湾	0.16~0.65	0.002~0.25
Loire 河口	0.52~1.37	0.23~0.73
Gironde 河口	0.13~0.79	0.05~0.32
Pomeranian 湾	0.08~0.75	—
Puck 湾湾内	0.23~1.09	—
Puck 湾湾外	0.76~2.24	—
Baltic 中部	0.93~1.08	—
Aarhus 湾	0.93~1.55	0.155
渤海	0.31~0.62	0.02~0.2
黄海	0.23~0.56	0.01~0.16

资料来源：戴纪翠等，2006b

影响沉积物中 P 的含量及分布的因素很多，如沉积物的粒度、沉积物的组成、温度、盐度等。例如有机磷与 pH 正相关（$r=0.537$，$n=19$，$p<0.05$），说明 pH 越高，越有利于有机磷沉降到沉积物中。但有机磷与各种形态的无机磷呈负相关（表 4-14），说明有机磷和无机磷的循环机制不同，有着相反的垂向分布模式。

表 4-14　磷与不同环境参数的相关系数

参数	pH	Eh	Es	ϕ	Ex-P	Al-P	Fe-P	Oc-P	ACa-P	Det-P	TIP	OP
Eh	−0.388	1										
Es	−0.598	0.584	1									
ϕ	0.036	−0.316	−0.058	1								
Ex-P	0.198	0.006	−0.251	−0.14	1							
Al-P	−0.274	0.509	0.371	0.002	0.385	1						
Fe-P	−0.384	0.428	0.426	−0.218	0.005	−0.097	1					
Oc-P	−0.497	0.649	0.592	−0.293	0.274	−0.211	0.406	1				
ACa-P	−0.038	0.059	−0.27	0.085	0.384	0.129	0.284	0.149	1			
Det-P	−0.415	−0.092	0.029	−0.121	0.371	−0.075	0.530	0.367	0.493	1		
TIP	−0.432	0.166	0.092	−0.163	0.437	−0.043	0.646	0.600	0.647	0.922	1	
OP	0.537	−0.266	−0.415	−0.171	−0.112	0.159	−0.362	−0.591	−0.513	−0.549	−0.679	1
TP	0.323	−0.205	−0.478	−0.387	0.259	0.176	0.117	−0.240	−0.089	0.122	0.019	0.721

资料来源：戴纪翠等，2006b

元素的比值可以用来指示沉积物的来源和成岩变化，有机碳与有机磷的原子之比（OC/OP）常用来指示沉积物中有机质的来源（图 4-11）。一般来说，海洋浮游植物的 OC/OP 值为 106，称为 Redfield 比值。沉积物中的该值低于 Redfield 比值说明相对于有机碳来说，沉积物中有更多的反应性磷，并且对有机磷的保存较好。高于 Redfield 比值则说明沉积物中的有机质主要是来自于陆源输入。

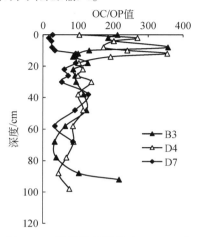

图 4-11　胶州湾沉积物中 OC/OP 值

资料来源：戴纪翠，2007

胶州湾 3 个柱状样的 OC/OP 值都相对较高，其中 D4 站位为 45~355，D7 站位为 17~129，而 B3 站位为 34~357，各层的该值大都大于 Redfield 比值，并且从下到上 OC/OP 值逐渐增大，说明胶州湾沉积物中的有机质主要来源于陆源输入，近年来这种趋势越加明显。由于 B3 和 D4 站分别位于湾内和湾口，受人为活动的影响较大，反映了近年来陆源输入对胶州湾沉积环境的影响，如 B3 站位，对应于青岛工农业的迅猛发展的 1994 年，其沉积物中 OC/OP 值高达 357，随着治污措施的加强，2001 年 OC/OP 值已降至 202。同样，D4 站位在 20 世纪 90 年代，OC/OP 值从 173 升至 202。3 个岩芯的平均 OC/OP 值大小顺序为：D4>B3>D7，这可以从两方面解释：第一，胶州湾湾内（B3）有 10 余条河流入海，由此带来丰富的陆源输入，湾口（D4）区域面积较小，且有辛安河将黄岛地区的工农业废水排入其中，另外，来往于湾口附近港口的大量船只也可能带入较多有机质，造成湾口 OC/TN 值比湾内的 B3 站的值大，而湾外（D7）的陆源输入相对低于湾内，有机质含量没有湾内那样丰富；另一方面，Ingall（1990）的研究表明，沉积速率越高，OC/OP 值越大。胶州湾湾内和湾口的平均沉积速率高于湾外，所以湾内具有较高的 OC/OP 值。

2）无机磷（IP）。无机磷是胶州湾沉积物中磷的主要赋存形态，分别占总磷的 44.83%~95.54%（D4）、55.09%~95.20%（D7）和 44.57%~94.41%（B3）。3 个柱状样无机磷的垂向分布特征大致类似，即在表层随着深度的增加，无机磷的浓度减小，可将其解释为在受生物扰动的表层沉积物中，溶解氧消耗殆尽，致使 Fe^{3+} 被还原为 Fe^{2+} 而释放到水体中，因此沉积物中 IP 随着深度的增加而减小。次表层以下，沉积物中 IP 受多种因素的影响而出现较大的波动，但大致的趋势依然与表层的分布趋势一致。不同形态的 IP 含量在 3 个岩芯的大小顺序相同，即碎屑态磷（Det-P）>自生钙磷（ACa-P）>铁磷（Fe-P）>闭蓄态磷（Oc-P）>可交换态磷（Ex-P）>铝磷（Al-P）。

3）可交换态磷（Ex-P）。由于在一般沉积物中浓度较低，可交换态磷常被忽略不计。胶州湾3个柱状样的可交换态磷含量分别为0.006~0.016mg/g（D4）、0.024~0.049mg/g（D7）和0.007~0.014mg/g（B3），分别占总磷的2.20%~6.62%（D4）、6.85%~18.50%（D7）和2.94%~6.53%（B3）。其最高值和最低值出现的沉积层没有明显特征，以B3为例，其最高值在表层，代表2003年前后的沉积情况，而最低值出现在深度较深（78cm）处。但对于D4和D7站位来说，趋势并不明显，其最高值大都出现在中层沉积物，最低值则在较深的沉积层。总的来说，可交换态磷的含量从湾外到湾口、湾内逐渐减小，即D7>D4>B3，其垂向变化较为复杂，D7岩芯的变化波动较大，而B3和D4岩芯的变化相对平缓。

Ex-P主要是吸附在沉积物表面的黏土矿物颗粒和氧化物，氢氧化物等，受沉积氧化还原环境的影响较大，沉积物的物理化学特征如温度、pH、水动力条件、生物扰动等因素都会影响可交换态磷的吸附和释放，都可导致这种形态的磷向上覆水体的扩散，从而对水体的营养状况有着一定的影响。有机磷的降解释放，铁结合态磷的还原释放等作用，都可导致弱吸附态磷含量增高，影响水体中营养盐的结构特征和含量变化。可交换态磷与其他环境因子的相关分析表明，Ex-P与pH呈微弱的正相关关系（$r=0.198$，$n=19$，$p<0.05$）。另外，可交换态磷与沉积物的粒度有很大的关系，可能是因为较细的颗粒具有较大的比表面积，因而其吸附磷的可能性越大，Ex-P的含量会相应变高。

4）铝结合态磷（Al-P）。在P的各种形态中，铁、铝结合态磷具有重要的地位。不仅因为它们是无机磷的重要组成部分，而且从含量和分布也可以推测污染物种类、沉积底质类型、沉积环境的氧化还原度等重要信息。现在人们已经将铁、铝结合态磷含量作为判断沉积物污染程度的依据之一。

Al-P是6种无机磷形态中含量最小的一种。3个柱状样的Al-P浓度分别为0.0018~0.0036mg/g（D4）、0.0020~0.0030mg/g（D7）和0.006~0.009mg/g（B3），分别占总磷的0.61%~1.32%（D4）、0.51%~1.10%（D7）和2.01%~4.07%（B3）。Al-P的含量最高值大都出现在表层和次表层，反映2000年前后胶州湾较高的Al-P含量。除D7外，D4和B3的最低值大都出现在沉积层的底部，对应于19世纪初和19世纪中叶Al-P的沉积特征。总的来说，Al-P的浓度从湾内、湾口到湾外逐渐减小。除B3岩芯的垂向变化较大外，D4和D7岩芯的变化幅度不大，变化范围不超过0.001mg/g。胶州湾湾内有近10条河流入海，携带了大量的工农业和生活污染物，因此污染程度一般是湾内大于湾口和湾外，所以用Al-P来指示胶州湾的污染程度。

Al-P的相关分析表明，其与OC呈较好的正相关关系（$r=0.395$，$n=19$，$p<0.05$），说明Al-P与有机质的吸附过程有关。而有机质由于受人为活动和陆源输入的影响较大，Al-P可以作为沉积环境质量好坏的一个判别标志，这在Al-P的平面分布特点中得以体现。以B3岩芯为例，虽然其垂向变化的幅度较大，但总的来说，其随着深度的增加，Al-P的含量逐渐减小。

5）铁结合态磷（Fe-P）。沉积物中铁结合态磷的迁移转化行为和沉积物的氧化还原电位密切相关，在亚氧化环境下磷与铁的地球化学行为基本一致，即氧化还原电位降低时，Fe^{3+}被还原为Fe^{2+}，铁氧化物被溶解，同时导致被 Fe-Mn 氧化物吸附或与其结合的磷活化而进入孔隙水；当氧化还原电位较高时，Fe^{2+}可以氧化成Fe^{3+}并沉淀下来，铁结合态磷也随之沉淀。对于近岸浅海区和大陆架的铁、铝结合态磷等无机磷的分布情况，多用污染源和沉积因素来解释。台湾海峡沉积物的研究表明，铁、铝结合态磷及有机磷的高含量区集中在闽江口附近以及近岸浅海区，向外海递减，是近岸海域污染物排放所致。

铁结合态磷主要指易与铁的氧化物或氢氧化物结合的磷，在有氧环境下被认为是一种永久性的磷汇，而在厌氧环境中被看作是一种暂时性的磷汇。此时，作为磷源重要组成部分的铁结合态磷对磷的循环起着重要的作用。

P 可以以不同形式与铁矿物结合，如蓝铁矿 $Fe_3(PO_4)_2 \cdot 8H_2O$，粉红磷铁矿 $FePO_4 \cdot 2H_2O$。Fe 的氧化物与 P 有较为密切的关系，表层氧化层沉积物中铁的氧化物可视为上层水体中扩散的磷酸盐的一个"捕集器"。在研究区域内，3 个岩芯的 Fe-P 的浓度分别为 $0.018 \sim 0.030$mg/g（D4）、$0.012 \sim 0.067$mg/g（D7）和 $0.015 \sim 0.042$mg/g（B3），占总磷的百分比分别为 $6.92\% \sim 12.25\%$（D4）、$4.70\% \sim 18.66\%$（D7）和 $7.44\% \sim 20.93\%$（B3）。Fe-P 含量的最高值和最低值分布特征与 Al-P 类似，即最高值一般出现在表层和次表层，最低值除 D7 在 10cm 处外，其他两个站位都在沉积层的深层。从柱状样的平均浓度看，Fe-P 的浓度大小顺序为：B3（0.032mg/g）>D7（0.031mg/g）>D4（0.024mg/g）。和 Al-P 类似，大致上，污染程度越高的海域，Fe-P 的含量越高，所以 Fe-P 也可作为环境污染情况的一个标志。

从 Fe-P 的垂直分布特征来看，受早期成岩和底栖生物扰动的影响，其分布模式非常复杂，尤其是 D7 岩芯，但总的趋势是随着深度的增加而减小。沉积物中的非晶形矿物随着深度的增加而逐渐变得有序，所以 P 与铁氧化物、氢氧化物或水合氧化物等结合能力减弱，铁磷的浓度随着深度增加而减小，从另一方面说明了胶州湾污染的状况，近年来由于较为得力的治污措施，污染状况有所减轻，但仍较严重。

Fe-P 受物源、沉积物的粒度特征、沉积环境的氧化还原特征等参数的影响，由于 Fe-P 与水体中的 Fe^{3+}（Fe^{2+}）的含量密切相关，受到水体中 Fe 的可溶性浓度的控制，所以在静态水环境中，Fe 的氧化还原特征就会影响 P 的生物地球化学特征。在还原条件下，Fe^{3+}被还原为Fe^{2+}，前者与磷酸盐的结合物是不溶的，后者则是可溶的，所以氧化条件下，Fe-P 趋向于沉降于沉积物中，而在还原条件下则趋向于释放到水体中，这也表现在 Fe-P 与 Eh 和 Es 的相关系数，分别是 $r=0.428$ 和 $r=0.426$（$n=19$，$p<0.05$）。除此之外，pH 也是影响铁磷含量的一个重要因素（$r=-0.384$，$n=19$，$p<0.05$）（表4-14），当沉积物的 pH 增大时，增强了水合氧化物和 P 的竞争，削弱了 P 与水合铁氧化物之间的结合力，使 P 释放到水体中。Fe-P 的含量还会受到盐度的影响，一般地，盐度增加时，水体中的 Fe^{2+}的量迅速降低，会削弱 Fe^{2+}吸附磷的能力。

6）闭蓄态磷（Oc-P）。Oc-P 是指紧密包裹在 Fe_2O_3胶膜内部的还原溶性磷酸铁和磷酸铝，它的形成与土壤物理和化学风化的强度显著相关，地质意义明显，很难释放和被生物利用。胶州湾 3 个柱状样闭蓄态磷的含量分别为 0.015 ~ 0.025mg/g（D4）、0.011 ~ 0.019mg/g（D7）和 0.014 ~ 0.031mg/g（B3），占总磷的百分数分别为 5.29% ~ 11.17%（D4）、4.19% ~ 7.26%（D7）和 6.53% ~ 13.86%（B3）。闭蓄态磷的含量大致从湾内到湾外逐渐减小，但其垂向分布特征不明显，总的来说，其随深度的增加而减小，并且最大值出现在表层和次表层沉积物中。闭蓄态磷的这种分布特征，也说明胶州湾污染的趋势，所以闭蓄态磷也是胶州湾沉积环境污染状况的一个标志性因子。闭蓄态磷与 Fe-P 类似，受到 pH、Eh 和 Es 的影响较大，闭蓄态磷与 Eh 和 Es 正相关，相关系数分别为 0.649（$n=19$，$p<0.05$）和 0.592（$n=19$，$p<0.05$）而与 pH 和 OC 负相关，相关系数分别为 -0.497（$n=19$，$p<0.05$）和 -0.397（$n=19$，$p<0.05$）（表 4-14）。闭蓄态磷和铝和铁的氧化物有关，具体的影响机制与 Fe-P 和 Al-P 类似。

7）自生钙磷（ACa-P）和碎屑态磷（Det-P）。钙结合态磷是沉积物中分布最广的一种 P 的形态，代表沉积物中磷的活性部分。一般来说，钙磷的分子式可表达为 $Ca_{10}(PO_4)_6X_2$，其中 $X=F^-$，Cl^-，OH^-，CO_3^{2-}，一般的海相钙磷可以为羟磷灰石 $Ca_{10}(PO_4)_6(OH)_2$，氟磷灰石 $Ca_{10}(PO_4)_6F_2$ 或者氯磷灰石 $Ca_{10}(PO_4)_6Cl_2$ 等（Yen，1999）。一般来说，沉积物中钙磷主要包括两部分：自生钙磷和碎屑态磷。自生钙磷主要是反应性磷，来自于上层水体中生物颗粒的沉降和早期成岩作用所形成的氟磷灰石，或者说是沉积物早期成岩过程中内生过程形成或生物成因的钙结合态磷（包括生物残骸，如鱼骨、藻类壳体等）。由于氟磷灰石只形成于 2cm 以下的沉积物，所以海洋浮游生物是表层沉积物中磷的主要来源。胶州湾沉积物中钙磷是无机磷的主要组成部分，在所研究的 3 个岩芯中，D4、D7 和 B3 的自生钙磷的浓度分别为 0.025 ~ 0.058mg/g、0.039 ~ 0.0790mg/g 和 0.23 ~ 0.102mg/g，分别占总磷的百分比为 9.09% ~ 24.00%、11.00% ~ 27.03% 和 9.07% ~ 41.05%，其平均含量从湾内到湾口和湾外逐渐减小。碎屑态磷主要来自于流域内风化侵蚀产物中磷灰石矿物晶屑，胶州湾沉积物中碎屑态磷的浓度分别为 0.042 ~ 0.109mg/g（D4）、0.051 ~ 0.116mg/g（D7）和 0.042 ~ 0.063mg/g（B3），占总磷的百分数分别为 20.39% ~ 42.14%、14.52% ~ 40.28% 和 14.87% ~ 30.96%，碎屑态磷是所有无机磷形态中含量最高的。两种形态钙磷的分布特征较明显，虽有波动，但总的来说，随着深度的增加而增加，说明胶州湾沉积物中的钙磷有被埋藏的趋势。钙磷与早期成岩有关，随着埋藏深度和年份的增加，成岩作用逐渐形成自生钙磷灰石。由于较高的溶度积常数，Ca-P 是沉积物中所有磷形态中较为惰性的一部分，对上覆水体的影响较小。虽然如此，当外界条件如温度、pH 等环境因素变化时，会影响到垂向分布特征。相关研究证明，Ca-P 与 IP 有较好的相关关系（$r=0.647$，$n=19$，$p<0.05$）（表 4-14），说明 Ca-P 是 IP 的主要组成部分，并影响 IP 的垂直分布模式，但其与 TP 并不相关，可以推断胶州湾沉积物中的 Ca-P 主要来自于生物碎屑。

一般来说，沉积物间隙水中的 Ca 和 Fe 具有不同的反应活性。当从淡水沉积物过渡到海洋沉积物时，Fe 的反应活性降低，而 Ca 的反应活性加强。因此，淡水沉积物中 Fe-P 是其主要的存在形态，而海相沉积物中主要是 Ca-P 占统治地位。在胶州湾沉积物中，无论是湾内还是湾口、湾外，其 Ca-P 都是 TP 主要的赋存形态，说明胶州湾沉积物主要是海相的，而 Fe-P 是除了 Ca-P 之外的 TP 的第二大组成部分，并且从湾外到湾口、湾内，其占 TP 的比例逐渐增大，说明从湾外到湾内，胶州湾沉积物接受陆源输入的淡水沉积物的比例逐渐增大，上述分析进一步说明，近年来陆源输入已经越来越成为胶州湾沉积物主要来源。

（2）胶州湾沉积物中磷的埋藏通量与控制因素

近海沉积物既是陆源磷迁移的最终归宿，也是海洋磷循环的起点。对沉积磷在海洋生态系统中循环的研究可以更好地了解 P 的生物地球化学过程。沉积物中的 P 释放和沉降过程受到诸如温度、海流、微生物的活性和氧化还原状态等许多因素的影响。沉积物埋藏是海洋中 P 的最终归宿，P 从溶解态转化为颗粒态，然后转移到沉积物中，最终被埋藏，成为海洋磷永久的"汇"。因此，P 的循环最终会影响到初级生产力和碳循环，并且埋藏的部分在条件适宜的时候会释放到水体中，由此，必须了解沉积物中有多少磷被埋藏及其影响埋藏通量的影响因素。Dai 等（2007a，2007b）对胶州湾沉积物中 P 的埋藏通量进行了如下系统的研究。

海洋沉积物中 P 的埋藏通量主要由沉积物中 P 的释放和保存来决定，P 的埋藏主要由以下环境因素来决定，如沉积速率、沉积物的孔隙度、微生物的活性、生物扰动、底层水含氧量等。图 4-12 是根据选取深度计算的沉积速率而得出的不同年代不同形态磷的埋藏通量。

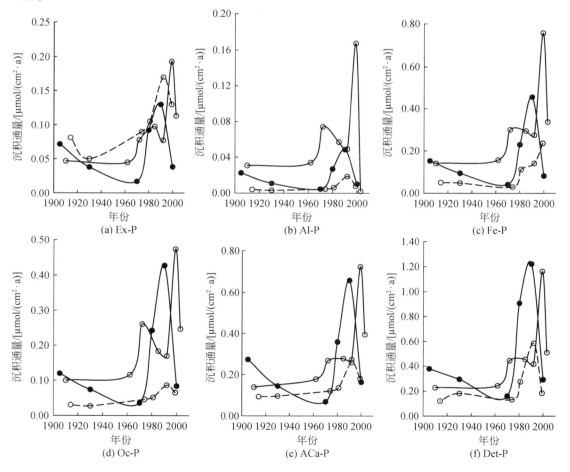

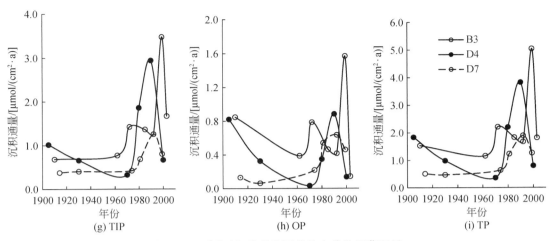

图 4-12　不同时期胶州湾沉积物中磷的埋藏通量

资料来源：戴纪翠，2007

　　从某种意义上说，埋藏通量的变化可以反映一段历史时期内环境的变化特点和趋势。从图 4-12 中可以看出，胶州湾 3 个柱状样磷的埋藏通量随不同的年代而呈明显且相似的分布特征。以 B3 站位为例，20 世纪初 70 年代以前，磷的埋藏通量大致在较低的水平上，说明在这期间几乎没有大的环境改变。从 80 年代开始，沿岸工农业迅猛发展，胶州湾海水富营养化程度加重，使沉积物中磷的埋藏通量不断增大，这种影响在 90 年代中期至末期表现得尤为严重。在这期间沉积物中磷的埋藏通量达到了近百年来的最高值，反映了该段时间内胶州湾的环境污染状况。其中无机磷的埋藏通量在 80 年代初为 $1.367\mu mol/(cm^2 \cdot a)$，而到了 90 年代中末期激增到了 $3.477\mu mol/(cm^2 \cdot a)$，有机磷的埋藏通量从 80 年代初的 $0.464\mu mol/(cm^2 \cdot a)$ 激增到 90 年代中末期 $1.569\mu mol/(cm^2 \cdot a)$，总磷的埋藏通量在这个时期也从 $1.831\mu mol/(cm^2 \cdot a)$ 增加到 $5.047\mu mol/(cm^2 \cdot a)$，21 世纪初，由于加大了沿岸治污措施，胶州湾的富营养化程度有所减轻，表现在这段时间内磷的埋藏通量有了显著的降低，湾内 B3 站位的无机磷、有机磷以及总磷的埋藏通量已经分别降至 $1.673\mu mol/(cm^2 \cdot a)$、$0.145\mu mol/(cm^2 \cdot a)$ 和 $1.818\mu mol/(cm^2 \cdot a)$，大致恢复到 20 世纪 80 年代的水平，其中有机磷的降幅是最大的，甚至是近百年来的最低值。湾口的 D4 和湾外的 D7 磷的埋藏通量在这段时期变化趋势与 B3 类似，说明了近年来城市含磷生活污水、工农业废水以及农用含磷化肥农药的排放等已经得到了有效的遏制，胶州湾的整个生态环境有了较大的改善。

　　沉积环境的类型对沉积物中磷的埋藏和再循环具有十分重要的作用，沉积物的埋藏和沉降是不同环境因子共同作用的结果。沉积速率、沉积物的组成、DO、pH、有机碳、沉积物的混合速度等均在此范围内。表 4-15 列出的是磷的埋藏通量和环境因子的相关系数，其中 S 为沉积速率。沉积速率是决定磷的埋藏通量最为重要的因子之一（Lu，2005），通过测定不同层[210]Pb 的活度，计算了沉积物柱状样各层的沉积速率，给出沉积速率和磷的埋藏通量相关系数，证明沉积速率与不同形态磷的埋藏通量呈较好的正相关（表 4-15）。

相关分析还证明，不同形态的磷之间的埋藏通量也呈较好的正相关，说明各个形态磷的埋藏趋势大致是一致的。另外，不同形态的磷与 pH 呈微弱的相关，但 Al-P、Fe-P、Oc-P 3 种形态的无机磷与 Eh 和 Es 都负相关，说明氧化还原环境对这 3 种形态磷的埋藏都有影响。

表 4-15　磷的埋藏通量与环境因子的相关系数

参数	pH	Eh	Es	OC	S
TP	0.428	−0.373	−0.505	0.731	0.74
OP	0.515	−0.290	−0.405	0.97	0.72
Ex-P	0.335	−0.182	−0.058	0.313	0.65
Al-P	0.370	−0.365	−0.342	0.501	0.76
Fe-P	0.031	−0.304	−0.393	0.355	0.55
Oc-P	−0.077	−0.327	−0.447	0.459	0.62
ACa-P	0.204	−0.187	−0.414	−0.053	0.51
Det-P	−0.098	−0.284	−0.206	0.371	0.57

资料来源：戴纪翠等，2006b

本书对胶州湾沉积物磷不同形态的地球化学特征进行了阐述，并从不同的角度分析和阐述了其环境意义。研究表明：

用分级浸取法将胶州湾沉积物中的磷分为 7 种形态，即可交换态磷、铝结合态磷、铁结合态磷、闭蓄态磷、自生钙磷、碎屑态磷和有机磷。无机磷是胶州湾沉积物的主要形态，其含量远大于有机磷。磷的垂直分布特征表明各形态磷的峰值和谷值出现的深度大体相近，说明它们在迁移转化过程中有较为密切的关系。

Al-P、Fe-P、Oc-P 3 种形态的无机磷呈不同的平面和垂向分布特征，污染程度较重的海域，这 3 种形态的磷的含量越高，反之则越低，所以它们可以作为沉积环境污染程度的指示因子。

不同形态的磷含量及其埋藏通量会随着不同的沉积环境呈现不同的分布特征，OC、温度、pH 及 Eh 等是影响其变化的重要环境因子。磷的含量和埋藏通量在 20 世纪初到中期一直处于相对较低的水平，20 世纪 80 年代开始，随着沿岸工农业的快速发展和排污的增加，某些形态磷的含量和埋藏通量在 90 年代初达到了近百年以来的最高值。21 世纪初，某些形态磷的含量和埋藏通量有明显降低，说明近几年有效的排污治理措施发挥了重要作用。因此，沉积物磷的含量及其埋藏通量的垂向变化在一定程度上可以说明一段时期内该地区的环境变化特点和趋势。OC/OP 值的研究表明，20 世纪 80 年代到 20 世纪末，胶州湾的沉积速率不断增大，陆源输入仍是其沉积物的主要来源，但由于各种治污措施加强以及河水注入胶州湾强度的减少，2000 年以后其沉积速率在降低，胶州湾的沉积环境明显优化，其整体环境状况有了较大的改善。

4.2.2.2　胶州湾不同粒级沉积物中磷的地球化学特征及其生物可利用性

P 是生态系统中必不可少的营养元素之一，是海洋浮游植物生长和繁殖所必需的成分，也是海洋初级生产力和食物链的基础元素。沉积物是包括 P 在内的各类营养物质重要的蓄积库，对上覆水体起着环境净化的作用，沉积物中的 P 在适宜的条件下可以通过间隙水向上覆水体释放，从而在一定程度上发挥着源的作用，进而影响到海域的富营养化程度。沉积物作为环境演变较为完备的信息载体，系统地记录了整个海洋生态系统中生物、物理及化学作用过程，保存了自然因素和人为因素对环境的影响记录（戴纪翠，2006a）。P 在沉积物中可以与 Fe、Ca、Al 等元素以晶体或无定形的形式结合，依据其结合强度的不同，可将沉积物中的 P 分为不同的形态（Song et al.，2003），因此研究沉积物中 P 的不同赋存形态及不同形态磷在沉积过程中的迁移转化，将有助于认识沉积物磷的行为特征及沉积物–水界面的交换机制。目前，磷的分级浸取程序已经广泛应用于河口、海岸、湖泊等沉积物中的研究，而对磷的形态和沉积物中的矿物组成（如粒度）、主要化学元素等之间关系的研究可以用来推断沉积磷的来源，但这方面的工作主要集中在湖泊沉积物的研究中，对近海沉积物的研究并不多。沉积物的粒度结构在很大程度上影响着沉积物中各种化学元素的含量和分布，进一步影响沉积物的区域地球化学特征和生态环境。

本书通过对胶州湾典型柱状样不同粒径沉积物中磷的形态、控制因素及其环境地球化学特征进行研究，并探讨了不同形态磷的生物有效性。

（1）胶州湾不同粒级沉积物中磷的地球化学特征

胶州湾沉积物不同粒级各形态磷的垂直分布见图 4-13。可交换态磷（Ex-P）主要是指沉积物中氧化物、氢氧化物以及黏土矿物颗粒表面等吸附的磷。3 个粒级的可交换态磷含量的平均值分别为 0.017mg/g（<31μm）> 0.014mg/g（31 ~ 63μm）> 0.008mg/g（>63μm），并且最大值都出现在表层以下 48cm，分别为 0.020mg/g、0.016mg/g 和 0.012mg/g，最小值除中粒级（31 ~ 63μm）在表层以下 8cm 外，细粒级（<31μm）和粗粒级（>63μm）可交换态磷含量最小值都出现在柱状样的底部，其值分别为 0.014mg/g（细粒级，94cm）和 0.007mg/g（粗粒级，88cm）。3 个粒级沉积物中 Ex-P 的垂向分布模式大致类似，除 48cm 极大值出现时起伏较大外，Ex-P 的变化大致平缓，波动不大。

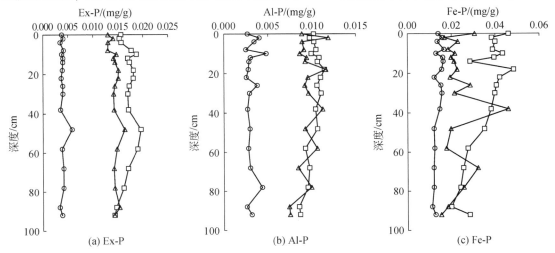

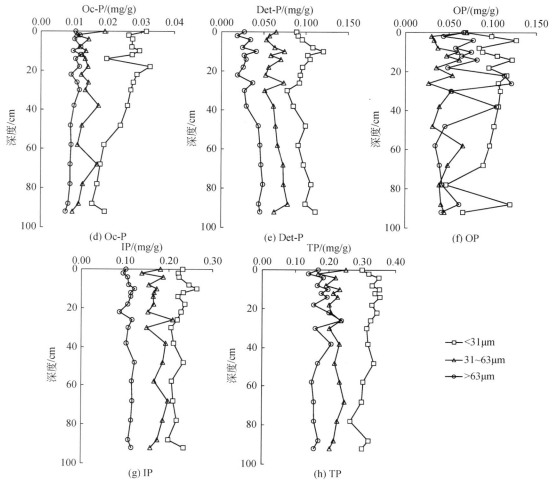

图 4-13　胶州湾 B3 岩芯沉积物不同粒级中磷的垂向分布

资料来源：戴纪翠等，2007b

铝结合态磷（Al-P）是胶州湾沉积物中各种形态磷中含量最小的一种。3 个粒级 Al-P 含量的平均值分别为 0.010mg/g（<31μm）>0.009mg/g（31~63μm）>0.006mg/g（>63μm）。Al-P 的最大值大都出现在次表层或较浅的沉积层。细粒级沉积物 Al-P 的最大值为 0.011mg/g（20cm），中粒级沉积物 Al-P 的极大值为 0.012mg/g（2cm），粗粒级沉积物 Al-P 的最大值为 0.0096mg/g（10cm）。Al-P 的最小值除粗粒级在表层 8cm 外，细、中粒级的最小值都在底层 88cm 处，大小分别为 0.0085mg/g 和 0.0074mg/g。3 个粒级沉积物的 Al-P 的垂向变化都呈波状起伏，尤其是细颗粒和中颗粒中变化幅度较大。

铁结合态磷（Fe-P）主要是指易与铁的氧化物或氢氧化物结合态磷。在胶州湾 B3 岩芯沉积物中，除中粒级外，Fe-P 在细、粗两个粒级的分布规律比较明显，细粒级在 20cm 以上、粗粒级在 30cm 以上呈波状起伏，而在其以下，两者都随着深度增加而逐渐减小，这种分布趋势除反映人为活动影响造成陆源输入量的增加外，还在一定程度上反映沉积物在埋藏过程中磷的早期成岩作用的改造。由于有机质的矿化作用加强，造成了沉积物表层氧化还原的"屏蔽效应"，从而导致了 Fe-P 在表层的富集。Fe-P 在细、中、粗 3 个粒级的平均含量大小顺序为细>中>粗，大小分别为 0.036mg/g、0.023mg/g 和 0.014mg/g，占总磷的百分数分别为 11.33%、10.55% 和 8.09%。细粒级和粗粒级沉积物中 Fe-P 的最小值都出现在表层以下 88cm 处，中粒级则出现在柱状样的最底部 92cm 处。Fe-P 的最大值细粒级出现在表层 20cm 处，含量为 0.048mg/g；中粒级在 38cm 处出现的最大值为 0.046mg/g，而粗粒级的最大值在表层以下 8cm 处，大小为 0.017mg/g。

闭蓄态磷（Oc-P）主要是紧密包裹在铁、铝等矿物颗粒中的磷，较难释放。Oc-P 垂向变化模式与 Fe-P 类似。除中粒级外，细、粗两个粒级分别在 20cm 和 30cm 以上呈波状变化，而在其下均自上而下呈明显的递减趋势，这也可以从沉积物表层氧化还原的"屏蔽效应"得到解释。3 个粒级 Oc-P 的平均值分别为 0.025mg/g、0.013mg/g 和 0.010mg/g，占总磷的含量分别为 7.93%、6.09% 和 5.82%。Oc-P 的最大值在细、中两个粒级的表层，分别为 0.032mg/g 和 0.019mg/g，而粗粒级的最大值则出现在表层以下 30cm（0.012mg/g）。Oc-P 的最小值都出现在柱状样的底层，分别为 90cm（细粒级，0.015mg/g）、92cm（中粒级，0.0095mg/g）和 92cm（粗粒级，0.0074mg/g）。

钙结合态磷（Ca-P）是胶州湾沉积物中含量最多的一种磷形态。一般来说，沉积物中钙结合态磷主要包括两部分：自生钙磷（ACa-P）和碎屑态磷（Det-P）。其中前者主要是自生成因和生物成因的自生磷灰石磷，以及与自生碳酸钙共同沉淀的磷（包括生物残骸等，如鱼骨、藻类壳体等），后者主要是来源于流域内风化侵蚀产物中磷灰石矿物晶屑等，反映流域内侵蚀速率的大小及侵蚀程度的强弱。胶州湾沉积物 B3 岩芯的 Ca-P 占总磷的百分比为 40%~60%，具有明显的海相沉积特点。其中，ACa-P 的平均含量为 0.048mg/g（中粒级）>0.044mg/g（粗粒级）>0.039mg/g（细粒级），并且占总磷的百分数大小顺序为：粗>中>细。ACa-P 的最大值在细颗粒沉积物中出现在柱状样的底部，大小为 0.053mg/g，并且自上而下 ACa-P 的含量逐渐增大，说明胶州湾沉积物中的钙磷有被埋藏的趋势，相对而言，ACa-P 在中、粗两个粒级沉积物中的垂向变化幅度较大且模式较为复杂，说明 ACa-P 受多种因素的影响。Det-P 的垂向变化模式较为一致，即自上而下呈波状增加，并且最大值除细颗粒在表层以下 10cm 外，中、粗粒级都在柱状样底部的 88cm 和 78cm。沉积物柱状样中 Det-P 的平均含量为：0.098mg/g（细粒级）>0.077mg/g（中粒级）>0.051mg/g（粗粒级），占总磷百分比的大小顺序为：35.37%（细粒级）>31.06%（中粒级）>29.97%（粗粒级）。

有机磷的含量直接影响到可供初级生产力溶解磷的利用水平，并且有机磷主要通过陆源输入和食物链等生物过程形成。对胶州湾 B3 岩芯来说，有机磷只占总磷相对较小比例，且不同粒级中有机磷的垂向模式不同并且变化复杂。所研究的 3 个粒级中有机磷平均含量的顺序为：0.092mg/g（细粒级）>0.047mg/g（中粒级）>0.033mg/g（粗粒级），占总磷的百分比的大小顺序是：细粒级>中粒级>粗粒级。

胶州湾沉积物 B3 岩芯不同粒级的总磷的平均含量为：0.317mg/g（细粒级）>0.218mg/g（中粒级）>0.175mg/g（粗粒级），其极值出现的沉积层并不相同，在细颗粒沉积物中，最大值在表层以下的 68cm（0.362mg/g），最小值在表层以下的 78cm（0.266mg/g）。在中、粗粒度沉积物总磷的最小值均出现在表层以下 2cm，含量分别为 0.168 和 0.139mg/g，中粒度沉积物总磷的最大值出现在表层为 0.251mg/g，而粗粒度的总磷最大值为 0.238mg/g，出现在表层以下 26cm。

由上述讨论可以看出，除了自生钙磷和有机磷稍有出入外，各形态磷在不同粒级沉积物中的含量基本上遵循着细粒级>中粒级>粗粒级的顺序（图4-14），并且各形态磷对总磷循环的贡献也不尽相同。从图4-14 中可以看出，Fe-P 和 Oc-P 占总磷的份额随着粒度的变大而逐渐减小，而 ACa-P 则随着粒度的变粗，占总磷的份额逐渐增大，这可能与 ACa-P 的组成有关。Ex-P、Al-P 和 Det-P 占总磷的份额则是中粒级的最大，细、粗粒级次之，而 OP 则是中粒级所占的份额最小，对磷循环的贡献较细、粗两个粒级较小。从上述结果可以发现，粒度仅仅是影响沉积物磷含量大小的其中一个因素，除此之外，还受诸如沉积物特性（如 pH、温度等）、水动力、生物扰动等多种因素的影响。另外，从图4-14 可以看出，无论在哪个粒级，无机磷是胶州湾沉积物中磷的主要形态，有机磷只占较小的比例，这与自然粒度下胶州湾沉积物中磷的研究的结果是一致的（戴纪翠，2006b）。

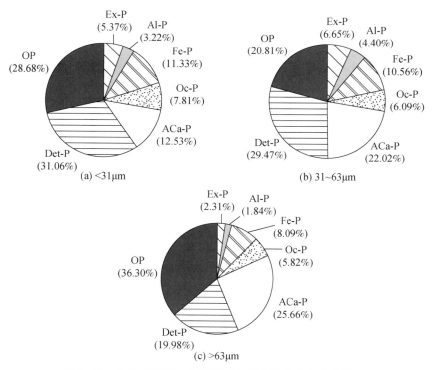

图4-14　胶州湾沉积物中不同形态磷在总磷中所占的份额

资料来源：戴纪翠等，2007b

（2）沉积物中磷含量及其分布的控制因素

影响沉积物中 P 的含量及分布的因素很多，如沉积物的粒度、沉积物的组成、温度、盐度、含水率、沉积物的氧化还原环境等。本书分析了 B3 柱状样沉积物中磷与各环境因子的相关系数（表4-16）。

表 4-16　磷与环境参数的 Pearson 相关系数

环境参数	粒度/μm	Ex-P	Al-P	Fe-P	Oc-P	ACa-P	Det-P	OP	TP
pH	<31	−0.14	−0.19	−0.28	−0.29	0.29	0.32	0.05	0.06
	31~63	0.13	−0.22	0.22	−0.11	−0.11	0.24	0.05	0.15
	>63	−0.20	0.01	−0.18	−0.47	−0.17	0.19	0.32	0.45
Eh	<31	0.13	0.28	0.63	0.64	0.26	−0.01	0.47	0.26
	31~63	0.64	−0.15	0.28	0.38	0.13	0.37	−0.08	0.23
	>63	0.21	−0.23	0.49	0.57	−0.24	0.61	−0.31	−0.08
Es	<31	0.16	0.36	0.32	0.43	−0.17	0.10	0.18	0.32
	31~63	0.10	0.39	−0.08	0.36	0.11	−0.17	−0.53	−0.41
	>63	−0.04	0.42	0.26	0.17	0.08	−0.01	0.09	0.13
φ	<31	−0.52	−0.74	−0.68	−0.62	0.68	0.21	−0.31	−0.50
	31~63	−0.25	−0.26	−0.25	−0.09	0.05	0.40	−0.01	0.17
	>63	−0.02	−0.20	−0.46	−0.44	−0.59	0.57	−0.64	−0.56
OC	<31	−0.23	0.35	0.56	0.56	0.36	−0.47	0.49	0.28
	31~63	0.03	0.21	0.34	0.35	0.12	−0.19	0.51	0.39
	>63	−0.02	0.07	0.64	0.71	0.60	−0.56	0.52	0.34
粒度	<31	0.59	0.40	0.31	0.39	−0.29	−0.16	0.43	0.38
	31~63	0.67	0.36	0.74	0.64	−0.12	0.61	−0.12	0.21
	>63	−0.37	−0.16	−0.57	−0.52	0.29	−0.14	−0.14	−0.24

资料来源：戴纪翠等，2007b

Ex-P：在沉积物中绝大多数元素的含量与随着沉积物的粒度的变细而升高，因而大多数元素的含量与沉积物的粗粒度含量呈负相关，与细粒度含量呈正相关。胶州湾沉积物中可交换态磷与细颗粒（<31μm）和中粒级（31~63μm）的含量呈显著的正相关关系，相关系数为 0.59 和 0.67，而与粗粒级（>63μm）负相关，相关系数为−0.37，说明沉积物中可交换态磷的含量和分布主要受细、中粒级的物理吸附作用的影响，并且由于较细的颗粒具有较大的比表面积，因而吸附磷的可能性就比较大。

Al-P、Fe-P、Oc-P：3 种形态的磷含量在某种程度上受到有机质的影响较大，尤其是在细粒级沉积物中，其与 OC 的相关系数分别为 0.35、0.56 和 0.56，这可能与有机质在降解过程中所释放出来的溶解态磷被铁（铝）的（氢）氧化物的吸附有关。Fe-P 和 Oc-P 在各个粒级与 OC 都呈较好的相关关系，Al-P 在中、粗两个粒级中与 OC 的相关关系并不明显。研究表明，Al-P 和 Fe-P 都可以作为指示沉积物质量重要的指标之一，Al-P、Fe-P

和 Oc-P 都可以作为重要的污染指标之一来指示沉积物的环境质量（戴纪翠，2006a），它们与 OC 较显著的相关关系又证明了这一点。这 3 种形态的磷与细、中粒级沉积物的含量都呈正相关关系，而与粗粒级的含量具有不同程度的负相关关系，说明这 3 种形态的磷主要在细、中粒级沉积物中积累。另外 Al-P、Fe-P 和 Oc-P 的含量也受到沉积物的氧化还原环境的影响，如大都与 Es 和 Eh 呈不同程度的正相关关系。

Ca-P：研究区域内的沉积物细、中、粗颗粒的含量和分布与 ACa-P 的相关关系均不显著，说明影响其含量和分布的因素除了粒度之外，还有生物扰动、水动力等诸多条件。研究还表明，ACa-P 与 OC 在细、粗两个粒级沉积物中相关性较好，相关系数分别为 0.36 和 0.60，说明 ACa-P 与有机质在沉积物中的积累和降解有关，Det-P 的含量与沉积物中各个粒级的相关性均不显著，说明其 Ca-P 的含量与沉积物本身的特性无关，可能是由于碎屑态磷主要是来自于沉积物中原生矿物颗粒的一部分磷的缘故。Det-P 与 OC 在细、粗粒级的沉积物呈较显著的负相关关系，相关系数分别为 -0.47 和 -0.56。

OP 和 TP：沉积物中的 OP 主要受有机质的控制。本书也发现，在 3 个粒级中，各粒级 OP 与 OC 都呈较显著的正相关关系，相关系数分别为 0.49、0.51 和 0.52，并且 OP 与细粒级的含量也呈较好的相关关系，相关系数为 0.43，这是由于粒径小的颗粒表面积大，表明容易附着生物碎屑等有机物质，从而使 OP 的含量随细颗粒含量的增加而增加。由于总磷是各项磷的总和，受多种因素的影响，因此 TP 与 OC 和不同粒级含量之间的相关关系并不明显。

另外，由表 4-16 中可以看出，除 Ca-P 外，含水率（φ）大都与不同形态不同粒级的磷呈较为显著的负相关，即沉积物的含水率越高，其 P 的含量则越低。

（3）沉积物中潜在的生物可利用磷

磷的生物可利用性一直是国内外专家学者关注的热点，所谓的生物可利用磷是指沉积物中能够以溶解态磷酸盐释放，并被藻类生长所吸收利用的那部分磷。一般认为，藻类和其他浮游生物在利用磷作为生长繁殖的营养时，溶解性活性磷酸盐（SRP）往往首先被利用。在 SRP 不够使用或其浓度低到一定程度时，生物会通过水解、酶解等生物化学反应，转而利用其他形态的磷。可以认为持续提供藻类生长可利用的磷往往更多来自于潜在活性的磷，铁锰氧化物结合态磷以及部分有机磷是内源负荷的重要来源。

生物可利用磷（bioavailable phosphorus，BAP）含量的测定方法一般有 3 类：①藻类标准培养程序"（standardized algal assay procedure）：该方法通过藻类培养生长曲线直接估算沉积物中可被藻类降解利用的总磷量，称为藻类可利用磷（algae available phosphorus，AAP），经典的藻类培养程序需要 100 天。②直接采用化学提取剂提取：由于直接提取法与藻类标准培养程序测定得到的可利用磷有很好的相关关系，能够反映藻类等生物的潜在可利用的量，且操作非常简便，能够适应大量样品的快速测定要求。该方法得到的生物可利用磷相当于沉积磷的连续提取方法中得到的活性磷、铁锰结合态磷、铝结合态磷和部分有机磷的总和。③铁氧化物试纸法（iron-impregnated paper strip）：这种方法首先运用于雨水、径流或者河流水体中生物可利用磷的测定。对于沉积物样品的测定仍有争议，由于该方法提取效率取决于水体及悬浮物中可提取磷的总量，必须保证可提取磷不超过试纸的饱和容量才有较高的准确度。

　　沉积物中不同结合态磷具有不同的环境化学行为和生物有效性，对上覆水体富营养化发生潜在不可忽视的影响，如藻类等浮游植物对沉积物中的 Al-P 和 OP 具有优先吸收的性能。虽然估算生物可利用磷大部分要依赖于浸取方式，但是通过研究沉积物中磷形态的含量可用来估算潜在的生物可利用性磷的上限。沉积物中的 Ca-P 是近岸海域及河口海岸等水体中磷酸盐重要的蓄积库，Ca-P 由于其较高的溶解度常数，在沉积物中是相对惰性的一部分，因此它对上覆水体的影响微乎其微。而闭蓄态磷是紧密包裹在铁铝矿物颗粒中的磷，很难释放和被生物所利用，因此对于胶州湾沉积物来说，Ca-P（包括 Aca-P 和 Det-P）和 Oc-P 的含量的确定对评价该海域环境中生物可利用性磷的富集量十分有用。Fe-P 在有氧环境中被看成是一种永久的磷汇，而在厌氧环境下被看成一种暂时性的磷汇。在趋于还原环境的胶州湾水体中，Fe-P 趋于被还原释放，OP 也可以通过矿化作用逐渐被生物利用，所以在胶州湾沉积物中 Ex-P、Al-P、Fe-P 和 OP 被视为潜在的生物可利用性磷。研究发现，胶州湾沉积物中 3 个不同粒级中非生物活性磷平均在 50.32%（细）、63.48%（中）和 61.48%（粗）不能为生物所利用，而是被埋藏或运移到外海沉积，其中，中、粗粒级沉积物中非生物可利用性磷所占比例高于细粒级中其所占的比例，并且在研究的 B3 岩芯沉积物中，3 个粒级沉积物中生物可利用性磷的含量分别为 0.10~0.36mg/g（细粒级，平均值 0.16mg/g）、0.073~0.123mg/g（中粒级，平均值 0.093mg/g）和 0.053~0.145mg/g（粗粒级，平均值 0.086mg/g），说明细颗粒沉积物中的磷更易被释放和被生物所利用，这部分磷对胶州湾的富营养化及水华现象具有重要的作用。生物可利用磷的大小反映沉积物中潜在的可供生物利用的活性磷的含量，由于 BAP 可以通过化学和生物的作用转化为活性磷而进入水体中，从而影响着磷酸盐在沉积物–水界面之间的交换速率，因此 BAP 的含量与水体中磷酸盐的含量必然存在着某种相关关系。另一方面，BAP 通过沉积物–水界面之间的交换，影响上覆水体的富营养化水平，而这在浮游植物数量、种类以及多样性指数必然有所反映。

　　表 4-17 是不同形态的生物可利用磷与浮游植物数量长期变化、浮游植物细胞数量、浮游植物种类数变化以及水体中磷酸盐的相关系数。从表 4-17 中可以看出，浮游植物数量与沉积物中的生物可利用磷大致有不同程度的负相关关系，而与水体中的磷酸盐基本上正相关，并且这种相关性在与关系 P 较其他形态磷表现得更为显著，说明沉积物中的关系 P 更易释放进入上覆水体，成为浮游植物进行光合作用的营养成分。研究表明，浮游植物生长越繁盛活跃的地方，沉积物中各形态的生物可利用磷的含量越低，也就是说浮游植物的生长活动需要大量的包括磷在内的营养成分，这些营养成分或来自于水体，或来自沉积物中可利用的那部分，这在一定程度上加剧了沉积物中有机质的氧化分解，矿化了的部分在生物扰动的基础上释放进入上覆水体被生物所利用。而沉积物中生物可利用性磷的含量越高，其通过间隙水向上覆水体释放的磷就越多，因此，沉积物中的可利用磷大都与水体中磷酸盐的含量正相关。

表 4-17 不同形态生物可利用磷与生态学参数及水体中磷酸盐的相关关系

环境参数	粒度/μm	Ex-P	Al-P	Fe-P	有机磷	BAP
水体中的磷酸盐	<31	0.58	0.21	0.22	0.23	0.19
	31~63	0.22	0.32	0.01	0.58	0.48
	>63	0.65	0.96	0.21	0.34	0.36
浮游植物数量	<31	0.72	0.54	0.42	0.33	0.48
	31~63	0.58	0.04	0.35	0.47	0.44
	>63	0.51	-0.09	0.22	0.48	0.39

资料来源：戴纪翠等，2007b

4.2.2.3 人类活动影响下的胶州湾近百年环境演变的沉积记录

近海沉积物是地球化学元素重要的源和汇，而沉积物是环境演变的产物，在其形成和变化过程中，不同时间和空间尺度上的环境变化都会在沉积物中留下烙印，使沉积物成为环境演变信息载体，通过研究沉积物中元素的组成、相对含量、分布以及元素间的比值等，可以获得保存在沉积物中重要的环境和物源信息。环境演变不仅是自然因素影响的结果，而且也受到人类活动的驱动和影响。近年来，在人类活动的干预下，近岸海洋海水的富营养化程度不断加剧，污染状况急剧恶化，所以目前国际上几个计划都不同程度地把人类活动对环境变化的影响列为其研究内容。如1986年国际科学联合会理事会（ICSU）组织实施的以全球环境变化研究为核心的国际地圈生物圈计划（IGBP），将过去全球变化（PAGES）研究列为核心计划之一，PAGES计划研究的内容之一就是：过去的人类活动在何种程度上改变了气候和和全球变化？又如由国际科联（ICSU）和国际社科联（ISSC）共同发起和组织的IHDP计划，其旨在促进和协调有关描述和认识全球变化的人类影响层面的影响。

胶州湾近百年沉积环境的演变受到人类活动的影响较大，如何在判别在环境演化过程中这种影响，建立人类活动的指标，一直是学者们研究的重点。戴纪翠等（2006a）、李学刚等（2005a，b）和Li等（2006a，2007b，2008）根据胶州湾沉积物中多环境指标分析，在精确定年的基础上，试图建立该地区近百年环境演变过程，给出人类活动的起始时间及主要方式，探讨了人类活动对环境响应。

胶州湾是位于山东半岛南岸一个半封闭海域，与黄海仅以一宽3.1km的出口相连，平均水深7m，最大水深64m。由于其水动力和地质动力条件十分复杂，胶州湾沉积物的类型也较多，分布最广的是黏土质粉砂，在湾内、湾口和湾外均有分布，另外砂、粗砂、细砂、砂质砂、砂质土等在整个海区都有分布。并且沉积物的粒度从西北到东南逐渐变细。环胶州湾地区有10余条河流注入胶州湾，其中大沽河最大，年径流量为6.61亿m^3，这些河流已成为青岛市工农业和生活废水重要的排污处。近年来，由于经济和社会的快速发展，受人类活动的影响，来自工业、农业、生活和养殖业等的污染物造成了胶州湾的环境急剧恶化，赤潮频繁发生、海水的富营养化水平显著提高、重金属和有机污染日益严重等，加之沿岸倾倒垃圾等原因，胶州湾海域面积在过去的70年中减小了近1/3。受排污影响，胶州湾的生态环境严重破坏，生物多样性迅速减少。20 世纪 60 年代胶州湾河口附近潮间带生物种类多达 54 种，70 年代减少到 33 种，80 年代只剩下 17 种。以胶州湾东部为例，随着沿岸工业区的发展和污染物排入量的增加，该区域浮游植物和浮游动物的生物多样性指数有明显下降的趋势，而潮间带大型无脊椎动物种类降低得更加明显，60~80 年代，生物种类由 140 余种降低到 20 种左右，表 4-18 所示为沧口潮间带生物种类数历年变化。

表 4-18　沧口潮间带生物种类数历年变化　　　　　（单位：种）

生物种类	1963~1964 年	1974~1975 年	1977~1979 年	1980~1981 年	1987~1989 年
腔肠动物	2	1	0	1	2
多毛类	41	3	8	2	4
软体动物	40	11	12	10	10
甲壳类	52	13	3	4	6
腕足类	1	0	0	0	0
棘皮动物	3	1	1	0	0
其他	2	1	1	0	2
合计	141	30	25	17	24

资料来源：Song，2010

不同空间范围内生物、生态状况与环境污染状况相比，也能体现出人类活动对海洋生态系统的影响，在 1981 年对胶州湾的综合调查中，不同区域的生物状况表现出了明显差异，胶州湾东岸区的生物多样性指数和生物种类数明显低于西岸的薛家岛（表 4-19），而相应的水质和底质状况调查表明，由于受到陆源污染物排放的影响，胶州湾海区的水质和底质状况自西向东明显下降，水体中的无机氮、油类、挥发酚和 COD，沉积物中重金属如铅、镉、汞、铬等，都有自西向东，尤其是向东部河口区逐渐升高的趋势，这与生物多样性状况相吻合，表明了人类活动对生态系统的影响。

表 4-19　胶州湾不同海区生物多样性比较

时间	指数	西岸	东岸		
		薛家岛	娄山河	海泊河	李村河
4 月	生物多样性	2.981	1.515	0.878	1.422
	均匀度	0.634	0.539	0.878	0.711
	种类数	26	9	2	4
7 月	生物多样性	2.856	2.423	0.241	0
	均匀度	0.650	0.764	0.152	0
	种类数	21	9	3	1

资料来源：Song，2010

水体的富营养化是影响世界许多地区的一个问题，在人类活动的不断干预下，近海营养盐的输送量急剧增加引起了水体的富营养化,并对整个水生系统造成了许多不利的影响,如水体透明度下降、耗氧量增加甚至危及人类的健康以及经济的发展。沉积物记录了海洋生态系统中生物、物理、化学过程的相互作用以及自然因素和人为因素相互作用的结果,因此从沉积物中提取有效的沉积记录是研究水体富营养化的关键所在,水体富营养化程度升高可导致初级生产力上升,它必然会在水底沉积物中留下相应的沉积记录。一方面,沉积物是各种营养物质的蓄积库;另一方面,沉积物中的营养物质对上覆水体的富营养化具有潜在的不可忽视的影响。所以沉积物中营养盐(主要包括 C、N、P、Si 等)的含量水平可反映水体的富营养化程度,并且可作为其有效的指示因子。

从 20 世纪 80 年代开始,青岛市经受了人口的迅速膨胀以及工农业的飞速发展,随之而来的是人类活动的增加和干预造成了近岸输入胶州湾的营养盐数量不断增加。据沈志良(2002)研究,近年来胶州湾营养盐的浓度、结构和浮游植物的结构发生了重大变化,氮磷浓度显著提高,如 1960 ~ 1990 年,胶州湾水体中的 PO_4-P 的含量增加了 1.4 倍,NO_3-N 增加了 4.3 倍,NH_4-N 增加了 4.1 倍,浮游植物生长所需营养盐的限制已经由过去的氮磷限制变成了硅限制。水体的富营养化不可避免地引发赤潮,从 1978 年胶州湾第一次发生赤潮开始,到 20 世纪 90 年代赤潮的频率逐年增加(表 4-20)。而在此期间,如 1962 ~ 1998 年,青岛市的人口从 460 万增加到 720 万;1980 年青岛市区工业废水排放量为 70.2×10^6 t/a,生活污水 13.3×10^6 t/a,至 1987 年废水总量增加到 145.6×10^6 t。1978 ~ 1987 年十年间,青岛的对虾养殖面积增加了 302 倍。1980 ~ 1997 年,化肥的使用量增加了 3 倍。从上述分析可以看出,人类活动的干预对胶州湾的水体富营养化程度有着不可推卸的责任,而这些也必然反映在沉积物中各生源要素的组成和分布上。

表 4-20　胶州湾发生赤潮的地点及类型

时间	地点	类型
1978 年	沙子口附近	
1990 年 6 月	22 号锚地附近	红色中缢虫
1994 年	6 月发现虾池裸甲藻赤潮一次、虾池隐藻赤潮一次;同年 7 月份发现虾池锥状新克里普藻赤潮	
1995 年	7 月,发现虾池三角褐指藻赤潮一次、虾池新月菱形藻赤潮一次;同年 8 月发现虾池新月菱形藻赤潮	
1997 年	胶州湾中部发生中肋骨条藻赤潮一次	
1998 年 7 月	女姑山附近海域	中肋骨条藻和高贵盒形潮
1999 年 6 月	胶州湾东北部	短角完角藻赤潮
2000 年 7 月	胶州湾中部,2km²	夜光藻
2001 年 7 月	胶州湾湾口,9.8km²	红色中缢虫
2003 年 7 月	团岛、大麦岛	红色中缢虫
2003 年 7 月	胶州湾北部	星脐圆筛藻
2004 年 2 月	胶州湾东北部	柔弱根管藻
2004 年 3 月	胶州湾北部,70km²	诺登海链藻

资料来源:Song,2010

（1）生源要素

B3 岩芯的总有机碳（OC）、总氮（TN）、总磷（TP）和生源硅（BSi）的垂向分布如图 4-15 所示。由图 4-15 可以看出，OC、TN、TP 和 BSi 的垂向分布特征类似，即自下而上虽有波动，但大致趋势是逐渐增加的；最高值大致在表层和次表层。

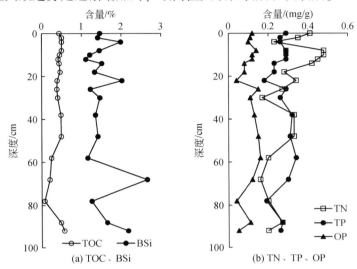

图 4-15　胶州湾 B3 岩芯沉积物中 TN、TP、OC、OP 和 BSi 的垂向分布

资料来源：戴纪翠等，2006a

OC 在沉积物中的聚集速率常被用作指示过去生物生产力的一个有效的指示因子。B3 岩芯的 OC 含量随着深度的增加而呈明显的一个下降趋势，并且变化范围较大，为 0.07%~0.45%，平均值为 0.38%，最高值在次表层内，表层有机碳的含量稍有下降，表明了有机质的输入稍有下降。

TN 是沉积物中所有形态氮的总和，是沉积物中可能参与循环的氮的最大量值。由此可见，TN 也是衡量初级生产力的一个较为有效的尺度。B3 岩芯沉积物中 TN 的垂直分布波动较大，但总的趋势还是自下而上逐渐增大，并且极大值在表层。TN 的含量为 0.16~0.48mg/g，平均值为 0.32mg/g。

沉积磷一般很少用来指示水体富营养化程度，因为在海洋系统中聚集的 P 大部分最终将通过硫还原被矿化。与总氮相比，TP 的变化幅度较小，为 0.17~0.31mg/g，平均值为 0.22mg/g。而 OP 的垂向变化虽然波动较大，但自上而下逐渐减小的趋势较为明显，其含量为 0.01~0.18mg/g。有机磷可以直接影响初级生产力所需的溶解磷的可利用水平，并且沉积物中的有机磷用来粗略衡量有机质的生产力水平，而且其分解相对较慢，所以常被用作指示富营养化的一个较为有效的指示因子。有机磷的垂向变化恰好就说明了胶州湾近百年来富营养化的演变大致趋势。

BSi 在沉积物中的富集可反映水体的初级生产力的根本模式，在古生产力的研究中常作为指示因子。胶州湾沉积物 B3 岩芯中 BSi 的含量为 1.11%~2.17%。与 TN、TP 不同的是，BSi 的垂向分布波动较大，在 4~6cm、22~24cm、68~70cm 和 92~94cm 均出现了峰值，这可能与胶州湾的藻华现象有关。如 4～6cm 所对应的年份是 1998 年前后，而在此期间，胶州湾曾爆发过大规模的赤潮。

（2）生源要素的埋藏通量

与沉积物的埋藏不仅是生源要素的最终归宿，而且也是生源要素循环的一个新起点，并且埋藏到沉积物中的一部分的元素在适宜的条件下会重新释放到水体中，参与再循环，因此了解有多少生源要素被埋藏就显得尤为重要。图 4-16 为近百年胶州湾沉积物中各生源要素的埋藏通量。

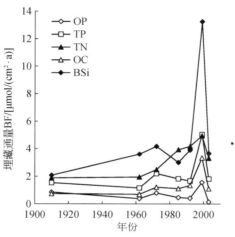

图 4-16　胶州湾 B3 岩芯沉积物中各生源要素的埋藏通量

资料来源：戴纪翠等，2006a

从某种意义上说，埋藏通量的变化可以反映一段历史时期内环境的变化特点和趋势。从图 4-16 可以看出，所研究的胶州湾 B3 柱状样沉积物各生源要素的埋藏通量随不同的年代而呈明显且相似的分布特征。20 世纪初 70 年代以前，埋藏通量在比较低的水平上，说明在这期间几乎没有大的环境改变。从 80 年代开始，由于沿岸工农业的迅猛发展，在人类活动的影响和干预下，胶州湾海水富营养化程度不断加重，作为与富营养化密切相关的生源要素，其埋藏通量不断增大，这种影响在 90 年代中期至末期表现得尤为严重。在这期间沉积物中生源要素的埋藏通量达到了近百年的最高值，反映了该段时间内胶州湾的环境污染状况。如总氮的埋藏通量在这个时期也从 $3.931\mu mol/(cm^2 \cdot a)$ 增加到 $4.937\mu mol/(cm^2 \cdot a)$，有机磷的埋藏通量从 80 年代初的 $0.464\mu mol/(cm^2 \cdot a)$ 在 90 年代中末期激增到 $1.569\mu mol/(cm^2 \cdot a)$，总磷的埋藏通量在这个时期也从 $1.831\mu mol/(cm^2 \cdot a)$ 增加到 $5.047\mu mol/(cm^2 \cdot a)$，21 世纪初，由于加大了沿岸治污措施，胶州湾的富营养化程度有所减轻，表现在各生源要素的埋藏通量显著下降，总氮的埋藏通量已经下降到 $3.309\mu mol/(cm^2 \cdot a)$，有机磷以及总磷的埋藏通量已经分别降至 $0.145\mu mol/(cm^2 \cdot a)$ 和 $1.818\mu mol/(cm^2 \cdot a)$，大致恢复到 20 世纪 80 年代的水平，说明近年来城市生活污水、工农业废水以及农用化肥农药的排放等陆源输入等对胶州湾的影响已经得到了有效的遏制，胶州湾的生态环境有了较大的改善。

（3）生源要素间的比值

元素间的比值常被用来指示沉积物的来源和成岩变化。海洋沉积物中有机质主要有两个来源：陆源输入和海洋自生，并且具有较为明显的 C：N：P 值，尤其是 OC/OP、OC/TN 值已经被广泛用于有机质的来源追溯问题上。海洋浮游植物的 OC/OP、OC/TN 值分别为 106：1 和 6.6：1，该比值被称为 Redfield 比值。藻类植物的 C/N 值为 4~10，而陆源物质的 C/N 值则要大于 20，因此元素间的比值可以用来指示有机质的物源。在所研究的胶州湾柱状样 B3 岩芯的 OC/OP、OC/TN、Si/N 以及 Si/P 值的垂向分布模式如图 4-17 所示。B3 岩芯的 OC/OP 和 OC/TN 值均大于 Redfield 值，其中 OC/TN 值为 34~357，OC/OP 为 6~55，并且随着深度增加而呈减小的趋势，OC/OP 和 OC/TN 值在大约 12cm 处有所倾斜，增加的趋势较为明显，说明这段时期沉积物主要是来源于陆源输入的趋势更加明显。该段时期恰好对应于 20 世纪的 80 年代初，而这个阶段是青岛市工农业开始快速发展的一个阶段，证明了这一点。20 世纪 50 年代以来，尤其是 1979 年河流上游修建水库和筑坝，河流的输沙量急剧减少，甚至这些河流一度出现断流现象，但这些河流已经成为许多工厂、污水处理厂等重要的排污口。

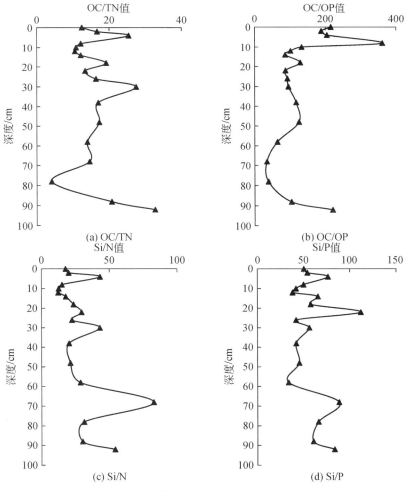

图 4-17　胶州湾 B3 沉积物的元素间比值

资料来源：戴纪翠等，2006a

Si/DIN 和 Si/P 值常用来判别浮游植物生长所需营养盐的限制性因子。一般来说，当 Si/P <10 和 Si/DIN <1 时，硅是胶州湾浮游植物的限制性因子，据研究，胶州湾水体的 Si/P <16 和 Si/DIN <1，所以硅是胶州湾浮游植物生长的限制性因子。高的 DIN/P 值（37.8 ± 22.9）和较低的 Si/P 值（7.6 ± 8.9）和 Si/DIN 值（0.19 ± 0.15）显示，在过去的 40 年，胶州湾的营养盐结构已经从平衡到不平衡，造成这种现象的原因是多方面的，可能是浮游植物消耗了大量的硅并通过生物泵向下转移，至最终沉积，造成了硅在沉积物中的高度富集使水体中的硅就相对缺乏，使浮游植物的生长成为硅限制。如图 4-17 所示，B3 岩芯的 Si/N 值为 12～83，Si/P 值为 37～124，其垂向分布的模式大致类似，波动较大，这与生源硅的分布模式变化复杂有关，但总的趋势是自下而上稍有增加。Si/N 和 Si/P 的分布模式证明了硅是胶州湾浮游植物生长的限制因子。

（4）人类影响因子

工业革命给人们带来福祉的同时，不能不看到人类活动在自然界打下的烙印。近岸海域是易受人类活动影响的区域，随着城市人口的迅速膨胀和工农业的飞跃式发展，工厂的污水和居民生活废水大量倾泻到河口和海湾地区，使近岸水域的污染日益严重；入海河流所经过的农田施用的肥料和农药有相当的部分被冲刷经河流而流入海湾；日益严重的围海造地和修堤筑坝阻碍了河口区的水流畅通并增加了淤泥沉积；另外，停留在河口湾的船舶所产生的燃料油泄和生活废水倾倒于海。以胶州湾为例，在湾东部主要受工业废水和居民生活污水的影响；在湾北部和东北方向主要受养殖污水的影响；湾北部是大沽河的入海口，主要受河流排放的影响等。因此，如何评价人类活动在沉积环境演变中的作用对于评价环境质量和预测未来变化的趋势具有重要的意义。Dai 等（2007a，b）以 1980 年以前的生源要素及重金属的埋藏通量的平均值作为背景值（F_b），以 1980～2000 年的埋藏通量为人类影响值（F_a），计算了人类影响因子（AF）。计算公式为

$$AF = \frac{F_a - F_b}{F_b} \tag{4-12}$$

表 4-21　胶州湾沉积物中生源要素和重金属的人类影响因子

B3	OC	TN	TP	BSi	Cr	Cu	Zn	Cd	Pb	Co	Ni
AF	2.26	1.06	0.74	3.01	1.34	1.94	1.47	1.7	1.72	1.3	1.34

AF	Ex-P	Al-P	Fe-P	Oc-P	Ca-P	De-P	IP	OP	TP
B3	1.17	0.97	1.21	0.73	1.18	1.22	1.11	0.21	0.74
D4	1.62	1.94	2.52	3.38	2.14	2.84	2.59	0.57	1.84
D7	0.83	1.78	2.76	0.96	0.85	1.41	1.27	2.94	1.70
平均值	1.21	1.56	2.16	1.69	1.39	1.82	1.66	1.24	1.43

AF	IEF-N	WAEF-N	SAEF-N	SOEF-N	TIN	可交换态氮	TN
B3	0.98	1.15	1.28	1.23	1.18	1.21	1.06

续表

AF	IEF-N	WAEF-N	SAEF-N	SOEF-N	TIN	可交换态氮	TN
D4	4.24	2.72	2.67	1.78	3.04	1.35	3.31
D7	0.82	4.70	0.86	0.97	1.16	1.58	1.21
平均值	2.01	2.86	1.60	1.99	1.79	1.38	1.86

资料来源：戴纪翠，2007

从表4-21可以看出，在人类活动的影响下，生源要素以及重金属向胶州湾沉积物的输送量都有一定程度的增加，增加了0.74~3.01倍，并且增加的程度不一致。以重金属为例，受人类活动影响较明显的重金属有Cu、Cd和Pb，而Co和Ni受人类活动的影响就相对较小，这与前面关于重金属的富集因子和地质累积指数的研究中所得的结论是一致的。

根据胶州湾沉积物中生源要素（C、N、P、BSi）以及重金属的含量水平，并在结合^{210}Pb精确定年的基础上，可将胶州湾的环境演变过程分为3个阶段：1980年以前，1980~2000年和2000年后。第一个阶段可以看作是胶州湾环境演变的一个背景值，该段时期内明显的特征是相对较低的沉积速率，较轻的重金属污染和富营养化状况；第二阶段是青岛地区工农业迅猛发展的阶段，加上各项治污措施和保护措施不当，这段时期胶州湾的环境一度恶化，是人类活动影响最为明显的一个阶段；第三阶段是胶州湾环境质量不断改善的一个阶段，由于各项治污措施的制定和制度的不断完善，21世纪初，胶州湾的环境质量较20世纪的最后20年有了较大的改善。研究表明，这一系列变化大致可归咎于人类活动的影响，因此，这些信息对于治理和保护胶州湾的环境和对胶州湾环境的未来发展趋势具有十分重要的作用。

4.3 沉积物中的微量元素

20世纪50年代由甲基汞引起的汞中毒——"水俣病事件"及由镉中毒引起的"骨痛病"等一系列环境公害事件发生后，近海环境中重金属污染对生态环境影响引起了国内外学者的高度重视。沉积物中重金属丰度高、易于准确检测，因而水体沉积物重金属变化具有重要的环境指示意义，在一定程度上，可以体现海区生态环境的演化趋势，是评价海洋生态环境的重要指标。已有的研究结果表明，由于人类生活和生产活动已造成近海沉积物汇中重金属含量明显增加，其在沉积物中的沉积、分布变化主要受陆上排污及海湾和河口水动力条件的影响和控制。在某种程度上，近海沉积物中重金属的变化体现了一个海区生态环境地质演化的趋势。在环境地球化学研究中，近海沉积物重金属的环境指示意义可以归纳为以下几点：①近海沉积物柱状样中重金属的变化记录了其周边地区人类活动和环境演变的历史；②近海沉积物重金属含量水平真实地反映了一个地区的环境质量现状；③近海沉积物中重金属的变化是识别和防范问题区域的重要标志。研究海洋沉积物中有害元素或化合物的背景值、污染程度及其转移释放情况等是海洋沉积环境地球化学研究的主要内容。

一百多年以来，伴随青岛市经济的迅速发展、城市化进程的加快以及工业"三废"和农业面源的大量排放，胶州湾海域环境质量明显下降，近海污染范围不断扩大，对海洋环境、资源和经济的发展以至人们的健康造成了严重的影响。为了胶州湾的可持续性利用和发展，环境学家也越来越关注胶州湾的污染程度，从水质到底质污染状况以及污染源均有详细的调查研究，胶州湾属于还原环境或强还原环境，除总铬外，其他污染物质如铜、铅、镉、总汞、有机质、硫化物和油类在东部沿岸海区均有超标，工业废水和废渣是东部海区主要的污染物来源。通过采集胶州湾东岸各河口及湖岛、团岛、中沙礁、大公岛 7 个点位柱状和水下表层沉积物样品，根据 As、Cd、Cu、Pb、Zn 的含量，研究了柱状沉积物重金属的垂向分布与积累，表层沉积物重金属的水平分布与迁移，并应用多元数据的图分析法进行了污染源分类判别。对李村河口的两个沉积物柱状样中的 Cu、Zn、Cd、Pb、As、Sb、Bi、Hg 等重金属的研究表明，相对于沉积区背景值，重金属含量偏高，已造成轻度污染。利用河流输沙计算沉积速率，并根据测得的沉积速率，估算不同层位柱状样的沉积年代。沉积物年代分析结果显示，20 世纪 80 年代中期以来，沉积物重金属含量逐渐增大，污染有加重的趋势。李凤业等（2007）和齐君（2005）胶州湾沉积岩心的现代沉积速率与重金属的累积分析进行了如下系统的研究。

4.3.1 胶州湾柱状沉积物定年与重金属污染状况

根据已获得的岩芯的平均沉积速率，可计算获取柱状样不同层位的沉积年代，获得的沉积深度所对应的沉积年代如图 4-18 所示。

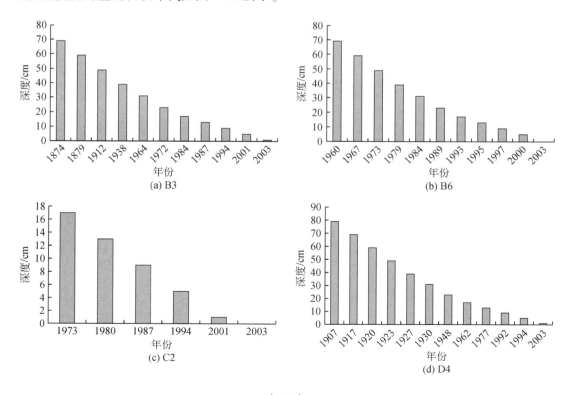

(a) B3

(b) B6

(c) C2

(d) D4

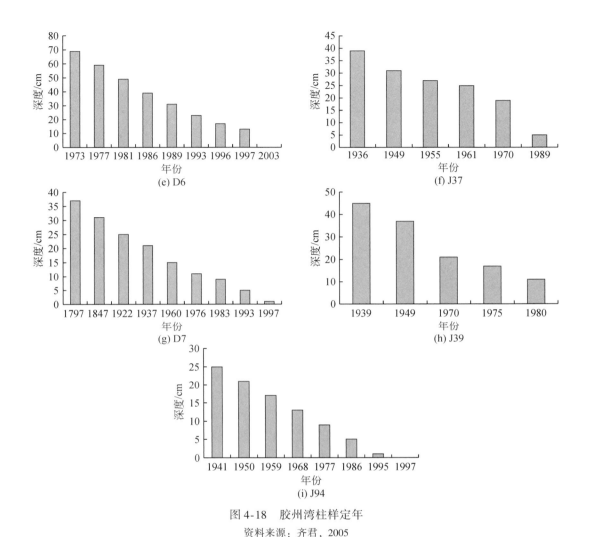

图 4-18　胶州湾柱样定年

资料来源：齐君，2005

对 6 个采样站位的沉积物岩芯样品采用电感耦合等离子质谱（ICP-MS）测定了分层样品中 7 种重金属元素的含量（表 4-22）。这 7 种元素分为两组，一组为 Pb，Ni，Cr 和 Cd，它们是对生物体有毒的元素；另一组是 Zn，Cu 和 Co，它们是维持生物体正常生化活动的元素。

表 4-22　不同沉积深度沉积物中重金属的平均含量

深度/cm	浓度	Cu/(μg/g)	Pb/(μg/g)	Zn/(μg/g)	Ni/(μg/g)	Co/(μg/g)	Cr/(μg/g)	Cd/(μg/g)
0~2	平均值	118	36.1	107	33.2	13.2	74.6	0.751
	范围	61.6~291	28.8~57.6	75.6~200	25.1~44.1	11.5~16.7	56.9~119.7	0.403~1.41
4~6	平均值	96.2	40.5	125	36.4	14.3	84.0	3.14
	范围	63.4~153	28.3~83.7	80.1~300	28.4~49	11.9~18.5	56.1~178.3	0.476~16

深度 /cm	浓度	Cu/(μg/g)	Pb/(μg/g)	Zn/(μg/g)	Ni/(μg/g)	Co/(μg/g)	Cr/(μg/g)	Cd/(μg/g)
8~10	平均值	99.0	37.1	106	32.5	13.3	80.0	1.29
	范围	55.5~197	26.6~71.8	68.4~209	23.9~46.2	10~17.5	51.5~170.5	0.446~3.4
12~14	平均值	95.6	40.5	127	35.5	14.1	85.1	0.760
	范围	61.8~200	28.4~87.4	66.3~257	25.3~47.8	10.8~17.6	53.2~178.8	0.452~1.54
16~18	平均值	92.9	39.0	115	35.3	14.5	80.3	0.679
	范围	60.7~176	23.5~73.9	47.8~258	26.2~49.8	9.19~32.2	35.5~159.1	0.503~1.33
22~24	平均值	94.7	38.1	110	35.2	14.7	83.0	0.690
	范围	66.2~142	23.1~70.9	42.3~207	25.3~45.9	7.81~17.8	33.3~160.2	0.529~1.08

资料来源：齐君，2005

注：站位 C4 沉积物柱样长 24cm

对沉积物中重金属污染状况的评估，采用胶州湾表层沉积物中重金属的平均含量与所推荐的页岩值（全球性背景值）、全国近海沉积物中重金属的背景值以及全球现代工业化前沉积物重金属的最高背景值对胶州湾污染状况进行评估（表4-23）。由表4-23可知，除了 Cr 的含量稍低外，胶州湾的其他重金属 Cu、Zn、Cd、Pb 等的污染均已超过页岩值；与中国海岸带沉积物重金属背景值比较，胶州湾沉积已明显受到重金属的污染；与全球现代工业化前沉积物重金属的最高背景值比较，除了 Cu 的含量较高外，胶州湾沉积物中其他重金属处于良好的水平；与世界上工业化程度较高的地区比较，其重金属的含量也较低。

表4-23　胶州湾表层沉积物中重金属含量与其他区域的比较　　　　（单位：μg/g）

区域	Cu	Pb	Zn	Cd
胶州湾	118	36	107	0.75
页岩值	45	20	95	0.3
中国海岸带背景值	30	25	80	-
全球工业化前最高背景值	50	70	175	1
美国 Narragansett 湾	163	121	227	-
加拿大 Halifax 港	88	206	249	-

资料来源：齐君，2005

将胶州湾沉积物中重金属含量的平均值与中国浅海的重金属含量比较（表4-24），其污染程度要比国内其他海域的污染高得多。可见，近年来经济发展对的环境影响增大，应该引起重视，必须加强该海区的环境保护和管理。

表 4-24 胶州湾沉积物中平均重金属含量与中国浅海的比较 （单位：μg/g）

重金属	胶州湾	渤海	黄海	东海	南海
Pb	36.3	20	22	21	19
Cu	91.9	22	18	14	13
Ni	34.8	26	26	25	30
Co	13.9	11	13	12	9
Cr	76.7	57	64	61	53
Zn	108.8	64	67	66	61
Cd	0.95	0.09	0.088	0.068	0.053

资料来源：齐君，2005

4.3.2 胶州湾沉积物重金属的累积过程与特征

从图 4-19 中不难看出，6 个站位的两组重金属元素在沉积物中的含量变化规律大致相同，由高至低依次为：$Cr \geqslant Pb \geqslant Ni > Cd$ 和 $Zn > Cu > Co$，胶州湾沉积物中主要含有 Zn、Cu、Cr、Ni 和 Pb，而 Cd 和 Co 的含量较低。

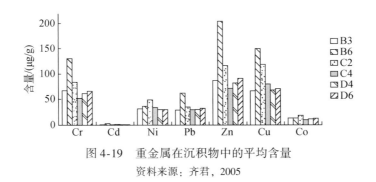

图 4-19 重金属在沉积物中的平均含量
资料来源：齐君，2005

站位 B6 柱状样中重金属含量最高，从该站位的地理位置看，该采样点距离岸边较近，接受了较多河流排污和城市垃圾堆放等的陆源输入，导致沉积物中重金属污染元素含量较高；而且较弱的水动力环境促使随陆源输入的重金属更容易堆积在此处。同样，该处具有较高的沉积速率也说明这一点。因此，污染源强度、河流纳污与输沙、水动力作用等是影响沉积物中重金属元素富集的多种原因。

站位 C2 柱状样中重金属含量也较高，该采样点是在胶州湾湾内沉积物的汇聚处，伴随着细颗粒泥沙物质的大量堆积，沉积物中重金属元素明显趋于富集。这一现象很好地对"元素的粒控效应"进行了验证，通常来说，细颗粒物质由于其表面积大、有机质含量高因而较易富集重金属，而粗颗粒物质则相对含量较少。因此，沉积物中颗粒的粒度组成也是影响沉积物中重金属含量及分布的重要因素。

沉积物中富集的重金属元素含量不仅取决于自然搬运和人为排放，而且还取决于沉积物的表面特性、有机物含量、矿物组分以及沉积物的沉积环境等多种因素。污染源强度、河流纳污与输沙、水动力作用等是影响沉积物中重金属元素富集的多种因素。沉积物中颗粒的粒度组成也是影响沉积物中重金属含量及分布的重要因素。

6 个站位沉积物岩芯中 7 种重金属元素的含量随岩芯深度的分布分别如图 4-20 ~ 图 4-25 所示。纵坐标为岩芯深度，横坐标为含量（μg/g）。每一站位由（a）、（b）和（c）3 组图线绘出，（a）图为 ^{210}Pb 过剩随深度（沉积年代）的变化，（b）图为 Cd 含量随深度（沉积年代）的变化，（c）图为 Zn、Cu、Co、Pb、Ni 和 Cr 随深度（沉积年代）的变化。上述已对该 6 个站位沉积物的沉积速率进行了测量，用较为准确的 ^{210}Pb 测年法测得站位 B3、B6、C2、C4 和 D6 的沉积速率分别为 0.85cm/a、1.62cm/a、0.56cm/a、0.19cm/a 和 2.27cm/a。其中站位 D4 的沉积模式有些特殊：有两个沉积速率分别为 1.63cm/a 和 3.96cm/a。

站位 B6 柱样中 7 种重金属元素含量随深度的变化情况如图 4-20 所示。由图 4-20 可以看出，从岩芯底部到表层，即 0 ~ 79cm 深度，重金属元素 Cr、Cu、Pb、Co、Zn 在沉积物中的含量呈现上升的趋势，对照 ^{210}Pb 测年资料，自 20 世纪 60 年代开始，这些元素在沉积物中的含量随时间的推移呈现递增的趋势。从采样站位的地理位置看，该采样点位于胶州湾东岸河口沉积区，海泊河、李村河、板桥坊河、娄山河等已成为市区工业废水和生活污水的排污河（沈志良，2002）。1980 年，青岛市工业废水排放量已经达到 70.2×10^{6}t/a，生活污水 13.3×10^{6}t/a，至 1987 年，废水总量又增加到 145.6×10^{6}t/a，其中工业废水 100.6×10^{6}t/a。污染源强度的逐年增强使该处沉积物中重金属含量也在增加。但是在岩芯深度为 0 ~ 17cm，即 1993 年至 2003 年，这些元素在沉积物中的含量反而开始逐渐减小，呈现出明显递减的趋势。这种趋势表明，20 世纪 90 年代以来，随着东岸河口处污染源强度的减弱以及河流纳污与输沙容量的减少，该处沉积物中重金属含量也随之呈现减小的趋势。同样，这种趋势反映了十多年来，胶州湾东岸河口区的污染状况得到了较有成效的改善和治理。

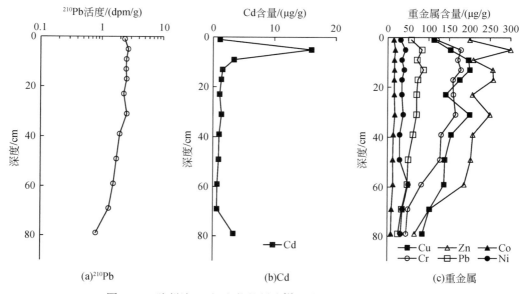

图 4-20　胶州湾 B6 沉积物柱样中 ^{210}Pb 与重金属的垂直分布

资料来源：齐君，2005

站位 C2 柱样中 7 种重金属元素含量随深度的变化情况如图 4-21 所示。利用²¹⁰Pb 测年资料，岩芯深度 17cm 处相应的年份为 1973 年。该处²¹⁰Pb 活度值在表层至深度 17cm 表现出较有规律的衰减并且具有较低的沉积速率。这表明，20 世纪 70 年代至 2003 年 9 月该海区的沉积环境一直比较稳定，重金属元素含量随沉积深度的变化也可以证明这一点。从图 4-21 中可知，这 7 种元素在该处沉积物中含量较高，重金属元素的富集程度也可以反映该海区沉积物的沉积特征。在²¹⁰Pb 活度的衰变区所对应的深度范围内（0~17cm），Cr 和 Cu 在沉积物中的含量从 70 年代至今有上升的趋势，Pb、Co、Zn、Ni 和 Cr 反而有逐渐降低的趋势。从时间尺度上看，自 20 世纪 70 年代至 2003 年，重金属元素 Cr 和 Cu 在沉积物中的污染越来越严重，而元素 Pb、Co、Zn、Ni 和 Cr 的污染呈现降低的趋势。

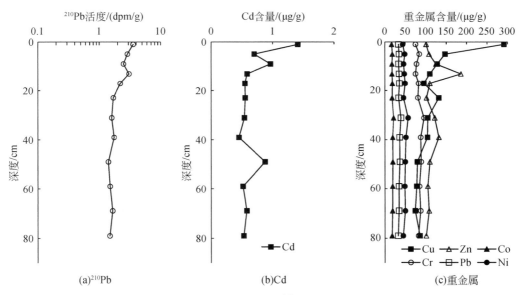

图 4-21　胶州湾 C2 沉积物柱样中²¹⁰Pb 与重金属的垂直分布

资料来源：齐君，2005

站位 B3 柱样中 7 种重金属元素含量随深度的变化情况如图 4-22 所示。结合²¹⁰Pb 活度随深度的变化可知，岩芯深度 0~59cm 是该柱样中²¹⁰Pb 活度的衰变区，利用测年资料，确定出该段深度所对应的时间范围是 20 世纪 30 年代至 2003 年 9 月。从图 4-22 中可以看到，在岩心深度为 17cm 处，所测定的 7 种重金属含量随深度的变化趋势有明显的差异：在岩芯底部至 17cm 处这一深度范围内，这些元素在沉积物中的含量逐渐增加；而从岩芯深度为 17cm 处到岩芯表层的范围内，除了 Cu 一直增加外，其他的元素在沉积物中的含量反而逐渐减少了。从²¹⁰Pb 测年法获得的年代序列看，20 世纪 80 年代以来，该海区沉积物中的大多数的重金属污染得到了较显著的治理。

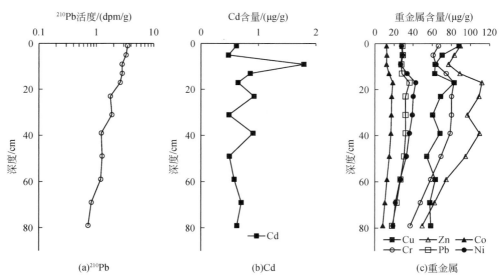

图 4-22 胶州湾 B3 沉积物柱样中 ^{210}Pb 与重金属的垂直分布

资料来源：齐君，2005

　　站位 C4 柱样中 7 种重金属元素含量随深度的变化情况如图 4-23 所示。由 ^{210}Pb 活度的垂直分布情况看出，该站位 ^{210}Pb 的衰变区是 0～13cm，通过测年法获得了衰减时间是 1936 年至 2003 年 9 月。从重金属含量在柱样中随深度的变化看到，除了元素 Cd 以外，其他 6 种元素随深度的变化规律大致相同，从 13cm 深度至岩芯表层的深度范围内，即 1936～2003 年，重金属元素 Cr、Pb、Co、Zn、Ni 和 Cu 在沉积物中的含量呈现明显的上升趋势。同样，重金属元素在沉积物中的含量的变化反映了该海区的污染程度在逐年加剧。

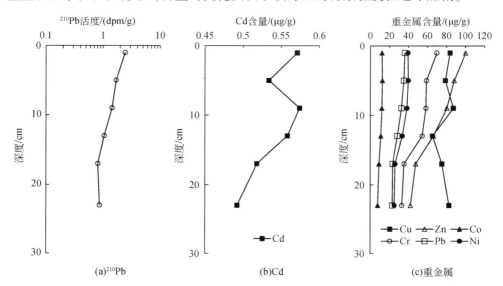

图 4-23 胶州湾 C4 沉积物柱样中 ^{210}Pb 与重金属的垂直分布

资料来源：齐君，2005

　　站位 D6 柱样中 7 种重金属元素含量随深度的变化情况如图 4-24 所示。从整体趋势看来，重金属在沉积物中的含量随深度的递减具有递减的趋势，对照 ^{210}Pb 测年资料，即从 1973 年至今，沉积物中的重金属污染程度有逐年缓和的趋势。从该站位的地理位置看来，该采样点位于胶州湾主航道的沙脊处，航道的清理会对沉积物中重金属的含量产生一定的影响。另外，由该站位 ^{210}Pb 活度的垂直分布可知，在表层沉积物中出现了混合层。所测定的 7 种金属元素在岩芯为 0 ~ 13cm 的深度的含量比 13cm 以下岩芯中的含量偏低，并且表现出较明显的减少趋势，由此，我们推断强烈的水动力环境不利于重金属在沉积物中的累积。

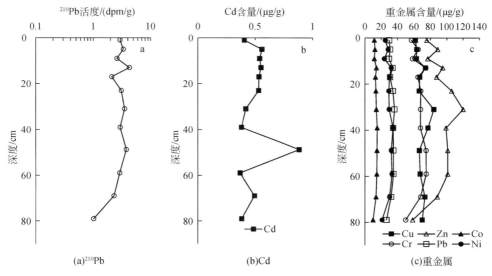

图 4-24　胶州湾 D6 沉积物柱样中 ^{210}Pb 与重金属的垂直分布

资料来源：齐君，2005

　　站位 D4 柱样中 7 种重金属元素含量随深度的变化情况如图 4-25 所示。该站位的 ^{210}Pb 垂直分布模式呈现多阶分布，具有两个沉积速率，沉积环境极不稳定。0 ~ 17cm ^{210}Pb 活度呈有规律的衰减，在这之后，可观察到另一个 ^{210}Pb 衰变区。^{210}Pb 活度的垂直分布呈现特殊的多阶分布模式，这表明在 17cm 处沉积环境发生了改变，由沉积物中重金属含量随深度的变化也可以观察到这种变化。在 0 ~ 17cm 深度，重金属在沉积物中的含量随深度递增；17cm 以下，重金属在沉积物中的含量随深度递减。沉积物年代分析结果显示，1991 年至 2005 年，沉积物中重金属含量逐渐减少，污染有减弱的趋势；1991 年以前，沉积物中重金属含量整体上有增加的趋势，污染有加重的趋势。但是在 39 ~ 69cm，重金属含量随深度的递减却表现出明显的减少的趋势，结合测年资料，即在 1979 ~ 1987 年，重金属在沉积物中的污染有加重的趋势。

　　综合以上分析，沉积物中富集的重金属元素含量主要受陆地排污、水动力作用、沉积物粒度的影响和控制；胶州湾沉积物中重金属含量随柱样深度的变化，基本反映了胶州湾接纳青岛市区所排出重金属污染物的历史过程和变化趋势，重建了胶州湾污染环境变化的

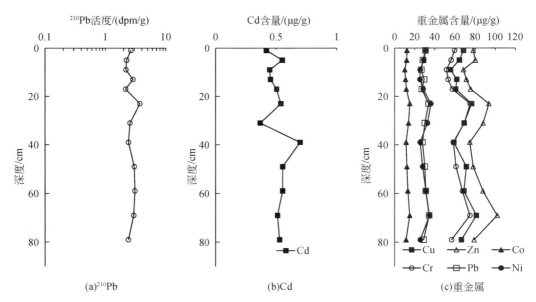

图 4-25　胶州湾 D4 沉积物柱样中^{210}Pb 与重金属的垂直分布

资料来源：齐君，2005

历史记录，较好地反映了其重金属污染的累积过程，也较好地解释了人类活动对胶州湾沉积物中重金属污染的影响过程与程度。

重金属元素 Cr、Pb、Co、Zn、Ni 和 Cu 随深度的变化均表现出一定的规律性 Pb、Ni、Cr 和 Cd 等对生物体有毒的 4 种金属元素，B6、B3、C2、D4 和 D6 站位中元素 Pb、Ni、Cr 的含量自 20 世纪 80 年代至今有不同程度的减少，而站位 C4 却没有这种趋向，可能是该处较弱的水动力条件更有利于重金属在此累积起来；所有柱样中重金属元素 Cd 的变化却非常复杂，有关研究也表明，胶州湾沉积物中 Cd 含量分布不均，且普遍超出其元素地球化学丰度，说明 Cd 污染较重。而另一组金属元素 Zn 和 Co 也有类似规律，但重金属元素 Cu 整体上呈现上升趋势，可推断，沿海农田施用化肥与农药剂量的逐年增加是导致 Cu 在沉积物中含量较高的原因。

胶州湾沉积物与中国海岸带沉积物重金属背景值比较，胶州湾沉积已明显受到重金属的污染，B6、B3、C2、D4 和 D6 站位中元素 Pb、Ni、Cd、Zn 和 Co 等的含量自 20 世纪 80 年代至 2003 年有不同程度的减少，而站位 C4 却没有这种趋向，可能是该处较弱的水动力条件更有利于重金属在此累积起来，所有柱样中重金属元素 Cd 的变化却非常复杂，重金属元素 Cu 整体上呈现出上升趋势。

4.3.3　胶州湾 B3 与 D4 柱状沉积物中重金属的污染状况评价

对胶州湾 B3 站柱状样岩心沉积物中重金属的研究结果表明，Cr 的浓度为 37.1～82.6μg/g，平均值为 66.6 μg/g；Cu 的浓度为 54.2～87.8μg/g，平均值为 66.5 μg/g；Zn 的浓度为 49.6～112μg/g，平均值为 87.2 μg/g；Cd 的浓度为 0.48～1.79μg/g，平均值为

0.76 μg/g；Pb 的浓度为 18.2～36.3μg/g，平均值为 28.9 μg/g；Co 的浓度为 8.41～18.7μg/g，平均值为 14.1 μg/g；Ni 的浓度为 18.9～42.7μg/g，平均值为 31.4μg/g。B3 和 D4 岩心沉积物中重金属的垂向分布如图 4-22 和图 4-25 所示。根据国家沉积物的质量标准，Cu、Cd 属于二类沉积物，污染较严重，其他的重金属污染如 Pb、Zn 和 Cr 的污染相对较轻，均属一类沉积物。

大部分重金属的含量自下而上呈逐渐增大的趋势，但 Cd、Cu 和 Zn 的含量波动较大。所研究的重金属含量最小值在沉积层的底部，最高值除 Cu 表层外，其余的都在次表层，这种分布模式从一定程度上说明了该段时期内胶州湾的重金属的污染历史。对应于 20 世纪七八十年代是环胶州湾地区工农业的迅猛发展时期，重金属污染状况比较严重，而由于采用了较为得力的管理和治污措施，从 20 世纪 90 年代到 21 世纪初重金属的污染程度已经大大减轻。为评价胶州湾重金属的污染程度，本书从重金属的富集因子（EF）和地质累积指数（I_{geo}）的角度进行了研究。

4.3.3.1 富集因子（EF）

重金属在沉积物中的含量分布与沉积物的粒度组成有很大的关系，大量的研究表明，随着沉积物颗粒由大变小，重金属的浓度一般会相应增加，因为沉积物的颗粒越细，接触的面积越大，因而能吸附更多的重金属。因此有必要对沉积物中重金属浓度进行归一化校正，以减少矿物组成和粒度分布的差异对重金属含量的影响，获得环境演变和受人文活动冲击强度的信息。常用的归一化元素有 Sr、Fe、Cs、Mn、Al、Li 等。其中 Al 已经被广泛应用于沉积物中重金属的归一化研究，而 Li 是近年来才被用为参考元素的，Li 不仅适宜做归一化的参考元素，并且部分地弥补了 Al 归一化的不足。为评价胶州湾重金属的污染程度，对所研究的 B3 柱状样岩芯重金属的 EF 进行了计算，公式如下：

$$EF = \frac{M_s}{X_s} / \frac{M_b}{X_b}$$ (4-13)

式中，M 是指所研究的金属元素；X 代表的是 Al 或者是 Li，本研究采用的是 Li 作为参考元素；s 代表的是沉积物；b 代表的是重金属的背景值，本书采用的是该金属元素在地壳中的丰度。

D4 和 B3 柱状样中重金属的富集因子如表 4-25 所示。当富集因子为 1 时，认为元素来源于地壳，当 EF 大于 10 时，该元素被认为是非地壳源的。从表 4-25 中可以看出，大部分重金属元素在 1 附近或小于 1，表现出强烈的陆源属性。各重金属的富集因子的顺序为：Cd>Pb>Cu>Zn>Cr>Co>Ni，其中 Cd、Pb 和 Cu 是受人类活动影响最大的 3 种元素，污染状况较为严重，而 Co 和 Ni 是受人类活动影响较小的两种元素，污染较轻。

表 4-25　胶州湾沉积物重金属的富集因子（EF）

EF（D4）	Cr	Cu	Zn	Cd	Pb	Co	Ni
1	0.27	0.57	0.51	0.95	1.12	0.22	0.19
5	0.26	0.54	0.53	1.28	1.05	0.22	0.18

EF（D4）	Cr	Cu	Zn	Cd	Pb	Co	Ni
9	0.27	0.54	0.52	1.19	1.13	0.21	0.18
13	0.27	0.57	0.52	1.15	1.20	0.22	0.17
17	0.26	0.49	0.48	1.12	0.97	0.21	0.17
23	0.25	0.47	0.45	0.91	0.91	0.20	0.16
31	0.26	0.48	0.48	0.70	0.92	0.21	0.17
39	0.26	0.48	0.48	1.57	1.00	0.21	0.15
49	0.27	0.57	0.49	1.21	1.06	0.21	0.16
59	0.27	0.50	0.50	1.10	0.99	0.21	0.17
69	0.25	0.50	0.49	0.86	0.93	0.20	0.16
79	0.26	0.56	0.52	1.23	1.07	0.21	0.16
平均值	0.26	0.52	0.50	1.11	1.03	0.21	0.17
EF（B3）	Cr	Cu	Zn	Cd	Pb	Co	Ni
1	0.33	0.79	0.63	1.52	1.15	0.25	0.19
5	0.24	0.51	0.47	0.95	0.94	0.21	0.15
9	0.29	0.52	0.50	4.09	1.01	0.23	0.16
13	0.29	0.44	0.49	1.64	0.87	0.23	0.17
17	0.25	0.46	0.48	0.97	0.88	0.24	0.17
23	0.28	0.43	0.54	1.59	0.89	0.25	0.19
31	0.28	0.39	0.49	0.86	0.91	0.25	0.17
39	0.28	0.45	0.56	1.63	0.94	0.25	0.17
49	0.28	0.40	0.54	0.99	0.99	0.25	0.18
59	0.29	0.57	0.53	1.43	1.07	0.26	0.18
69	0.33	0.72	0.61	2.41	1.26	0.30	0.20
79	0.39	1.13	0.75	3.29	1.54	0.37	0.27
平均值	0.29	0.57	0.55	1.78	1.04	0.26	0.18

资料来源：戴纪翠，2007

4.3.3.2 地质累积指数（I_{geo}）

I_{geo}是由德国科学家 Muller（1969）提出的一种评价水环境沉积物中重金属污染状况的一个定量指标。其表达式为

$$I_{geo} = \log_2 \frac{C_n}{RB_n} \tag{4-14}$$

式中，C_n 是元素 n 在小于 2μm 沉积物中的含量；B_n 为黏质沉积岩（即普通页岩）中该元素的地球化学背景值；R 为考虑各地岩石差异可能会引起的背景值的变化而取的系数（一

般取值为 1.5）。根据 I_{geo} 值的大小，将沉积物中重金属的污染程度分为 6 个等级，$I_{geo}<1$，未污染；$1<I_{geo}<2$，偏轻度污染；$2<I_{geo}<3$，轻度污染；$3<I_{geo}<4$，中度污染；$4<I_{geo}<5$，重度污染；$I_{geo}>5$，严重污染。

表 4-26 是胶州湾 B3 柱状样岩芯各沉积层的 I_{geo} 值。从表 4-26 中可以看出（以 B3 为例），B3 岩芯重金属的 I_{geo} 值除 Cr、Cd 和 Pb 外，其余的都小于 0，说明 Cr、Cd 和 Pb 的污染较其他重金属元素严重，其中 Cr 的污染已是轻度污染，Cd 属于偏轻度污染；而 Co 和 Ni 几乎没有污染。

表 4-26　胶州湾沉积物中重金属的地质累积指数（I_{geo}）

I_{geo}（B3）	Cr	Cu	Zn	Cd	Pb	Co	Ni
1	2.15	0.09	−0.23	1.03	0.62	−1.63	−2.01
5	2.02	−0.23	−0.34	0.67	0.64	−1.58	−1.97
9	2.09	−0.39	−0.45	2.58	0.56	−1.63	−2.06
13	2.31	−0.40	−0.24	1.51	0.60	−1.35	−1.73
17	2.46	0.01	0.09	1.10	0.95	−1.00	−1.40
23	2.42	−0.26	0.05	1.62	0.78	−1.09	−1.48
31	2.42	−0.45	−0.12	0.69	0.78	−1.12	−1.52
39	2.39	−0.28	0.06	1.59	0.79	−1.16	−1.63
49	2.20	−0.61	−0.15	0.72	0.71	−1.30	−1.76
59	1.96	−0.38	−0.49	0.94	0.53	−1.56	−2.08
69	1.67	−0.52	−0.75	1.22	0.29	−1.82	−2.38
79	1.31	−0.49	−1.08	1.05	−0.04	−2.16	−2.57
平均值	2.12	−0.33	−0.30	1.23	0.60	−1.45	−1.88
I_{geo}（D4）	Cr	Cu	Zn	Cd	Pb	Co	Ni
1	−1.34	−0.27	−0.43	0.48	0.71	−1.62	−1.86
5	−1.42	−0.36	−0.39	0.88	0.59	−1.66	−1.95
9	−1.54	−0.57	−0.62	0.57	0.50	−1.91	−2.14
13	−1.50	−0.42	−0.56	0.59	0.65	−1.80	−2.15
17	−1.39	−0.44	−0.48	0.75	0.54	−1.69	−1.98
23	−1.00	−0.11	−0.16	0.85	0.85	−1.32	−1.64
31	−1.12	−0.26	−0.25	0.29	0.69	−1.44	−1.78
39	−1.36	−0.49	−0.49	1.22	0.57	−1.72	−2.14
49	−1.30	−0.21	−0.43	0.88	0.69	−1.63	−2.01
59	−1.16	−0.26	−0.26	0.88	0.73	−1.51	−1.85
69	−1.01	−0.02	−0.04	0.77	0.88	−1.33	−1.70
79	−1.40	−0.31	−0.41	0.82	0.62	−1.72	−2.14
平均值	−1.29	−0.31	−0.38	0.75	0.67	−1.61	−1.94

资料来源：戴纪翠，2007

从重金属的富集因子和地质累积指数可以看出，胶州湾沉积物中重金属的污染较世界上某些海湾、河口等近海海域较轻，而较中国近海的污染较重。Cd、Pb 和 Cu 是受人类活动较为明显的 3 种重金属元素。该地区 Cr、Cd 和 Pb 的污染状况较其他重金属元素重。但从重金属在沉积层序的分布特征来看，重金属的污染在 20 世纪 80 年代开始加重，但在 21 世纪初，这种状况已经得到较大改善。总的来说，胶州湾重金属污染也并不严重，除了部分河口和沿岸水域外，大部分水域的水质和沉积环境质量较好。

如上所述，沉积物中重金属的含量受到诸如沉积物的来源、粒度和矿物组成等多种因素的影响，如沉积物中有机质的含量可显著地影响重金属的含量和赋存形态。一般来说，沉积物中重金属的区域分布与沉积物中的有机碳、腐殖酸、硫化物和总磷的含量分布有着较为显著的正相关关系。

因此，重金属对近海污染物的迁移沉积有示踪和指示作用。有机碳、总氮以及总磷与重金属之间的 Pearson 相关系数如表 4-27 所示。

表 4-27　重金属之间以及重金属与有机碳、总磷和总氮的 Pearson 相关系数

B3	Cr	Cu	Zn	Cd	Pb	Co	Ni
Cu	0.37	1					
Zn	0.96	0.45	1				
Cd	0.07	−0.06	−0.02	1			
Pb	0.95	0.46	0.96	−0.02	1		
Co	0.95	0.26	0.95	−0.06	0.93	1	
Ni	0.96	0.32	0.95	−0.06	0.93	0.99	1
OC	0.74	0.35	0.73	0.25	0.79	0.59	0.61
TP	0.49	0.36	0.60	0.34	0.51	0.60	0.55
TN	0.38	0.33	0.36	0.60	0.27	0.16	0.22
D4	Cr	Cu	Zn	Cd	Pb	Co	Ni
Cu	0.87	1.00					
Zn	0.95	0.91	1.00				
Cd	0.00	−0.06	0.00	1.00			
Pb	0.89	0.95	0.89	−0.06	1.00		
Co	0.98	0.90	0.96	−0.04	0.90	1.00	
Ni	0.92	0.83	0.89	−0.21	0.84	0.95	1.00
OC	0.90	0.74	0.79	−0.01	0.68	0.86	0.80
TN	−0.12	0.03	−0.05	−0.26	0.06	−0.03	−0.04
TP	0.50	0.52	0.60	0.14	0.54	0.51	0.37

资料来源：戴纪翠，2007

从表 4-27 中可以看出，除 Cd 与其他重金属元素之间不存在相关关系外，其他各重金属之间的相关性较好。类似的，除 Cd 外，重金属元素与有机碳、总磷的相关性也较好，

有机碳与 Cr、Cu、Zn、Cd、Pb、Co 以及 Ni 的相关系数分别为 0.74、0.35、0.73、0.25、0.79、0.59 和 0.61。总磷和 Cr、Cu、Zn、Cd、Pb、Co 以及 Ni 的相关系数分别为 0.49、0.36、0.60、0.34、0.51、0.60 和 0.55。与有机碳和总磷相比较而言，重金属元素与总氮的相关性就较差，除了 Cd 与总氮的相关系数为 0.60 外，Pb、Co 和 Ni 与总氮几乎不相关。上述结果表明，重金属与有机质在沉积物中的富集密切相关，除 Cd 外，重金属元素与有机碳、总磷的相关性也较好，则说明了 Cr、Cu、Zn、Pb、Co 以及 Ni 的可能来源相同或近似。

沉积物中富集的重金属元素含量不仅取决于自然搬运和人为排放，而且还取决于沉积物的表面特性、有机质含量、矿物组分以及沉积物的沉积环境等多种因素。污染源强度、河流纳污与输沙、水动力用等是影响沉积物中重金属含量及分布的重要元素。

研究结果表明，两个柱状样中重金属元素 Cd 的垂向变化、富集因子、地质累积指数、与其他重金属元素以及粒度等相关关系与其他重金属元素不同（表 4-28），并且变化较为复杂。有关研究也表明，胶州湾沉积物 Cd 含量分布不均，且普遍超出其元素地球化学丰度，说明胶州湾 Cd 的污染较为严重，可能是因为：①沉积物中的 Cd 有相当一部分以可交换态存在，当沉积物与海水接触后，由于水相盐度的变化，沉积物中的部分 Cd 发生解析而进入水相，使沉积物中 Cd 的浓度较低；②较弱的颗粒迁移能力，Cd 能够在较弱的水动力环境中富集起来；③重金属 Cd 元素主要为海洋中的吸附-清扫型元素，在河口、海湾等沿海低能海洋中，由吸附或清扫作用能迅速随各种颗粒物质沉积或者聚集到海底沉积物中。

表 4-28　B3 柱状沉积物重金属与沉积物粒度之间的相关关系

粒度/μm	Cr	Cu	Zn	Cd	Pb	Co	Ni
<31	0.86	0.05	0.81	0.16	0.84	0.87	0.87
31~63	0.48	0.66	0.44	0.12	0.45	0.22	0.28
>63	−0.91	−0.37	−0.85	−0.18	−0.88	−0.79	−0.82

资料来源：戴纪翠，2007

综合以上分析可知，胶州湾沉积物中重金属元素的含量主要受陆地排污、水动力作用、沉积物粒度的影响和控制，胶州湾沉积物中重金属含量随柱状样深度的变化，基本上反映了胶州湾接纳其沿岸所排出的重金属污染物的历史过程和变化趋势，可在一定程度上反映其重金属污染累积过程以及人类活动对胶州湾沉积物中重金属污染的影响过程和程度。

4.4　胶州湾滨海湿地碱蓬与盐渍土环境

盐渍土是一系列受土体中盐碱成分作用的、包括各种盐土和碱土以及其他不同程度盐化和碱化的各种类型土壤的统称，也称盐碱土。当土壤表层或亚表层中（一般厚度为 20~30cm），水溶性盐积累超过 0.1% 或 0.2%（即 100g 风干土中含 0.1g 水溶性盐类，或在富含石膏情况下，含 0.2g 水溶性盐类），或土壤碱化层的碱化度超过 5%，属盐碱土范畴。在盐渍土发育过程中气候、地形、地质、水文及生物因素的影响最为突出。土壤盐渍化是一个世界性的资源和生态问题。据统计全球有各种盐渍土约 10 亿 hm²，占全球陆地面积的 10%，并且以每年 100.0 万~150.0 万 hm² 的速度增长。中国盐渍土壤面积大，分布广泛，类型多样。各种类型的盐渍土总量为 14.87 亿亩（约合 9913 万 hm²），相当于耕地面积的 1/3。但目前对盐渍土壤的深入系统研究并没有引起足够的关注。

滨海湿地盐渍土主要受海水的浸渍经过毛细作用和蒸发作用使海相盐土母质所含的盐分大量上升至地表残留和凝聚并经海水浸渍而成，同时，滨海地区大量开采地下水，使海水随海潮入侵及溯河倒灌，向滨海及河流近岸地下水继续供给盐分，参与土壤积盐过程，加之气候干燥、降水不足、蒸发量大，形成人为的次生盐渍土。盐渍土的物理与化学性状都较差，一般情况下，空隙度减小，易于板结、透水透气性较差，有机质含量降低，C、N 矿化程度降低，土壤微生物的活动受到限制，因而土壤肥力降低，盐渍土对其上生长的植物作物产生盐害，土壤中过的盐分离子对植物的生殖生长和营养生长都有抑制，一些离子还可以对植物进行直接毒害，引起植物的形态和结构发生变化，可导致根系吸水困难，茎叶细小，严重时根系向体外渗水，影响植物对养分的吸收和转化，使其萎蔫或枯死。但有些盐生植物如碱蓬可忍受较高盐分的胁迫，在滨海湿地盐渍土壤中正常生长，它们可用来修复受损的盐渍土壤。研究表明，潮滩盐沼植物翅碱蓬（*Suaeda heteropera*）对重金属有一定的耐受性和富集能力，碱蓬对化学物质的迁移就有重要的作用。

胶州湾滨海湿地主要有河口海湾湿地、浅海水域湿地、潮间滩涂湿地、湖泊湿地、河流沼泽、盐田池塘湿地 6 种生态类型，目前，其总面积为 34 825.09hm²，其中 10hm² 以上的湿地 18 块，面积为 34 580 hm²。胶州湾东北部沿岸属于充填型河口海湾湿地，主要有"沧口、女姑口潮间滩涂湿地""红岛河套潮间滩涂湿地""女姑口河口海湾湿地""城阳区上马盐田湿地""城阳区南万盐田湿地"和"白沙河河流沼泽湿地"等，其上部盐渍土多为黏质砂土或砂质黏土，这一区域上的优势植物为碱蓬，碱蓬为藜科一年生高耐盐真盐生草本植物，一般株高 50~80cm，为无限花序，种子双凸镜形，直径 0.5~1.0mm。滨海湿地是重金属的重要接纳富集地之一，胶州湾东北部沿岸湿地的面积正逐年减少，其对环境中污染物的净化环境能力也在降低，并且由于胶州湾东北部海域海流为往复流，大量污染物被排入胶州湾东北部海域后，其稀释扩散速度较慢，诸多原因导致该区域环境质量日益恶化。近年来，随着湿地保护意识的加强，利用植物修复技术来降低潮滩重金属污染程度的研究已得到了国内外学者的普遍关注。研究发现，湿地中有些具有特异根圈效应的植物可以吸收和累积重金属，并能在植物体内发生迁移转化，从而减少滩地上的重金属污染，降低重金属对潮滩生态系统的危害。

4.4.1 胶州湾滨海盐渍土及碱蓬样品的采集与分析

2008 年 8 月，于胶州湾东北部滨海湿地 5 个点采集盐渍土壤和碱蓬样品（图 4-26）。其中 T1 位于双埠入海口浅滩，取样附近植物种类繁多，附近有输油管道，水面上有油污。T2 为女姑河入海口西附近浅滩，稍偏离主河道，潮滩有养殖虾池蟹地，采样时为落潮时段。采样点 T2-1 位于女姑河口近水点，采样于河道旁的斜坡上，碱蓬根在水中，茎叶露出水面。T3 位于白沙河入海口附近，采样点植被完好，碱蓬生长十分旺盛，强烈的木质化，株高也高于其他采样点。T4 及 T4-1 位于墨水河周边，其附近有垃圾堆，地面干裂，T4 位于潮滩地带，T4-1 为近水地带。T5 及 T5-1 位于上马污水处理厂外围的盐碱滩，T5距离污水厂很近，植物分布不规则，T5-1 位于附近盐场盐池土坝上，碱蓬的生长繁茂，地势低、盐度大区域的碱蓬尤为明显。

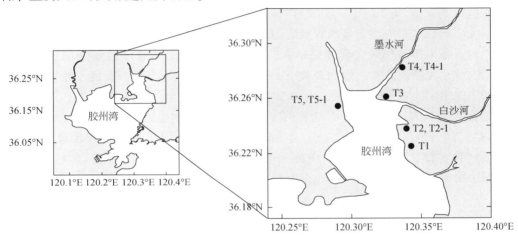

图 4-26　胶州湾东北部滨海湿地盐渍土壤和碱蓬样品采集站位

资料来源：李学刚等，2011

盐渍土壤样品采集后，自然风干 3 天后，置于 50℃ 烘箱中烘干至恒重，用玛瑙研钵研磨过 120 目筛备用。准确称取 40mg 于 Teflon 溶样罐中，加入 0.6ml HNO_3+2ml HF 封盖后，震摇样品，静置 2h 后，于 150℃电热板上溶样 24h，然后加入 0.5ml $HClO_4$ 于 120℃电热板上敞开蒸发至半干，再加入 1ml HNO_3+1ml H_2O 密闭于 120℃电热板回溶 12h，用 ICP-MS 测定 Cu、Zn、Pb、Cd、As、Cr、Co、Ni、V、Mo、Li、Rb、Cs、Sr 和 Ba 的含量等。ICP-MS 测定条件输出功率为 1300W，射频电浆耦合器电压为 1.6V，采样深度为 7mm，采样锥孔与焰炬的水平距离为 0mm，采样锥孔与焰炬的垂直距离为 0.4mm，载气流速为1.15L/min，蠕动泵转速为 0.1r/s。

碱蓬样品采集带回实验室立即用自来水冲洗 3 遍，蒸馏水冲洗 2 遍，以除去茎叶部分表面黏着的泥沙，用小毛刷小心清理根毛附近的土壤，后用塑料剪刀将植物样品分离为根、茎、叶 3 部分，分装后 40℃烘箱中烘至恒重，以玛瑙研钵研碎，过 120 目筛。准确称取碱蓬样品 0.1g，用盐渍土壤同样的样品处理方式和条件测定碱蓬中 Cu、Zn、Pb、Cd、As、Cr、Co、Ni、V、Mo、Li、Rb、Cs、Sr、Ba 的含量。

4.4.2　胶州湾滨海盐渍土对重金属的聚集与分散特性

李学刚等（2011）对胶州湾滨海湿地盐渍土壤中重金属的聚集与分散特性研进行了如下系统的研究。

4.4.2.1　盐渍土壤中重金属的含量

胶州湾北岸盐渍土壤中重金属的含量如表 4-29 所示。Cu 在各采样站位间含量差别较大，其中 T2-1 站含量最低，仅为 21.38μg/g 的，T4-1 站含量最高，为 600.63μg/g，远远高于中国土壤的背景含量 22.6μg/g（表 4-29）。Zn 在各采样站位间含量差别也较大，其中 T3、T5 站含量最低，仅为 82.93μg/g 的，T4-1 站含量最高，为 1016.1μg/g，远远高于中国土壤的背景含量 74.2μg/g。除 T4-1 站土壤中铅含量较高外，其他各采样站位间铅含量差别不大，但都高于中国土壤的背景值 26.0μg/g。胶州湾东北沿岸盐渍土壤中 Cr 的分布相对均匀，各采样站位间含量差别不大，但都高于中国土壤的背景含量 61.0μg/g。除 T5 站土壤中 Cd 含量较低外（仅为 0.09μg/g），其他各采样站位间 Cd 含量差别较大，但都远高于中国土壤的背景值 0.097μg/g。As 在各采样站位之间含量差别不大，但都低于中国土壤的背景值 11.2μg/g。Co、Ni、V 的分布相似，表现为研究区的北部高于南部，北部各站（T4、T5、T5-1）土壤中 Co、Ni、V 的含量稍高于中国土壤的背景含量 26.9μg/g，南部各站（T1、T2、T2-1）稍低于中国土壤的背景值。Mo 在各站位间的含量相差不大，低于中国土壤中 Mo 的背景含量 2.0μg/g（表 4-30）。

表 4-29　胶州湾东北沿岸盐渍土壤中重金属的含量　　　　　（单位：μg/g）

站位	Cu	Zn	Pb	Cr	Cd	As	Co	Ni	V	Mo
T1	23.32	83.92	36.76	206.62	0.93	7.08	7.65	17.57	58.29	0.78
T2	95.60	115.30	44.45	160.33	0.62	8.18	10.51	35.37	74.65	0.72
T2-1	21.38	94.10	46.11	118.01	0.66	11.03	10.98	22.59	75.46	1.04
T3	23.00	82.93	37.21	96.76	0.24	6.64	10.72	25.99	75.16	1.00
T4	80.21	152.39	34.31	88.83	0.41	6.11	12.67	30.08	82.28	0.73
T4-1	600.63	1016.1	90.98	209.55	1.33	9.37	15.19	55.01	91.88	1.40
T5	33.26	82.93	32.98	188.37	0.09	6.47	19.07	86.83	112.21	0.71
T5-1	105.10	179.45	47.45	125.63	0.51	10.58	17.35	49.75	112.76	0.87
平均	122.81	225.89	46.28	149.26	0.60	8.18	13.02	40.40	85.34	0.91

资料来源：李学刚等，2011

表 4-30　中国土壤中重金属的背景值　　　　　（单位：μg/g）

含量	Cu	Zn	Pb	Cr	Cd	As	Co	Ni	V	Mo
含量范围	0.33～272	2.6～593	0.68～1143	2.20～1209	0.001～13.4	0.01～626	0.01～93.9	0.06～627	0.46～1264	0.10～75.1
背景含量	22.6	74.2	26.0	61.0	0.097	11.2	12.7	26.9	82.4	2.0

资料来源：李学刚等，2011

4.4.2.2　胶州湾东北沿岸盐渍土壤对微量重金属的聚集与分散

土壤是独立的自然体，是由岩石通过风化及成土过程而形成的产物。因此，土壤中微量重金属的含量与成土母质关系密切，但在不同土壤类型和成土母质的条件下，微量元素含量的变幅、分布和形态等，都有大的差异。另外，人类活动的影响，特别是污染物的排放可极大的改变土壤中微量重金属的含量。在评价土壤中化学元素的富集特征时，为了减少成土母质对重金属含量的影响，突出人文活动对重金属含量的贡献，一般对土壤中的重金属进行归一化处理。归一化参比元素通常选择地壳中普遍大量存在的、人为污染很小，化学稳定性好、挥发性低且易于分析的元素。常用的参比元素有 Sr、Fe、Cs、Mn、Al、Li 等。其中 Al 已经被广泛应用于沉积物中重金属的归一化研究，而 Li 是近年来才被用为参考元素的，Li 不仅适宜做归一化的参考元素，并且部分地弥补了 Al 归一化的不足。为评价胶州湾东北沿岸盐渍土壤中微量重金属的富集特征，以 Li 为参比元素，按下式计算，结果见表 4-31。

$$EF = \frac{\left(\dfrac{C_i}{C_n}\right)_{样品}}{\left(\dfrac{C_i}{C_n}\right)_{背景}} \tag{4-15}$$

式中，EF 为土壤中重金属的富集系数；C_i 为元素 i 的浓度；C_n 为标准化元素 L_i 的浓度。

表 4-31　胶州湾东北沿岸盐渍土壤中重金属的富集系数

站位	Cu	Pb	Zn	Cr	Cd	As	Co	Ni	V	Mo
T1	1.12	1.54	1.23	3.68	10.42	0.69	0.65	0.71	0.77	0.42
T2	3.34	1.35	1.23	2.07	5.04	0.58	0.65	1.04	0.71	0.28
T2-1	0.82	1.55	1.10	1.69	5.93	0.86	0.75	0.73	0.80	0.45
T3	0.77	1.08	0.84	1.20	1.87	0.45	0.64	0.73	0.69	0.38
T4	3.10	1.15	1.79	1.27	3.69	0.48	0.87	0.98	0.87	0.32
T4-1	19.90	2.62	10.25	2.57	10.27	0.63	0.90	1.53	0.84	0.52
T5	0.93	0.80	0.71	1.95	0.59	0.36	0.95	2.04	0.86	0.22
T5-1	2.21	0.87	1.15	0.98	2.50	0.45	0.65	0.88	0.65	0.21
平均	4.02	1.37	2.29	1.93	5.04	0.56	0.76	1.08	0.77	0.35

资料来源：李学刚等，2011

从富集系数看，As、Co、Ni、V、Mo 5 种重金属的富集系数在大部分站位小于 1 或接近于 1，表明这几种元素基本未受人文活动的影响；Cu、Zn、Pb、Cr、Cd 5 种重金属的富集系数大于 1（表 4-31）。Cu、Zn、Pb、Cr、Cd 5 种重金属又可分为两种情形，其中 Cu、Zn、Pb、Cr 4 种元素的富集系数在大部分站位都小于 2，只有部分站位富集系数较大；而 Cd 两种元素的富集系数普遍大于 2。这种富集系数大于 1 的情况可能是成土母质本身元素含量高造成的，也可能是人为活动污染造成的。在这里以富集系数的大小定义：EF>1.0 的元素称为 "盐渍土壤聚集元素"；EF＝1.0 的元素称为 "盐渍土壤平衡元素"；EF<1.0 的元素称为 "盐渍土壤分散元素"。所以，在胶州湾东北沿岸的盐渍土壤中 Cu、Zn、Cr、Cd、Pb、Ni 为 "盐渍土壤聚集元素"，As、Co、V、Mo 为 "盐渍土壤分散元素"。如果选择在盐渍土壤上种植物来进行修复盐渍土，显然，应选择对 "盐渍土壤聚集元素" 有大富集因数的植物来富集吸收盐渍土中的大量聚集元素方可有效。

"盐渍土壤分散元素" 从盐渍土移出的去向主要有被生物吸收或被盐水淋滤进入植物体中或水体中，袁华茂等（2011）研究发现，这一区域盐渍土上生长的碱蓬中 As、V 主要存在于其根部，相对含量可达 66.5% 和 62.8%，而 Mo、Co 主要存在于其茎叶部，相对含量可达 66.3% 和 56.1%。

从胶州湾东北沿岸土壤中重金属的相关分析（表 4-32）和聚类分析（图 4-27）结果看，研究区盐渍土壤中的重金属可以分为 3 群：Cu、Zn、Pb、Mo；Co、Ni、V 和 As、Cr、Cd。

表 4-32　胶州湾东北沿岸盐渍土壤中重金属的相关性

参数	Cu	Zn	Pb	Cr	Cd	As	Co	Ni	V
Zn	0.995 **								
Pb	0.963 **	0.964 **							
Cr	0.460	0.456	0.434						
Cd	0.743 *	0.750 *	0.803 *	0.553					
As	0.280	0.283	0.500	0.003	0.430				
Co	0.277	0.266	0.201	0.103	-0.277	0.133			
Ni	0.280	0.262	0.176	0.393	-0.246	-0.071	0.910 **		
V	0.204	0.187	0.148	0.024	-0.320	0.198	0.986 **	0.858 **	
Mo	0.789 *	0.827 *	0.877 *	0.189	0.655	0.494	0.070	-0.009	0.020

资料来源：李学刚等，2011

* 在 0.05 的水平上显著相关，** 在 0.01 的水平上显著相关

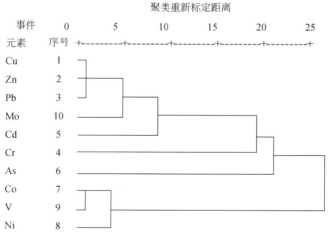

图 4-27　胶州湾东北沿岸盐渍土壤中重金属的聚类分析结果

资料来源：李学刚等，2011

Cu、Zn、Pb、Mo 间存在显著相关，表明它们的成土过程相似，即来源相似，主要来源于成土母质花岗岩的风化产物。一般而言，人为活动输入的 Mo 肯定不多，Mo 是典型的

"盐渍土分散元素"，在盐渍土中的钼或被生物吸收或被盐水淋滤进入植物体中或水体中。Cu、Zn、Pb 也主要来源于成土母质，但由于青岛地区的成土母质花岗岩中 Cu、Zn、Pb 的含量相对较低，而它们又是典型的"盐渍土聚集元素"，所以可以肯定地说，盐渍土壤中 Cu、Zn、Pb 有部分人为活动的输入。

Co、Ni、V 间也存在显著相关关系，表明它们也有相似的来源，从富集系数看，它们在研究区盐渍土壤中基本没有受到人为活动的输入影响，它们的低含量与其成土母质花岗岩是一致的。

As、Cr、Cd 3 种元素中，除 Cd 与 Co、Ni、V 有一定的相关关系外，与其他元素的相关性较差，表明它们具有较为独立的行为。其中 As 为第五主族元素，在元素地化学分类中为亲硫元素，性质和其他元素差别较大，从富集系数看，研究区盐渍土壤中的 As 尚未受到人为活动的污染。Cr 和 Cd 是典型的易受人类活动影响的污染元素，从富集系数看其在土壤中的分布已受到人类活动的显著影响，青岛地区工农业活动已成为研究区盐渍土壤中 Cr、Cd 的主要来源。

4.4.2.3 胶州湾东北沿岸盐渍土壤中微量重金属的污染评价

目前，国内外普遍采用单因子指数法和内梅罗综合指数法等进行土壤重金属污染评价，这两种方法均能对研究区土壤重金属污染程度进行全面的评价，但无法从自然异常中分离人为异常，判断表生过程中重金属元素的人为污染情况，而地累积指数法则弥补了这种不足。

胶州湾东北沿岸盐渍土壤中重金属的地累积指数如表 4-33 所示，从表 4-33 中可以看出，As、Co、V、Mo 的地累积指数都小于 0，表明研究区土壤中的 As、Co、V、Mo 无污染。Ni 除在 T5 站地累积指数稍大于 1 外，其他各站都小于 1，表明 Ni 在研究区的土壤中也基本无污染。Pb 除在 T4-1 站地累积指数稍大于 1 外，其他各站都小于 1，表明 Pb 在研究区的土壤中污染也不严重。Cu 在 T2、T4、T5-1 等站的地累积指数大于 1 而小于 2，在 T4-1 站地累积指数大于 4，而其他站位地累积指数小于 0，表明研究区土壤中的 Cu 在不同区域的污染状况不同，部分区域无污染，部分区域偏轻度污染，局部地区为重污染。Zn 除在 T4-1 站地累积指数大于 3 外，其他站位地累积指数均小于 1，表明研究区土壤中的 Zn 在大部分区域无污染，但在局部地区为中度污染。Cr 在 T1、T4-1、T5 等站的地累积指数大于 1 而小于 2，而在其他站位地累积指数小于 1，表明研究区土壤中的 Cr 在部分区域无污染，部分区域偏轻度污染。Cd 的地累积指数是所有元素中最大的，除 T3 和 T5 站地累积指数小于 1 外，其他大部分站位的地累积指数大于 1，表明研究区土壤中的 Cd 在除在个别地区无污染外，在大部分地区为轻度到中度污染。

表 4-33 胶州湾东北沿岸盐渍土壤中微量重金属的地累积指数

站位	Cu	Zn	Pb	Cr	Cd	As	Co	Ni	V	Mo
T1	−0.54	−0.41	−0.09	1.18	2.68	−1.25	−1.32	−1.20	−1.08	−1.94
T2	1.50	0.05	0.19	0.81	2.09	−1.04	−0.86	−0.19	−0.73	−2.06

站位	Cu	Zn	Pb	Cr	Cd	As	Co	Ni	V	Mo
T2-1	−0.67	−0.24	0.24	0.37	2.18	−0.61	−0.79	−0.84	−0.71	−1.53
T3	−0.56	−0.42	−0.07	0.08	0.72	−1.34	−0.83	−0.63	−0.72	−1.58
T4	1.24	0.45	−0.18	−0.04	1.49	−1.46	−0.59	−0.42	−0.59	−2.04
T4-1	4.15	3.19	1.22	1.20	3.19	−0.84	−0.33	0.45	−0.43	−1.10
T5	−0.03	−0.42	−0.24	1.04	−0.69	−1.38	0.00	1.11	−0.14	−2.08
T5-1	1.63	0.69	0.28	0.46	1.81	−0.67	−0.13	0.30	−0.13	−1.79
平均	0.84	0.36	0.17	0.64	1.68	−1.07	−0.61	−0.18	−0.57	−1.77

资料来源：李学刚等，2011

综上所述，胶州湾东北沿岸盐渍土壤中 As、Co、Ni、V、Mo 基本无污染，Pb、Zn 大部分区域无污染，局部区域有轻度污染，Cu 和 Cr 在一半的区域无污染，在一半的区域有偏轻度污染，Cd 存在轻到中度污染，需要加以关注。胶州湾东北沿岸盐渍土壤中 10 种重金属受人为污染影响的程度为：Cd≫Cu>Cr≫Zn>Pb≫Ni>V>Co>As>Mo。

4.4.2.4　影响胶州湾北部盐渍土壤中重金属聚集与分散的主要因素

重金属在土壤中富集与迁移的主要控制过程是吸附与解吸，主要控制因素是金属元素的性质、成土母质、人为输入和土壤的环境特征如土壤质地、氧化还原条件、植被等。

一般而言，离子势小的金属元素容易形成可溶解的阳离子；离子势大的金属元素可以形成可溶解的络阴离子，这两类元素都有较高的活动性，而离子势介于这两者之间的金属元素相对比较稳定。研究区土壤中 Pb、Cu、Zn、Cd 等具有较少的正电荷和较大的离子半径，导致这些元素具有较小的离子势而表现为较强的迁移能力；As 等元素半径小，电荷高，导致这些元素的离子势大，易形成酸根离子而表现较强的迁移特征；而像 V、Ni、Co、Cr、Mo 等所带电荷及其离子半径介于上述两类之间，即这些元素具有中等强度的离子势，因此导致这些元素在土壤中的迁移能力较弱。由于胶州湾北岸盐渍土壤的成土母岩主要为花岗岩，Co、Ni、V 等重金属含量较少，虽然 V、Ni、Co 的活动性较小，但胶州湾北岸盐渍土壤中 V、Ni、Co 含量依然不高。虽然从离子势来看，Mo 的活动性不大，但在表生条件的氧化作用下，Mo^{4+} 可氧化为 Mo^{6+}，形成溶解度较高的钼酸或钼酸盐，易于随溶液流失。胶州湾北岸盐渍土壤在形成过程中不可避免地与近岸海水频繁交换，从而使盐渍土壤中的 Mo 不断流失，导致盐渍土壤中的 Mo 含量极低。随着胶州湾沿岸工农业快速发展，较多的 Pb、Cu、Zn、Cd 等重金属不断进入土壤中，这是这些元素在胶州湾北岸土壤中富集的主要原因，但由于这些元素具有较强的活动性，易于从一次污染源区扩散形成二次污染，使污染区扩大。从本书研究结果看，胶州湾北岸盐渍土壤中只有部分站位 Pb、Cu、Zn、Cd 含量较高，但要注意控制这些重金属的排放，防止其二次迁移。

除了元素本身的结构和性质之外，土壤上的植被对重金属的富集和淋滤也会产生一定影响。植被对土壤中重金属富集淋滤的过程的影响是多方面的，一方面食物根系的生长会破坏土壤的结构，改变土壤的物理状态，植物根系在生长过程中分泌的物质也会导致土壤的 pH、Eh、微生物组成等生物化学条件的变化，改变土壤中重金属的存在状态，促进土壤中重金属的迁移与转化；另一方面，植物也可直接吸收土壤中的重金属，储存在植物的枝叶中，这一功能已被应用于土壤重金属污染的植物修复过程中。植物体内的重金属含量与土壤的重金属含量有直接的相关性。从胶州湾东北沿岸盐渍土壤中重金属与其上生长的碱蓬叶中重金属的相关系数看（表 4-34），土壤中的 Pb、Cd 和碱蓬叶中的 Pb、Cd 呈显著的正相关关系，表明碱蓬可以吸收盐渍土壤中的 Pb、Cd，另外，土壤中的 Pb 和碱蓬叶中的 Cu、Zn、Cr、Cd、As、Co、Ni、V 呈显著的正相关关系，表明碱蓬对 Cu、Zn、Cr、Cd、As、Co、Ni、V 等元素的吸收与土壤中 Pb 的含量密切有关，而土壤中 Mo 的含量可能对碱蓬吸收积累 Cu、Zn、Cr、Cd 也有重要影响。因此，碱蓬等植物通过对土壤中 Pb、Cd 等重金属的直接吸收来减少土壤中重金属的含量。胶州湾东北沿岸盐渍土壤中 Cu、Pb、Zn、Cr、Cd 等重金属在局部地区含量较高，特别是 Cd 已处于污染状态，种植碱蓬将有利于吸收盐渍土壤中的 Pb、Cd，可望对盐渍污染土壤进行修复。

表 4-34　胶州湾东北沿岸盐渍土壤中重金属与其上生长的碱蓬叶中重金属的相关系数

重金属	叶 Cu	叶 Zn	叶 Pb	叶 Cr	叶 Cd	叶 As	叶 Co	叶 Ni	叶 V	叶 Mo
土壤 Cu	0.67	0.59	0.64	0.70	0.74*	0.67	0.67	0.65	0.82*	0.23
土壤 Zn	0.68	0.62	0.63	0.70	0.74*	0.63	0.64	0.64	0.78*	0.23
土壤 Pb	0.80*	0.74*	0.76*	0.80*	0.82*	0.71*	0.75*	0.76*	0.83*	0.31
土壤 Cr	0.29	0.16	0.24	0.23	0.16	0.17	0.32	0.25	0.31	0.12
土壤 Cd	0.81*	0.75*	0.63	0.61	0.78*	0.59	0.70	0.74*	0.67	0.63
土壤 As	0.55	0.62	0.66	0.63	0.56	0.47	0.53	0.60	0.43	0.56
土壤 Co	-0.29	-0.26	0.02	0.11	-0.14	0.04	-0.05	-0.18	0.13	-0.20
土壤 Ni	-0.26	-0.30	0.03	0.10	-0.19	0.04	-0.01	-0.17	0.14	-0.34
土壤 V	-0.34	-0.31	-0.02	0.06	-0.19	-0.01	-0.09	-0.22	0.08	-0.20
土壤 Mo	0.81*	0.81*	0.64	0.71*	0.75*	0.48	0.51	0.66	0.56	0.16

资料来源：李学刚等，2011

* 在 0.05 的水平上显著相关

4.4.3　碱蓬对胶州湾滨海湿地重金属的富集与迁移

4.4.3.1　碱蓬植物体内重金属的总量水平

胶州湾东北沿岸各站点碱蓬植物体内重金属的平均含量如图 4-28 所示。由图 4-28 可以看出，碱蓬对 Cu，Zn 的吸收明显高于其他重金属，这与 Cu 和 Zn 参与植物体内生理活动有关。Cu 和 Zn 是植物生长发育必需的微量元素，它们不仅是生物体内各种重要酶类的组成成分，而且与叶绿素和生长素的合成有关。适量的 Cu、Zn 可以增强植物体内氧化还原酶促反应和碳氮合成代谢等，从而提高产量，改善品质。但铜锌过量，则可抑制植物生长，降低多酚氧化酶和硝酸还原酶的活性，碳氮代谢也不利。过量的 Zn 会伤害植物根系，使植物根系的生长受到阻碍，对地上部分也可产生褐色斑点以至坏死。土壤中铜过多时会影响植物根系正常的代谢功能，使得植物从土壤中吸收的氮等养分显著减少，造成植物生长发育迟缓、减产等。

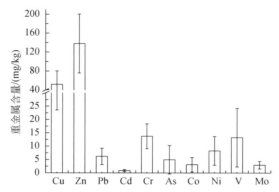

图 4-28　胶州湾东北沿岸各站位碱蓬植物体内重金属的平均含量

资料来源：袁华茂等，2011

相对于 Cu 和 Zn，碱蓬对其他重金属的吸收作用较弱（表 4-35），碱蓬植物体内 Cr、Pb、V 和 Ni 的含量相对较高。重金属 Cu、Zn、Pb、Cd、Cr、As、Ni 含量分别超过 400mg/kg、500mg/kg、500mg/kg、1.0mg/kg、300mg/kg、40mg/kg 和 200mg/kg 的土壤属于三级土壤，即这类土壤重金属含量已经达到保障农林业生产和植物正常生长的土壤临界值，超过该值将抑制植物的生长，对植物和农林业生产产生危害。胶州湾东北部沿岸土壤的重金属 Cu、Zn、Pb、Cd、Cr、As、Ni 含量平均值分别为 122.8mg/kg、321.3mg/kg、18.88mg/kg、0.60mg/kg、149.3mg/kg、8.18mg/kg 和 40.40mg/kg，均属于二级或一级土壤，对碱蓬植物生长抑制作用有限。

表 4-35　碱蓬和盐渍土壤中重金属含量　　　　　　（单位：mg/kg）

重金属		T1	T2	T2-1	T3	T4	T4-1	T5	T5-1
Cu	碱蓬	19.78	41.68	26.21	47.46	103.63	76.09	33.31	68.24
	土壤	23.32	95.60	21.38	23.00	80.21	600.63	33.26	105.10
Zn	碱蓬	119.15	114.60	73.16	125.14	270.98	153.46	81.97	168.52
	土壤	83.92	115.30	94.10	82.93	152.39	1016.15	82.93	179.45
Pb	碱蓬	6.54	3.42	1.91	11.85	6.67	6.71	4.58	8.04
	土壤	36.76	44.45	46.11	37.21	34.32	90.98	32.98	47.45
Cd	碱蓬	1.05	1.02	0.69	1.08	0.80	0.41	1.66	0.75
	土壤	0.93	0.62	0.66	0.24	0.41	1.33	0.09	0.51
Cr	碱蓬	13.37	18.19	7.53	13.57	14.22	14.78	7.41	21.00
	土壤	206.62	160.33	118.01	96.76	88.83	209.55	188.37	125.63
As	碱蓬	7.29	1.53	0.55	16.94	1.79	2.24	4.96	4.51
	土壤	7.08	8.18	11.03	6.64	6.11	9.37	6.47	10.58

续表

重金属		T1	T2	T2-1	T3	T4	T4-1	T5	T5-1
Co	碱蓬	1.28	1.10	0.44	8.91	2.10	4.13	3.05	4.09
	土壤	7.65	10.51	10.98	10.72	12.67	15.19	19.07	17.35
Ni	碱蓬	2.82	5.19	1.61	14.18	8.04	9.13	8.08	17.29
	土壤	17.57	35.37	22.59	25.99	30.08	55.01	86.83	49.75
V	碱蓬	10.10	5.88	1.97	37.38	7.67	10.01	15.22	18.09
	土壤	58.29	74.65	75.46	75.16	82.28	91.88	112.21	112.76
Mo	碱蓬	3.14	2.01	1.66	6.02	3.96	2.42	1.93	2.80
	土壤	0.78	0.72	1.04	1.00	0.73	1.40	0.71	0.87

资料来源：袁华茂等，2011

通常以植物体内重金属含量（mg/kg）与土壤中重金属含量的比值（mg/kg）计算重金属富集系数。图 4-29 为各站碱蓬的重金属富集系数，由图中可以看出，除 Cd 在 T5 站的富集系数最大外，其余各站碱蓬对 Mo 的富集系数均大于 1，富集效果最为显著，其次是 Cu、Zn、Cd 和 As，其富集系数在各站有的大于 1 而有的小于 1，表现出碱蓬对这几种重金属具有一定的富集作用，而对其他重金属的富集效果不明显，富集系数均小于 1。

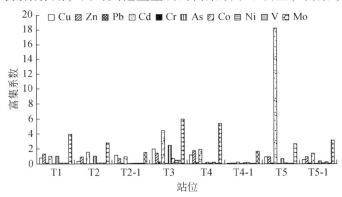

图 4-29 胶州湾东北沿岸各站位碱蓬植物体内重金属的富集系数

资料来源：袁华茂等，2011

T5 站位 Cd 富集系数为 18.23

4.4.3.2 重金属在碱蓬体内不同部位中的分布

碱蓬植物体内根、茎、叶各部分重金属的分布见图 4-30。由图中可以看出，重金属在碱蓬根、茎和叶中含量随站位不同变化各异，Cu 在 T4-1 站位碱蓬叶中的含量明显高于根和茎，但在 T1、T3、T4、T5 和 T5-1 站其在根中的含量明显高于茎叶，在 T2 和 T2-2 站其在根茎叶中的含量相当。Zn 在碱蓬根、茎和叶中含量随站位变化较为复杂，在 T2-2 和 T4-1 站碱蓬叶中 Zn 的含量明显高于根和茎，在 T3、T5 和 T5-1 站其在根中的含量明显高于茎叶，在 T1、T2 和 T4 站其在根、茎和叶中含量相差不大。Pb、Cd、

Cr、As、Co、Ni 和 V 在碱蓬根、茎和叶中含量随站位变化趋势较为一致，在 T1、T3、T4、T5 和 T5-1 站这些重金属在根中的含量明显高于茎和叶，而在 T4-1 站其在叶中的含量高于在根和茎中的含量，在 T2、T2-2 站叶中的含量或高于其在根和茎中的含量，或在根、茎和叶中含量相差不大。Mo 在碱蓬根、茎和叶中含量变化与其他重金属不同，在大多数站位其在叶中的含量明显高于在茎和根中的含量，只是在 T3 和 T5 站其在根中的含量高于茎和叶。

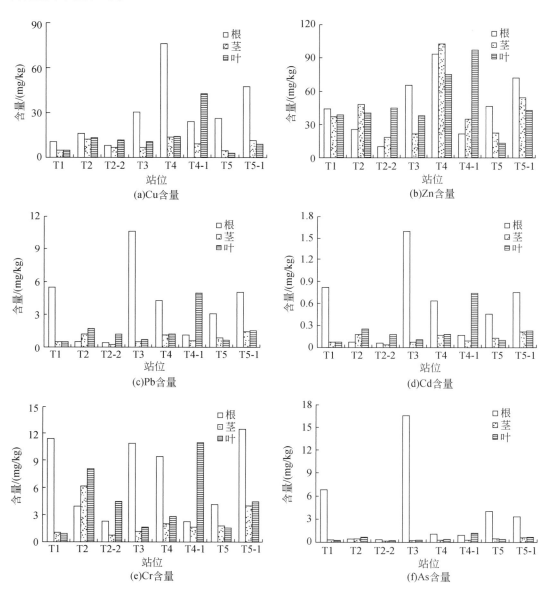

(a)Cu含量

(b)Zn含量

(c)Pb含量

(d)Cd含量

(e)Cr含量

(f)As含量

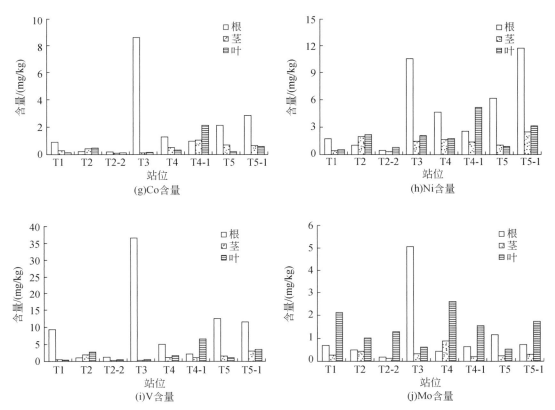

图 4-30 不同站位碱蓬植物体内根、茎、叶中重金属含量

资料来源：袁华茂等，2011

　　表 4-36 列出了碱蓬根、茎、叶对重金属的富集系数，由表 4-36 中可以看出，碱蓬的根对 10 种重金属的富集作用大小依次为：Cd>As>Cu>Zn>Mo>Co>Ni>V>Pb>Cr，根对 Cd 的吸收最大，在 T3 和 T5 站的富集系数分别为 3.51 和 16.05，但在其他站位其富集系数均小于 1，地域差异明显。碱蓬的茎对重金属的富集作用依次为：Mo>Cd>Zn>Cu>As、Co、Ni>Pb、Cr>V，对 Mo 和 Cd 的吸收作用明显高于其他元素。叶对重金属的富集作用依次为：Mo>Cd>Zn>Cu>As>Ni>Co>Pb、Cr>V，对 Mo、Cd、Cu 和 Zn 的富集作用明显。

表 4-36　碱蓬根、茎、叶对重金属的富集系数（平均值）

富集系数	Cu	Zn	Pb	Cd	Cr	As	Co	Ni	V	Mo
根	0.57	0.40	0.10	2.89	0.06	0.59	0.17	0.13	0.12	0.31
茎	0.17	0.32	0.02	0.41	0.02	0.04	0.04	0.04	0.01	0.44
叶	0.22	0.34	0.03	0.49	0.03	0.06	0.04	0.05	0.02	1.70
生物富集系数	0.39	0.66	0.05	0.90	0.05	0.10	0.08	0.09	0.03	2.14

资料来源：袁华茂等，2011

研究表明，植物地上部分生物富集系数越大，越有利于植物提取修复，因为地上部分生物量容易收获。植物地上部分生物富集系数大于1，意味着植物地上部分某种重金属含量大于所处土壤中该重金属的含量，是累积植物区别于普通植物对重金属累积的一个重要特征。碱蓬对重金属的生物富集系数计算结果见表4-36，从表4-36中可以看出，生物富集系数表现为：Mo>Cd>Zn>Cu>As>Ni>Co>Pb、Cr>V，碱蓬地上部分对Mo的生物富集系数在大多数站位大于1，且地上部分平均是地下部分的7倍，具备了累计植物的一般特性，但对其他重金属的生物富集系数均小于1，表明碱蓬对Mo从地下往地上迁移的能力要比其他重金属强。

4.4.3.3 重金属在碱蓬体内的迁移

碱蓬富集重金属的过程主要包括根系吸收重金属的过程和重金属在植物体内的迁移。植物根系中的重金属离子很容易与细胞壁结合，而进入根细胞中的重金属也可以通过液泡膜上的转运蛋白进入液泡而储存在液泡中。重金属由根系进入植物体可以通过共质体（细胞内）或质外体（细胞外）两个途径实现，但是在内皮层由于凯氏带的存在，重金属主要通过共质体运输进入木质部，木质部存在大量能够与金属离子结合的有机酸和氨基酸，这种络合态是重金属离子在木质部中运输的主要形式，但这至少需要3个过程：进入根细胞，由根细胞运输到中柱，再装载到木质部，最后随蒸腾流进入茎部。由此可见，重金属离子从根向茎迁移主要受两个过程制约：一是进入根部木质部的运动；二是通过叶部叶肉细胞随蒸腾流吸收重金属。

根系中重金属元素所占百分含量越大，说明重金属通过植物根系吸收以后向茎叶中的迁移能力就越小。由表4-37中可以看出，碱蓬对重金属的迁移规律较为复杂，不同站位存在明显差异。Cu在碱蓬中由地下往地上的迁移效率较低，T3、T4、T5和T5-1站主要富集在地下部分的根中，T1站地上部分与地下部分富集效率相当，其余各站Cu主要被迁移到地上部分，大多富集在叶中。Zn在碱蓬中的迁移效率各异，在T3和T5站，Zn在地上部分和地下部分的富集效率相当，而其余各站主要被迁移至地上部分。Pb、Cd、Cr、As、Co、Ni和V在碱蓬中的迁移规律相似，在T1、T3、T4、T5和T5-1站这几种重金属主要被限制在根中，而在其他站位则主要被迁移至地上部分，除了As和V在T2-1站地上地下部分富集效率相当。Mo在碱蓬中的迁移效率较高，除在T3、T5站富集于根中外，其余各站均迁移至地上并主要富集与碱蓬的叶中。

表4-37 碱蓬根、茎和叶中重金属的相对百分含量 （单位:%）

站位		T1	T2	T2-1	T3	T4	T4-1	T5	T5-1	平均
Cu	根	52.7	38.1	29.8	64	73.4	31.7	78.7	69.9	54.8
	茎	23.5	30.2	25.6	14	13.1	11.8	14.7	16.7	18.7
	叶	23.8	31.7	44.6	22	13.5	56.4	6.5	13.4	26.5
Zn	根	36.9	22.5	13.2	52.6	34.4	13.9	56.3	42.6	34.1
	茎	30.7	42.1	25.5	16.8	37.8	22.5	27.2	32	29.3
	叶	32.3	35.4	61.4	30.6	27.9	63.5	16.4	25.4	36.6

续表

	站位	T1	T2	T2-1	T3	T4	T4-1	T5	T5-1	平均
Pb	根	83.7	14.6	21.3	90	64.4	15.9	66.8	62.4	52.4
	茎	8.1	34.8	13.5	4	17.4	9.4	17.7	17.8	15.3
	叶	8.2	50.6	65.3	6	18.1	74.7	15.5	19.8	32.3
Cd	根	68.6	31.4	26	78	48.6	24.2	88.1	65.1	53.7
	茎	13.7	34.4	27.6	7.1	23.8	13.8	6.6	16.2	17.9
	叶	17.7	34.2	46.4	14.9	27.7	62	5.3	18.7	28.4
Cr	根	85	21.6	30	79.9	66.2	15.1	55.8	59.1	51.6
	茎	8.1	34	10.6	7.9	13.8	10.7	24.2	19.4	16.1
	叶	6.9	44.3	59.4	12.2	20	74.2	20	21.6	32.3
As	根	93.2	27.3	54.8	97.1	62.8	40.6	82.9	73.1	66.5
	茎	3.7	30.7	12.7	1.2	13.2	10	8.9	12.7	11.6
	叶	3.1	42.1	32.5	1.7	24	49.4	8.2	14.2	21.9
Co	根	68.5	17.1	43.7	96.3	60.6	22.6	69.9	69.9	56.1
	茎	20.8	38.4	22	2	23.2	26	22.3	15.7	21.3
	叶	10.6	44.6	34.3	1.6	16.2	51.4	7.8	14.4	22.6
Ni	根	62.9	19.4	29	74.7	57.4	28.1	76.1	67.5	51.9
	茎	17	38.2	22.2	10.2	21	15	12.8	14.2	18.8
	叶	20.1	42.4	48.8	15.1	21.6	56.9	11.1	18.3	29.2
V	根	92.1	18.4	62.4	97.7	64.4	22.4	81.7	63.6	62.8
	茎	4.9	34	12.5	1	13.8	10.9	10.5	17.5	13.1
	叶	3	47.6	25.1	1.3	21.8	66.6	7.8	19	24
Mo	根	22.6	26.5	12.2	83.5	10.8	26.7	60.1	26.5	33.7
	茎	9.3	21.9	8.4	5.9	22.8	8.7	11.9	11	12.5
	叶	68	51.6	79.4	10.5	66.6	64.6	27.3	62.5	53.8

资料来源：袁华茂等，2011

　　总体而言，碱蓬对 Mo 和 Zn 的迁移效率较高，大部分被迁移至地上部分，输送到茎、叶的平均相对含量分别占 66.3% 和 65.9%，其次是 Cu、Pb、Cd、Cr、Co 和 Ni，它们在碱蓬地上和地下部分的比例大致相当，而碱蓬对 As 和 V 的迁移效率最低，输送到茎叶的平均相对含量分别只有 33.5% 和 37.2%。

　　除 Mo 和 Zn 外，其余重金属被根际吸收后，50% 以上被限制在根中而未输送到茎、叶中，说明碱蓬对重金属的吸收输送效率不高，可能是植物对非必要元素的抗性反应有关。翅碱蓬对元素的吸收受沉积物理化性质、复合污染和根际环境分泌物等因素共同作用。在 Cu、Pb 和 Cd 等重金属的胁迫作用下，植物可能通过改变 pH 和根系分泌物组分增加其对 Cu、Pb 和 Cd 等重金属的强化学结合态，减少其植物受毒害程度，从而提高其对上述几种重金属的耐性；另外根际分泌物中的低分子量有机酸在沉积物重金属离子的溶性和有效性方面也起到重要的作用，根际游离金属离子可以和分泌到根际的螯合剂形成稳定的金属螯合物复合体，从而使重金属离子的活度降低，使其有限制地对重元素由地下部分往地上部分迁移转化。这种适应性机制可能与植物在长期的进化过程中相应地产生了多种抵制重金属毒害的防御机制有关。而 Zn 由地下往地上迁移的效率总体较高，这是翅碱蓬本身特有生理特性（根际分泌物等）、沉积物理化性质改变、微生物等影响因素共同作用的结果，其中根际分泌物主要通过影响并调节根际的 pH 改变重金属的活性态。由此可以看出，碱蓬与翅碱蓬对重金属的迁移存在相似特征。

4.4.4　胶州湾滨海湿地中的 Li、Rb、Cs、Sr、Ba 及碱蓬对其的"重力分馏"

宋金明等（2011）对胶州湾滨海湿地中的 Li、Rb、Cs、Sr、Ba 及碱蓬（*Suaeda salsa*）对其的"重力分馏"进行了如下系统的研究。

4.4.4.1　盐渍土壤中 Li、Rb、Cs、Sr、Ba 的水平

Li、Rb、Cs 属于典型的亲岩碱金属元素，Sr、Ba 属于碱土金属。Li 和 Sr 可形成单独的矿物，其他 3 种则呈分散状态分散在岩石矿物中。土壤中的碱金属与碱土金属容易从土壤中淋溶而进入附近海域的海水中，从而引起海水中这些元素浓度的变化，溶解度低的风化产物如 $BaSO_4$ 又可在土壤中积聚，输入到海水中的这些元素减少，所以近岸滨海湿地盐渍土中 Li、Rb、Cs、Sr、Ba 的研究可揭示胶州湾生态环境变化。胶州湾东北沿岸盐渍土壤中 Li、Rb、Cs、Sr、Ba 的分布如图 4-31 所示。

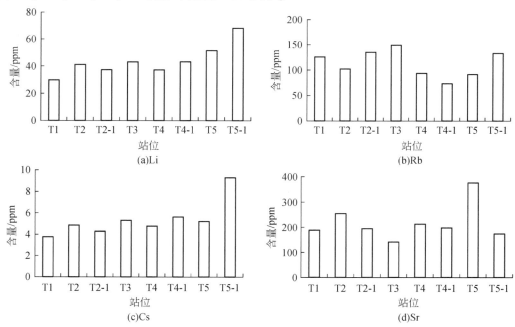

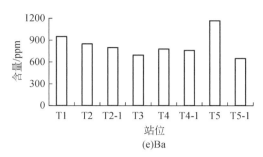

图 4-31　胶州湾东北沿岸盐渍土壤中 Li、Rb、Cs、Sr、Ba 的分布

资料来源：宋金明等，2011

从图 4-31 可以看出，各采样站点 Li 的含量变化不大，采样区域的北部稍高于南部，Li 的含量在大部分站位高于中国土壤背景值（32.5mg/kg），这可能与青岛地区的土壤的成土母质为花岗岩有关。除 T4-1 站土壤中 Rb 含量较低外，其他变化不大，并且与大部分的黑土、白浆土、沼泽土、黑钙土、潮土等类型土壤中 Rb 含量及中国土壤的背景含量接近。Cs 的含量研究区域的北部高于南部，但除含量最高的 T5-1 站外，其他各站的含量变化不大，低于中国大部分类型土壤中 Cs 的含量，也低于中国土壤的背景含量。Sr、Ba 的含量较高，高于中国土壤中的背景值，研究区土壤中高含量的 Sr、Ba 与青岛地区的土壤的成土母质主要为花岗岩一致。

4.4.4.2　盐渍土壤中 Li、Rb、Cs、Sr、Ba 的来源

表 4-38 是胶州湾东北沿岸盐渍土壤微量碱金属与碱土金属的比值，由表 4-38 可见，盐渍土壤中 Li/Cs 值和 Ba/Sr 值接近，表明这一区域的土壤有相似的母质。虽然母质在成土过程中碱金属 Li、Rb、Cs 都容易形成可溶盐而流失，但它们也容易被黏土颗粒吸附，从而在风化过程中保留下来。因黏土颗粒在不同条件下对同一元素或相同条件下对不同元素的吸附效率不同，导致 Rb/Li 值和 Rb/Cs 值稍有变化。Ba 与 Sr 在化学性质上相似，但 Sr 主要与 Ca 产生类质同象，Ba 主要与 K 产生类质同象，研究区土壤中 Ba 含量较高可能与母质中含有较多的云母、钾长石等含钾较高的矿物有关。另外，Ba 与 Sr 在风化过程中的行为也不同，一般来说，Ba 化合物的溶解度较低，导致较多的 Ba 残留在原地土壤中，因此，研究区内土壤中 Ba 含量较高可能不是人为输入的结果，而主要与成土母质为花岗岩有关。

表 4-38　胶州湾东北沿岸盐渍土壤微量碱金属与碱土金属的比值

站位	Rb/Li	Li/Cs	Rb/Cs	Ba/Sr
T1	4.20	7.93	33.33	5.02
T2	2.48	8.46	20.94	3.34
T2-1	3.62	8.67	31.37	4.10
T3	3.46	8.12	28.06	4.91
T4	2.54	7.51	19.03	3.75

续表

站位	Rb/Li	Li/Cs	Rb/Cs	Ba/Sr
T4-1	1.69	7.70	13.02	3.84
T5	1.78	9.87	17.52	3.11
T5-1	1.94	7.35	14.29	3.72

资料来源：宋金明等，2011

元素间线性相关分析表明，Li 和 Cs、Sr 和 Ba 之间具有显著的正相关关系，这除了说明 Li 和 Cs、Sr 和 Ba 之间具有相似的化学性质外，也说明这一区域的土壤具有相似的成土母质。Li 和 Rb、Rb 和 Ce 之间较差的相关关系在一定程度上说明这一区域的土壤在形成过程中经历的不同的风化历程，导致它们的相关性较差。

4.4.4.3 碱蓬中 Li、Rb、Cs、Sr、Ba 的水平

图 4-32 是碱蓬根、茎、叶部分碱金属和碱土金属的含量分布。由图 4-32 可以看出，碱蓬根、茎和叶中含量随站位不同变化各异，Li 在 T1、T2、T2-2 及 T4-1 站位碱蓬叶中的含量明显高于根和茎，但在 T3 和 T5-1 站其在根中的含量明显高于茎叶，在 T4 和 T5 站其在根和叶中的含量相当，但都高于茎中的含量。Rb 在 T2、T2-2 和 T4-1 站碱蓬叶中的含量明显高于根和茎，但在 T3、T4、T5 和 T5-1 站其在根中的含量明显高于茎叶，在 T1 站其在根和叶中的含量相当，但都高于茎中的含量。Cs 在 T2 和 T4-1 站碱蓬叶中的含量明显高于根和茎，但在其余各站其在根中的含量明显高于茎叶。

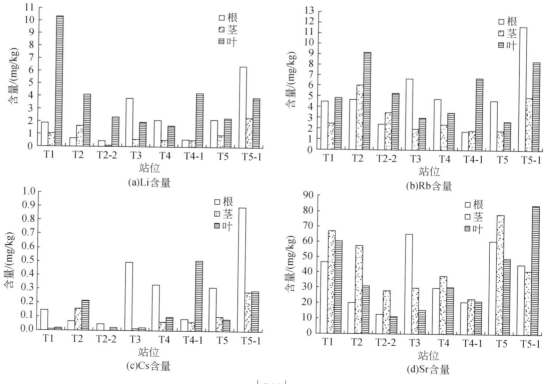

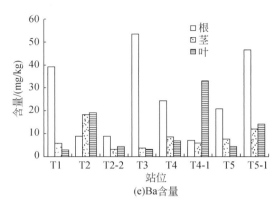

图 4-32　碱蓬根、茎、叶部分碱金属 Li、Rb、Cs 和碱土金属 Sr、Ba 的含量分布

资料来源：宋金明等，2011

与其他各碱金属和碱土金属不同，Sr 在 T1、T2、T2-2、T4 和 T5 站碱蓬茎中的含量高于根和叶，在 T5-1 站碱蓬叶中的含量明显高于根和茎，但在 T3 站其在根中的含量明显高于茎叶。T4-1 站其在各部分中的含量相当。Ba 在 T1、T2-2、T3、T4、T5 及 T5-1 站位碱蓬根中的含量明显高于叶和茎，但在 T4-1 站其在叶中的含量明显高于根茎，在 T2 站其在茎和叶中的含量相当，但都高于根中的含量。

4.4.4.4　碱蓬对 Li、Rb、Cs、Sr、Ba 的"重力分馏"

一般而言，植物地上部分生物富集系数越大，越有利于植物摄取该元素，因为地上部分生物量容易收获。植物地上部分生物富集系数大于 1，意味着植物地上部分某种元素含量大于所处土壤中该元素的有效含量，这是累积植物区别于普通植物对元素累积的一个重要特征。如果以植物地上部分平均含量与沉积物有效平均含量的比值作为计算生物富集系数的依据的话，可知其生物富集系数表现为：Sr>Li>Rb>Cs>Ba，碱蓬地上部分对 Li、Rb、Cs、Sr 和 Ba 的生物富集系数均小于 1，因而不具备累积植物的一般特征。但 Li、Rb、Sr 的地上部分含量大于根部，Cs 和 Ba 的地上部分含量略小于地下部分，表明碱蓬对 Li、Rb、Sr 从地下往地上迁移的能力要强于 Cs 和 Ba。

元素主要通过碱蓬根系吸收并在植株体内发生再分配，根系中所占百分含量越小，说明金属通过植物根系吸收以后向茎叶中的迁移能力越大，向地上部分的迁移效率越高。表 4-39 是碱蓬根、茎和叶 Li、Rb、Cs、Sr 和 Ba 的相对百分含量（%）。

表 4-39　碱蓬根、茎和叶中 Li、Rb、Cs、Sr 和 Ba 的相对百分含量　（单位:%）

站位	Li			Rb			Cs			Sr			Ba		
	根	茎	叶	根	茎	叶	根	茎	叶	根	茎	叶	根	茎	叶
T1	13.8	7.9	78.4	37.9	21.3	40.8	84.1	5.7	10.2	27.0	38.4	34.6	82.0	11.4	6.6
T2	9.5	26.0	64.5	23.6	30.1	46.3	15.1	36.1	48.8	18.8	52.6	28.6	19.1	39.3	41.6
T2-2	13.6	2.4	84.0	21.2	31.1	47.6	60.8	8.1	31.1	24.5	54.2	21.3	54.1	20.2	25.7

站位	Li			Rb			Cs			Sr			Ba		
	根	茎	叶	根	茎	叶	根	茎	叶	根	茎	叶	根	茎	叶
T3	60.3	9.0	30.6	56.6	17.5	25.9	93.3	2.7	4.0	58.8	27.2	14.0	88.6	6.0	5.4
T4	49.7	11.9	38.4	44.5	21.8	33.6	66.9	12.7	20.4	30.3	38.5	31.2	60.8	21.9	17.3
T4-1	10.3	8.9	80.8	16.1	17.6	66.3	12.6	10.1	77.3	32.1	34.7	33.2	15.4	13.0	71.6
T5	40.0	17.6	42.3	50.4	19.7	29.9	63.3	20.2	16.5	32.4	41.5	26.1	63.8	23.2	13.0
T5-1	50.6	18.7	30.7	46.9	19.7	33.4	61.1	19.0	19.9	26.6	24.0	49.3	64.3	16.5	19.3
平均	31.0	12.8	56.2	37.2	22.4	40.5	57.2	14.3	28.5	31.3	38.9	29.8	56.0	18.9	25.1

资料来源：宋金明等，2011

    整体而言，碱蓬对 Li 和 Sr 的迁移效率较高，大部分被迁移至地上部分，其中 Li、Rb 在叶中的富集效率较高，而对 Cs 和 Ba 的迁移能力较低，大部分的 Cs 和 Ba 集中在根部。分析发现，Li、Rb、Sr、Cs 和 Ba 随着原子序数的增加，碱蓬叶子中的相对含量明显减低，根中的相对含量增加，即越重的元素越不易被迁离地面移出盐渍土壤；相反，越轻的元素越易被迁离地面移出盐渍土壤，也就是说碱蓬可造成盐渍土壤 Li、Rb、Sr、Cs、Ba 明显的"重力分馏"，图 4-33 说明了这一点。

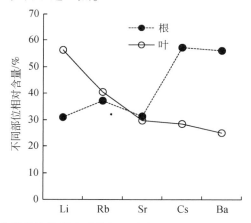

图 4-33　胶州湾东北沿岸滨海湿地碱蓬根和叶中 Li、Rb、Sr、Cs、Ba 的相对平均含量

资料来源：宋金明等，2011

4.4.5　胶州湾滨海湿地盐渍土环境及碱蓬的作用

    通过对胶州湾滨海湿地盐渍土环境微量元素及碱蓬作用的研究，可获得如下的结论：

    胶州湾东北沿岸盐渍土壤中 Cu、Zn、Pb、Cd、As、Cr、Co、Ni、V、Mo 主要来源于成土母质花岗岩的风化产物。Cu、Zn、Pb、Cd、Cr、Ni 的含量高于或与中国土壤背景值持平，这一区域盐渍土壤中 Cu、Zn、Cr、Cd、Pb、Ni 为"盐渍土壤聚集元素"；As、Co、V、Mo 低于中国土壤的背景值，为"盐渍土壤分散元素"。胶州湾东北沿岸盐渍土壤中 As、Co、Ni、V、Mo

基本没有受到人为污染，Pb、Zn 大部分区域无污染，局部区域有轻度污染，Cu 和 Cr 在一半的区域无污染，在另一半的区域有轻度污染，Cd 则存在轻到中度污染，需要加以关注。胶州湾东北沿岸盐渍土壤中 10 种重金属受人为污染影响的程度为：Cd≫Cu>Cr≫Zn>Pb≫Ni>V>Co>As>Mo。胶州湾东北沿岸盐渍土壤中重金属的含量除受物质来源影响外，还受重金属本身的性质和其上植被的影响，特别是其上生长的优势盐生植物碱蓬可明显吸收盐渍土壤中的 Cd、Pb 等重金属，碱蓬可以作为修复受 Cd、Pb 等重金属污染的盐渍土壤。

碱蓬对 Cu 和 Zn 的吸收明显高于其他重金属，这与 Cu 和 Zn 是植物生长发育必需的微量元素有关。对于其他重金属，碱蓬植物体内 Cr、Pb、V 和 Ni 的含量相对较高。所有站位碱蓬对 Mo 的富集系数均大于 1，对 Mo 的富集效果最为显著，其次是 Cu、Zn、Cd 和 As，表现出有一定的富集作用，而对其他重金属的富集效果不明显，富集系数均小于 1。碱蓬的根对 10 种重金属的富集作用大小依次为：Cd>As>Cu>Zn>Mo>Co>Ni>V>Pb>Cr，茎对重金属的富集作用依次为：Mo>Cd>Zn>Cu>As、Co、Ni>Pb、Cr>V，其中对 Mo 和 Cd 的吸收作用明显高于其他元素。叶对重金属的富集作用依次为：Mo>Cd>Zn>Cu>As>Ni>Co>Pb、Cr>V，其中对 Mo、Cd、Cu 和 Zn 的富集作用明显。总体而言，碱蓬对 Mo 和 Zn 的迁移效率较高，大部分被迁移至地上部分，输送到茎叶的平均相对含量分别占 66.3% 和 65.9%，其次是 Cu、Pb、Cd、Cr、Co 和 Ni，它们在碱蓬地上和地下部分的比例大致相当，而碱蓬对 As 和 V 的迁移效率最低，输送到茎叶的平均相对含量分别只有 33.5% 和 37.2%。

胶州湾东北沿岸盐渍土壤中 Li、Rb、Cs、Sr 和 Ba 的含量变化不大，Li、Sr 和 Ba 的含量高于中国土壤背景值，Rb、Cs 的含量特别是 Cs 的含量低于中国土壤的背景含量。盐渍土壤中 Li/Cs 值和 Ba/Sr 值较为接近，且 Li 和 Cs、Sr 和 Ba 之间具有显著的正相关关系，表明这一区域的盐渍土壤有相似的母质，均来自含有较高的钾长石等含钾高矿物的花岗岩。碱蓬对碱土金属的积累量明显高于碱金属，碱蓬对 Sr 的富集作用最为显著，其次是 Li、Rb 和 Cs，对 Ba 的富集作用最小，但其富集系数都小于 1。碱蓬地上部分对 Li、Rb、Cs、Sr 和 Ba 的生物富集系数均小于 1，因而碱蓬不是 Li、Rb、Cs、Sr 和 Ba 的累积植物。Li、Rb、Sr、Cs 和 Ba 随着原子序数的增加，碱蓬叶子中的相对含量明显减低，根中的相对含量增加，即越重的元素越不易被迁离地面移出盐渍土壤；相反，越轻的元素越易被迁离地面移出盐渍土壤，碱蓬可造成所摄取盐渍土壤中 Li、Rb、Sr、Cs、Ba 明显的"重力分馏"，碱蓬对 Li，Rb 和 Sr 的迁移效率较高，大部分被迁移至地上部分，其中 Li、Rb 在叶中的富集效率较高，而对 Cs 和 Ba 的迁移能力较低，大部分的 Cs 和 Ba 被集中在根部。

第5章 胶州湾环境演变的趋势分析

海湾作为与社会经济发展结合最为密切的海域，其环境演变过程受到人类活动的剧烈影响变得十分复杂，给预测和分析海湾环境的变化趋势带来了更大的不确定性。海湾环境变化趋势的预测对海湾区域的持续发展必不可少，理论和实际意义重大。

海湾环境的演变较为关注的有 3 个方面：①岸线与面积，这是海湾演变研究较为关注的焦点之一，海湾岸线与面积的变化在一定程度上决定了海湾水动力–化学环境–生态系统的变化趋势，也对海湾旅游有重大影响；②化学环境，海湾的化学环境决定了其环境质量的好坏，也决定其生态系统的变化格局，导致生物群落和功能群的变化，继而引发赤潮、浒苔、水母、海星等生态灾害，影响渔业资源的利用；③生态系统，稳定而和谐的海湾生态系统是海湾可持续利用的重要基础，生态系统的重大改变不仅带来海湾食物链结构的根本性变化，还会反馈影响海湾的化学环境、旅游资源等。图 5-1 为海湾生态环境演变的主要环节和过程，可一目了然地了解海湾的环境演变。本章预测的未来 20 年系指至 21 世纪 30 年代（2035 年左右）。

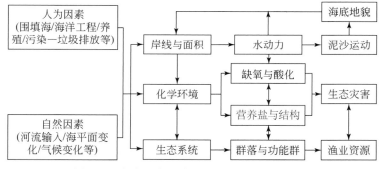

图 5-1 海湾生态环境演变的主要环节和过程

5.1 环胶州湾气候变化趋势

胶州湾是中国中纬度海岸带海洋性气候最强的地区，近几十年，胶州湾沿岸社会经济发展迅速，围填海速度明显加快，水域面积快速缩减。在气候变化和人类活动的双重影响下，胶州湾生态、环境、防洪及湿地保护等面临一系列新的挑战，毫不夸张地说，明确胶州湾的气候变化特点以及未来的气候变化趋势是开展这一区域气候变化和人类活动影响评估及作用机制的基础。

5.1.1　近50年胶州湾的气候变化

张军岩等（2011）对环胶州湾自1959年近50年的气温-降水变化特征及未来至21世纪20年代趋势进行了分析和预估，发现自1959年以来的近50年胶州湾地区年平均温度呈明显的上升趋势，如图5-2所示，年平均气温增加了1.65℃，线性增温速率为0.34℃/10a，并通过0.001显著性水平检验，高于同期全国平均增温率，为0.22℃/10a，稍高于全球近50年的平均增温率，为0.3℃/10a。胶州湾地区近50年的平均气温呈现出两个较为明显的暖期和一个冷期，暖期分别出现在20世纪50年代末60年代初和20世纪80年代中后期，进入90年代后温度上升尤为显著，1990～2008年线性增温率达到0.51℃/10a，较前30年的增温速率显著提高，这与北半球大多数地区的平均气温变化趋势大体相同。

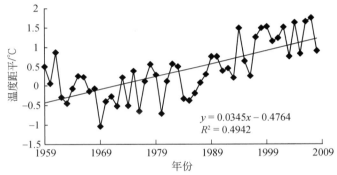

$$y = 0.0345x - 0.4764$$
$$R^2 = 0.4942$$

图5-2　胶州湾1959～2008年年平均气温距平

资料来源：张军岩等，2011

胶州湾4个季节的平均气温均呈增加趋势，但年际变化及增温速率存在较大差异，以冬季增暖最为显著，其次是春季和秋季，夏季最小，与中国多数地区温度的季节变化特点相似（图5-3）。春季、夏季、秋季和冬季的平均增温率分别为0.381℃/10a、0.145℃/10a、0.348℃/10a和0.483℃/10a，并且都通过一元线性回归的显著性检验。但在年平均气温显著上升的1990～2008年，胶州湾地区各个季节的增温表现有所不同，特别是夏季平均温度的变化，在这一时段内该地区夏季的增温趋势并不明显，其线性增温速率没能通过显著性检验，表明在全球平均气温普遍升高的背景下，该地区的夏季平均气温并没有发生明显变化，而同期春季平均气温增加迅速，线性倾向率达到0.872℃/10a，高于同期冬季平均气温0.35℃/10a的增速。因此，这一时期平均气温增加的贡献主要来自春季、秋季、冬季3季，特别是春季气温的增加，有别于中国不少地区季节平均气温的变化。现有的研究表明，中国东部沿海地区春季气温的变化具有一定的差异性，威海1965～2004年气温季节变化的分析表明，冬季气温增温幅度最大，春季次之，但各个季节气温随时间变化的幅度并不一致，20世纪90年代后，春季温度上升最为显著，产生这种情况的原因可能是因人类活动导致冬半年气温增速加大，因为海洋的调节作用使得其有一定的滞后效应，具体原因还有待进一步分析。有研究对比了青岛站和山东半岛北部莱州站的夏季气温变化，

1951～2002 年莱州夏季平均增温为 1.06℃，为同期青岛的夏季增温幅度的 3 倍，而同期冬季增温则与青岛持平，这可能与青岛地区海洋调节功效有关。

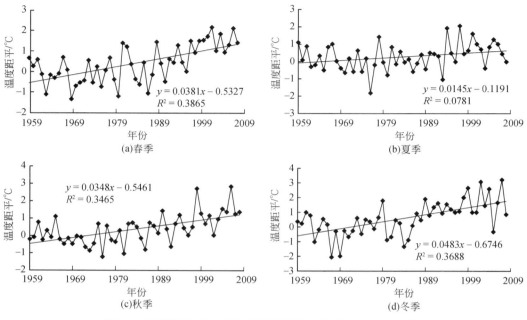

图 5-3　胶州湾 1959～2008 年气温距平（相对 1961～1990 年）

资料来源：张军岩等，2011

胶州湾地区近 50 年的年平均最高、最低气温都呈增加趋势，二者的线性增温速率分别为 0.516℃/10a 和 0.201℃/10a，最低气温的增温速率为最高气温增温速率的 2 倍多，均通过显著性检验（图 5-4）。有研究对比了青岛站和距青岛东偏南海上 50km 左右朝连岛的气温观察资料，结果显示，在气候变暖的大背景下，青岛的最低气温变化比近海岛屿朝连岛高近两倍，表明城市热岛效应对最低气温的变化有显著的影响。胶州湾所属陆上行政区最低气温的变化可能也包含城市热岛效应的影响。从距平变化上看，20 世纪 90 年代前，平均最高、最低气温的负距平相对较多，变化也相对缓和。90 年代后，该地区的年平均最高、最低气温多为正距平，特别是最低气温基本为正距平，并且变幅越来越大，增温趋势显著。通过对近 50 年平均最高、最低气温的分段分析表明，最低气温的线性增温率在 1959～1989 年为 0.08℃/10a，1990～2008 年则达到 0.9℃/10a，近 20 年最低气温的增温显著高于之前的 30 年，在一定程度上表明人类活动的影响进一步加剧。而最高气温在 1959～1989 年并无明显变化，1990～2008 年线性增温率达到 0.25℃/10a。唐红玉等（2005）的研究表明，1951～2002 年的 50 多年中国平均最高气温的年代际变化与最低气温的变化特征基本一致，即在 20 世纪 80 年代中期之前基本为负距平，从 80 年代中期开始变暖，转为正距平。胶州湾地区的平均最高和最低气温也呈现这一规律，但相对全国而言，变暖有所滞后，该地区变暖的转变期从 20 世纪 90 年代开始，这可能也归因于该地区的海洋性气候特点。

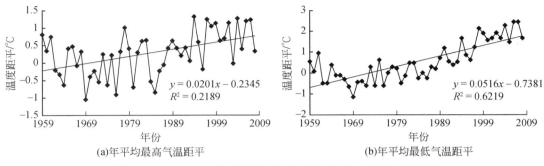

图 5-4 1959~2008 年胶州湾地区年平均最高、最低气温距平

资料来源：张军岩等，2011

5.1.2 1959~2008 年近 50 年胶州湾的降水变化

1959~2008 年胶州湾地区年平均降水量总体呈减少趋势（见图 5-5），降水线性倾向率为−19mm/10a，年平均降水量呈波动式变化，有一个较为明显的干期和两个湿期，20 世纪 60~70 年代中期，降水量相对较多，平均为 803mm/a。从 70 年代后期到 90 年代中后期，出现一个干期，平均为 613mm/a。20 世纪 90 年代后期至 2008 年，胶州湾地区年平均降水量呈增加趋势，线性倾向率为 85mm/10a，最近 10 年平均降水量为 751mm/a。胶州湾地区的降水变化与中国 1959~2008 年近 50 年的降水变化趋势不太一致。中国 1959~2008 年近 50 年的年平均降水量总体变化趋势不显著，但年代际波动较大。总体上，20 世纪 60~80 年代降水量偏少，而胶州湾地区在这个时段内经历了一次降水的转变，60~70 年代中期降水量偏多，70 年代后期至 90 年代后期降水偏少，近 10 年的降水变化趋势和全国的变化趋势一致，都呈增加趋势，但胶州湾地区降水增加趋势要高于全国平均水平。通过 1959~2008 年近 50 年胶州湾地区降水日数及暴雨日数的分析可知，1959~2008 年胶州湾地区降水日数呈减少趋势，线性倾向率为−5.2d/10a，暴雨日数则没有明显变化（图 5-5）。与降水量变化的时段性不同的是，降水日数的变化一直呈减小趋势，只是在 20 世纪 90 年代以前降水日数的减幅更大，减幅达 9.7d/10 a，1990 年后，随着降水增多，降水日数也开始增加，但总体仍呈减少趋势。由于雨日数呈逐渐减少的趋势，暴雨日数占雨日数的比例相应呈增加趋势，也就是说，胶州湾地区 1959~2008 年近 50 年降水年内分布的均匀性降低，雨量趋于集中，导致胶州湾地区近 20 年的旱涝发生频率有所增加。

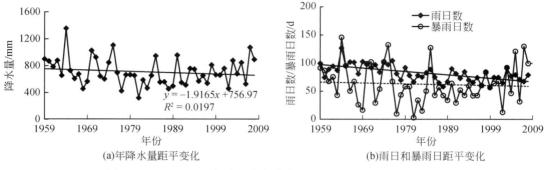

图 5-5　1959～2008 年胶州湾年降水量、雨日、暴雨日距平变化

资料来源：张军岩等，2011

　　胶州湾地区 1959～2008 年近 50 年的气温和降水变化趋势总体上与中国的平均状况相似，但由于其地理位置和气候特点，也有特殊性，相对全国而言，变暖相对滞后，20 世纪 90 年代后春季增温速率显著上升，近 10 年的降水增幅较大等。气候变化、海平面上升、城市化进程加快、人口密集等问题都是沿海地区面临的新问题，这些因素往往具有协同作用，使沿海地区在响应气候变化方面的复杂性更甚于其他地区。从最低气温和季节平均气温的变化特点来看，城市化进程导致的热岛效应和 20 世纪 90 年代冬半年气温增速的变化表明，人类活动已经对胶州湾地区的气候变化产生了较为显著的影响，可见该地区的气候变化已经叠加了人类活动的影响，并将继续对胶州湾地区水资源、生态系统、能源消费及人类福祉等产生影响。

5.1.3　未来 20 年胶州湾气候变化趋势

　　在大气温室气体中等（各能源均衡利用）排放情况下，胶州湾气温变化未来 20 年胶州湾地区年平均气温仍呈增加趋势，2011～2030 年年平均气温为 13.6℃，较 1961～1990 年的平均值 12.0℃，增加了 1.6℃，线性倾向率为 0.77℃/10a，较 1959～2008 年近 50 年的增温速率增大了 1 倍多，未来 20 年胶州湾地区气温变化的年代际差异较大。21 世纪 20 年代，整个区域总体呈升温趋势，线性增温率为 2.33℃/10a，区域东南部的升温趋势比西北部更明显。

　　未来 20 年胶州湾地区年降水量也有所增加，2011～2030 年 20 年的平均降水量为 710mm/a，较多年平均降水量（1961～1990 年）的 701mm/a 相差不多。由于模式在降水预估方面差异较大，且模拟值与观测值的差异也较大，相关性较差，因此对降水预估的不确定性要更甚于对温度的预估。图 5-6 为 2020 年代的区域降水变化趋势空间分布格局。由图 5-6 可见，21 世纪 10 年代，胶州湾地区的降水有增加趋势，降水量增加较多的中心区域在胶州湾中北部，区域南部降水增加较少或没有明显变化；21 世纪 20 年代，整个地区总体呈降水减少趋势，尤其在胶州湾的东部和南部地区，降水减少较为明显，在区域的最东端，降水略有增加。

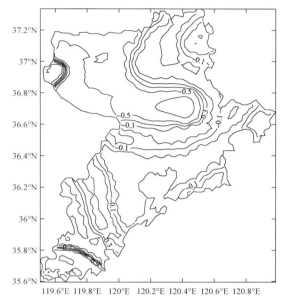

图 5-6　环胶州湾未来 20 年降水线性倾向率变化趋势分布

资料来源：张军岩等，2011

5.2　岸线与面积变化趋势

近百年来，胶州湾的岸线与面积发生了巨大的变化，这与沿岸日益加重的人为活动密切相关，主要源于近岸围填海、海洋工程等，也与自然因素有一定的关系，比如气候异常的洪涝和旱灾会引起陆源河流输入物质的较大变化，这些因素均可导致海岸线和胶州湾面积的改变。

5.2.1　胶州湾岸线与面积的变化

5.2.1.1　岸线变化

到 20 世纪初，胶州湾的海岸形态演变主要由地质构造变化、海平面升降、水动力（河流动力和海洋动力）及沉积物运移和分配等自然固有的演变形态导致，人类作用对海湾的影响微乎其微。20 世纪 70 年代以前，河流输沙一直占绝对优势，是胶州湾淤积和水域面积、体积减小的主要原因。20 世纪 60～80 年代中期，随着经济社会的快速发展，胶州湾沿岸进行了大量的围海造陆，如码头建设、修建厂房、维修护岸、造陆连岛、掘虾池和圈围盐田、倾倒垃圾等成为当代演变的主要特征，其中红岛南部岸段、海西半岛北部岸段和红石崖–大石头岸段仍然处在自然因素控制下，属于自然岸段。在前两个岸段除偶尔少量围垦外，看不出有明显的淤进和蚀退现象，属稳定的自然岸段，但在红石崖–大石头岸段，从岩墩到大石头有明显的蚀退，年平均蚀退为 0.5～8m。1988 年比 1971 年胶州湾的总岸线长度增加了 20km，年平均递增率为 6.3‰；1986～1988 年仅三年时间，胶州湾的总岸线长度增加量为 15km，为 1971～1988 年（17a）增加量的 75%；年平均递增率达 39.1‰，是 1971～1988 年平均递增率的 6 倍。2006 年比 1988 年总岸线长度增加了 13.02km，19 年间年平均增长率达 3.5‰，比 1971～1986 年 16 年间的年平均增长率高近 2 倍（图 5-7）。

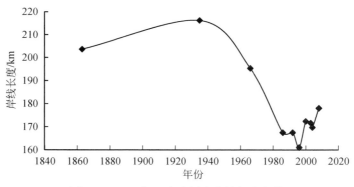

图 5-7　1863 年至今胶州湾岸线长度变化

资料来源：周春燕等，2010

　　1863～1935 年，大港的修建使部分岸线变曲折，导致岸线长度略有增加，1935～1986 年由于大规模的围垦，独立的黄岛和红岛由岛屿演变为陆地，岸线长度急剧减短，1986～2000 年由于沿岸填海造地导致人工岸线长度局部减小和增加。1935 年以来，胶州湾岸线类型变化主要受人类活动影响，胶州湾海岸线由自然岸线向人工岸线不断转化，岸线长度总体呈减少的趋势。胶州湾经历了 20 世纪 50 年代的盐田建设，60 年代中期至 70 年代围垦海涂扩张农业用地，和 80 年代以来的滩涂围垦养殖、开发港口、建设公路和临港工程等填海高潮，以后自然岸线越来越少，盐田虾池、港口码头、人工建筑物占用岸线长度越来越多。

　　胶州湾湾内水深等深线的位置除了在红岛西南部外，均有不同程度的向湾内收缩。收缩距离最大的出现在洋河河口正东，收缩距离最大处超过 2.2km，在红岛东北部收缩范围也比较大。从 5m 等深线的变化来看，在沧口水道入口处、湾内西北部均有所外延，另一个比较明显的变化是在黄岛前湾 5m 等深线处出现了向湾内的大幅收缩。10m 等深线的变化主要发生在沧口水道入口处和黄岛前湾内，沧口水道入口处以及大港外侧水域 10m 等深线均有所外延，外延距离为 100～500m，主要由于兴建码头，适应航道的需要，使此区域的水深有所增加。另外在黄岛前湾内出现了向岸长达 4.2km 的 10m 等深线。

　　2008 年胶州湾海岸线长度为 192.16km，比 2006 年减少了 26.96km。其中自然岸线长 19.57km，人工岸线长 172.59km，占比分别是 10.18% 和 89.82%。胶州湾不同岸段其岸线变化有较大差异（史经昊，2010）。

（1）胶州湾东侧岸线

1966 年以前，该段岸线总体保持稳定。由于 20 世纪初的港口建设，变化主要发生在青岛港附近，出现了少量人工岸线；1966～1986 年，由于较大规模填海造陆工程的进行，胶州湾东岸大部分自然海岸已经逐步变为人工海岸，岸线大幅度向湾内推进。1986～1996 年，随着海湾东岸填海造陆的进一步加剧，如环胶州湾高速公路以及其他工程的修建，该区自然岸线逐渐被人工建筑物替代，形态变得较为平直。1996～2009 年，随着局部填海工程的建设，该区岸线蜿蜒曲折，海岸形态呈锯齿状，岸线长度也来回波动。目前，该区岸段基本上变成了人工岸线，在一定程度上阻隔了陆地与海湾的生态联系。

（2）胶州湾北侧岸线

胶州湾北侧存在大面积的较为平缓的岸滩区域，岸线类型主要为潮滩。该区岸线的变化主要由沿岸盐田和养殖池的扩建引起。其中变化最为显著的是红岛，1935 年以前红岛还是独立的岛屿，20 世纪 30 年代后期，人工建坝使之成为陆连岛。随着盐田虾池的扩建，至 1966 年已完全与陆地相连。总体来看，1935～1986 年是胶州湾制盐业和养殖业用海的高潮，大量盐田和养殖池的修建，导致北侧岸线不断向海向南推进；1986 年以后，随着用海的减少，该区域岸线逐渐保持稳定。但是盐田和养殖池的修建，导致原先比较均一的自然湿地景观被分割成几块相对独立的小的湿地景观。比如，原先相连的大沽河和洋河河口湿地，被分为独立的两块，对湿地生态系统的维持极为不利。

（3）胶州湾西南侧岸线

该区岸段变化最为显著。1986 年以前，该段岸线变化较为缓慢。1986 年以后，变化十分剧烈，这主要是由于不同时段黄岛前湾和海西湾不同用途的围海造地引起的。20 世纪 70 年代以前，黄岛仍保持为一个孤立的岛屿，后来通过人工建坝，与大陆相连，成为陆连岛。至 1986 年，随着盐田和养殖池的大量修建，黄岛已经完全与周边大陆相连，成为陆地的一部分。20 世纪 90 年代以前，养殖业用海是该区岸线变化的主要原因，自然的基岩岸线逐渐变成人工的盐田虾池；随后，盐田和养殖池逐渐废弃，变成工业用地。随着经济的发展，人们大量围海造陆，大规模修建港口和码头等工程。目前，该区岸线基本上都变成港口类型，黄岛前湾和海西湾也失去了自然属性，演变为人工港池。

总体而言，1863～1935 年修建大港使部分岸线变曲折，导致岸线长度略有增加，而 1935～1986 年由于大规模的围垦，黄岛和红岛由独立的岛屿演变为并入陆地，使岸线长度急剧减短。随后，1986～2008 年，岸线长度呈小幅度锯齿状升降，主要是由于截直岸线填海导致岸线长度减小和局部工程导致的向湾突出填海导致岸线长度增加引起的。

5.2.1.2 面积变化

根据历史记载和近年来的研究，大约 6000 年前，大暖期海侵达到最大范围，胶州湾边界在目前 5m 等高线附近，胶州湾海域面积达 707.7km²。此后，胶州湾海域面积不断减小。1863 年为 578.5km²，1935 年为 559km²，1971 年为 452km²，1988 年为 390km²，2001 年为 364.86km²，2012 年为 343.09km²（表 5-1）。马立杰等（2014）对过去近 150 年（1863～2012 年）胶州湾海域面积变化进行了系统分析，过去 150 年胶州湾面积减少

235.41km², 占原来（1863 年）胶州湾海域面积的 41%。1863～1935 年，胶州湾海域面积变化比较平缓，年平均减小速度为 0.21km²；1935～2012 年，胶州湾海域面积变化剧烈，以年平均 2.95km² 的速度在减小（图 5-8，表 5-1）。

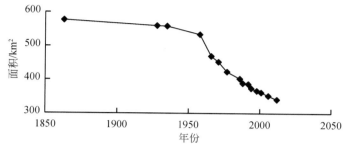

图 5-8　近 150a 胶州湾海域面积变化趋势

资料来源：马立杰等，2014

表 5-1　胶州湾海域面积变化及其不同开发利用方式面积变化情况

时间	1863～1935 年		1935～1969 年		1969～1987 年		1987～2002 年		2002～2012 年	
总的面积变化/km²/变化速度/（km²/a）	15.1/0.21	5.08（−）20.18（+）	104.78/3.08	3.72（−）108.5（+）	49.99/2.78	11.09（−）61.08（+）	55.62/3.71	1.17（−）56.79（+）	16.76/1.68	5.75（−）22.51（+）
自然因素导致的面积变化/km²	13.68		13.88		5.48		5.49		0.09	
人类开发利用面积/km²	总和	1.42		90.9		44.51		50.13		16.67
	盐田	0		72.58		12.77（19.49，−6.72）		1.003		0
	养殖池塘	0		0.6		25.68		21.46		−4.33
	填海造陆等	1.42		5.25		6.06		27.67		21.0
	农用耕田	0		12.47		0		0		0

资料来源：马立杰等，2014

注：−表示岸线向陆地方向迁移；+表示岸线向海洋方向迁移

1863～1935 年，胶州湾海域总的面积变化为 15.1km²，其中，自然因素导致的面积变化为 13.68km²［表 5-1 和图 5-9（a）］。人类活动导致的面积变化为 1.42km²，是 1901～1932 年修建青岛港码头填海所致。在此期间，未修建盐田和养殖池。人类活动导致的胶州湾海域面积变化只占总面积变化的 9.4%，该时期胶州湾海域面积变化的主控因素是自然因素。

1935～1969 年，胶州湾海域面积变化较大，减小 104.78km²，自然因素导致的面积减小量为 13.88km²，占总面积变化的 13%。人类活动导致的面积变化为 90.9km²，占总面积变化的 87%，其中，修建盐田为 72.58km²，修建养殖池为 0.6km²，填海造陆等为 5.25km²，农用耕地为 12.47km²［表 5-1，图 5-9（b）］。该时期，盐田和养殖池的修建使红岛与陆地相连，胶州湾大规模围、填海［图 5-9（b）］，人类活动是导致胶州湾海域面积减小的主控因素。

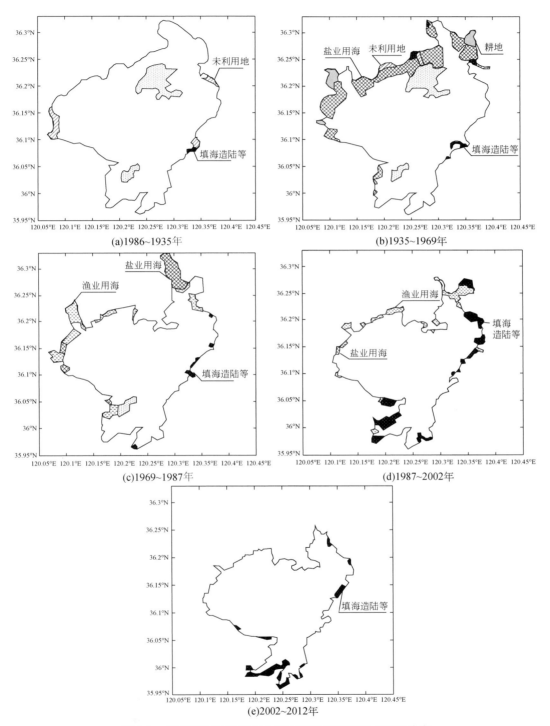

图 5-9　胶州湾海域面积变化及不同开发利用方式面积分布

资料来源：马立杰等，2014

1969～1987 年，胶州湾海域总面积变化为 49.99km²，自然因素导致的面积变化为 5.48km²，人类活动导致的面积变化为 44.51km²，其中，修建盐田 12.77km²（其中，新建盐田 19.49km²，拆除盐田 6.72km²），养殖池 25.68km²，填海造陆等 6.06km²［表 5-1，图 5-9（c）］。该时期，自然因素导致的胶州湾海域面积变化占总面积变化的 11%，人类活动导致的胶州湾海域面积变化占总面积变化的 89%，人类活动是该时期胶州湾海域面积变化的主控因素。

1987～2002 年，胶州湾海域总面积变化为 55.62km²。自然因素导致面积变化为 5.49km²，人类活动导致的面积变化为 50.13km²。修建盐田 1.0km²，养殖池 21.46km²，填海造陆等 27.67km²［表 5-1，图 5-9（d）］。据不完全统计，该时期，胶州湾沿岸进行大型填海项目 20 多项，该期填海造陆等面积是 5 期中最大的，占总填海造陆面积（1863～2012 年）的 45%。

2002～2012 年，胶州湾海域总面积变化为 16.76km²。自然因素导致的面积变化为 0.09km²，人类活动导致的面积变化为 16.67km²。拆除养殖池面积 4.33km²，填海造陆等面积 21.0km²［表 5-1，图 5-9（e）］。在本书的 5 期胶州湾海域面积变化中，该期填海造陆等规模位于第二位，占总填海造陆面积（1863～2012 年）的 34%。

1863～2012 年的 5 个时间段，胶州湾海域面积减小速度依次为 0.21km²/a、3.08km²/a、2.78km²/a、3.71km²/a、1.68km²/a。1987～2002 年的 16 年，胶州湾海域面积变化速度最大，达到 3.71km²/a，1935～1969 年的 35 年里，胶州湾海域面积变化速度次之，达到 3.08km²/a。这两个时期是胶州湾开发的两个高潮期，1987～2002 年，填海造陆达到最大规模，1935～1969 年，盐田修建达到最大规模（表 5-1），图 5-10 是 2010 年胶州湾沿岸围填海区域和类型的分布情况。

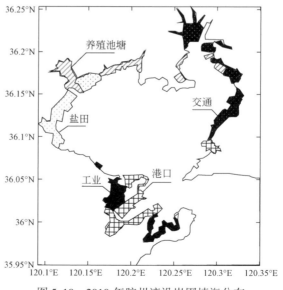

图 5-10　2010 年胶州湾沿岸围填海分布

资料来源：马立杰等，2014

不同报道中, 胶州湾水域面积差异较大, 其原因在于所用的资料以及面积的意义有较大差异。第 1 章表 1-2 是胶州湾不同年代不同描述的面积及水体积, 很显然, 这其中的平均海平面面积与前述的胶州湾面积也有较大的差异。

5.2.2 胶州湾岸线与面积的变化趋势

就过去而言, 从控制因素可把胶州湾岸线与面积的变化可分为 3 个阶段, 即自然因素控制阶段 (1930 年以前)、自然因素和人为因素共同作用阶段 (1930~1990 年) 和人为因素主导阶段 (1990 年以后) (史经昊, 2010)。

5.2.2.1 自然因素控制阶段

20 世纪 30 年代以前, 胶州湾几何形态主要受自然因素影响。大约距今 6000 年以前, 海侵达到最大范围, 当时胶州湾岸线在目前 5m 等高线附近, 总水域面积达 707.7km², 比现在大近一倍。此后海岸线持续后退, 一直退到现代岸线附近。据 1920 年以来的 60 年平均海平面资料分析, 胶州湾海平面大约以 1mm/a 的速率上升, 同时胶州湾周边的区域自新构造运动以来, 处于缓慢抬升阶段, 但是由于海平面上升因素抵消了地壳上升的因素, 从海面和地壳变换综合角度看, 胶州湾的海平面基本稳定。但是胶州湾的面积和体积却有缩小的总趋势, 这是因为注入胶州湾的河流向湾内输送大量的泥沙, 使海岸淤涨, 导致海湾面积、体积不断缩小。此外, 由于河流输沙有 90% 以上的泥沙是由海湾西北部入海湾, 只有少部分于胶州湾东北部和黄岛前湾入海, 加之这些湾顶, 海流流速很小, 又无大浪作用, 故胶州湾西北部发育了宽坦的潮滩和水下浅滩。

黄岛、海西半岛、团岛的基岩港湾海岸, 其岸线曲折, 山甲湾相间, 而水动力较活跃, 特别是波浪作用显著, 山甲角遭受侵蚀, 海岸后退, 山甲间湾岸接受两侧物质的充填, 岸线淤进。但由于岬角基岩较坚硬及汇集于湾顶的物质较贫乏, 海岸进退速度均非常缓慢, 保持相对稳定状态。

5.2.2.2 自然因素和人为因素共同作用阶段

20 世纪 30~80 年代, 为自然因素和人为因素共同作用阶段。在人类活动的参与下, 大量潮滩变成工农业用地, 人工岸线长度逐渐超过自然岸线。20 世纪 70 年代以前, 河流输沙仍是胶州湾泥沙的主要来源。此后, 由于人类在河流上游拦水拦沙, 使注入湾内的泥沙逐渐减少, 但向胶州湾倾倒的工业和生活垃圾日益增多, 每年可达百万吨。大量围垦和垃圾排放使胶州湾水域面积和水体体积逐渐减小。

5.2.2.3 人为因素主导阶段

20 世纪 90 年代至今, 为人为因素主导阶段。由于人们继续大量围海造田, 修建港口、工厂、公路等，胶州湾的海岸已基本上失去其自然面貌，其动态是受人为控制的，且常具有区段性和突变之特点。目前胶州湾的东西两岸大部分岸段已经被人工码头代替，胶州湾西北部的大部分自然潮滩岸线现已被养殖区和盐田取代。人工岸线的修筑，改变了海岸的自然性状。20世纪90年代以后，河流输沙几乎可以忽略不计，固体垃圾排放成为胶州湾沉积物主要来源，但是随着人类环保意识的增强，垃圾排放逐渐得到控制，加上围垦速率降低，胶州湾面积和体积逐渐稳定下来。

显然，目前的胶州湾岸线及面积主要受人为因素控制，其变化趋势基本取决于人为影响胶州湾的强度，这是不言而喻的。

从胶州湾持续利用的角度分析，未来20年左右，胶州湾的水域面积会基本稳定，但较小规模的围填海还会产生，其水域面积会稍有减少，减小的速度将会明显低于前20年。胶州湾的人工岸线将会有所增加，但总体岸线长度基本稳定，但稍会增加，增加的速率也远会低于前20年。未来20年，胶州湾的岸线长度和面积将会在195km±5km和340km²±10km²变化。

5.3 海湾冲淤预测

由于胶州湾沿岸围填海、海湾大桥等重大工程的实施，胶州湾内的冲淤平衡受到严重破坏，造成胶州湾内底质环境发生较大变化，继而带来生态群落的栖息环境发生变化，胶州湾生态环境随之改变，探明和预测胶州湾的冲淤状况对揭示胶州湾环境演变过程具有重要的意义。

5.3.1 近几十年的冲淤现状

5.3.1.1 沿岸河流的泥沙输入

胶州湾作为典型半封闭的海湾，其沿岸河流众多，主要河流有大沽河、洋河、漕汶河、岛耳河、龙泉河、墨水河、洪江河、白沙河、张村河、楼山后河、海泊河等，这些河流每年都能携带一定量的泥沙和低盐水进入胶州湾，这些季节性河流汛期集中在6月、7月、8月、9月共4个月，这4个月的入海水量和沙量分别占年总量的85.5%和99%，多年平均入海总水量为66 620万m³，总沙量57.0万t（图5-11）。根据青岛市水文局资料，尽管由于兴修水库和筑坝，胶州湾周边河流的年入海输沙量已由20世纪60年代的年均133.7万t下降到2008年的年均20万~30万t，但河流来沙依然是影响胶州湾环境的主要沉积物来源之一（表5-2，表5-3）。

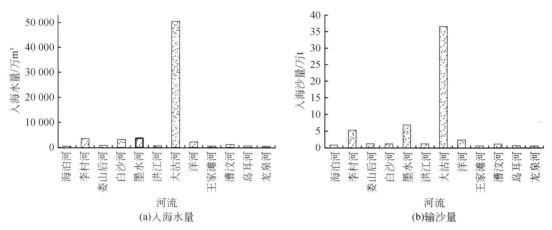

图 5-11　胶州湾入海河流多年平均入海水量与输沙量

资料来源：赵瑾，2007

表 5-2　胶州湾入海河流多年平均入海水量与输沙量

河流	集水面积/km²	年均入海水量/万 m³	年均输沙量/万 t
海泊河	14	381	0.559
李村河	132	3 576	5.245
娄山后河	27	721	1.057
白沙河	215	3 133	1.280
墨水河	317	3 734	6.867
洪江河	56	558	1.027
大沽河	6 131	50 366	36.590
洋河	303	2 106	2.215
王家滩河	37	315	0.329
漕汶河	129	1 089	1.136
岛耳河	83	413	0.431
龙泉河	27	228	0.238
合计	7 471	66 620	56.974

资料来源：盛茂刚等，2014

表 5-3　环胶州湾地区年均降水量–入海水量–输沙量

时间	平均年降水量/mm	平均年入海水量/万 m³	平均年输沙量/万 t
1960～1969 年	751.2	132 826	149.38
1970～1979 年	755.6	92 877	57.93

续表

时间	平均年降水量/mm	平均年入海水量/万 m³	平均年输沙量/万 t
1980~1989 年	580.2	19 240	13.48
1990~1999 年	673.0	36 897	22.30
2000~2004 年	681.8	35 903	26.59
1960~1979 年	753.4	112 852	103.66
1980~2008 年	637.6	29 635	19.63
最大年值	1342.3	403 456	531.10
最小年值	305.3	2 627	1.02
最大最小倍数	4.4	153.6	518.7

资料来源：盛茂刚等，2014

赵瑾（2007）通过数值模拟研究了胶州湾河流输入泥沙的情况及对海底冲淤的影响。洪水模拟条件下，冲刷区位于内湾口-外湾口、湾顶附近、内湾东北部，在大沽河河口附近，淤积强度达 1cm 以上的地区主要分布在大沽河道、几个河口以及内湾西北角处。而在纯潮流及平均径流条件下冲刷地区主要位于内湾口-外湾口，白沙河口附近也有少量分布，淤积强度减弱（图 5-12）。

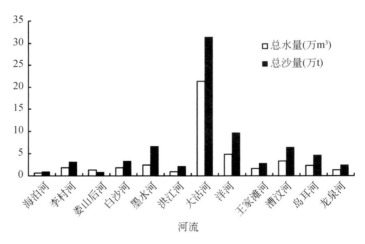

图 5-12　12 条河流洪水期间入海总水量和沙量的模拟结果

资料来源：赵瑾，2007

在洪水及波浪条件下，胶州湾的 15 天冲淤积强度在 1cm 以上的面积有 $0.9991km^2$，$0.5~1cm$ 的面积有 $5.1205km^2$，$0.1~0.5cm$ 的面积有 $104.6576km^2$，$0.01~0.1cm$ 的面积有 $105.3445km^2$，$0.001~0.01cm$ 的面积有 $14.2999km^2$，$0~0.001cm$ 的面积 $2.2480km^2$，冲刷的面积有 $36.0307km^2$（图 5-13，表 5-4）。

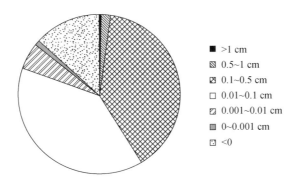

■ >1 cm
▨ 0.5~1 cm
▧ 0.1~0.5 cm
□ 0.01~0.1 cm
▨ 0.001~0.01 cm
▨ 0~0.001 cm
▨ <0

图 5-13　洪水状态下胶州湾冲淤强度分布的相对面积

资料来源：赵瑾，2007

表 5-4　模拟两种状况下胶州湾冲淤强度对应面积　（单位：km^2）

模拟条件	>1cm	0.5~1cm	0.1~0.5cm	0.01~0.1cm	0.001~0.01cm	0~0.001cm	<0
波浪+洪水	0.9991 (0.4%)	5.0580 (1.9%)	104.1581 (38.9%)	105.4070 (39.2%)	14.6746 (5.3%)	2.0607 (0.8%)	36.3429 (13.4%)
无波浪+平均状态	0.8118 (0.3%)	0.4996 (0.2%)	3.2471 (1.2%)	78.2435 (29.1%)	144.7473 (53.9%)	11.9358 (0.7%)	39.2154 (14.6%)

资料来源：赵瑾，2007

波浪是近岸冲刷和河口地区骤淤的主要原因，洪水强弱是淤积影响面积的决定因子，潮流是泥沙输运的主要动力。胶州湾周边河流来沙尽管会对胶州湾产生一定的冲淤影响，但面积不广，强度不大，并且影响范围基本局限在内湾中，不会波及黄岛及外湾，两种情况下河流来沙对黄岛、薛家岛海域基本没有影响。

5.3.1.2　胶州湾冲淤现状

胶州湾自西向东分布有 4 条水道，分别为岛耳河水道、大沽河水道、中央水道和沧口水道（图 5-14）。刘运令等（2011）对胶州湾水下地形进行了对比分析，发现在1936~1963 年，胶州湾 0m 以深水域总体上呈现出轻微淤积（表 5-5），其中 2m 以浅水域保持基本稳定，5~20m 水深范围内的淤积程度较为严重，20m 以深水域则呈轻微侵蚀状态。若以显浪—红岛连线为界将胶州湾分为东、西两部分，东部明显以侵蚀为主，西部明显以淤积占优，两者间为斑块状的稳定区域。具体而言 [图 5-14（b）]，在东部的沧口水道和中央水道东北方向水域，海底主要表现为轻微侵蚀甚或较强侵蚀，内湾口团岛一侧及其向中央水道延伸区域侵蚀程度最大；相反，沧口水道与中央水道口门间的沙脊区呈现严重淤积。同样，黄岛头东侧和北侧的内湾口门区域也有严重淤积态势。相比之下，岛耳河水道、大沽河水道及其与中央水道之间的沙脊区域大都处于轻微淤积（或较强淤积）状态，红岛南侧多数区域则相对稳定。与前期相比，胶州湾在 1963~1982 年的淤积作用明显减弱，总体上由轻微淤积转为稳定状态。但 2m 以浅水域的淤积作用明显加强，平均沉积速率高达 0.02m/a；2～20m 水深范围内的淤积作用则与总体形势保持一致；20m 以深水域的变化最为突出，轻微侵蚀状态消失，反向转为轻微淤积。从区域分布来看［图 5-14（c）］，内湾口门的侵蚀与淤积条带逐渐演变为支离破碎的小斑块，外湾（团岛头与薛家岛脚子石连线以西水域）口门附近的侵蚀区则部分转变为淤积区。东部（同上）的大面积侵蚀区仅分布于中央水道东北部和红岛南侧，侵蚀强度有所减弱，同时沧口水道转变为以较强淤积甚或强淤积为主。相反，西部的大沽河水道和岛耳河水道由大面积淤积进入大面积侵蚀，侵蚀强度为轻微侵蚀。之后 20 年，胶州湾海床已明显转向侵蚀状态。从水深范围来看（表 5-5），除 5m 以浅水域保持相对稳定外，5m

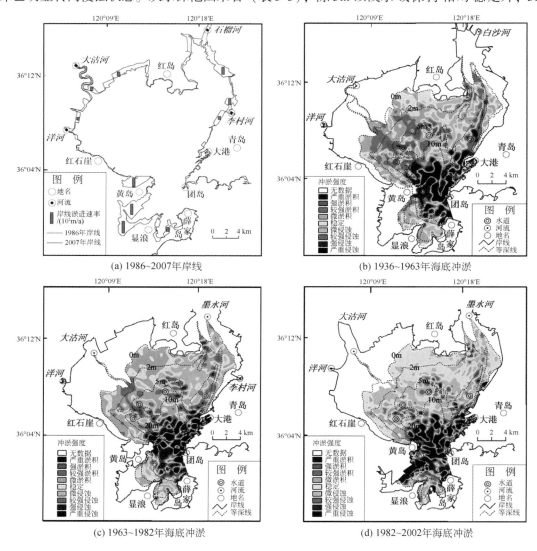

(a) 1986~2007年岸线   (b) 1936~1963年海底冲淤

(c) 1963~1982年海底冲淤   (d) 1982~2002年海底冲淤

图 5-14　胶州湾 1936～2007 年的岸线及海底冲淤变化

资料来源：刘运令等，2011

以深区域则全面进入轻微侵蚀阶段。其中，10～20m 水深范围内的侵蚀强度较大，平均侵蚀速率为 0.024m/a。相比而言，该时期内沧口水道内的淤积作用相对减弱，水道末端甚至出现轻微侵蚀区；中央水道和大沽河水道的轻微侵蚀区明显扩大，尤其是大沽河水道 5m 以浅水域。而内湾口门附近的侵蚀与淤积作用依然很强，两者呈交错分布 [图 5-14 （d）]。值得注意的是，黄岛前湾近岸水域还发生了大面积的严重侵蚀现象。

表 5-5　胶州湾海底冲 （−） 淤 （+） 状况

水深 /m	总面积变化量/10⁶ m²			总体积变化量/10⁶ m³			沉积速率/（10⁻² m/a）		
	1936～1963 年	1963～1982 年	1982～2002 年	1936～1963 年	1963～1982 年	1982～2002 年	1936～1963 年	1963～1982 年	1982～2002 年
0～2	−14.72	14.74	2.48	18.02	26.25	2.41	0.80	2.00	0.18
2～5	3.93	6.08	5.33	33.01	8.35	−8.01	1.36	0.52	−0.51
5～10	4.30	1.32	−1.34	36.03	1.49	−20.41	2.50	0.15	−1.93
10～20	5.33	−0.40	−3.49	17.94	1.41	−15.60	2.34	0.26	−2.43
>20	−0.51	−0.01	−0.21	−17.21	6.87	−7.44	−2.73	1.55	−1.58
>0 （总）	−1.68	21.73	2.78	87.80	44.36	−49.05	1.17	0.91	−0.96

资料来源：刘运令等，2011

　　所以，自 1936 年以来胶州湾已逐渐地由淤积变为侵蚀，特别是湾内水道也在向侵蚀方向发展，这种冲淤形势有利于胶州湾系统的稳定。然而胶州湾的冲淤除了与自然因素（输沙量、水动力以及海平面变化等）有关外，目前在很大程度上还与人类活动如围填海、重大海洋工程、陆地输入和排污等密切相关。

　　海底的冲淤强度可用冲淤速率来表示（表 5-6）。1990 年以来，胶州湾多数岸段向海有明显的淤积趋势。该趋势可见于内湾（团岛头与黄岛间连线以北海域）北部河口两侧和黄岛前湾及海西湾内，平均淤进的速率为 10¹～10² m/a，其中以黄岛前湾、黄岛北部海湾和内湾东北部最为突出。通过卫星图像解译和实地调查可知，黄岛前湾附近主要是由于填海造陆和修堤筑港造成的，而内湾北部的变化主要是围海造田（盐田和养虾池）引起的。可见，人为影响是胶州湾冲淤演化的主导因素。

表 5-6　胶州湾冲淤强度划分　　　　　　　　（单位：m/a）

淤积（侵蚀）强度	沉积速率 S
严重淤积	S≥0.15
强淤积	0.10≤S<0.15
较强淤积	0.05≤S<0.10
微淤积	0.01≤S<0.05
稳定	−0.01≤S<0.01
微侵蚀	−0.05≤S<−0.01
较强侵蚀	−0.10≤S<−0.05
强侵蚀	−0.15≤S<−0.10
严重侵蚀	S≤−0.15

资料来源：刘运令等，2011
注：正数为淤积，负数为侵蚀

5.3.2　胶州湾冲淤预测

　　胶州湾未来冲淤变化与沿岸围填海、大型海洋工程建设、洪水规模与陆源物质输送等密切相关。史经昊与李广雪（2010）的综合模式分析表明，胶州湾总体上冲淤变化幅度较小，内湾以冲刷为主，局部淤积，外湾基本上呈淤积状态，湾外冲淤形式较为复杂（图5-15）。

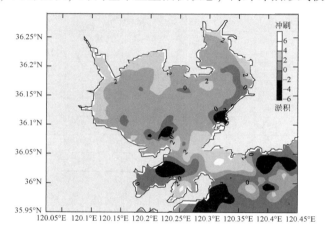

图5-15　胶州湾1992～2005年年均冲淤变化
资料来源：史经昊和李广雪，2010

　　从对胶州湾的持续利用策略来看，大规模的围填海及大型海洋工程不会有大量的增加，预计未来20年胶州湾的冲淤状况将与近年来的情形相似（图5-16）。综合分析可知，胶州湾仍将保持湾内以冲刷为主，局部淤积，具体表现为胶州湾内西北部略有淤积，主要集中在大沽河入海口，另外，李村河口也会有微量淤积。一年四季中，夏季造成的淤积量

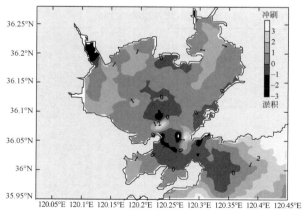

图5-16　胶州湾年均冲淤变化预测模拟
资料来源：史经昊和李广雪，2010

较大，冬季较小，这些局部淤积的区域淤积速率约为 0.5cm/a，湾外将呈淤积状态，前湾和海西湾湾口外区域淤积幅度将可达 2cm/a。其原因是较强的涨潮流携带泥沙进入湾内，受到地形地势的顶托，流速减缓，泥沙落淤。同时，落潮流速又小于涨潮流速，落潮时很难把全部泥沙带到湾外，所以将造成淤积，不利于航道的维护，湾外冲淤形式比较复杂。主水道末端和靠近薛家岛的湾口区域发生淤积，淤积速率小于 1cm/a。这可能是由于落潮流通过较窄口门后，地形突然变宽，流速降低，泥沙发生落淤造成的。

20m 等深线以外的区域侵蚀将会加重，尤其是东北和西南区域，侵蚀速率可超过 3cm/a。值得注意的是，湾外发生侵蚀的区域对应于非黏性组分在水体底层的高值区，这说明非黏性组分的运动对冲淤变化影响巨大，这可能会影响到沿岸海滩的冲淤变化，需要特别关注。

5.4 水动力与水质变化趋势

近几十年，随着胶州湾面积缩小，势必会对该海域的水动力和水质产生影响，其直接后果为纳潮量减少、流场改变、水动力强度减弱、与黄海水交换能力下降，最终导致海湾自净能力下降，生态环境恶化等。因此，明确胶州湾水动力和水质变化趋势可为研究海湾污染物质的迁移和转化提供科学依据。

5.4.1 近 70 年胶州湾的水动力变化

陈金瑞和陈学恩（2012）采用无结构三角形网格海洋模式 FVCOM（finite-volume coastal ocean model），基于胶州湾不同年代的岸线和水深地形条件，建立胶州湾及其邻近海域各年代的三维潮汐潮流数值模型，从数值模拟角度分析和比较了胶州湾不同年代纳潮量、潮汐潮流、水交换率等水动力参数的变化。

5.4.1.1 纳潮量

纳潮量是一个水域可以接纳潮水的体积，也可说是平均潮差条件下潟湖或潟湖型海湾可能接纳的海水量（体积）。它的大小直接影响到海湾与外海的交换强度，从而制约着海湾的自净能力，因此，纳潮量是表征半封闭海湾生命力的重要指标，它对维持海湾的良好生态环境至关重要。纳潮量的改变是海湾潮流特征变化的总体反映，会对海湾的输沙量、水交换能力以及环境容量等产生直接的影响。

从表 5-7 和表 5-8 可以看出，1935~2008 年，随着胶州湾面积不断缩小，胶州湾的纳潮量也在不断减小。1935~1966 年，胶州湾的纳潮量减小了 1.9%；1966~1986 年，胶州湾的纳潮量变化最快，至 1986 年，胶州湾的纳潮量减小了 20.77%；至 2000 年减小 19.7%；2000~2008 年，胶州湾的纳潮量变化也较快，至 2008 年，胶州湾纳潮量比 1935 年已缩小了 31.09%，约 3.839 亿 m^3，内湾（团岛-黄岛油码头连线以内的海湾）纳潮量较 1935 年减小了 29.99%，约 3.228 亿 m^3。

表 5-7　内湾的纳潮量

年份	面积/km²	大潮时段的纳潮量/亿 m³	小潮时段的纳潮量/亿 m³	平均纳潮量/亿 m³	变化率/%
1935	479.5	15.275	6.250	10.763	—
1966	384.1	14.731	6.188	10.460	-2.82
1986	335.8	11.800	4.937	8.369	-22.24
2000	314.0	11.687	5.344	8.516	-20.88
2008	309.0	11.295	3.775	7.535	-29.99

资料来源：陈金瑞和陈学恩，2012

表 5-8　胶州湾纳潮量变化

年份	面积/km²	大潮时段的纳潮量/亿 m³	小潮时段的纳潮量/亿 m³	平均纳潮量/亿 m³	变化率/%
1935	552.7	17.644	7.054	12.349	—
1966	455.5	17.140	7.098	12.119	-1.9
1986	394.9	13.830	5.737	9.784	-20.77
2000	366.3	13.619	6.214	9.917	-19.70
2008	348.7	12.784	4.236	8.510	-31.09

资料来源：陈金瑞和陈学恩，2012

从图 5-17 可以很清楚地看出，随着胶州湾总水域面积减小，纳潮量也逐渐减小，但是两者变小的比例不一致，纳潮量变化最大的主要是 1966~1986 年，减小 2.335 亿 m³，减小了 20% 左右。

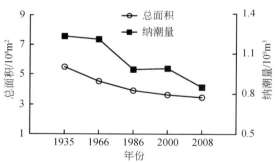

图 5-17　胶州湾总水域面积和纳潮量的变化
资料来源：陈金瑞和陈学恩，2012

5.4.1.2　潮汐变化

潮汐是所有海洋现象中较先引起人们注意的海水运动现象，它与人类的关系非常密切；海港工程，航运交通，军事活动，渔、盐、水产业，近海环境研究与污染治理，都与潮汐现象密切相关；潮位也是反映海湾水动力学特征的重要指标，潮位的变化一方面会对港口和航道造成影响，另一方面还会使潮间带的面积发生变化，从而影响湿地生态环境。

陈金瑞和陈学恩（2012）基于 1935 年、1966 年、1986 年、2000 年和 2008 年 5 套岸

线对胶州湾水位进行数值模拟和调和分析，模拟计算的等振幅和等潮时线图如图 5-18 所示。由图 5-18 可以看出，在湾外，潮波由东北向西南方向传播，属于逆时针旋转潮波系统，潮波进入胶州湾后，向湾内传播。在湾外等振幅线基本垂直于等迟角线，随着潮波向湾内传播，由于潮波能量的聚集，振幅逐渐增大，等振幅线基本平行于岸线由湾口向湾顶

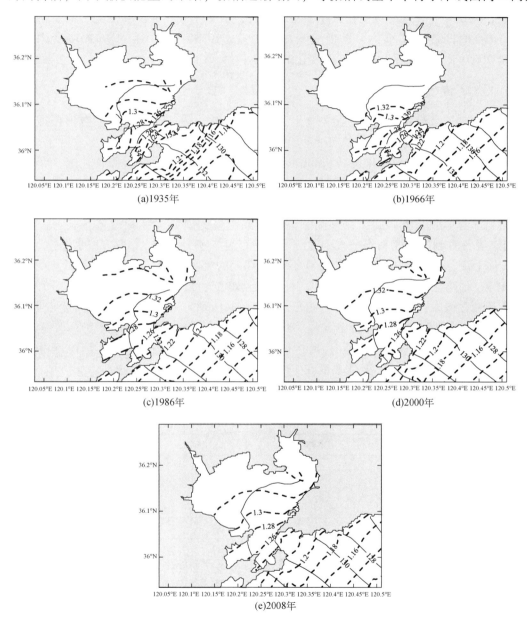

图 5-18　胶州湾不同年代的 M_2 分潮的同潮图

资料来源：陈金瑞和陈学恩，2012

增大。由于岸线和地形变化的共同作用，1935～2008 年，M_2 的同潮图在湾内发生较大的变化，等迟角线从 1935 年在湾内 138°左右变化到 2008 年的 134°左右，其中，由于 1935～1966 年胶州湾湾内最大的岛屿红岛与湾外陆地连接，使等迟角线由 138°变化到 136°左右。又因为 1966～1986 年湾口附近的黄岛与陆地相连，使湾内的等迟角线由 136°左右变化到 134°。1986～2008 年等迟角线变化很小，也就是说，由于岸线和地形的变化，潮波从湾口到湾顶的传播时间逐渐减小。等振幅线变化不明显，1935～1966 年 M_2 的振幅变大，从 1966 年至 2008 年，振幅逐渐变小，但变化的幅度不大。

5.4.1.3　流场变化

流场变化对于水流挟沙能力、污染物运移有重要影响。基于 5 套岸线的数值模拟分析发现，胶州湾流场流型的发展近 70 年趋势基本一致。胶州湾流场近 70 年也发生了变化，在涨急时刻，1935 年和 1966 年黄岛北部附近的海域会出现小的涡旋，而其他的 3 套岸线下则未出现，这主要是由于 1935 年和 1966 年黄岛还没有和湾外的陆地相连，在涨急时刻，有一部分潮流涌向黄岛和陆地中间的海域，同时由于受到黄岛岸线的影响，涨急时刻在黄岛的北部会形成一个涡旋；在平潮和停潮时刻出现的涡旋强度和位置还是有一些变化；5 套岸线各时刻的流速基本呈减小的趋势，1935 年的流速最大，2008 年的流速最小。

从整体上讲，1966 年、1986 年、2000 年和 2008 年的流速相对于 1935 年都是减小的，变化都是负的；对比这 5 个年份的数据可知：随着岸线的变化，流速呈减小的趋势，1966～1986 年流速变化最大，1986 年至今，流速变化则很小。从表 5-9 中可以看出，大潮时段的平均流速变化值比小潮时段的平均变化值大；2008 年的大潮时段的平均流速较 1935 年减小了 17%，小潮时段的平均流速较 1935 年减小了 25.62%。1966 年的流速相对于 1935 年的流速变化不是很大，有增有减，变化幅度在 10% 左右（表 5-9）。

表 5-9　胶州湾不同年份下大、小潮时段平均流速的变化

年份	大潮时段的平均流速变化				小潮时段的平均流速变化			
	涨潮		落潮		涨潮		落潮	
	变化值 /(cm/s)	变化率 /%	变化值 /(cm/s)	变化率 /%	变化值 /(cm/s)	变化率 /%	变化值 /(cm/s)	变化率 /%
1935	—	—	—	—	—	—	—	—
1966	−0.17	−0.25	−0.14	−0.54	−1.33	−9.42	−1.06	−5.56
1986	−7.45	−15.95	−8.16	−12.11	−4.29	−27.67	−4.28	−23.60
2000	−9.59	−19.8	−9.94	−16.14	−4.77	−25.30	−5.15	−30.35
2008	−9.96	−18.82	−10.23	−15.19	−4.71	−23.41	−5.05	−27.83

资料来源：陈金瑞和陈学恩，2012

5.4.1.4　欧拉余流场的变化

潮致欧拉余流速度是指海域内某一确定点在一个潮周期 T 内潮流速度的时间平均值，

由于是在欧拉意义下研究流体的运动，因此定义为欧拉余流，它表示在确定位置上流体周期平均的迁移趋势。它的表达方式如下：

$$(U_R,\ V_R) = \frac{1}{T}\int_0^T (U,\ V)\,\mathrm{d}t \qquad (5\text{-}1)$$

式中，U_R 为潮周期内海流东分量平均值；V_R 为潮周期内海流北分量平均值；T 为潮周期；U 为海流的东分量；V 为海流的北分量。

根据模式计算的结果，利用式（5-1），计算这 5 套岸线和地形情况下的欧拉余流，绘制欧拉余流矢量图（图5-19）。从这 5 张潮致余流图可以看出：近 70 年胶州湾的岸线和地形虽发生较大变化，但欧拉余流的"团团转"的水平多涡旋结构基本未变。在湾口处由于岬角地形和岸线的共同作用，形成 4 个主要的涡旋余环流系统：①黄岛油码头以北海域的反时针环流。这个环流系统强度相对来说较小，随着岸线的变化（黄岛与陆地相连），这个环流系统范围越来越小。②内湾口（团岛到黄岛）的顺时针环流。这是个强环流系统，流速强，面积大，在内湾口形成海水西进东出的现象。③外湾口（团岛到薛家岛）的反时针环流。这也是个强环流系统，在外湾口形成海水北进南出的现象。④薛家岛以东海域的顺时针环流。上述 4 个主要涡旋的结构近 70 年的变化在于：涡旋中心位置有变化，大小强度也有不同；此外，在内湾里面还形成很多较小的涡旋。

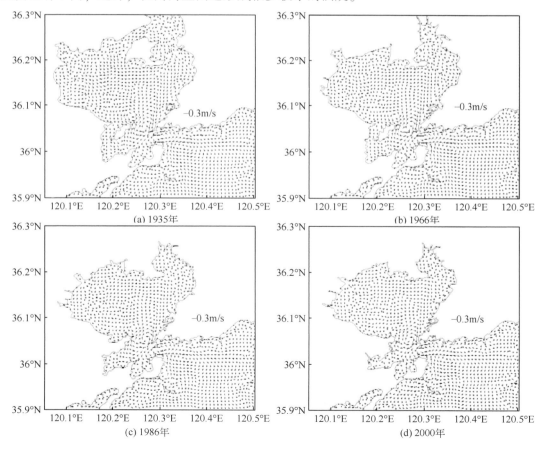

(a) 1935年

(b) 1966年

(c) 1986年

(d) 2000年

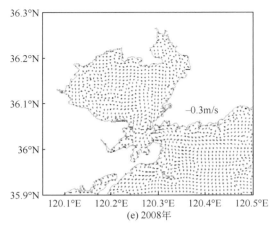

(e) 2008年

图 5-19　五套岸线和水深下胶州湾的潮致余流

资料来源：陈金瑞和陈学恩，2012

　　根据模式结果计算5套岸线下的最大潮致余流：1935年为0.562m/s、1966年为0.546m/s、1986年为0.474m/s、2000年为0.507m/s、2008年为0.43m/s，余流1935~1986年减小，1986~2000年增大，2000年至2008年减小。根据实测资料推算出，潮致余流最大为0.5m/s，与计算结果吻合，且都发生在团岛嘴西侧近岸水域，这与岬角地形、近岸摩擦，以及该位置的强潮流有关。

5.4.1.5　水交换能力的改变

　　海湾内的污染物通常通过对流输运和扩散等物理过程与周围水体混合，与外海水交换，浓度降低，使水质得到改善。海洋水交换能力表征着海湾的物理自净能力，是研究评价和预测海湾环境质量的重要指标和手段。陈金瑞和陈学恩（2012）采用了染色实验，对岸线变化对胶州湾的水交换能力的影响作了如下系统的研究。

　　从图5-20可以看出，30天后胶州湾的剩余污染物浓度分布基本平行于胶州湾海湾的

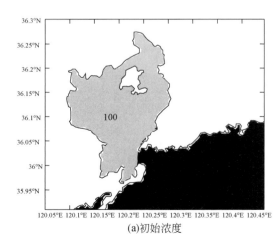

(a)初始浓度

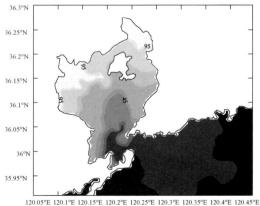

(b) 1935年

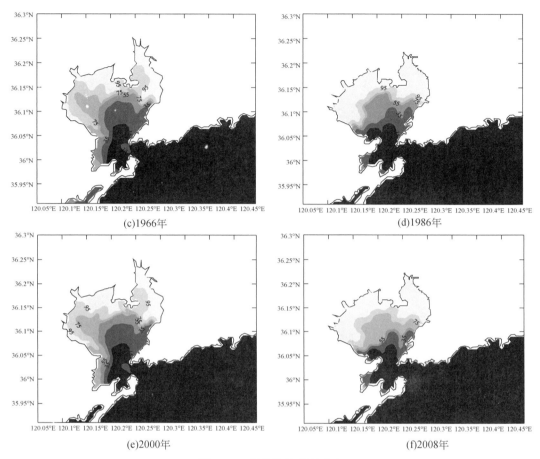

图 5-20　污染物浓度的分布

资料来源：陈金瑞和陈学恩，2012

岸线，越靠近湾口剩余污染物浓度越低，湾顶污染物浓度基本没有得到扩散。5 个不同年代的污染物浓度的等值线有些不一样，湾口剩余污染物浓度小于 20% 的区域在 2000 年和 2008 年比较小，1935 年的等值线分布比其他 4 个年代的变化大。

　　从实验数据结果（表 5-10）可以看出，1935 ~ 2008 年，胶州湾的水交换能力减小9.2%，平均逐年减少 0.13%。1966 年水交换能力相对于 1935 年有所增加，1985 年、2000 年和 2008 年的水交换相对 1935 年减少分别是 5.6%、6.8% 和 9.2%。从逐年变化率的角度分析，1966 ~ 1985 年水交换平均逐年减少 0.33%，1985 ~ 2000 年水交换平均逐年减少 0.08%，2000 ~ 2008 年的水交换变化较快，平均逐年减少了 0.3%。

表 5-10　不同岸线下的剩余污染物浓度的对比　　　　　　　　（单位:%）

年份	30 天湾内剩余污染物平均相对浓度	30 天水交换率	30 天水交换率减少百分比
1935	59.44	40.56	—
1966	59.11	40.89	0.8

续表

年份	30 天湾内剩余污染物平均相对浓度	30 天水交换率	30 天水交换率减少百分比
1986	61.73	38.27	-5.6
2000	62.23	37.77	-6.8
2008	63.20	36.80	-9.2

资料来源：陈金瑞和陈学恩，2012

对整个胶州湾水体的半交换时间进行平均，1935 年、1966 年、1986 年、2000 年和 2008 年的水体半交换时间分别是 37.0d、36.7d、39.2d、39.7d 和 40.8d，也就是说，经过这些天的水交换就可将整个胶州湾内的水体污染物浓度降低为初始浓度的一半。这 5 个年代的水体半交换时间先减小后增大，2008 年的水体半交换时间比 1935 年的延长了 3.8d，说明随着岸线和底线的变化，胶州湾的水体交换能力越来越差。

5.4.2 胶州湾水动力变化趋势预测

胶州湾未来水动力变化与胶州湾岸线和面积变化密切相关。在上述中，已预测未来 20 年，胶州湾的水域面积会基本稳定，但较小规模的围填海还会产生，其水域面积会稍有减少，减小的速度将会明显低于前 20 年。胶州湾的人工岸线将会有所增加，但总体岸线长度基本稳定，但人工岸线会稍有增加，增加的速率也远会低于前 20 年。基于此，可以预测未来 10～20 年胶州湾的水动力变化不大，主要表现在胶州湾的纳潮量仍会减小，但幅度不大；M_2 分潮的振幅，即潮波从湾口到湾顶的传播时间仍会减小，但变化不会太显著；流场结构变化不会很大，但流速仍会有小幅度减小；欧拉余流的"团团转"的多涡结构基本保持不变，位置、强度会有很小的变化，最强的欧拉余流仍会出现在团岛附近，最大值为 0.5m/s；水交换能力仍有小幅度减弱。

5.4.3 胶州湾的水质变化趋势

海水的化学因子直接反映海水的化学性质，其随时间、空间的变化和地化生物循环更是错综复杂，但它们在海洋中的变化是有规律的。它们的变化反映出海水化学环境的变化，许多化学因子与海洋中的生命活动密切相关，因此，通过研究海水化学因子的长期变化，可以间接研究海洋生命活动的变化规律。

关于胶州湾近 50a 营养盐的长期变化已经在第 2 章中进行了分析。总的来说，由于受人类活动影响程度的增加，胶州湾的营养盐水平和结构均在近 50 年发生了很大变化，一是胶州湾 DIN、磷酸盐和硅酸盐的含量持续上升，但 2001 年后氨氮含量开始下降，硝酸盐、磷酸盐和硅酸盐含量升高幅度加大。二是营养盐结构的改变，2000 年以后氮磷比值开始下降，硅氮比有所上升（仍然低于 Redfield 比值），20 世纪 90 年代营养盐比例严重失衡、硅限制的状况有所缓解。

关于近 30 年胶州湾 COD、石油烃和重金属的长期变化已经在第 2 章中进行了分析。

总的来说，20 世纪 80 年代至 2007 年，胶州湾海水中 COD 年均浓度基本呈先缓慢降低、然后又缓慢升高的趋势，COD 年均浓度均低于国家 I 类海水水质标准。20 世纪 80 年代至 2007 年，胶州湾海水中石油烃年均浓度基本呈现出先缓慢增加然后逐渐降低的趋势，目前，胶州湾中的石油烃年均浓度低于国家 I/II 类海水水质标准。20 世纪 80 年代至 2007 年，胶州湾海水中的溶解 Pb 年均浓度基本呈现出开始大幅度增加，之后逐渐降低的趋势，即从 20 世纪 80 年代初到 80 年代后期，胶州湾海水中溶解 Pb 呈增加趋势，到 20 世纪 90 年代初，胶州湾海水中溶解 Pb 年均浓度逐年下降，在 21 世纪初下降到 0.77μg/L，低于国家 I 类海水水质标准。20 世纪 80 年代至 2007 年，胶州湾海水中的溶解 Hg 年均浓度基本呈现出开始大幅度增加，之后逐渐降低，近年来又逐渐增加的趋势，即从 20 世纪 80 年代初到 80 年代后期，胶州湾海水中溶解 Hg 呈增加趋势，到 20 世纪 90 年代初，胶州湾海水中溶解 Hg 年均浓度逐年下降，在 21 世纪初又增加到 0.05μg/L，与国家 I 类海水水质标准相同。20 世纪 70 年代末至 2007 年，胶州湾海水中的溶解 Cd 年均浓度基本呈现出开始大幅度增加，之后逐渐降低，近年来又逐渐增加的趋势，即从 20 世纪 70 年代后期到 90 年代初，胶州湾海水中溶解 Cd 的年均浓度呈逐渐增加趋势，之后逐年降低，到 21 世纪初为 0.12μg/L，低于国家 I 类海水水质标准。

5.4.4 胶州湾水质变化趋势预测

王修林等（2006）在假定未来 20 年内胶州湾海域气象、水文、地理等自然条件不发生显著变化，根据化学污染物在多介质海洋环境中迁移-转化箱式模型，结合在不同污染物排放模式条件下胶州湾排海污染物总量的预测结果，评估出未来 10～20a 胶州湾海洋环境质量变化趋势。

在保守排放模式下，胶州湾海水中 DIN、磷酸盐、石油烃和重金属未来 10～20a 呈显著增加趋势。DIN 年均浓度到 2020 年升高到 174μmol/L，远远超过国家 IV 类海水水质标准；磷酸盐年均浓度到 2020 年升高到 7.4μmol/L，远远超过国家四类海水水质标准；石油烃年均浓度到 2020 年升高到 350μg/L，超过国家 III 类海水水质标准；Pb 年均浓度到 2020 年升高到 4.9μg/L，接近国家 II 类海水水质标准。

在产业结构优化排放模式下，胶州湾海水中 DIN 和磷酸盐在未来 10～20a 呈缓慢增加趋势，DIN 年均浓度到 2020 年升高到 69μmol/L，超过国家 IV 类海水水质标准；磷酸盐年均浓度到 2020 年会升高到 2.7μmol/L，超过国家 IV 类海水水质标准；石油烃年均浓度到 2020 年升高到 190μg/L，超过国家 I/II 类海水水质标准；Pb 年均浓度到 2020 年升高到 2.8μg/L，超过国家 I 类海水水质标准。

在循环经济排放模式下，胶州湾海水中 DIN 和磷酸盐在未来 10～20a 呈缓慢增加趋势，DIN 年均浓度到 2020 年升高到 20μmol/L，略低于国家 II 类海水水质标准；磷酸盐年均浓度到 2020 年升高到 0.5μmol/L，略高于国家 I 类海水水质标准；石油烃年均浓度到 2020 年会升高到 96μg/L，超过国家 I/II 类海水水质标准；Pb 年均浓度到 2020 年升高到 1.6μg/L，超过国家 I 类海水水质标准。

在消减排放模式下，胶州湾海水中 DIN 和磷酸盐在未来 10～20a 呈下降趋势，DIN 年均浓度到 2020 年下降到 12μmol/L，低于国家I类海水水质标准；磷酸盐年均浓度到 2020 年下降到 0.16μmol/L，低于国家I类海水水质标准（图 5-21）；石油烃年均浓度到 2020 年下降到 36μg/L，低于国家I/II类海水水质标准；Pb 年均浓度到 2020 年下降到 0.6μg/L，略低于国家I类海水水质标准。

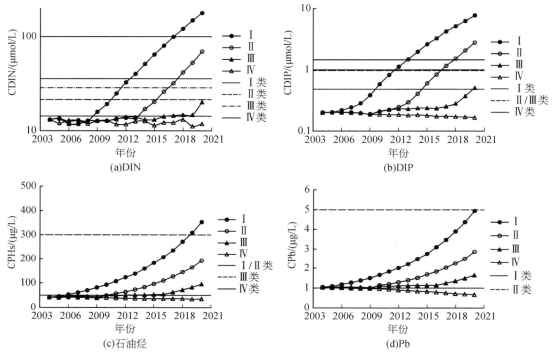

图 5-21　未来 10～20a 胶州湾海水中 DIN、DIP、石油烃和重金属 Pb
年均浓度的变化趋势预测

资料来源：王修林等，2006

I、II、III、IV 分别为保守、产业结构优化、循环经济和消减排放模式；
虚线代表国家 I、II、III、IV 类海水水质标准

总的来说，在保守、产业结构优化，甚至循环经济排放模式条件下，胶州湾海水中 DIN、DIP、石油烃和重金属浓度呈不断增加的趋势，胶州湾海水水质不断恶化、富营养化加剧、赤潮发生的可能性增加；而在削减排放模式下，胶州湾海水中 DIN、DIP、石油烃和重金属年均浓度持续降低，到 2020 年均保持在国家 I 类海水水质标准左右。目前胶州湾周边环境的排放情况，未来 10～20a 还不可能达到削减排放，结合过去几十年胶州湾营养盐、石油烃和重金属的实际变化趋势，可以预测未来的 10～20a，胶州湾 DIN、DIP、石油烃和重金属的含量仍会持续上升。其中，DIN 的增加幅度会逐渐变缓，磷酸盐增加会更为显著。此外，根据过去几十年胶州湾营养盐和 COD 的变化趋势，可以预测未来 10～20a，硅酸盐也会显著增加，氮磷比值会进一步下降，硅氮比仍会有所上升，胶州湾营养盐比例严重失衡、硅限制的状况将会进一步地得到缓解；胶州湾 COD 仍会有缓慢增加，

其浓度仍不会超过国家 I 类海水水质标准。

5.5 生态系统变化趋势

5.5.1 浮游植物

浮游植物是海洋生态系统中最主要的初级生产者，在生态系统的物质循环与能量流动中起着十分重要的作用。孙晓霞等（2011a）依据 20 世纪 80 年代以来胶州湾浮游植物的调查资料，对网采浮游植物群落的长期变化特征进行了如下系统的研究。

5.5.1.1 近 30 年浮游植物的变化趋势

（1）浮游植物总量的长期变化

近 30 年胶州湾浮游植物季度月平均数量的长期变化规律如图 5-22（a）所示，不同时期胶州湾浮游植物数量差别显著。1981 年浮游植物数量季度月平均值为 785 万个/m³，至 20 世纪 90 年代数量显著下降，1992～2000 年浮游植物数量的平均值仅为 397 万个/m³，2000 年后，浮游植物数量呈现明显的上升趋势，2001～2008 年浮游植物数量的年平均值高达2900 万个/m³，为 20 世纪 90 年代浮游植物平均数量的 7 倍以上。1981 年以来，胶州湾的浮游植物呈现先下降后升高的规律。近 30 年网采浮游植物数量的升高主要出现在 20 世纪 90 年代末之后。与此相对应的是，从 20 世纪 90 年代中后期开始，胶州湾总溶解无机氮、磷酸盐、硅酸盐浓度均呈现显著升高趋势。特别是硅酸盐浓度的增加，使 20 世纪 90 年代胶州湾硅限制的状况得到缓解，为浮游植物的增长奠定了丰富的物质基础。

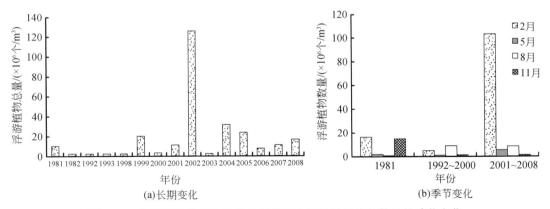

图 5-22　胶州湾浮游植物总量的长期变化以及浮游植物数量的季节变化

资料来源：孙晓霞等，2011a

进一步分析不同时期胶州湾浮游植物数量的季节变化 [图 5-22（b）]，结果表明，除浮游植物总量发生改变外，不同时期浮游植物数量的季节变化也呈现差异。其中，1981 年浮游植物数量的峰值主要出现在 2 月和 11 月，5 月和 8 月数量很低。自 20 世纪 90 年代之后，浮游植物数量的峰值转变为 2 月和 8 月，8 月数量最高。2001 年后，2 月浮游植物数量最高。综观近 30 年胶州湾浮游植物数量的季节变化规律，一个明显的特征是冬季浮游植物数量的升高极为显著。2001～2008 年 2 月浮游植物数量的平均值可达到 20 世纪 90 年代的 20 倍，为 20 世纪 80 年代的 6.3 倍。

（2）浮游植物主要组成类群的变化

近几十年胶州湾的生态环境发生了很大变化，包括水温的升高、盐度的下降以及营养盐浓度与结构的改变。胶州湾的浮游植物群落结构如何对这些变化做出响应，是普遍关注的问题。1981 年以来胶州湾硅藻数量的长期变化规律如图 5-23（a）所示，这一规律与胶州湾浮游植物总量的变化是一致的，表明硅藻在胶州湾浮游植物类群组成中一直占绝对优势。在硅藻的组成中，主要以链状和营群体生活的硅藻为主，但营单独生活的硅藻自 2000 年后数量也呈现增加的规律。

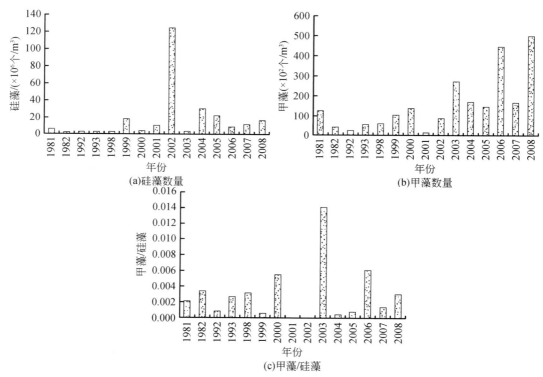

图 5-23　胶州湾硅藻数量、甲藻数量、甲藻/硅藻的长期变化

资料来源：孙晓霞等，2011a

如图 5-23（b）和（c）所示，胶州湾甲藻的数量所占比例尽管较低，但近年来有明显的上升趋势，2008 年季度月平均密度达到 50 000 个/m³，2001～2008 年甲藻的平均密度为 1991～2000 年的 3.3 倍。与此相对应的是，甲藻与硅藻的比例也有所升高，分别由 1981 年的 0.21% 升高至 1991～2000 年的 0.27% 和 2001～2008 年的 0.33%。2003 年后，甲藻经常成为胶州湾夏季一些站位的优势种类。从空间分布格局上，甲藻分布的高值区呈现从湾外向湾内

蔓延的规律。以上结果表明，胶州湾甲藻的数量和分布范围都在扩大。

（3）浮游植物优势种的变化

图 5-24 分别列出了 1981 年以来胶州湾优势类群的长期变化情况。其中中肋骨条藻、角毛藻、菱形藻等优势类群发生的频率和峰值在 2000 年之后都明显高于 20 世纪 90 年代和 80 年代，以角毛藻的增加最为显著。另外，角藻和波状石鼓藻的变化也非常明显，均表现出增加的趋势。因此，近 30 年胶州湾浮游植物优势种的长期变化主要体现在 3 个方面，即链状嗜氮性硅藻数量增加、以角藻为主的甲藻数量增加、暖水性浮游植物数量增加。角藻是胶州湾甲藻的主要优势类群，也是夏季胶州湾的主要优势种，以叉角藻和梭角藻为主。

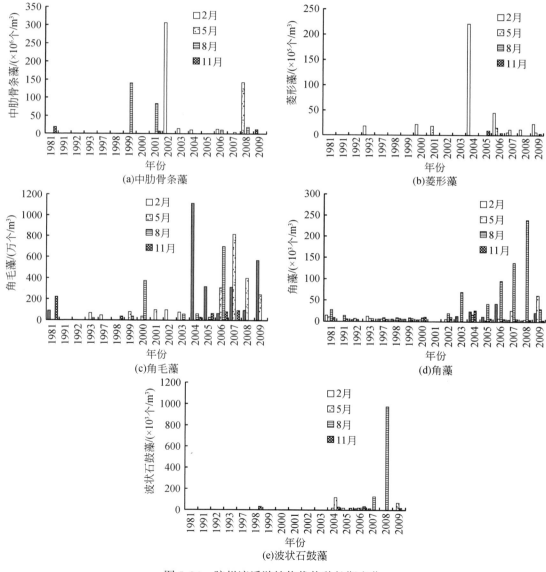

图 5-24 胶州湾浮游植物优势种长期变化
资料来源：孙晓霞等，2011a

由图 5-24 可以看出，自 2004 年之后，胶州湾的波状石鼓藻（*Lithodesmium undulatum*）平均数量显著升高，成为春末至夏季的主要优势种类之一。2008 年夏季个别站位波状石鼓藻的密度高达 44 000×10^3个/m^3。1981 年胶州湾波状石鼓藻的最高数量为 15×10^3个/m^3，2003 年 6 月平均数量达到 298×10^3个/m^3，而到 2008 年 6 月，全湾平均密度高达 5620×10^3个/m^3，为 2003 年的 19 倍。根据胶州湾气象水文要素的长期变化研究，胶州湾表层水温 1962～2008 年的年平均变率为 0.023℃，冬季年平均变率为 0.065℃。1981 年以来，冬季、春季水温的上升幅度约为 2℃。波状石鼓藻数量不断增加是胶州湾浮游植物群落对水温变暖的响应。

总的来说，1981 年以来，胶州湾浮游植物总量呈增加趋势，但空间分布格局没有发生明显改变。胶州湾的浮游植物优势种组成发生改变，洛氏角毛藻、密联角毛藻、波状石鼓藻、叉角藻与梭角藻等成为 2005～2009 年新的优势种。胶州湾浮游植物优势类群数量的长期变化趋势表明，中肋骨条藻、角毛藻等小型链状硅藻数量呈增加趋势，波状石鼓藻等暖水性种类的数量持续升高，甲藻类浮游植物数量升高、分布范围扩大，表明胶州湾浮游植物群落对气候变化和人类活动的综合影响已经做出响应。

5.5.1.2　未来 20 年浮游植物的变化趋势

胶州湾浮游植物生物量和数量的变化受气候变化和人类活动的综合影响。根据过去 30 年胶州湾浮游植物的变化趋势，可以预测在未来 20 年，胶州湾浮游植物总量仍会呈现增加的趋势，且在冬季增加相对显著。中肋骨条藻、旋链角毛藻、星脐圆筛藻、柔弱角毛藻、尖刺拟菱形藻、浮动弯角藻等仍会为优势种。此外，甲藻类浮游植物数量会有升高，且分布范围会有扩大。

5.5.2　浮游动物

浮游动物是海洋生态系统中一个非常重要的类群，是海洋食物网的基础和关键组成部分。浮游动物的种类组成和数量变动会引起整个海洋生态系统的变动。孙松等（2011a）基于胶州湾浮游动物长期观测资料，对 1977～2008 年胶州湾浮游动物群落的长期变化特征进行了如下系统的研究。

5.5.2.1　近 30 年浮游动物的变化趋势

（1）浮游动物生物量的长期变化

根据图 5-25 中 1977～2008 年胶州湾浮游动物生物量（湿重）的长期变化研究结果，近 30 年胶州湾浮游动物生物量呈现明显的上升趋势。20 世纪 90 年代的季度月平均生物量为 0.102 g/m^3，与 1977～1978 年季度月平均生物量持平，2001～2008 年的平均生物量达到 0.361g/m^3，为 20 世纪 90 年代的 3.54 倍。这一生物量甚至高于胶州 1980～1981 年使用北太平洋网（孔径 330m）调查的结果，当时的月平均生物量为 0.33g/m^3。胶州湾浮游动物生物量的长期变化在不同季节表现为不同的规律。进一步分析不同季节胶州湾浮游动物生物量的长期变化，结果如图 5-26 所示。由图 5-26 可以看出，20 世纪 90 年代以来，浮游动物生物量增加最显著的季节为春季和夏季，以春季最为明显。例如，2001 年 5 月份的生物量高达 $2.3g/m^3$，2007 年为 $1.4g/m^3$，远远高于 20 世纪 70 ~ 90 年代的水平。秋季和冬季生物量稍有增加，但并不显著。

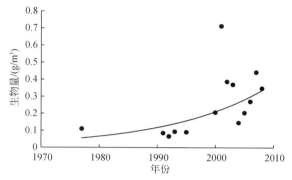

图 5-25　浮游动物生物量（湿重）长期变化
资料来源：孙松等，2011a

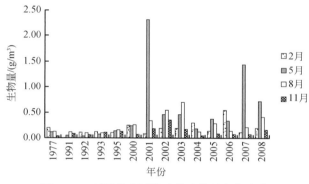

图 5-26　不同季节浮游动物生物量长期变化
资料来源：孙松等，2011a

除了不同季节生物量的变化规律不同之外，不同时期生物量的季节变化特征也有所改变。根据图 5-27 对不同时期浮游动物生物量季节变化规律的比较，1977 ~ 1978 年浮游动物

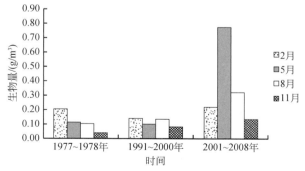

图 5-27　不同时期浮游动物生物量的季节变化
资料来源：孙松等，2011a

生物量以冬季最高,春季和夏季次之,秋季最低;1991~2000年冬季和夏季高于春季和秋季;2001~2008年,春季的生物量显著高于其他季节,夏季次之,秋季最低(图5-27)。以上结果表明,胶州湾浮游动物生物量长期变化的一个显著特征为春季生物量的大幅升高。

(2)浮游动物丰度的长期变化

胶州湾浮游动物丰度的长期变化规律与生物量的变化有所不同。根据图5-28的结果,1991~2001年,浮游动物的丰度呈现升高的趋势,到2001年季度月平均丰度达到1000ind/m³,随后几年在200~400ind/m³波动,这主要是由于2001年之后浮游动物的种类组成发生变化,水母等较大个体的浮游动物数量增加,引起浮游动物数量和生物量的变化并不完全一致。进一步分析不同季节浮游动物丰度的长期变化发现,20世纪90年代后期以来,胶州湾浮游动物的数量开始增加,与生物量的变化规律相似,丰度的增加以5月和8月最为明显(图5-29)。综合比较20世纪90年代和2001年之后浮游动物的季节变化特征,结果如图5-30所示,发现不同时期浮游动物的丰度呈现不同的季节变化规律,20世纪90年代以夏季的数量最高,冬季次之;2001~2008年,转变为春季的丰度最高,夏季次之。综合胶州湾浮游动物生物量和数量的长期变化研究结果,两者在春季均呈显著增加,与此相对应的是,胶州湾浮游植物密度和Chla浓度在春季表现为下降的趋势,两者之间存在较好的耦合关系。

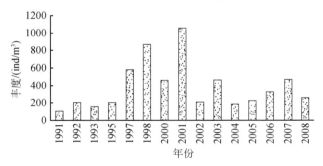

图5-28 浮游动物丰度的长期变化

资料来源:孙松等,2011a

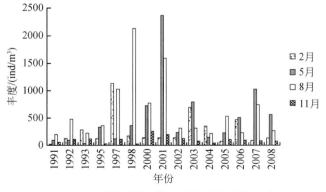

图5-29 不同季节浮游动物丰度的长期变化

资料来源:孙松等,2011a

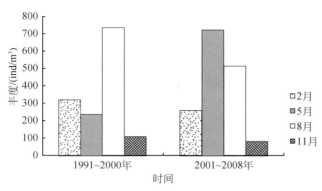

图 5-30　不同时期浮游动物丰度的季节变化

资料来源：孙松等，2011a

（3）浮游动物种类组成的变化

不同时期胶州湾浮游动物种类组成情况如表 5-11 所示。其中 20 世纪 70 年代所用调查网具为大型和中型浮游动物网，80 年代所用网具为北太平洋网，90 年代以后所用网具为浅水 Ⅰ 型和 Ⅱ 型浮游生物网。为确保数据资料的一致性，在此仅比较 20 世纪 90 年代和 2000 年之后的种类组成变化情况，20 世纪 70 年代与 80 年代的数据作为参考。通过比较胶州湾浮游动物主要优势类群的种类组成情况，发现与 20 世纪 90 年代相比，2000 年之后胶州湾浮游动物种类数量显著提高，尤其是水母类浮游动物，增加了近 20 种，另外，毛颚类增加两种，但枝角类减少一种。胶州湾浮游动物的多样性的长期变化如图 5-31 所示，20 世纪 90 年代和 2000 年之后浮游动物多样性指数平均值分别为 1.86 和 2.4，提高了近 30%。2000 年后，浮游动物多样性整体水平的提高与种类组成的变化是一致的。除种类组成发生改变外，浮游动物优势种亦有所变化。20 世纪 90 年代胶州湾浮游动物优势种有中华哲水蚤、强壮箭虫、双刺纺锤水蚤、背针胸刺水蚤及乌喙尖头蚤等，其在不同季节出现的数量占浮游动物总丰度的 50% 以上。2004 年后，乌喙尖头蚤等枝角类逐渐失去其优势种的地位，八斑芮氏水母等水母类浮游动物成为优势种的概率增加。

表 5-11　不同时期胶州湾浮游动物种类组成

浮游动物类群	1977 ~ 1978 年[*]	1980 ~ 1981 年[**]	1991 ~ 1993 年[***]	2004 ~ 2005 年[***]
桡足类	25	25	22	23
毛颚类	3	2	1	3
水母类	37	32	8	28
枝角类	2	3	2	1
被囊类	3	2	1	1
其他浮游动物	15	13	8	10
总计	85	77	42	66

资料来源：孙松等，2011a

[*]大型、中型浮游动物网；[**]北太平洋网；[***]浅水 Ⅰ 型浮游动物网

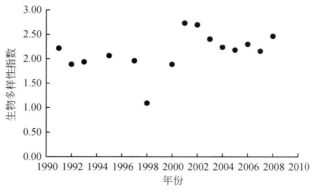

图 5-31　胶州湾浮游动物多样性的变化

资料来源：孙松等，2011a

（4）浮游动物优势类群的长期变化

将胶州湾的浮游动物按照群落组成及功能特征分为 5 大类群：桡足类、毛颚类、被囊类、水母类和其他浮游动物。根据图 5-32 所示的胶州湾浮游动物主要类群的长期变化规律，1991 年以来，胶州湾桡足类的数量呈现波动的变化趋势，最高值出现在 1994 年 2 月，达到 578ind/m³，最低值出现在 1995 年 11 月，仅为 4ind/m³。胶州湾桡足类的主要组成种类包括中华哲水蚤、小拟哲水蚤、太平洋纺锤水蚤、双毛纺锤水蚤、拟长腹剑水蚤、近缘大眼剑水蚤、墨氏胸刺水蚤、背针胸刺水蚤等。在这些优势种类中，除了中华哲水蚤外，其余种类均为个体较小的桡足类，根据以前对浅水Ⅰ型和浅水Ⅱ型浮游生物网采样的比较研究，浅水Ⅰ型浮游生物网所采集的样品分析结果易低估小型桡足类的数量，但对较大个体的浮游生物数量没有影响。因此，此处关于桡足类的长期变化研究主要反映中华哲水蚤等较大个体的桡足类的变化情况，对于小型桡足类的研究需进一步结合浅水Ⅱ型浮游生物网的分析结果进行探讨。

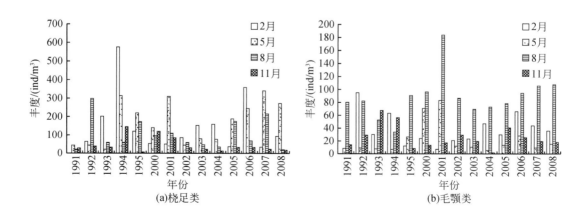

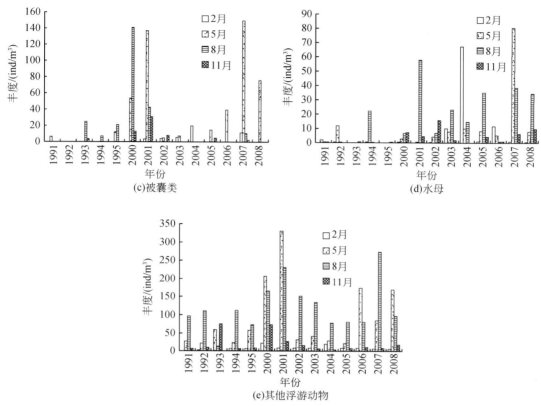

图 5-32　浮游动物主要类群的长期变化
资料来源：孙松等，2011a

　　胶州湾的毛颚类组成以强壮箭虫为主，拿卡箭虫和百陶箭虫也有出现。根据 2006~2007 年对胶州湾毛颚类生态学的研究，胶州湾毛颚类年平均生物量为 107.92mg/m^2，年平均生产力为 1.47mgC/(m^2·d)，占浮游动物总生产力的 11.6%。胶州湾毛颚类的数量也呈现波动性的长期变化规律，其中在 2001 年 8 月达到数量的高峰值。另外，从 2002 年开始，毛颚类的季节变化基本呈现双周期型的变化规律，8 月为一年中的高峰，2 月为次高峰。胶州湾的被囊类主要包括长尾住囊虫和异体住囊虫，1991 年以来，被囊类分别在 2000 年、2001 年和 2007 年出现了三次显著的高峰值。与 20 世纪 90 年代初相比，2000 年之后被囊类的数量呈现增加的现象，2000 年之后的丰度比例为 20 世纪 90 年代的 5.4 倍 [图 5-32（c）]。根据图 5-32（d）所示结果，胶州湾的小型水母无论是平均丰度还是每年发生的最高峰值都表现出明显的增加趋势。1992 年水母的最高丰度为 12ind/m^3，2007 年达到 80ind/m^3，升高了 5 倍多。2001 年之后水母的年平均丰度为 2000 年之前的 5.5 倍。除上述 4 类浮游动物外，其他浮游动物（以幼虫为主）的数量在 2000 年后也有较大增加 [图 5-32（e）]，特别是 2000~2001 年、2006~2008 年等，其幼虫组成主要为长尾类、短尾类、蔓足类和多毛类。

总的来说，近 30 年胶州湾浮游动物生物量呈现明显的上升趋势。2000 年后胶州湾浮游动物平均生物量达到 0.361g/m³，为 20 世纪 90 年代的 3.54 倍。浮游动物的季节变化规律已由 20 世纪 90 年代夏季生物量和丰度最高的季节变化特征转变为 2000 年之后春季生物量和丰度最高、夏季次之的季节变化特征。胶州湾浮游动物的种类组成发生改变，20 世纪 90 年代以来，胶质类浮游动物的种类和数量均表现为升高的现象，水母和被囊类浮游动物的平均丰度达到 20 世纪 90 年代的 5 倍。

5.5.2.2　未来 20 年浮游动物的变化趋势

胶州湾浮游动物生物量和数量的变化与水温和人类活动密切相关：温度的升高更加有利于浮游动物的生长繁殖；受人类活动影响，营养盐含量的持续升高也有利于浮游植物数量的增加。根据过去 30 年胶州湾浮游动物的变化趋势，可以预测未来的 20 年，由于受水温和多种人类活动的共同影响，胶州湾浮游动物生物量仍会呈现上升趋势，且仍为春季生物量和丰度最高、夏季次之的季节变化特征。此外，由于受暖流增强的影响，胶州湾浮游动物多样性仍会出现增加现象，特别是暖水性种类数量，如水母类增加最为明显。

5.5.3　底栖生物

大型底栖动物是海洋生态系统的重要组成部分，通过对大型底栖动物长期、连续的观测研究，可以了解其对海洋生态系统物质和能量流动的贡献和作用。王洪法等（2011）利用 2000～2009 年的 10 年在胶州湾每年的春季、夏季、秋季、冬季（5 月、8 月、11 月、2 月）各季度月的海洋调查资料，对胶州湾底栖动物的种类组成及变化进行了如下系统的研究。

5.5.3.1　近 10 年底栖生物的变化趋势

（1）种类组成及变化

10 年间在胶州湾的附近海域共做 443 站次，采集到底栖动物标本 7304 号 33 939 个标本，经鉴定共有大型底栖动物 552 种（表 5-12），其中环节动物门的多毛类动物 225 种，软体动物门动物 107 种，节肢动物门甲壳动物 150 种，棘皮动物门动物 25 种，其他门类动物 45 种（包括腔肠动物 8 种，扁形动物 2 种，纽虫 2 种，曳鳃动物 1 种，螠虫 3 种，腕足动物 1 种，尾索动物 5 种，半索动物 2 种，头索动物 1 种，环节动物的寡毛类 1 种，其他类群 2 种，鱼类 17 种）。采集到底栖动物种数最多的年份是 2007 年（206 种），最少的年份是 2005 年（159 种）。

从表 5-12 和图 5-33 可以看出，10 年间胶州湾大型底栖动物各类群动物种数所占的比例依次为多毛类环节动物（40.76%）>甲壳动物（27.17%）>软体动物（19.38%）>其他类群动物（8.15%）>棘皮动物（4.53%）。多毛类动物是胶州湾大型底栖动物的主要类群。

表 5-12　2000～2009 年胶州湾大型底栖动物不同类群种数及所占比例

年份	总种数/种	多毛类环节动物		软体动物		甲壳动物		棘皮动物		其他类群动物	
		种数/种	占比/%	种数/种	占比/%	种数/种	占比/%	种数/种	占比/%	种数/种	占比/%
2000	164	72	43.90	24	14.63	46	28.05	6	3.66	16	9.76
2001	187	79	42.25	30	16.04	55	29.41	9	4.81	14	7.49
2002	184	82	44.57	30	16.30	47	25.54	10	5.43	15	8.15
2003	183	65	35.52	31	16.94	64	34.97	7	3.83	16	8.74
2004	160	57	35.40	26	16.77	55	34.16	8	4.97	14	8.70
2005	159	70	44.03	27	16.98	37	23.27	8	5.03	17	10.69
2006	194	75	36.59	37	18.54	56	30.24	11	6.34	15	8.29
2007	206	100	48.54	29	14.08	53	25.73	8	3.88	16	7.77
2008	172	85	49.42	24	13.95	44	25.58	6	3.49	13	7.56
2009	161	66	40.99	39	24.22	38	23.60	6	3.73	12	7.45
10 年种数统计	552	225	40.76	107	19.38	150	27.17	25	4.53	45	8.15

资料来源：王洪法等，2011

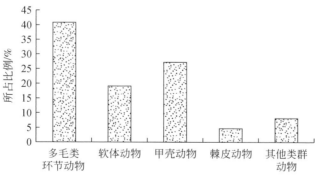

图 5-33　2000～2009 年胶州湾大型底栖动物不同类群种数所占比例

资料来源：王洪法等，2011

　　从图 5-34 中可以看出，10 年间胶州湾大型底栖动物的种类组成变化不大。10 年间胶州湾大型底栖动物总种数的年度变化依次为：2007 年（206 种）>2006 年（194 种）>2001 年（187 种）>2002 年（184 种）>2003 年（183 种）>2008 年（172 种）>2000 年（164种）>2009 年（161 种）>2004 年（160 种）>2005 年（159 种）。胶州湾大型底栖动物总种数在 2001～2005 年呈逐年下降趋势，2005～2007 年又呈逐年上升趋势，2007 年后又逐年下降（图 5-34）。

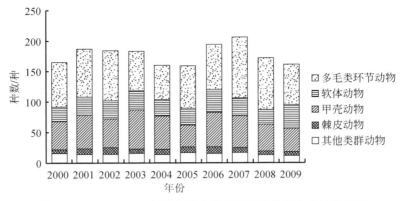

图 5-34　2000~2009 年胶州湾大型底栖动物总种数及类群组成

资料来源：王洪法等，2011

（2）环节动物门多毛纲动物的种数变化

10 年间在胶州湾共采集到多毛类动物 225 种，占总种数的 40.76%，位居各类群第一位。种数最多的年份为 2007 年（100 种），最少的年份为 2004 年（57 种）。年度总种数按由多到少顺序依次为：2007 年（100 种）>2008 年（85 种）>2002 年（82 种）>2001年（79 种）>2006年（75 种）>2000 年（72 种）>2005 年（70 种）>2009 年（66 种）>2003 年（65 种）>2004 年（57 种）。有 8 个年份的种数为 65~85 种，说明 10 年间多毛类的种数较为稳定。年度总种数在 2001~2004 年呈逐年下降趋势，2005~2007 年呈逐年上升趋势，2007 年后又逐年下降（图 5-35），这与 10 年间胶州湾大型底栖动物总种数的变化趋势一致，充分说明多毛类动物是 2000~2009 年胶州湾大型底栖动物的主要类群。10 年间每年均出现的种有 10 种之多，分别是不倒翁虫（*Sternaspis scutata*）、寡鳃齿吻沙蚕（*Nephtys oligobranchia*）、索沙蚕（*Lumbrineris latreilli*）、长吻沙蚕（*Glycera chirori*）、丝异蚓虫（*Heteromastus filiformis*）、岩虫（*Marphysa sanguinea*）、狭细蛇潜虫（*Ophiodromus angustifrons*）、拟特须虫（*Paralacydonia paradoxa*）、乳突半突虫（*Phyllodoce papillosa*）、蛇形杂毛虫（*Poecilochaetus serpens*）。有 9 个年份出现的种有 14 种，有 5~8 个年份出现的种有 35 种。

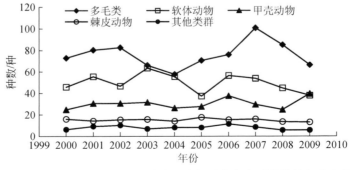

图 5-35　2000~2009 年胶州湾大型底栖动物各类群种数的年度变化

资料来源：王洪法等，2011

(3) 软体动物门的种数变化

10 年间在胶州湾共采集到软体动物 107 种，占大型底栖生物总种数的 19.38%，位居各类群第三位。种数最多的年份为 2009 年（39 种），最少的年份为 2000 年和 2008 年（各 24 种）。总种数的变化依次为：2009 年（39 种）>2006 年（37 种）>2003 年（31 种）>2002 年和 2001 年（各 30 种）>2007 年（29 种）>2005 年（27 种）>2004 年（26 种）>2000 年、2008 年（各 24 种）。从图 5-35 中可以看出，胶州湾软体动物各年度总种数的变化，除在 2006 年和 2009 年出现两个小高峰外，各年度种数基本稳定。10 年间每年均出现的种有 7 种，分别是菲律宾蛤仔（*Ruditapes philippinarum*）、秀丽波纹蛤（*Raetellops pulchella*）、江户明樱蛤（*Moerella jedoensis*）、豆形胡桃蛤（*Nucula faba*）、津知圆蛤（*Cycladicama tsuchii*）、圆筒原核螺（*Eocylichna cylindrella*）和滑理蛤（*Theora lubrica*）。

(4) 节肢动物门甲壳动物的种数变化

10 年间在胶州湾共采集到甲壳动物 150 种，占总种数的 27.17%，位居各类群第二位。种数最多的年份为 2003 年（64 种），最少的年份为 2005 年（34 种）。总种数的变化依次为：2003 年（64 种）>2006 年（56 种）>2001 年、2004 年（各 55 种）>2007 年（53 种）>2002 年（47 种）>2000 年（46 种）>2008 年（44 种）>2009 年（38 种）>2005 年（37 种）。从图 5-35 可以看出，胶州湾甲壳动物各年度总种数在 2003 年出现了高峰后下降到 2005 年的最低点，2006 年回升后又呈逐年下降趋势。10 年间每年均出现的种有 8 种，分别是日本鼓虾（*Alpheus japonicus*）、细螯虾（*Leptochela gracilis*）、东方长眼虾（*Ogyrides orientalis*）、伍氏蝼蛄虾（*Upogebia wuhsienweni*）、绒毛细足蟹（*Raphidopus ciliatus*）、豆形短眼蟹（*Xenophthalmus pinnotheroides*）、日本游泳水虱（*Natatolana japonensis*）、日本拟背水虱（*Paranthura japonica*）。

(5) 棘皮动物门的种数变化

10 年间在胶州湾共采集到棘皮动物 25 种，占总种数的 4.53%。种数最多的年份为 2006 年（11 种），而在 2000 年、2008 年、2009 年仅分别采到 6 种。总种数的年度变化依次为：2006 年（11 种）>2002 年（10 种）>2001 年（9 种）>2004 年、2005 年、2007 年（各 8 种）>2003 年（7 种）>2000 年、2008 年、2009 年（各 6 种）。可以看出，胶州湾棘皮动物的种数基本呈逐年下降趋势，与李新正等（2004）所报道的一致。10 年间每年均出现的种只有 2 种，分别是金氏真蛇尾（*Ophiura kinbergi*）和棘刺锚参（*Protankyra bidentata*）。在 5 ~ 7 个年份采到的种也只有 5 种，分别是日本倍棘蛇尾（*Amphioplus japonicus*）、细雕刻肋海胆（*Temnopleurus toreumaticus*）、哈氏刻肋海胆（*Temnopleurus hardwickii*）、海地瓜（*Acaudina molpadioides*）和滩栖阳遂足（*Amphiura vadicola*）。

(6) 其他门类动物的种数变化

除环节动物多毛纲、软体动物、甲壳动物、棘皮动物四大门类外的大型底栖动物均归到其他门类动物讨论，包括腔肠动物、扁形动物、纽虫、曳鳃动物、螠虫、腕足动物、尾索动物、半索动物、头索动物、环节动物的寡毛类、鱼类等。10 年间在胶州湾共采集到其他门类大型底栖动物 45 种，占总种数的 8.15%。种数最多的年份为 2005 年（17 种），最少的年份为 2009 年（12 种），总种数的变化依次为：2005 年（17 种）>2000 年、2003 年、

2007 年（各 16 种）>2002 年、2006 年（各 15 种）>2001 年、2004 年（各 14 种）>2008 年（13 种）>2009 年（12 种）。

其他门类动物虽然包括了 10 多个门类，但各年度的种数变化不大，有 7 个年份的种数为 14~16 种，种类组成相对稳定。每年均采到的种有 4 种，分别是半索动物门的青岛橡头虫（*Glandiceps qingdaoensis*）、头索动物门的青岛文昌鱼（*Brachiostoma belcheri tsingtauense*）、脊椎动物门的玉筋鱼（*Ammodytes peronatus*）和中华栉孔虾虎鱼（*Ctenotrypauchen chinensis*）。

（7）优势种及其变化

表 5-13 为 10a 间各年度的大型底栖动物其优势度 Y 值大于 0.02 的种及其 Y 值。为便于比较，其 Y 值小于但接近 0.02 的常见种也在表 2 中列出。由表 5-13 可以看出，2000 年的优势种有 6 种，均为环节动物门多毛纲动物，包括不倒翁虫（*Sternaspis scutaata*）、寡鳃齿吻沙蚕（*Nephtys oligobranchia*）、索沙蚕（*Lumbrineris latreill*）、丝异蚓虫（*Heteromastus filiformis*）、中蚓虫（*Mediomastus californiensis*）和斑纹独毛虫（*Tharyx tesselata*），其 Y 值分别为 0.040、0.027、0.024、0.030、0.026 和 0.027。其中斑纹独毛虫在此后的各年份不再是优势种。其他类群中只有软体动物的滑理蛤（*Theora lubrica*）Y 值（0.017）接近 0.02。

表 5-13　胶州湾 2000~2009 年各年度大型底栖动物的优势种及优势度 Y 值

优势种	年份									
	2000	2001	2002	2003	2004	2005	2006	2007	2008	2009
不倒翁虫	0.040	0.017	0.045	0.028	0.028	0.024	0.047	0.042	0.055	0.030
寡鳃齿吻沙蚕	0.027	—	0.028	0.022	0.015	0.026	0.022	0.032	0.027	0.019
菲律宾蛤仔	—	0.015	—	0.026	0.159	0.062	0.057	0.077	—	0.090
索沙蚕	0.024	—	0.012	0.033	0.036	0.029	0.030	—	—	—
拟特须虫	—	0.018	0.020	0.011	0.010	0.011	0.021	0.021	0.033	0.019
斑角吻沙蚕	—	—	—	—	—	—	0.019	0.024	0.048	0.019
丝异蚓虫	0.030	—	—	—	—	—	0.014	0.032	—	0.015
青岛文昌鱼	—	—	0.042	—	0.013	0.037	0.014	—	0.017	0.017
中蚓虫	0.026	0.022	—	0.010	0.010	—	—	—	—	—
滑理蛤	0.017	0.013	0.034	0.025	—	—	—	—	—	—
斑纹独毛虫	0.027	—	—	—	—	—	—	—	—	—
长叶索沙蚕	—	0.020	—	—	—	—	—	—	—	—

资料来源：王洪法等，2011

2001 年的优势种仅有 2 种，即多毛类动物的中蚓虫和长叶索沙蚕（*Lumbrineris longifolia*），它们的优势度 Y 值分别为 0.022 和 0.020。但两者在此后的年份不再是优势种。

2002 年的优势种有 5 种，即多毛类的不倒翁虫（Y 值：0.045）、寡鳃齿吻沙蚕（Y

值：0.028）、拟特须虫（Y 值：0.020）和软体动物的滑理蛤（Y 值：0.034）、头索动物的青岛文昌鱼（Y 值：0.042）。本年度优势种类群除了多毛类动物外还有软体动物和头索动物的种。

2003 年的优势种也为 5 种，即多毛类动物的不倒翁虫（Y 值：0.028）、寡鳃齿吻沙蚕（Y 值：0.022）、索沙蚕（Y 值：0.033）和软体动物的滑理蛤（Y 值：0.025）、菲律宾蛤仔（Y 值：0.026）（Ruditapes philippinarum）。菲律宾蛤仔首次成为优势种，而滑理蛤在此后的年份中未再成为优势种。

2004 年的优势种有 3 种，即多毛类动物的不倒翁虫（Y 值：0.028）、索沙蚕（Y 值：0.036）和软体动物的菲律宾蛤仔（Y 值：0.159）。

2005 年的优势种为 5 种，即多毛类动物的不倒翁虫（Y 值：0.024）、寡鳃齿吻沙蚕（Y 值：0.026）、索沙蚕（Y 值：0.029）和软体动物的菲律宾蛤仔（Y 值：0.062）、头索动物的青岛文昌鱼（Y 值：0.037）。本年度的 5 种优势种均曾在以前的 1 个或多个年份为优势种。青岛文昌鱼在此后的年份中虽然也较为常见，但其 Y 值未再达到 0.02 的优势种判别值。

2006 年的优势种仍为 5 种，即多毛类动物的不倒翁虫（Y 值：0.047）、寡鳃齿吻沙蚕（Y 值：0.022）、索沙蚕（Y 值：0.030）、拟特须虫（Y 值：0.021）和软体动物的菲律宾蛤仔（Y 值：0.057）。索沙蚕在其后的年份中未再成为优势种，而斑角吻沙蚕（Goniada maculate）的 Y 值（0.019）在本年度十分接近 0.02 的判别值，并在其后年份处于或接近优势地位。拟特须虫在 2002 年之后再次成为优势种。

2007 年的优势种有 6 种，即多毛类动物的不倒翁虫（Y 值：0.042）、寡鳃齿吻沙蚕（Y 值：0.032）、丝异蚓虫（Y 值：0.032）、拟特须虫（Y 值：0.021）、斑角吻沙蚕（Y 值：0.024）和软体动物的菲律宾蛤仔（Y 值：0.077）。丝异蚓虫在 2000 年后再次成为优势种。

2008 年的优势种有 4 种，均为多毛类动物，即不倒翁虫（Y 值：0.055）、寡鳃齿吻沙蚕（Y 值：0.027）、拟特须虫（Y 值：0.033）和斑角吻沙蚕（Y 值：0.048）。

2009 年的优势种仅有 2 种，即多毛类动物的不倒翁虫（Y 值：0.030）和软体动物菲律宾蛤仔（Y 值：0.090）。但优势度 Y 值等于 0.019 的有 3 种，即多毛类动物的寡鳃齿吻沙蚕、拟特须虫和斑角吻沙蚕。头索动物青岛文昌鱼的优势度 Y 值也达到 0.017。

由表 5-13 可以看出，胶州湾在 10 个年份出现的大型底栖动物 Y 值等于或高于 0.02 的优势种有 12 种，主要是环节动物门多毛纲动物，其中不倒翁虫在 10 个年份几乎均为优势种，其 Y 值仅在 2001 年低于 0.02（为 0.017）。寡鳃齿吻沙蚕（Nephtys oligobranchia）也是重要的优势种，有 7 个年份其 Y 值超过 0.02。索沙蚕和软体动物的菲律宾蛤仔在 5 个年份为优势种。拟特须虫和青岛文昌鱼在多个年份其优势度超过或接近 0.02 的判别值，也是常见的种。中蚓虫、斑纹独毛虫、长叶索沙蚕和软体动物的滑理蛤主要在 2000~2004 年为 1 个或多个年份的优势种，而斑角吻沙蚕和丝异蚓虫主要在 2006~2009 年为优势种或接近成为优势种。2002~2006 年的优势种种数和种类较相似。

软体动物的滑理蛤在 2003 年以后未再成为优势种。而菲律宾蛤仔虽然作为优势种出现了 6 个年度。作为大型底栖动物主要类群的甲壳动物和棘皮动物没有达到或接近 Y 值 0.02 优势种判别值的种。头索动物的青岛文昌鱼在 2002 年和 2005 年成为优势种，且优势度 Y 值较高，分别达到 0.042 和 0.037，而在 2008 年、2009 年的优势度 Y 值也达到了 0.017。

由于青岛文昌鱼对栖息地的海水、底质等环境条件要求严格，在胶州湾所设的调查站仅有 2～3 个站有文昌鱼分布。但 10 年间有 6 个年度其 Y 值为 0.013～0.042，说明青岛文昌鱼在胶州湾的分布区内栖息密度相当高，应是胶州湾的常见种。

5.5.3.2 未来 20 年底栖生物的变化趋势

胶州湾底栖生物的物种多样性、栖息密度、生物量、次级生产力及群落结构等主要受环境因子（底质类型如砂、泥、砾石和岩石底质等，有机质含量等）和人为活动（菲律宾蛤仔养殖和海岸人类活动）的影响。根据过去 10 年胶州湾底栖生物的变化趋势，可以预测在未来的 20a，底栖生物的种数和门类组成变化不大，特别是多毛类和软体动物的种数仍会保持稳定，而棘皮动物的种数会有所下降，但变化不大；主要类群在总种数中所占比例不会发生大的变化，多毛类可能会略有增加，而甲壳动物可能会略减少。湾内大型底栖动物可能会有所增加，总栖息密度会有所下降，总生物量会有所增加；总栖息密度仍会表现为冬、春季大于夏、秋季，而总平均生物量仍会表现为春季最高、冬季最低。此外，胶州湾受人类养殖活动影响较小的主要水体的次级生产力不会有太大变化。

参 考 文 献

贲孝宇. 2014. 青岛大气气溶胶中微量元素溶解度及其影响因素. 青岛：中国海洋大学硕士学位论文.

毕言峰. 2006. 中国东部沿海的大气营养盐干湿沉降及其对海洋初级生产力的影响. 青岛：中国海洋大学硕士学位论文.

边淑华，胡泽建，丰爱平，等. 2001. 近130年胶州湾自然形态和冲淤演变探讨. 黄渤海海洋，19（3）：46-53.

陈金瑞，陈学恩. 2012. 近70年胶州湾水动力变化的数值模拟研究. 海洋学报，34（6）：30-40.

陈晓静. 2014. 青岛沿海大气气溶胶中水溶性离子和金属元素的分布特征及其来源解析. 青岛：中国海洋大学硕士学位论文.

戴纪翠. 2007. 胶州湾百年来沉积环境演变与人类活动影响信息指标的提取. 青岛：中国科学院海洋研究所博士学位论文.

戴纪翠，宋金明，李学刚，等. 2006a. 人类活动影响下的胶州湾近百年来环境演变的沉积记录. 地质学报，80（11）：1770-1778.

戴纪翠，宋金明，李学刚，等. 2006b. 胶州湾沉积物中的磷及其环境指示意义. 环境科学，27（10）：39-48.

戴纪翠，宋金明，郑国侠. 2006c. 胶州湾沉积环境演变的分析. 海洋科学进展，24（3）：397-406.

戴纪翠，宋金明，李学刚，等. 2007a. 胶州湾沉积物中氮的地球化学特征及其环境意义. 第四纪研究，27（3）：347-356.

戴纪翠，宋金明，李学刚，等. 2007b. 胶州湾不同形态磷的沉积记录及生物可利用性研究. 环境科学，28（5）：929-936.

杜永芬，张志南. 2004. 菲律宾蛤仔的生物扰动对沉积物颗粒垂直分布的影响. 中国海洋大学学报，34（6）：988-992.

傅明珠. 2007. 烷基酚在近海海洋及河口环境中的浓度分布与初步生态风险评估. 青岛：中国海洋大学博士学位论文.

高抒，汪亚平. 2002. 胶州湾沉积环境与汊道演化特征. 海洋科学进展，20（3）：52-59.

国家海洋局第一海洋研究所. 1996. 胶州湾的自然环境. 北京：海洋出版社：37-53.

韩浩，张志南，于子山. 2001. 菲律宾蛤仔（*Ruditapes philippinarum*）对潮间带水层-沉积物界面颗粒通量影响的研究. 青岛海洋大学学报，31（5）：723-729.

韩静. 2011. 不同天气条件对青岛大气气溶胶中有机氮和尿素分布的影响. 青岛：中国海洋大学硕士学位论文.

蒋凤华，王修林，石晓勇，等. 2002. Si在胶州湾沉积物-海水界面上的交换速率和通量研究. 青岛海洋大学学报，32（6）：1012-1018.

蒋凤华，王修林，石晓勇，等. 2003. 胶州湾海底沉积物-海水界面磷酸盐交换速率和通量研究. 海洋科学，27（5）：50-54.

蒋凤华，王修林，石晓勇，等. 2004. 溶解无机氮在胶州湾沉积物-海水界面上的交换速率和通量研究. 海洋科学, 28 (4): 13-18.

江伟, 李心清, 曾勇, 等. 2008. 贵州省遵义地区降水中低分子有机酸及其来源. 环境科学, 29 (9): 2425-2431.

姜晓璐. 2009. 东黄海的大气干、湿沉降及其对海洋初级生产力的影响. 青岛: 中国海洋大学硕士学位论文.

李凤业, 宋金明, 李学刚, 等. 2003. 胶州湾现代沉积速率和沉积通量研究. 海洋地质与第四纪地质, 23 (4): 29-33.

李凤业, 齐君, 宋金明, 等. 2007. 胶州湾沉积岩心化学元素聚集特征. 地质论评, 53 (5): 681-690.

李宁. 2006. 长江口与胶州湾海水有机碳的分布、来源及与氮、磷的耦合关系. 青岛: 中国科学院海洋研究所博士学位论文.

李学刚. 2004. 近海环境中无机碳的研究. 青岛: 中国科学院海洋研究所博士学位论文.

李学刚, 宋金明, 李宁, 等. 2005a. 胶州湾沉积物中氮与磷的来源及其生物地球化学特征. 海洋与湖沼, 36 (6): 82-91.

李学刚, 宋金明, 袁华茂, 等. 2005b. 胶州湾沉积物中高生源硅含量的发现–胶州湾浮游植物生长硅限制的证据. 海洋与湖沼, 36 (6): 92-99.

李学刚, 袁华茂, 许思思, 等. 2011. 胶州湾滨海湿地盐渍土壤中重金属的聚集与分散特性研究. 海洋科学, 35 (7): 88-95.

李玉. 2005. 胶州湾主要重金属和有机污染物的分布及特征研究. 青岛: 中国科学院海洋研究所博士学位论文.

李正炎, 傅明珠, 卫东. 2008. 胶州湾及其邻近河流中壬基酚等有机污染物的分布特征. 海洋与湖沼, 39 (6): 599-603.

刘贯群, 叶玉玲, 袁瑞强, 等. 2007. 近年胶州湾陆源 SGD 及其营养盐输送. 海洋环境科学, 26 (6): 510-513.

刘洁, 郭占荣, 袁晓婕, 等. 2014. 胶州湾周边河流溶解态营养盐的时空变化及入海通量. 环境化学, 33 (2): 262-268.

刘林. 2008. 胶州湾海岸带空间资源利用时空演变. 青岛: 国家海洋局第一海洋研究所硕士学位论文.

刘启珍, 张龙军, 薛明. 2010. 胶州湾秋季表层海水 $p\mathrm{CO}_2$ 分布及水–气界面通量. 中国海洋大学学报 (自然科学版), 40 (10): 127-132.

刘素美, 黄薇文, 张经, 等. 1991. 青岛地区大气沉降物的化学成分研究 1 微量元素. 海洋环境科学, 10 (4): 21-28.

刘素美, 黄薇文, 张经, 等. 1993. 青岛地区大气沉降物的化学成分研究 2 常量组分. 海洋环境科学, 12 (3-4): 89-98.

刘运令, 汪亚平, 高建华, 等. 2011. 胶州湾冲淤灾害地质及环境稳定性分析. 地理研究, 30 (7): 1169-1176.

刘臻. 2012. 青岛大气气溶胶水溶性无极离子分布特征研究. 青岛: 中国海洋大学硕士学位论文.

刘臻, 祁建华, 王琳, 等. 2012. 青岛大气气溶胶水溶性无机离子研究: 季节分布特征. 环境科学, 33 (7): 2180-2190.

刘宗丽, 丁海兵, 杨桂朋. 2013. 胶州湾表层水中低分子量有机酸的分布及特征. 海洋科学进展, 31 (1): 116-127.

陆贤昆, 韩峰, 祝惠英, 等. 1995. 胶州湾东部锡的输入、形态特征和生物地球化学过程. 海洋学报, 17 (2): 51-60.

吕晓霞, 宋金明, 袁华茂, 等. 2004. 南黄海表层沉积物中氮的潜在生态学功能. 生态学报, 24 (8):

1635-1642.

马红波，宋金明，吕晓霞，等. 2003. 渤海沉积物中氮的形态及其在循环中的作用. 地球化学，32（1）：48-54.

马立杰，杨曦光，祁雅莉，等. 2014. 胶州湾海域面积变化及原因探讨. 地理科学，30（3）：365-369.

祁建华. 2003. 青岛地区大气气溶胶及其中微量金属的形态表征和干沉降通量的研究. 青岛：中国海洋大学博士学位论文.

齐君. 2005. 胶州湾现代沉积速率与沉积物中重金属的累积分析. 青岛：中国科学院海洋研究所硕士学位论文.

钱国栋，汉红燕，刘静，等. 2009. 近30年胶州湾海水中主要化学污染物时空变化特征. 中国海洋大学学报，39（4）：781-788.

沈志良. 2002. 胶州湾营养盐结构的长期变化及其对生态环境的影响. 海洋与湖沼，33（2）：322-331.

盛茂刚，崔峻岭，时青，等. 2014. 青岛市环胶州湾各河流输沙特征分析. 水文，34（3）：92-96.

史经昊. 2010. 胶州湾演变对人类活动的响应. 青岛：中国海洋大学博士学位论文.

史经昊，李广雪. 2010. 三维多组分泥沙数值模型在胶州湾的应用. 海洋地质与第四纪地质，30（6）：15-24.

宋金明. 1997. 中国近海沉积物–海水界面化学. 北京：海洋出版社，1-222.

宋金明. 2000. 中国的海洋化学. 北京：海洋出版社，1-210.

宋金明. 2004. 中国近海生物地球化学. 济南：山东科学技术出版社，1-591.

宋金明，徐永福，胡维平，等. 2008. 中国近海与湖泊碳的生物地球化学. 北京：科学出版社，1-533.

宋金明，张默，李学刚，等. 2011. 胶州湾滨海湿地中的Li、Rb、Cs、Sr、Ba及碱蓬（*Suaeda salsa*）对其的"重力分馏". 海洋与湖沼，42（5）：670-675.

孙松，李超伦，张光涛，等. 2011a. 胶州湾浮游动物群落长期变化. 海洋与湖沼，42（5）：625-631.

孙松，孙晓霞，张光涛，等. 2011b. 胶州湾气象水文要素的长期变化. 海洋与湖沼，42（5）：632-638.

孙晓霞，孙松，吴玉霖，等. 2011a. 胶州湾网采浮游植物群落结构的长期变化. 海洋与湖沼，42（5）：639-646.

孙晓霞，孙松，赵增霞，等. 2011b. 胶州湾营养盐浓度与结构的长期变化. 海洋与湖沼，42（5）：662-669.

孙岩. 2012. 南黄海和胶州湾海水中溶解氨基酸的分布与组成研究. 青岛：中国海洋大学硕士学位论文.

唐红玉，翟盘茂，王振宇. 2005. 1951-2002年中国平均最高、最低气温及日较差变化. 气候与环境研究，10（4）：728-735.

王刚. 2009. 胶州湾入海点源、海水养殖污染物通量研究. 青岛：中国海洋大学硕士学位论文.

王洪法，李新正，王金宝. 2011. 2000-2009年胶州湾大型底栖动物的种类组成及变化. 海洋与湖沼，42（5）：738-752.

王琳. 2013. 青岛近海大气气溶胶中水溶性无机离子分布特征及来源解析. 青岛：中国海洋大学硕士学位论文.

王世荣. 2013. 胶州湾溶解态铁的浓度及形态分布研究. 青岛：中国海洋大学硕士学位论文.

王文海，王润玉，张书欣，等. 1982. 胶州湾的泥沙来源及其自然沉积速率. 海岸工程，1（1）：83-90.

王文松. 2013. 胶州湾春、夏季表层水体 $p\text{CO}_2$ 分布及季节演变. 青岛：中国海洋大学硕士学位论文.

王晓宇，周毅，杨红生. 2011. 胶州湾菲律宾蛤仔（*Ruditapes philippinarum*）呼吸排泄作用的现场研究. 海洋与湖沼，42（5）：722-727.

王修林，李克强，石晓勇. 2006. 胶州湾主要化学污染物海洋环境容量. 北京：科学出版社：238-249.

王云龙. 2005. 青岛地区大气气溶胶中重金属分布特征及沉降通量的比较研究. 青岛：中国海洋大学硕士学位论文.

谢亮, 任景玲, 张经, 等. 2007. 胶州湾中溶解态铝的初步研究. 中国海洋大学学报, 37 (1): 135-140.

杨东方, 高振会, 王培刚, 等. 2005. 胶州湾浮游植物的生态变化过程与地球生态系统的补充机制. 北京：海洋出版社, 1-182.

杨东方, 高振会, 孙静亚, 等. 2008. 胶州湾水域重金属铬的分布及迁移. 海岸工程, 27 (4): 48-53.

杨东方, 宋文鹏, 陈生涛, 等. 2012. 胶州湾水域重金属 As 的分布及质量浓度. 海岸工程, 31 (4): 52-60.

杨南南. 2014. 2012-2013 年胶州湾溶解有机氮的陆源输入、时空分布和生物可利用性研究. 青岛：中国海洋大学硕士学位论文.

杨玉玲, 吴永成. 1999. 90 年代胶州湾海域的温、盐结构. 黄渤海海洋, 17 (3): 31-36.

叶玉玲. 2006. 胶州湾周边地下水水文地球化学特征及营养盐输送. 青岛：中国海洋大学硕士学位论文.

袁华茂, 李学刚, 李宁, 等. 2011. 碱蓬对胶州湾滨海湿地重金属的富集与迁移作用. 海洋与湖沼, 42 (5): 676-683.

张拂坤. 2007. 胶州湾入海污染物容量研究. 青岛：中国海洋大学硕士学位论文.

张军岩, 於琍, 于格, 等. 2011. 胶州湾地区近 50 年气候变化特征分析及未来趋势预估. 资源科学, 33 (10): 1984-1990.

赵瑾. 2007. 环胶州湾河流对胶州湾水沙输送的数值模拟. 青岛：中国海洋大学硕士学位论文.

赵亮, 魏皓, 赵建中. 2002. 胶州湾水交换的数值研究. 海洋与湖沼, 33 (1): 23-29.

赵淑江. 2002. 胶州湾生态系统主要生态因子的长期变化. 北京：中国科学院研究生院博士学位论文.

郑全安, 吴隆业, 戴懋瑛, 等. 1992. 胶州湾遥感研究 II 动力参数研究. 海洋与湖沼, 23 (1): 1-6.

中国海湾志偏纂委员会. 1993. 中国海湾志第四分册. 山东半岛南部和江苏省海湾. 北京：海洋出版社: 157-298.

周春艳, 李广雪, 史经昊. 2010. 胶州湾近 150 年来海岸变迁. 中国海洋大学学报, 40 (7): 99-106.

周明莹, 乔向英, 矫国本, 等. 2006. 胶州湾河流入海口水中 HCHs、DDTs 含量水平及变化特征. 海洋水产研究, 27 (4): 60-65.

周兴. 2006. 菲律宾蛤仔 (*Ruditapes philippinarum*) 对胶州湾生态环境影响的现场研究. 青岛：中国科学院海洋研究所硕士学位论文.

周玉娟. 2013. 低分子量有机酸对胶州湾 pH 的影响研究. 青岛：中国海洋大学硕士学位论文.

朱玉梅. 2011. 东黄海大气沉降中营养盐的研究. 青岛：中国海洋大学硕士学位论文.

Billinghurst Z, Clare A S, Fileman T, et al. 1998. Inhibition of barnacle settlement by the environmental oestogen 4-nonylphenol and the natural oesterogen 17β-oestradiol. Marine Pollution Bulletin, 36: 833-839.

Chang S C, Jackson M L. 1957. Fractionation of soil phosphorus. Soil Science, 84: 133-134.

Dai J C, Song J M, Li X G, et al. 2007a. Environmental changes reflected by sedimentary geochemistry in recent hundred years of Jiaozhou Bay, North China. Environment Pollution, 145: 656-667.

Dai J C, Song J M, Li X G, et al. 2007b. Geochemical Records of Phosphorus in Jiaozhou Bay sediments-Implications for Environmental Changes in recent hundred years. Acta Oceanologica Sinica, 26 (4): 132-147.

De Groot C J, Golterman H L. 1990. Sequential fractionation of sediment phosphate. Hydrobiologia, 192 (2): 143-148.

Ferguson P L, Iden C R, Brownwell B J. 2001. Distribution and fate of neutral alkylphenol ethoxylatemetabolites in a sewage-impacted urban estuary. Environmental Science and Technology, 35: 2428-2435.

Fornaro A, Gutzig R. 2003. Wet deposition and related atmospheric chemistry in the Sao Paulometropolis, Brazil: Part 2-contribution of formic and acetic acids. Atmospheric Environment, 37 (1): 117-128.

Hieltjes A H, Lijklema L. 1980. Fractionation of inorganic phosphorus in calcareors sediments. Journal of Environmental Quality, 8: 130-132.

Jensen H S, McGlathery K J, Marino R, et al. 1998. Forms and availability of sediment phosphorus in carbonate sand of Bermuda Seagrass Beds. Limnology and Oceanography, 43 (5): 799-810.

Li X G, Li N, Gao X L, et al. 2004. Dissolved inorganic carbon and CO_2 fluxes across Jiaozhou Bay air-water interface. Acta Oceanologica Sinica, 23 (2): 279-285.

Li X G, Song J M, Dai J C, et al. 2006a. Biogenic silicate accumulation in sediments, Jiaozhou Bay. Chinese Journal of Oceanology and Limnology, 24 (3): 270-277.

Li X G, Song J M, Yuan H M. 2006b. Inorganic carbon of sediments in the Yangtze River Estuary and Jiaozhou Bay. Biogeochemistry, 77: 177-197.

Li X G, Song J M, Niu LF, et al. 2007a. Role of the Jiaozhou Bay as a source /sink of CO_2 over a seasonal cycle. Scientia Marina, 71 (3): 441-450.

Li X G, Song J M, Yuan H M, et al. 2007b. Biogeochemical characteristics of nitrogen and phosphorus in Jiaozhou Bay sediments. Chinese Journal of Oceanology and Limnology, 25: 157-165.

Li X G, Yuan H M, Li N, et al. 2008. Organic carbon source and burial during the past one hundred years in Jiaozhou Bay, North China. Journal of Environmental Sciences, 20 (5): 551-557.

Liu S M, Zhang J, Chen S Z, et al. 2003. Inventory of nutrient compounds in the Yellow Sea. Continental Shelf Research, 23 (11-13): 1161-1174.

Liu S M, Zhang J, Chen H T, et al. 2005. Factors influencing nutrient dynamics in the eutrophic Jiaozhou Bay, North China. Progress in Oceanography, 66: 66-85.

Lohse L F, Malschaert J F P, Slomp CP, et al. 1993. Nitrogen cycling in North Sea sediments: Interaction of denitrification and nitrification in offshore and coastal areas. Marine Ecology Progess Series, 101: 283-296.

Muller G. 1969. Index of geoaccum ulation in sedim ents of the Rhine River. Geojournal, 2: 108-118.

Nelson D M, Tréguer P, Brzezinski M A. 1995. Production and dissolution of biogenic silica in the ocean: Revised global estimates, comparison with regional data and relationship to biogenic sedimentation. Global Biogeochemical Cycles, 9 (3): 359-372.

Nice H E, Thorndyke M C, Morritt D, et al. 2000. Development of Crassostrea gigas larvae is affected by 4-nonylphenol. Marine Pollution Bulletin, 40: 491-496.

Olila O G, Reddy K R. 1993. Phosphorus sorption characteristics of sediment in shallow eutrophic lakes of Florida. Archives of Hydrobiology, 129 (4): 45-65.

Redfield A C. 1934. On the proportion of organic derivatives in seawater and their relation to the composition of plankton//R. J. Daniel (ed.), Johnstone Memorial Volume. Liverpool University Press: Liverpool, U. K. 176-192.

Ruttenberg K C. 1992. Development of a sequential extractionmethod for different forms of phosphorus in marine sediments. Limnology Oceanography, 37: 1460-1482.

Schwaiger J, Mallow U, Ferling H, et al. 2002. How estrogenic is nonylphenol? A transgenerational study using rainbow trout (Oncorhynchusmykiss) as a test organism. Aquatic Toxicology, 59: 177-189.

Shen Z L. 2001. Historical changes in nutrient structure and itsinfluences on phytoplankton composition in Jiaozhou Bay. Estuarine, Coastal and Shelf Science, 52: 211-224.

Song J M. 2010. Biogeochemical processes of biogenic elements in china marginal seas. Springer-Verlag GmbH & Zhejiang University Press, 1-662.

Song J M, Luo Y X, Lü X X, et al. 2003. Forms of phosphorus and silicon in the natural grain size surface sediments of the southern Bohai Sea. Chinese Journal of Oceanology and Limnology, 21 (3): 286-292.

Takahashi T, Olafsson J, Goddard J G, et al. 1993. Seasonal variation of CO_2 and nutrients in the high-latitude surface oceans: A comparative study. Global Biogeochemical Cycles, 7 (4): 843-878.

Wanninkhof R. 1992. Relationship between wind speed and gas exchange over the ocean. Geophysical Research, 97 (C5): 7373-7382.